SP

AR

ITE

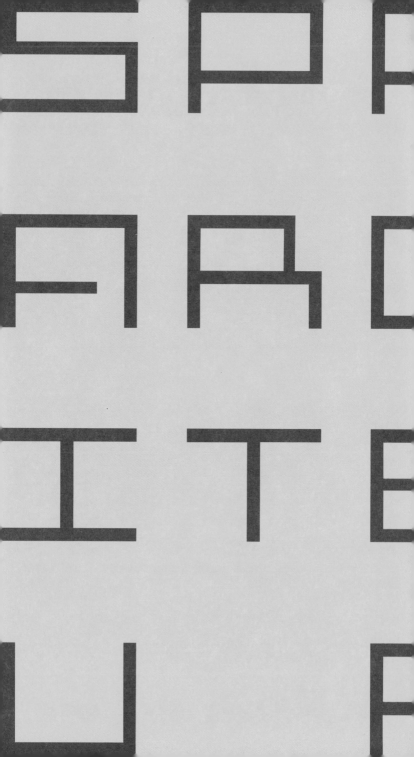

U

世界建筑旅行地图
TRAVEL ATLAS OF WORLD ARCHITECTURE

SPAIN

西班牙

吴焕　编著

中国建筑工业出版社

图书在版编目（CIP）数据

西班牙 = SPAIN / 吴焕编著. -- 北京：中国建筑工业出版社，2019.4

（世界建筑旅行地图）

ISBN 978-7-112-23032-7

Ⅰ. ①西… Ⅱ. ①吴… Ⅲ. ①建筑艺术－介绍－西班牙 Ⅳ. ① TU-865.51

中国版本图书馆 CIP 数据核字（2018）第 275578 号

总体策划：刘　丹
责任编辑：刘　丹
书籍设计：晓笛设计工作室　刘清霞　张悟静
责任校对：王　瑞

世界建筑旅行地图
TRAVEL ATLAS OF WORLD ARCHITECTURE
西班牙
SPAIN
吴焕　编著

出版发行：中国建筑工业出版社（北京海淀三里河路 9 号）
经销：各地新华书店、建筑书店

制版：北京新思维艺林设计中心
印刷：北京富诚彩色印刷有限公司
开本：850 毫米 ×1168 毫米　1/32
印张：12
字数：841 千字
版次：2021 年 2 月第一版
印次：2021 年 2 月第一次印刷

书号：ISBN 978-7-112-23032-7（33107）
定价：98.00 元

目录 Contents

特别注意 Special Attention

本书登载了一定数量的个人住宅与集合住宅。在参观建筑时请尊重他人隐私、保持安静，不要影响居住者的生活，更不要在未经允许的情况下进入住宅领域。

谢谢合作！

前言 Preface

这本建筑旅行地图向中国的建筑文化爱好者们展现西班牙现代建筑和建筑遗产。

西班牙现代建筑源自两馆。其一，1929 年密斯 · 凡 · 德 · 罗设计的德国馆，一座跟布扎体系决裂的建筑；其二，1937 年何塞 · 路易斯 · 塞特设计的西班牙国家馆，毕加索的原作《格尔尼卡》布置在柯布西耶式的白墙上，象征"二战"后西班牙重建开始。

直到 1950 年代后期西班牙经济恢复后才迎来现代建筑，如 José Antonio Corrales 和 Ramón Vázquez Molezún 受到赖特建筑的启发在布鲁塞尔的世博会设计完成的六边形伞状的集合体。本书收录了这一时期具有代表性的建筑师，有尊崇传统的建筑大师，诸如 José Antonio Coderch、Miguel Fisac、Alejandro de la Sota、Francisco Javier Sáenz de Oíza，也有充满反叛的建筑师 Oriol Bohigas、Antonio Fernández Alba、Fernando Higueras、Antonio Vázquez de Castro，他们探索着现代建筑语汇，兼容并蓄。1960 年代的经济和艺术获得了自由的发展，但是直到 1977 年在胡安 · 卡洛斯国王领导下政治的民主和解放才得以恢复和重建。1980 年代后期，前文提到的两座分别由密斯和塞特设计的场馆在拆除后得以重建，他们重塑了社会美学和公民意义。

1968 年前后席卷世界的意识形态突变，再加上 1973 年和 1979 年随之而来的能源危机的影响，西班牙经历了经济和社会波动，或许有片刻的自豪和骄傲，如 1986 年加入欧盟和 1992 年举办奥林匹克运动会，但必然也伴随着衰败的阵痛，1996 年政治丑闻造成社会主义政府下台、马德里火车站爆炸事件等，但是，建筑学的发展维持了对美学和材料合理性的坚持与追求，2005 年 MOMA 的展览——"现场：西班牙新建筑"，挖掘了西班牙建筑的根源和开放性特征，将一系列建筑师及其作品以时间线索展示给公众。其中有 1980 年代 Ricardo Bofill 在大都市的创作，1990 年代 Rafael Moneo 成熟期的作品，2000 年代 Santiago Calatrava 的成名作品，当然，还有 Enric Miralles 的苏格兰议会大楼设计，很遗憾他的过早离世。此外还有国际建筑师在西班牙的创作作品，其中 Frank Gehry 设计的毕尔巴鄂古根汉姆博物馆是国际建筑师在西班牙完成的项目里最杰出的代表之一。

2016 年威尼斯建筑双年展的金狮奖颁给了西班牙，以表彰、鼓励建筑师面对经济崩溃和公共投资骤降时，他们在建筑创作上的从未放弃和不懈努力。2008 年的经济危机使得最年轻一代的建筑师处于危险、不安定的社会背景中，制约了他们的职业发展，但他们以世界公民的态度和大胆的技巧突破了国家的疆界，拓展了自己的事业范围。危机时代激发了青年建筑师多样化的训练方式，他们关心大众、理解政治、献策于城市，在突发的民粹主义议题和全球经济面临危机时，他们知道自己的角色是解决问题而不是制造问题。

这本西班牙建筑旅行地图展现了西班牙不同区域和不同时代的建筑师及其作品。从 1978 年国家经济的复兴至今，西班牙建筑一直企盼着现代性：它们从曾经的隔离和孤立，走向如今的开放和多元。本书让我们从建筑旅行者眼中的凝望来理解西班牙建筑现代性的多元与方向。

路易斯 · 费尔南德斯 · 加来亚诺 /
Luis Fernández-Galiano
马德里理工大学 教授
西班牙皇家科学艺术学院 院士
《Arquitectura Viva》主编

本书的使用方法 Using Guide

注：使用本书前请仔细阅读。

❶ 该区域在西班牙的位置示意
❷ 城市名
❸ 特别推荐
❹ 入选建筑及建筑师
❺ 大区域地图
显示了入选建筑在该地区的位置，所有地图方向均为上北下南，一些地图由于版面需要被横向布置。
❻ 建筑编号
各个地区都是从01开始编排建筑序号。
❼ 铁路、地铁线名称
请配合当地铁路、地铁交通路线图使用本书，名称用西班牙文表示。
❽ 车站名称
一般为离建筑最近的车站名称，***但不是所有的建筑都是从标出的车站到达***，请根据网络信息及距离选择理想的交通方式，名称用西班牙文表示。
❾ 比例尺
根据建筑位置的不同，每张图有自己的比例，使用时请参照比例距离来确定交通方式。
❿ 最近的交通站标识
作为辅助信息，标出该站点名称，交通类型，大致方位与距离。
⓫ 小区域地图
本书收录的每个建筑都有对应的小区域地图，***在参观建筑前，请参照小地图比例尺所示的距离选择恰当的交通方式。对于离车站较远的建筑，请参照网站所示的交通方式到达，或查询相关网络信息。***
⓬ 建筑名称
⓭ 笔记区域
⓮ 建筑名称及编号（中/西班牙文）
⓯ 所在地址（西班牙文）
⓰ 建筑所属类型
⓱ 年代
⓲ 备注
作为辅助信息，标出了有官方网站的建筑的网址。一般美术馆的休馆日为周一及法定节假日，参观建筑之前，请参照备注网站上的具体信息来确认休馆日、开放时间、是否需要预约等。团体参观一般需要提前预约。
⓳ 建筑师名称
⓴ 建筑实景照片
㉑ 建筑简介

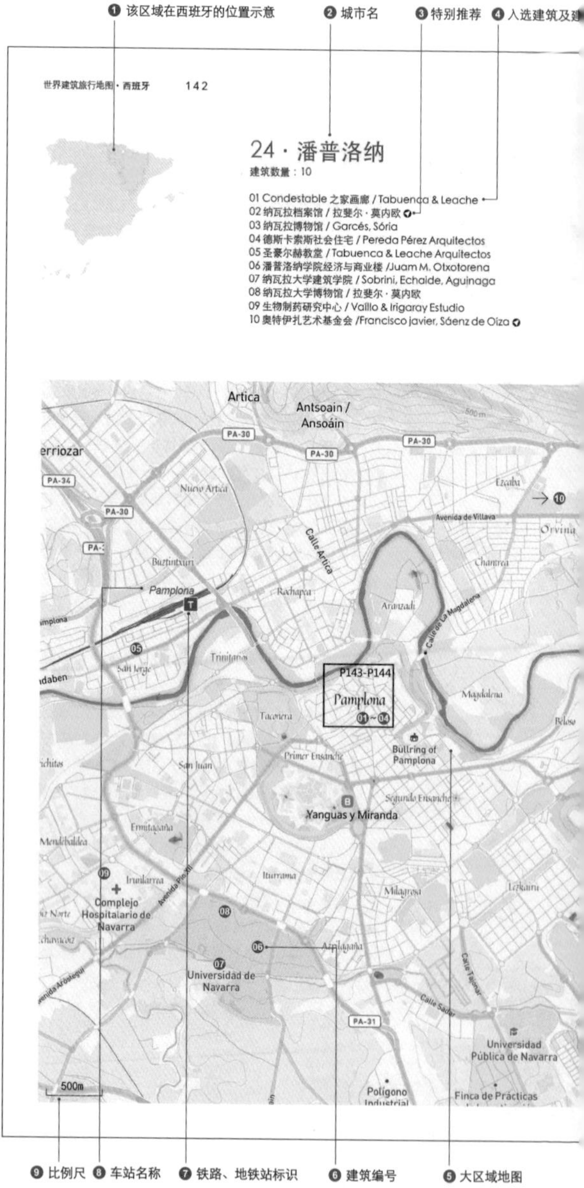

交通站标识

- T 城市铁路站
- M 城市地铁站
- B 城市汽车客运站
- R 城市轻轨站
- b 公交停靠站
- F 轮渡码头

⑩ 最近的交通站标识　⑪ 小区域地图

te Zone

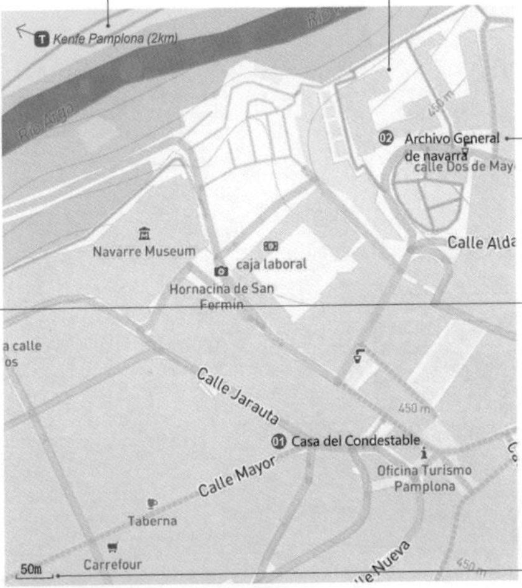

⑫ 建筑名称

⑬ 笔记区域

⑨ 比例尺

ondestable 之家画廊

建筑为16世纪的宫殿筑的修复和重建。通微小的干预把文艺复宫殿转变为一处市民化中心。室内以修复老的木质天花格板为，还原了空间尺度。庭采取了大胆的干预，保部分石柱，用木材、黏、抹灰和石膏等材料重新的肌理。该文化中提供了展览、会议、行、图书阅览和社区服等功能。

纳瓦拉档案馆

用与原有建筑相似的材，将古老的哥特式殿立面整合到新的档馆建筑中。该建筑极成功地解决了新、旧筑的协调问题：一方面使用哥特式的石料砌工艺修复破败的老建、另一方面新档案馆用类似的干挂石材以微不同的尺度砌成新的立面，这二种不同时代的建筑工艺精彩地统一成整体。建筑有两部分主要功能：哥特宫殿区是学术和行政管理用房，新扩建部分是档案馆。

01 Condestable 之家画廊
Casa del Condestable

建筑师：Tabuenca & Leache Arquitectos
地址：Calle Mayor, 2
类型：文化建筑
年代：2009
开放时间：周一至周六 10:00-14:00, 15:00-20:00。

⑭ 建筑名称及编号（中/西班牙文）
⑮ 所在地址（西班牙文）
⑯ 建筑所属类型
⑰ 年代
⑱ 备注

02 纳瓦拉档案馆
Archivo General de Navarra

建筑师：拉斐尔·莫内欧 / Rafael Moneo
地址：Calle del Dos de Mayo, s/n
类型：办公建筑
年代：2003

③ 特别推荐
⑲ 建筑师
⑳ 建筑实景照片
㉑ 建筑简介

所选各城市的位置及编号 Location and Sequence in Map

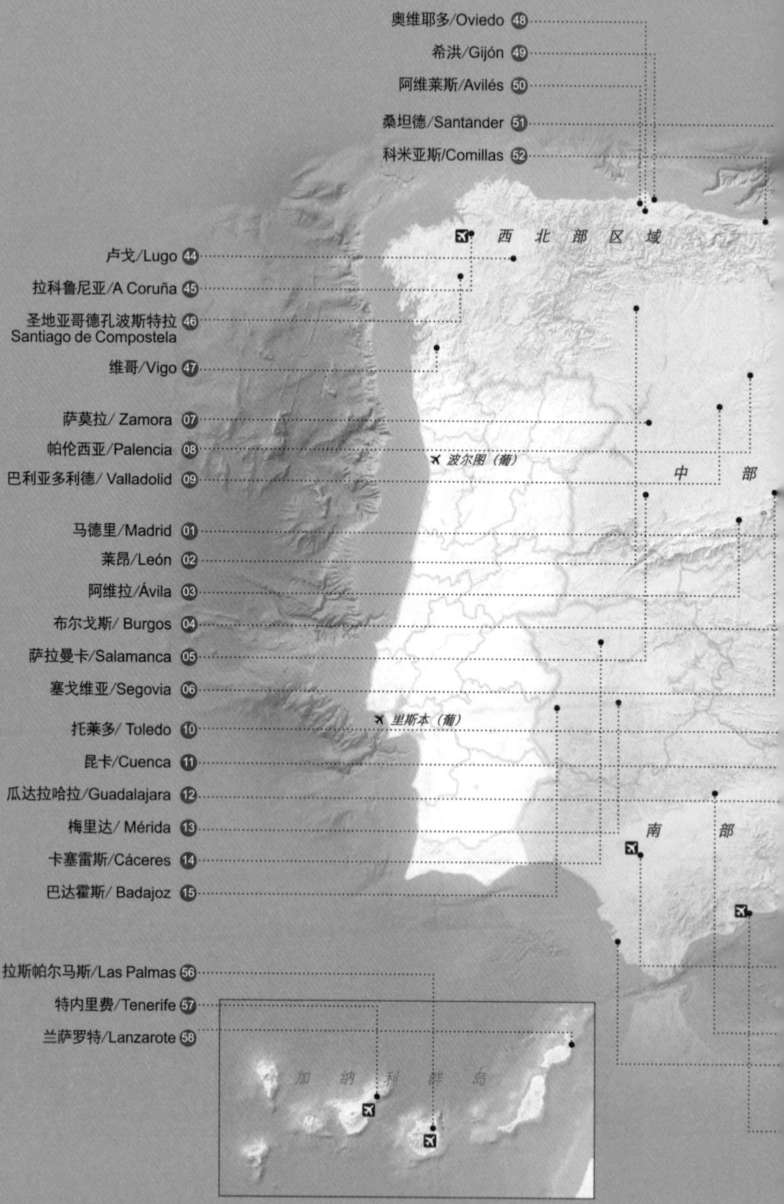

奥维耶多/Oviedo 48
希洪/Gijón 49
阿维莱斯/Avilés 50
桑坦德/Santander 51
科米亚斯/Comillas 52
卢戈/Lugo 44
拉科鲁尼亚/A Coruña 45
圣地亚哥德孔波斯特拉 46
Santiago de Compostela
维哥/Vigo 47
萨莫拉/ Zamora 07
帕伦西亚/Palencia 08
巴利亚多利德/ Valladolid 09
马德里/Madrid 01
莱昂/León 02
阿维拉/Ávila 03
布尔戈斯/ Burgos 04
萨拉曼卡/Salamanca 05
塞戈维亚/Segovia 06
托莱多/ Toledo 10
昆卡/Cuenca 11
瓜达拉哈拉/Guadalajara 12
梅里达/ Mérida 13
卡塞雷斯/Cáceres 14
巴达霍斯/ Badajoz 15
拉斯帕尔马斯/Las Palmas 56
特内里费/Tenerife 57
兰萨罗特/Lanzarote 58
西 北 部 区 域
波尔图（葡）
中 部
里斯本（葡）
南 部
加 纳 利 群 岛

N
图例
西班牙国际机场
邻国国际机场
01 建筑所在城市编号
19 毕尔巴鄂/Bilbao
20 维多利亚/ Vitoria-Gasteiz
21 圣塞瓦斯蒂安/San Sebastían
22 埃西耶戈/Elciego
23 奥尼亚蒂/ Oñati
24 潘普洛纳/Pamplona
25 洛格罗尼奥/ Logroño
图卢斯（法）
16 萨拉戈萨/Zaragoza
17 特鲁埃尔/Teruel
18 韦斯卡/Huesca
北 部 区 域
32 巴塞罗那/Barcelona
33 巴达洛纳/Badalona
东 部 区 域
34 伊瓜拉达/Igualada
35 赫罗纳/Girona
36 菲格拉斯/Figueres
37 奥洛特/Olot
38 莱里达/Lleida
39 塔拉戈纳/Tarragona
巴 利 阿 里 群 岛
53 帕尔马/Palma
54 休达德拉/Ciudadela
55 伊维萨/Ibiza
40 瓦伦西亚/Valencia
41 阿利坎特/Alicante
42 穆西亚/Murcia
43 卡塔赫纳/Cartagena
26 塞维利亚/Sevilla
27 格拉纳达/Granada
28 科尔多瓦/Córdoba
29 加的斯/Cádiz
30 哈恩/Jaén
31 马拉加/Málaga

图片来源：天地图（www.tianditu.gov.cn）

托莱多城堡 / Alonso de Covarrubias

中部地区
Central Area

01 马德里 /Madrid

02 莱昂 /León

03 阿维拉 /Ávila

04 布尔戈斯 / Burgos

05 萨拉曼卡 /Salamanca

06 塞戈维亚 /Segovia

07 萨莫拉 / Zamora

08 帕伦西亚 /Palencia

09 巴利亚多利德 / Valladolid

10 托莱多 / Toledo

11 昆卡 /Cuenca

12 瓜达拉哈拉 /Guadalajara

13 梅里达 / Mérida

14 卡塞雷斯 /Cáceres

15 巴达霍斯 / Badajoz

Parque Regional de Picos de Europa
Guardo
Medina de Pomar
Briviesca
Carrión de los Condes
Sahagún
04
Burgos
Palencia
08
Lerma
Medina de Rioseco
Aranda de Duero
El Burgo de Osma – Ciudad de Osma
Soria
Valladolid
09
Peñafiel
Almazán
Medina del Campo
Íscar
España
Sigüenza
Arévalo
06
Segovia
Molina de Aragón
N-204
San Lorenzo de El Escorial
Ávila
03
Guadalajara
12
Alcobendas
Madrid
01
Pastrana
CM-210
Fuenlabrada
Cenicientos
11
Cuenca
Talavera de la Reina
Fuensalida
Aranjuez
Tarancón
10
Toledo
Sonseca
Villacañas
CM-211
Campo de Criptana
Las Pedroñeras
Quintanar del Rey
Malagón
Tomelloso
N-430
Munera
Ciudad Real
Manzanares
Albacete
Almadén
Valdepeñas
Puertollano
Hellín
Yeste

01 · 马德里

建筑数量：69

01 普拉多美术馆 / 拉斐尔 · 莫内欧等
02 卡夏文化中心 / 赫尔佐格与德梅隆
03 提森 – 博内米撒艺术博物馆 / 拉斐尔 · 莫内欧
04 西班牙银行（扩建）/ 拉斐尔·莫内欧
05 西贝莱斯宫 /Antonio Palacios, Joaquin Otamendi
06 艺术大楼 /Antonio Palacios Ramilo
07 比斯开银行 /Galíndez, Arzadún
08 电信大楼 /Iglacio de Cárdenas
09 出版大楼 /Pedro Muguruza
10 卡比托大楼 /Martínez Feduchi, Vieente Eced
11 皇家剧院 /Antonio López Aguado, Custodio Teodoro Moreno（1850）/Rodríguez de Partearroyo（1995）
12 马德里皇宫 /FiLippo Juvara
13 水晶宫 /Ricardo Velázquez Bosco
14 阿托查火车站 / 拉斐尔 · 莫内欧
15 索菲亚艺术博物馆 / 让 · 努韦尔
16 奥林匹亚剧院 /Paredes, Pedrosa
17 圣方济各大教堂 / Francisco Cabezas 等
18 水文研究中心 / 米歇尔 · 费萨克
19 达欧伊兹和维拉迪文化中心 / RafaeL de la Hoz
20 阿拉梅地亚社会住宅 /Solid arquiectura
21 石油天然气企业总部 /RafaeL de La-Hoz
22 门德斯阿瓦罗社会住宅 /Solid arquiectura, Soto Maroto
23 马德里大区公共图书馆 / 曼西亚 & 图隆 Moreno mansilla, Tuñón
24 屠宰场文化中心 /Various Authors
25 卡斯特拉大楼 /RaFaeL de la-Hoz Arderius, Gerardo Olivares James
26 欧盟驻西班牙办公楼 /José Antonio Corrales Utiérrez 等
27 Abc 大楼 /López Sallaberry 等
28 向日葵住宅 /José Antonio Coderch,Valls Manuel
29 银行大楼 / 拉斐尔 · 莫内欧，Bescós
30 哥伦布大厦 /Antonio Lamela
31 建筑师协会总部 /ConzaLo Moure
32 马德里历史博物馆 /Pedto de Ribera
33 巴塞洛市场 /Nieto 等
34 巴塞洛电影院 /Gutiérrez Soto
35 西班牙大厦 /Joaquíny Julián Otamendi Machimbarrena
36 加油服务站 /Casto Fernández Shaw
37 巴西之家 / Luis Afonso d'Escragnolle Filho
38 UNED 大学城图书馆 / Linazasoro
39 艺术修复中心 /Fernando Higueras
40 马德里建筑学院 /Pascual Bravo 等
41 美洲酒店 / 让 · 努韦尔等
42 布兰卡白塔 / 萨恩兹 · 德 · 奥伊萨
43 圣奥古斯丁教堂 / 路易斯 · 莫亚 · 布兰克
44 毕尔巴鄂银行大楼 / 萨恩兹 · 德 · 奥伊萨
45 毕加索大厦 / 山崎实等
46 欧洲之门 / 菲利普 · 约翰逊等
47 马德里银行大楼 / 福斯特及合伙人建筑事务所
48 萨希尔大厦 /CarloS Rubio Carvajal 等
49 水晶塔 / 西萨 · 佩里
50 空间塔 / 贝聿铭及合伙人建筑事务所
51 米拉多社会住宅 /MVRDV & Lleó
52 三池拉诺社会住宅 /BurgoS & Garrido
53 多米尼哥教堂 / 米歇尔 · 费萨克
54 BBVA 银行总部 / 赫尔佐格与德梅隆
55 努诶朵社会住宅 / 萨恩兹 · 德 · 奥伊萨
56 瓦德阿拉多社会住宅 /Rueda & Pizarro
57 布拉卡蒙特社会住宅 / GuillErmo Vázquez Consuegra
58 彼纳社会住宅 /Estudio Entresitio
59 里瓦教区中心 /Vicens & Ramos
60 万达大都会球场 /Cruz y Ortiz Arquitectos
61 马德里 4 号航站楼 / 理查德·罗杰斯，Estudio Lamela
62 乌阿特住宅 /Corrales, Molezún
63 马德里赛马场 /Carlos Arniches 等
64 乌曼尼达社会住宅 /Thom Mayne
65 贝瑟达社会住宅 /Amman, Cánovas & Maruri
66 克拉尼内特斯社会住宅 /FoA
67 阿兰胡埃斯宫殿 /Juan Bautista de Toledo, Juan de Herrera
68 埃斯科里亚尔修道院 /Juan Bautista De Toledo
69 阿尔卡拉大学

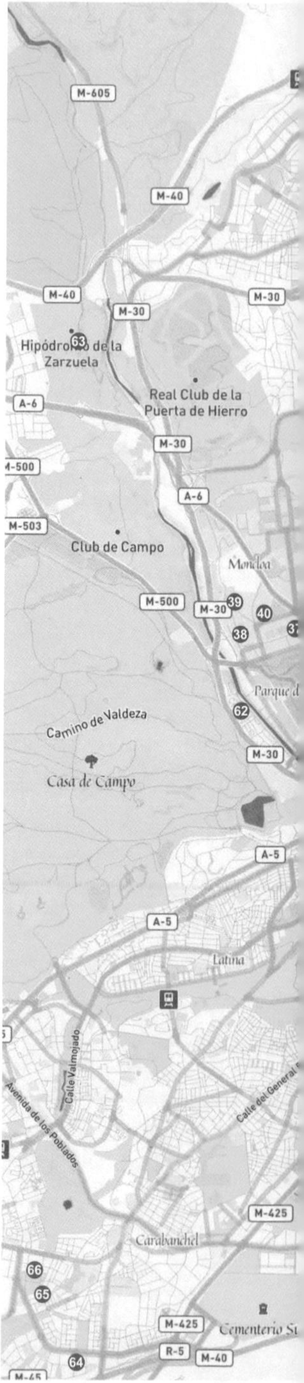

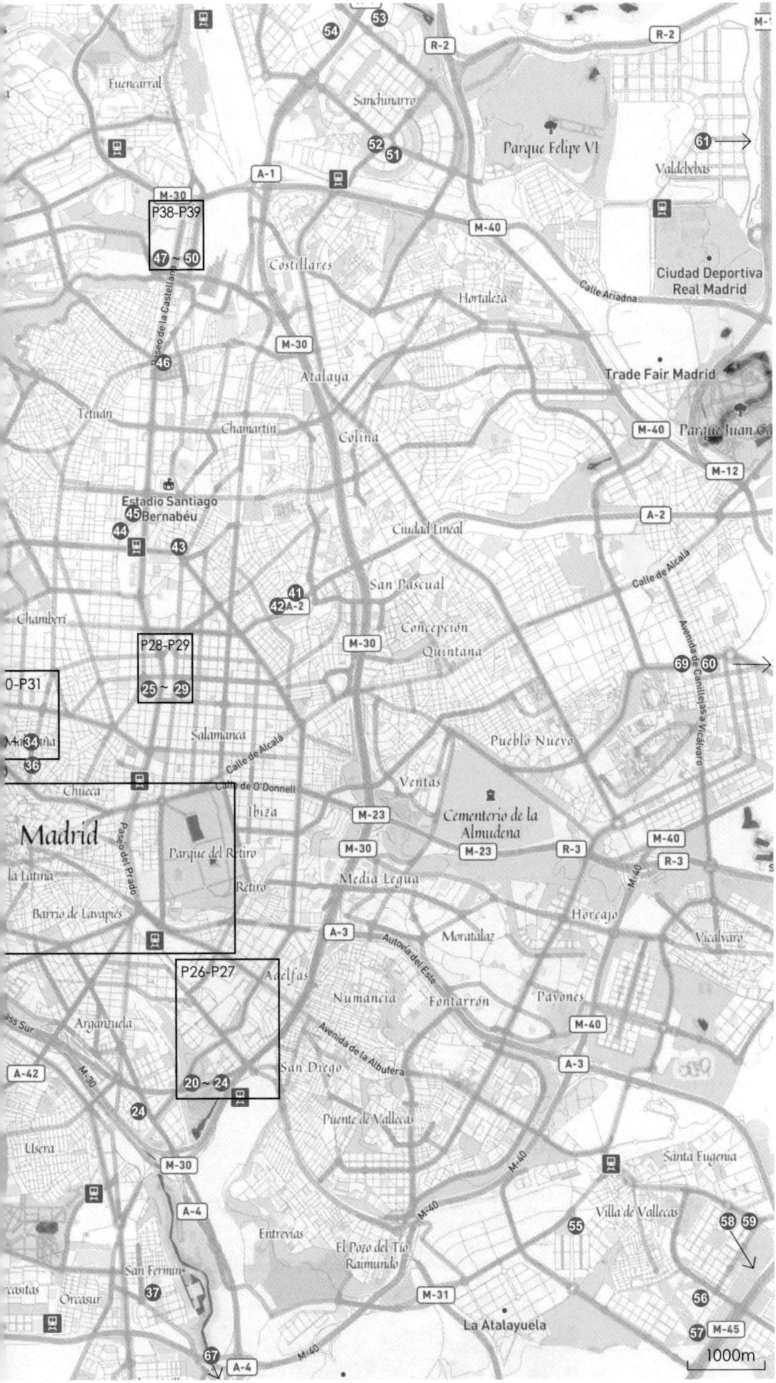
53
54
R-2
Fuencarral
Sanchinarro
Parque Felipe VI
61
Valdebebas
52
51
A-1
M-30
P38-P39
47 ~ 50
M-40
Costillares
Ciudad Deportiva Real Madrid
Calle Ariadna
Hortaleza
Paseo de la Castellana
M-30
46
Atalaya
Trade Fair Madrid
Tetuán
Chamartín
Colina
M-40
Parque Juan Ca
M-12
Estadio Santiago Bernabéu
45
44
43
A-2
Ciudad Lineal
Calle de Alcalá
41
42
A-2
San Pascual
Chamberí
Concepción
M-30
Quintana
P28-P29
25 ~ 29
69
60
Avenida de Canillejas a Vicálvaro
0-P31
34
36
Salamanca
Calle de Alcalá
Pueblo Nuevo
Calle de O'Donnell
Ventas
Chueca
Ibiza
M-23
Cementerio de la Almudena
Madrid
Paseo del Prado
M-30
M-23
R-3
M-40
R-3
Parque del Retiro
M-40
la Latina
Retiro
Media Legua
Barrio de Lavapiés
A-3
Horcajo
Autovía del Este
Moratalaz
Vicálvaro
P26-P27
Adelfas
Numancia
Fontarrón
Pavones
Arganzuela
Avenida de la Albufera
M-40
A-42
M-30
San Diego
A-3
20 ~ 24
24
Puente de Vallecas
Usera
M-30
M-40
Santa Eugenia
A-4
M-40
Villa de Vallecas
55
58
59
Entrevías
El Pozo del Tío Raimundo
San Fermín
37
Orcasur
M-31
56
La Atalayuela
57
M-45
67
A-4
M-40
1000m

Note Zone

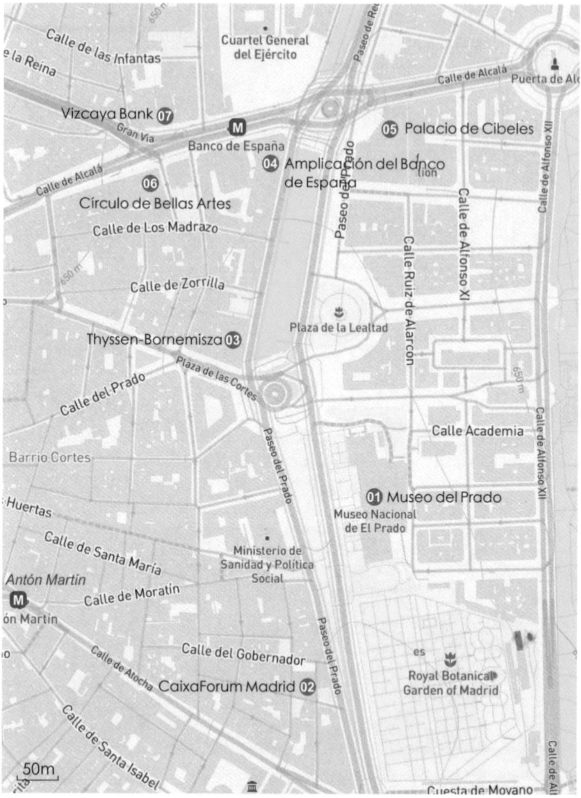

01 普拉多美术馆
Museo del Prado

建筑师：Juan de Villanueva / 拉斐尔 · 莫内欧 / Rafel Moneo
地址：Ruiz de Alarcón 23
类型：文化建筑
年代：1785/2007
开放时间：周一至周六 10：00-20：00，周日 10：00-19：00。

02 卡夏文化中心
CaixaForum Madrid

建筑师：赫尔佐格与德梅隆 / Herzog & de Meuron
地址：Pza del Prado 36
类型：文化建筑
年代：2008
开放时间：周一至周日 10：00-20：00。

普拉多美术馆

建筑师定义了内部画廊轴线，并分配展陈空间的主要体量、在轴线尽头的展览体量以及轴线中心的巴西利卡平面。北面连接爱奥尼柱圆形拱顶大厅，南面形成内院。多立克—托斯卡柱主立面位于普拉多大道一侧。博物馆新建 2.2 万 m^2 现代风格的新展馆，总面积扩大了 50%，是该馆 200 年以来最大的扩建工程。新馆充分利用自然光和地下光廊连通古典与现代、新与旧两部分。

卡夏文化中心

保存原有工业建筑的同时重新定义了新的文化建筑形象。底层原花岗石基座被移除，形成一个贯穿室外广场的挑空平台，作为新建筑的主入口。

Note Zone

⑬ **提森-博内米撒艺术博物馆**
Thyssen-Bornemisza

建筑师：拉斐尔·莫内欧 / Rafel Moneo
地址：Paseo del prado 8
类型：文化建筑
年代：1989
开放时间：周一 12：00-16：00，周二至周六 10：00-22：00，周日 10：00-19：00。

⑭ **西班牙银行（扩建）**
Amplicación del Banco de España

建筑师：拉斐尔·莫内欧 / Rafael Moneo
地址：Calle de Alcalá, 48
类型：办公建筑
年代：2005

⑮ **西贝莱斯宫**
Palacio de Cibeles

建筑师：Antonio Palacios / Joaquin Otamendi
地址：Plazade la Cibeles, 1
类型：文化建筑
年代：1919

⑯ **艺术大楼**
Círculo de Bellas Artes

建筑师：Palacios Ramilo
地址：Calle de Alcalá, 42
类型：文化建筑
年代：1919

⑰ **比斯开银行**
Vizcaya Bank

建筑师：Manuel Ignacio Galíndez,Fernando Arzadún
地址：Calle de Alcalá, 45
类型：办公建筑
年代：1930

提森－博内米撒艺术博物馆

原为18世纪一座宫殿，建筑师莫内欧以一组白色墙体和天窗控制自然光线提供室内照明，最大限度地尊重历史建筑的城市面貌。

西班牙银行（扩建）

该银行总部是19世纪首都马德里的重要地标建筑。建筑师以尊重城市历史、记忆为原则，继承了传统建造技艺与美学。扩建部分使用形式和技术语言保持与原有建筑相统一的特征。主入口局部装饰采用原建筑相同母题，但使用了后现代主义的表达方法。

西贝莱斯宫（国家遗产）

新哥特式建筑的代表，结构和材料的使用具有连贯性，也是建筑师最有代表性的创作风格。室内设计工程综合考虑了美学原则、照明以及通风技术工程。

艺术大楼（国家遗产）

巴洛克城市实践的代表作。56m高大楼为来访者展现马德里城市最独特的景观视角。屋顶观景平台竖立的罗马艺术和智慧女神米奈娃的雕塑是大楼的象征。

比斯开银行

古典主义纪念性风格建筑，建筑体现建造过程中对环境的平衡，建筑在立面上装饰了半圆拱和巨大的立柱，装饰艺术风格体现在山墙轻快的浮雕上。

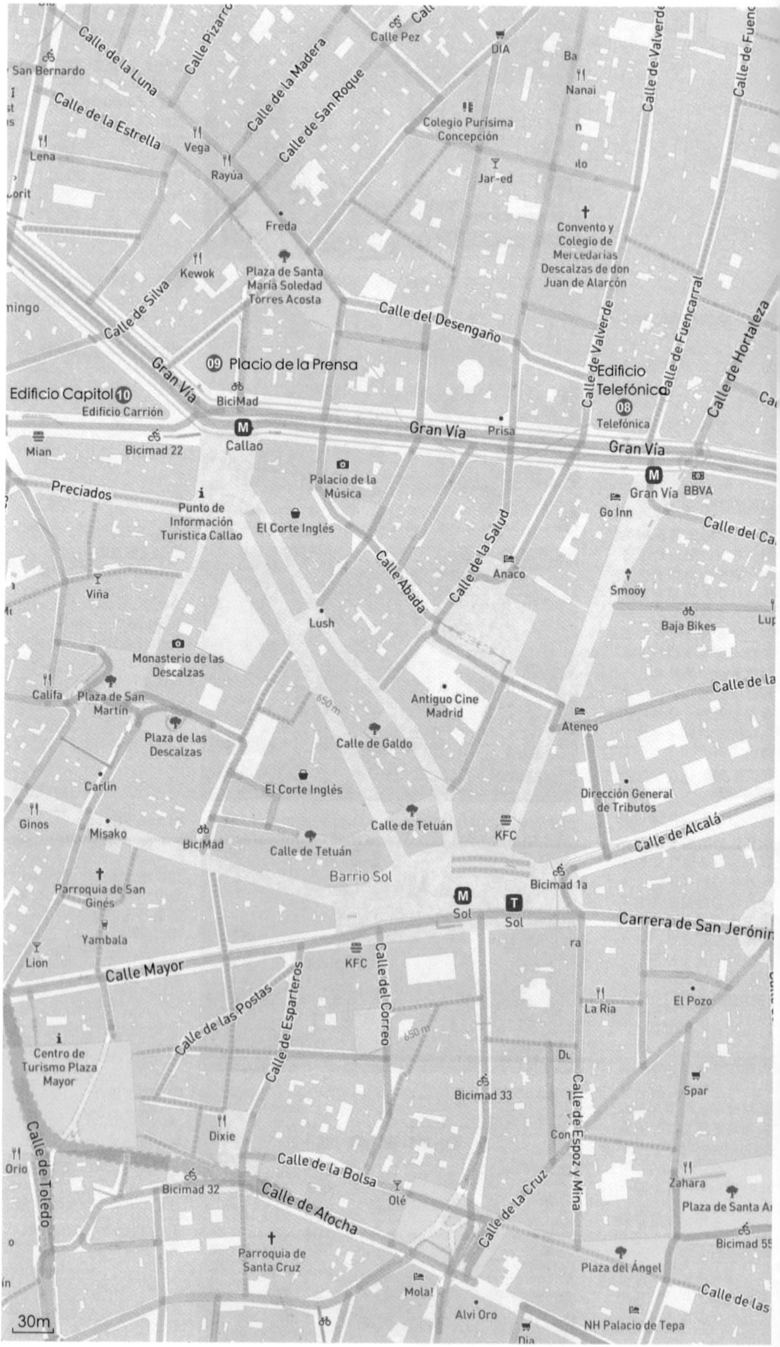
Calle de la Luna
Calle Pizarro
Calle Pez
DIA
Calle de Valverde
Calle de Fuencarral
San Bernardo
Calle de la Madera
Calle de San Roque
Nanai
Calle de la Estrella
Vega
Lena
Rayúa
Colegio Purísima Concepción
Jar-ed
Freda
Convento y Colegio de Mercedarias Descalzas de don Juan de Alarcón
Kewok
Plaza de Santa María Soledad Torres Acosta
Calle de Silva
Calle del Desengaño
Calle de Valverde
Calle de Fuencarral
Calle de Hortaleza
09 Placio de la Prensa
Gran Vía
BiciMad
Edificio Capitol 10
Edificio Carrión
Edificio Telefónica
08
Telefónica
M
Callao
Gran Vía
Prisa
Gran Vía
Mian
Bicimad 22
Palacio de la Música
M
Gran Vía
BBVA
Preciados
Punto de Información Turística Callao
El Corte Inglés
Calle de la Salud
Go Inn
Calle del Ca
Calle Abada
Anaco
Smooy
Viña
Lush
Baja Bikes
Monasterio de las Descalzas
Antiguo Cine Madrid
Califa
Plaza de San Martín
Plaza de las Descalzas
650 m
Calle de Galdo
Ateneo
Calle de la
Carlin
El Corte Inglés
Dirección General de Tributos
Ginos
Misako
BiciMad
Calle de Tetuán
Calle de Tetuán
KFC
Calle de Alcalá
Barrio Sol
Bicimad 1a
Parroquia de San Ginés
M
Sol
T
Sol
Carrera de San Jerónimo
Yambala
Lion
KFC
Calle Mayor
Calle del Correo
La Ría
El Pozo
Calle de las Postas
Calle de Esparteros
650 m
Centro de Turismo Plaza Mayor
Bicimad 33
Calle de Espoz y Mina
Spar
Dixie
Calle de Toledo
Orio
Calle de la Bolsa
Bicimad 32
Olé
Calle de Atocha
Calle de la Cruz
Zahara
Plaza de Santa Ana
Bicimad 55
Parroquia de Santa Cruz
Plaza del Ángel
Mola!
Calle de las
Alvi Oro
NH Palacio de Tepa
30m

Note Zone

⑧ **电信大楼**
Edificio Telefónica

建筑师：Iglacio de Cárdenas
地址：Gran vía 28
类型：办公建筑
年代：1925

电信大楼

曾经是西班牙最高的摩天大楼。朝向主要街道的巨大入口体现了 18 世纪马德里的新巴洛克风格。设计服务三大功能分区：底部是面向公众的主要服务区；中间层主要安设通信电网系统与设备；上部建筑利用较好的采光与通风条件布置办公和管理层。地下层的步行廊道可通往市内太阳门广场。

⑨ **出版大楼**
Palacio de la Prensa

建筑师：Pedro Muguruza
地址：Plaza de Callao, 4
类型：办公建筑
年代：1924

出版大楼
（国家遗产）

马德里出版集团总部大楼，是多功能的现代高层建筑。使用砖块作为建筑外立面饰面材料，主立面面向广场，展示凯旋门的城市意象。建筑外立面受到北美芝加哥学派的影响，内部装饰灵感则来源于西班牙传统建筑。

⑩ **卡比托大楼**
Edificio Capitol

建筑师：Martínez Feduchi, Vicente Eced
地址：Gran vía 41 c/v Jacometrezzo 5
类型：商业建筑
年代：1931

卡比托大楼
（国家遗产）

受到门德尔松表现派的影响，建筑以一种领航者的形象突出现代马德里城市规划的空间特征，转角弧面以及塔式建立了地标特征。该多功能的高层建筑一共 16 层，功能上满足多样化需求，含电影院、服饰城和酒店。它也是西班牙第一座配备空气调节系统的大楼。

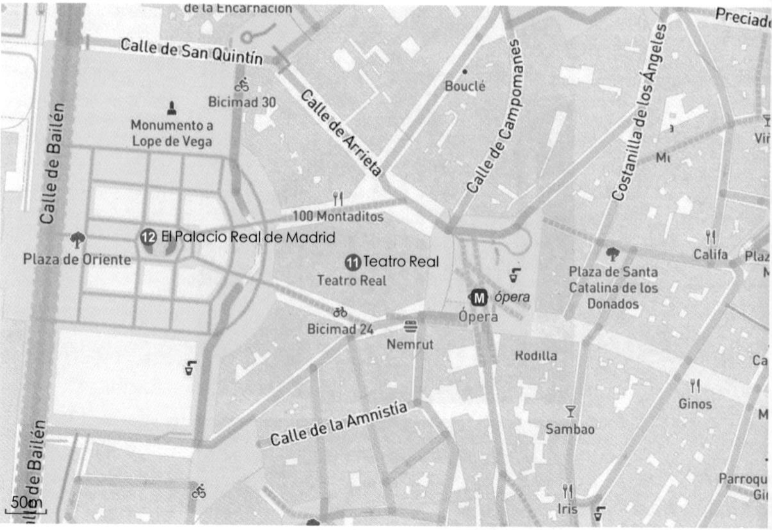
de la Encarnación
Calle de San Quintín
Bicimad 30
Monumento a
Lope de Vega
Calle de Bailén
Calle de Arrieta
Bouclé
Calle de Campomanes
Costanilla de los Ángeles
100 Montaditos
12 El Palacio Real de Madrid
Plaza de Oriente
11 Teatro Real
Teatro Real
Plaza de Santa
Catalina de los
Donados
Califa
ópera
Ópera
Bicimad 24
Nemrut
Rodilla
Ginos
Sambao
Calle de la Amnistía
Calle de Bailén
Iris
50m

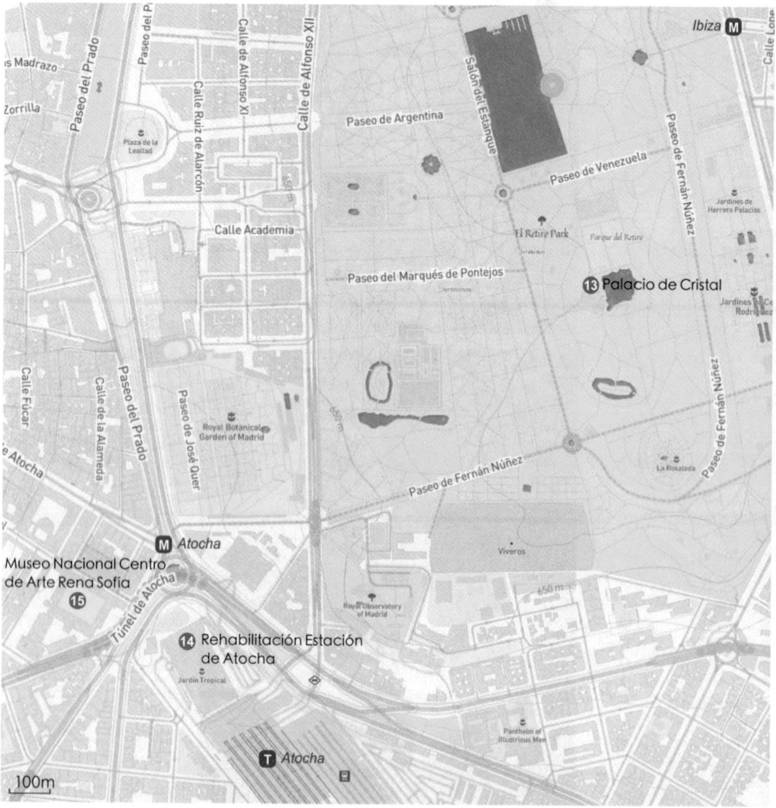
Ibiza
Paseo del Prado
Calle de Alfonso XI
Calle de Alfonso XII
Calle Ruiz de Alarcón
Plaza de la Lealtad
Paseo de Argentina
Salón del Estanque
Paseo de Venezuela
Paseo de Fernán Núñez
Calle Academia
El Retiro Park
Paseo del Marqués de Pontejos
13 Palacio de Cristal
Calle Fúcar
Calle de la Alameda
Paseo del Prado
Paseo de José Quer
Royal Botanical Garden of Madrid
Paseo de Fernán Núñez
Paseo de Fernán Núñez
La Rosaleda
Atocha
Viveros
Museo Nacional Centro
de Arte Rena Sofía
15
Túnel de Atocha
Royal Observatory of Madrid
14 Rehabilitación Estación
de Atocha
Jardín Tropical
Pantheon of Illustrious Men
Atocha
100m

皇家剧院
(国家遗产)

驰名欧洲的古典皇家歌剧院，位于马德里历史古城的心脏地带、19 世纪城市规划的轴线之上。65000m² 的建筑提供 1746 个座席。具有当时最先进的复合舞台布景技术。

⑪ **皇家剧院**
Teatro Real

建筑师：Antonio López Aguado, Custodio Teodoro Moreno (1850) / Rodríguez de Partearroyo (1995)
地址：Plaza de Oriente5
类型：剧场建筑
年代：1818/1994

马德里皇宫
(国家遗产)

欧洲规模最大的皇家宫殿建筑群。皇宫具有大型基座，巨大的多里克柱形成主立面结构，柱间开设窗户和阳台。具有巴洛克和古典主义建筑风格。

⑫ **马德里皇宫**
El Palacio Real de Madrid

建筑师：Filippo Juvara
地址：Calle de Bailén, s/n
类型：文化建筑
年代：1734
开放时间：周一至周日 10：00-20：00。

水晶宫

该建筑为坐落于马德里丽池公园的一座温室建筑。平面为希腊十字式，砖砌基础，钢铁结构，全玻璃面覆盖，带状西班牙民间陶瓷装饰。所有钢结构在毕尔巴鄂市的工厂生产完成，全部运达场地重新装配而成，中央跨度钢构达 22m。原功能为温室植物园，现作为艺术展陈馆。

⑬ **水晶宫**
Palacio de Cristal

建筑师：Ricardo Velázquez Bosco
地址：Paseo República de Cuba, 4,
类型：文化建筑
年代：1887
开放时间：周一至周日 10：00-22：00。

阿托查火车站

杰出的城市公共交通设计案例，扩建工程巧妙地利用老车站建造出一座温室植物园，改善旅客出行体验，增加新的商业和休闲空间。连续性的建筑结构形态具有很明确的识别性。

⑭ **阿托查火车站**
Rehabilitación Estación de Atocha

建筑师：拉斐尔·莫内欧 / Ratel Moneo
地址：Glorieta de Carlos V
类型：交通建筑
年代：1984

索菲亚艺术博物馆

基于城市文脉的博物馆扩建工程，浓郁色彩的覆顶提供了一个空中观景平台和引入自然光的内院。博物馆主体原是 18 世纪的医院建筑群，1980 年开始翻新和扩建工作。法国建筑师在 21 世纪初将西侧沿街立面进行改建，创造了一个彩色的屋盖，寓意博物馆展开的飞翼，在它的下部则提供给市民、游客一处阴凉、开放的公共庭院。扩建的功能含书店、餐厅、管理用房等。索菲亚艺术博物馆收藏了 20 世纪西班牙重要的艺术品，最负盛名的是毕加索创作的《格尔尼卡》。

⑮ **索菲亚艺术博物馆**
Museo Nacional Centro de Arte Rena Sofía

建筑师：让·努韦尔 /Jean Nouvel
地址：Ronda de Atocha c/v
Plaza Emperador Carlos V
类型：文化建筑
年代：2004
开放时间：周一、周三至周日 10：00-21：00。

Note Zone

Dakar
Bankia
Lavapiés
16 Teatro Olimpia
Teatro Valle-Inclán
Calle del Doctor Piga
Calle de Tribulete
Atención al ciudadano Barrio Embajadores
Calle de la Sombrerería
Calle de Miguel Servet
Calle del Doctor Four
La misa de 8:00
La Mancha
50m

17 San Francisco El Grande
Calle de Toledo
Ronda de Segovia
Paseo Imperial
Gran Vía de San Francisco
Calle Calatrava
Calle Mediodía Grande
Puerta de Toledo
50m

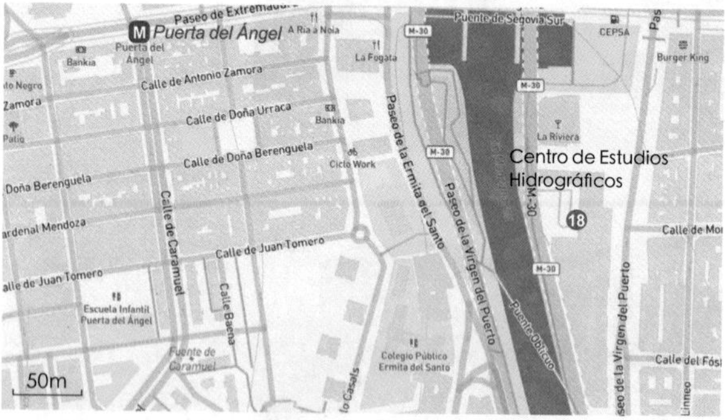
Puerta del Ángel
Paseo de Extremadura
Calle de Antonio Zamora
Calle de Doña Urraca
Calle de Doña Berenguela
Calle de Juan Tomero
Calle de Caramuel
Calle Baena
Paseo de la Ermita del Santo
Paseo de la Virgen del Puerto
Puente de Segovia Sur
CEPSA
Burger King
La Fogata
Bankia
La Riviera
Centro de Estudios Hidrográficos
18
Puente Oblicuo
Escuela Infantil Puerta del Ángel
Colegio Público Ermita del Santo
50m

Menéndez Pelayo
Avenida de la Ciudad de Barcelona
Calle de Téllez
Calle de Granada
Calle Vigo
Calle Caridad
Calle del Doctor Esquerdo
Calle Alberche
Daoíz y Velarde Cultural Center
19
Pacífico
50m

⑯ **奥林匹亚剧院**
Teatro Olimpia

建筑师 :Paredes & Pedrosa
地址 : Calle de Valencia, 1
类型 :文化建筑
年代 :2004

奥林匹亚剧院

最大化剧院的前广场是建筑设计首要策略。因此，建筑在三角形场地上采用3个连续退阶、高度错落的几何体，这也是从社区空间角度尊重了街道和生活空间。光滑的建筑立面与周边文化广场共享城市节庆活动。玻璃幕墙在白天可反射周边历史建筑的外立面，形成连续的城市意象，而夜晚剧院室内的灯光和活动又为历史街区注入艺术的活动。

⑰ **圣方济各大教堂**
San Francisco El Grande

建筑师 :Francisco Cabezas,Antonio Pló, Francesco Sabatini
地址 : C/ San Buenaventura, 1
类型 :宗教建筑
年代 :1761

圣方济各大教堂（国家遗产）

新古典主义风格，集中式平面的大教堂，周边围绕其他六座穹顶厅拱卫中央穹顶。穹顶建筑形制参考了罗马万神殿，直径达33m，为第3大跨度的天主教穹顶结构。主要建筑材料使用花岗岩、石膏、砖块等。

⑱ **水文研究中心**
Centro de Estudios Hidrográficos

建筑师 :米歇尔 · 费萨克 / Fisac
地址 : Virgen del Puerto c/ v Segovia
类型 :办公建筑
年代 :1959

水文研究中心

水文研究中心办公和实验室综合体，装配式混凝土建筑。简单的建筑形体和富有表现力的混凝土结构。实验室的覆顶结构创造出重要的自然采光，达到88m长和22m跨度无柱采光实验室空间。建筑师设计的空心梁不但解决结构问题，也成为建筑美学标识。

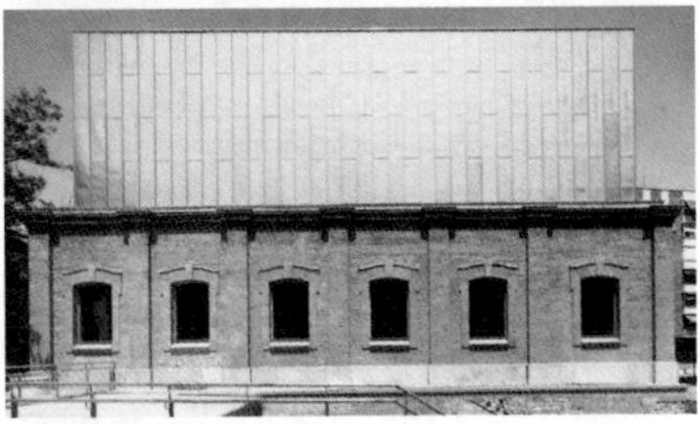

⑲ **达欧伊兹和维拉迪文化中心**
Daoíz y Velarde Cultural Center

建筑师 :Rafael de la Hoz
地址 : Av de la Ciudad de Barcelona
类型 :文化建筑
年代 :2014

达欧伊兹和维拉迪文化中心

该建筑为14世纪军事旧建筑的改造，保留了颇具特色的锯齿状屋顶和红色砖墙立面。建筑师利用这种建筑形态重建了一个节能型钢结构体系，实现最小能源消耗维持屋顶的自然采光和通风，使用地热和空气循环交换系统。

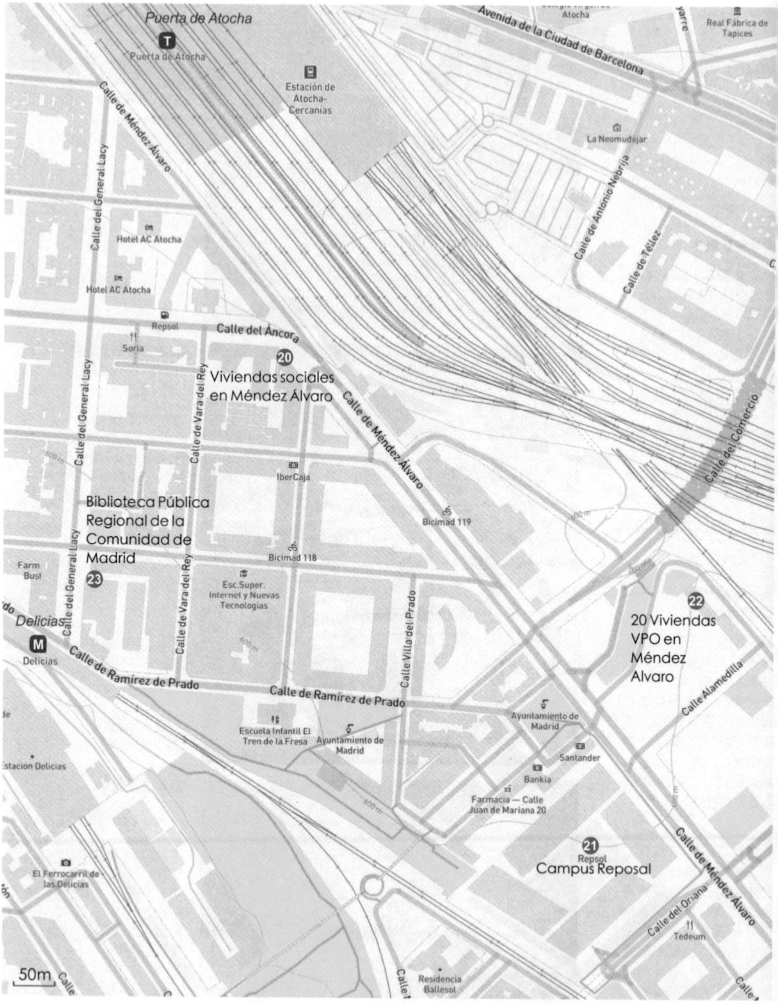
Puerta de Atocha
Puerta de Atocha
Estación de Atocha-Cercanías
Avenida de la Ciudad de Barcelona
Atocha
Real Fábrica de Tapices
La Neomudéjar
Calle de Antonio Nebrija
Calle de Téllez
Calle de Méndez Álvaro
Calle del General Lacy
Hotel AC Atocha
Hotel AC Atocha
Repsol
Calle del Áncora
Soria
20
Viviendas sociales en Méndez Álvaro
Calle de Vara del Rey
Calle de Méndez Álvaro
Calle del Comercio
IberCaja
Biblioteca Pública Regional de la Comunidad de Madrid
23
Bicimad 119
Bicimad 118
Farm Bus!
Esc.Super. Internet y Nuevas Tecnologías
Delicias
Delicias
Calle del General Lacy
Calle de Vara del Rey
Calle Villa del Prado
22
20 Viviendas VPO en Méndez Álvaro
Calle de Ramírez de Prado
Calle de Ramírez de Prado
Calle Alamedilla
Ayuntamiento de Madrid
Escuela Infantil El Tren de la Fresa
Ayuntamiento de Madrid
Santander
Estación Delicias
Bankia
Farmacia — Calle Juan de Mariana 20
21
Repsol
Campus Reposal
Calle de Méndez Álvaro
El Ferrocarril de las Delicias
Calle del Oriana
Tedeum
50m
Residencia Ballesol

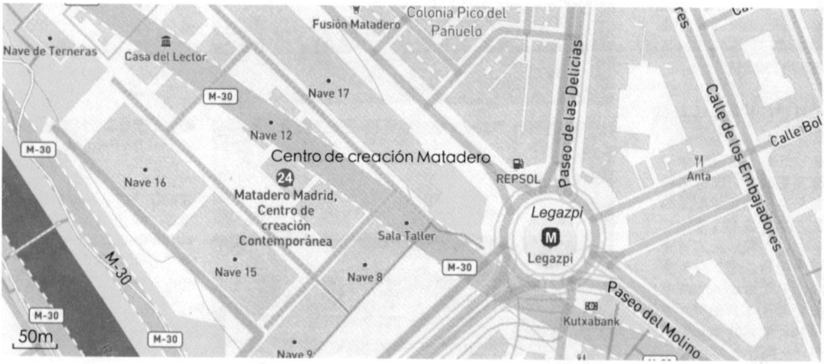
Fusión Matadero
Colonia Pico del Pañuelo
Nave de Terneras
Casa del Lector
M-30
Nave 17
Paseo de las Delicias
Calle de los Embajadores
Nave 12
M-30
Calle Bol
Centro de creación Matadero
Nave 16
24
Matadero Madrid, Centro de creación Contemporánea
REPSOL
Anta
Legazpi
Legazpi
Sala Taller
M-30
Nave 15
Nave 8
M-30
Paseo del Molino
Kutxabank
M-30
50m
M-30
Nave 9

阿拉梅地亚社会住宅

该建筑改变了社会住宅的普遍认知类型，成功建立了一个具有公共识别特征的居住社区。建筑师尝试解决高密度、大体量社会住宅对城市景观的影响，立面深浅不同的铝板饰面强调纵向的延度。窗洞开启的位置和尺寸考虑不同的朝向，并使用双层隔热保温面层提高居住品质。住宅使用屋顶露台的错落竖向变化，在城市边缘地带建立了新的天际线轮廓。

石油天然气企业总部

建筑的设计和建造过程符合 LEED 以及欧洲绿色建筑标准，体现在六项主要评估标准中：可持续性的场地、水源利用率、空气和能源、材料和生活资料、室内空气质量、创新技术。

门德斯阿瓦罗社会住宅

四个体块在平面上向手指状伸开，因此所有的公寓都可以朝向阳光和外部，共用的室内空间也被激活。

马德里大区公共图书馆

由 19 世纪末的啤酒厂历史建筑群改建的公共图书馆和档案馆，为现代化的图书和文献中心，科学地保存着文献遗产。新的平滑的建筑元素与原有啤酒厂的粗糙的红砖面形成对比。内部创造性地利用了工业建筑空间，例如把粮食储存罐改为书库。

屠宰场文化中心

当代成功的建筑综合体转型的实践之一，将原有的市级屠宰场转型成为一个聚会场所和文化传播的平台。原建筑是具有新穆德哈尔风格、传统陶瓷装饰艺术的屠宰场和肉厂，新的功能适应 21 世纪多元文化空间的要求，实现了历史档案展陈、工作坊、视觉艺术中心、舞蹈和剧场、电影院等文化功能。

⑳ 阿拉梅地亚社会住宅
Viviendas sociales en Alamedilla

建筑师：Solid arquiectura
地址：Calle Garganta de los Montes, 2
类型：居住建筑
年代：2011

㉑ 石油天然气企业总部
Campus Reposal

建筑师：Rafael de La-Hoz
地址：Calle de Méndez Álvaro, 44
类型：办公建筑
年代：2013

㉒ 门德斯阿瓦罗社会住宅
20 viviendas VPO en Méndez Alvaro

建筑师：Solid arquiectura/ Soto Maroto
地址：Calle Méndez Álvaro 24-24B
类型：居住建筑
年代：2014

㉓ 马德里大区公共图书馆
Biblioteca Pública Regional de la Comunidad de Madrid

建筑师：曼西亚 & 图隆
Moreno mansilla & Tuñón
地址：Calle de Ramírez de Prado, 3
类型：科教建筑
年代：2003

㉔ 屠宰场文化中心
Centro de creación Matadero

建筑师：Various Authors
地址：Plaza de Legazpi, 8
类型：文化建筑
年代：2012

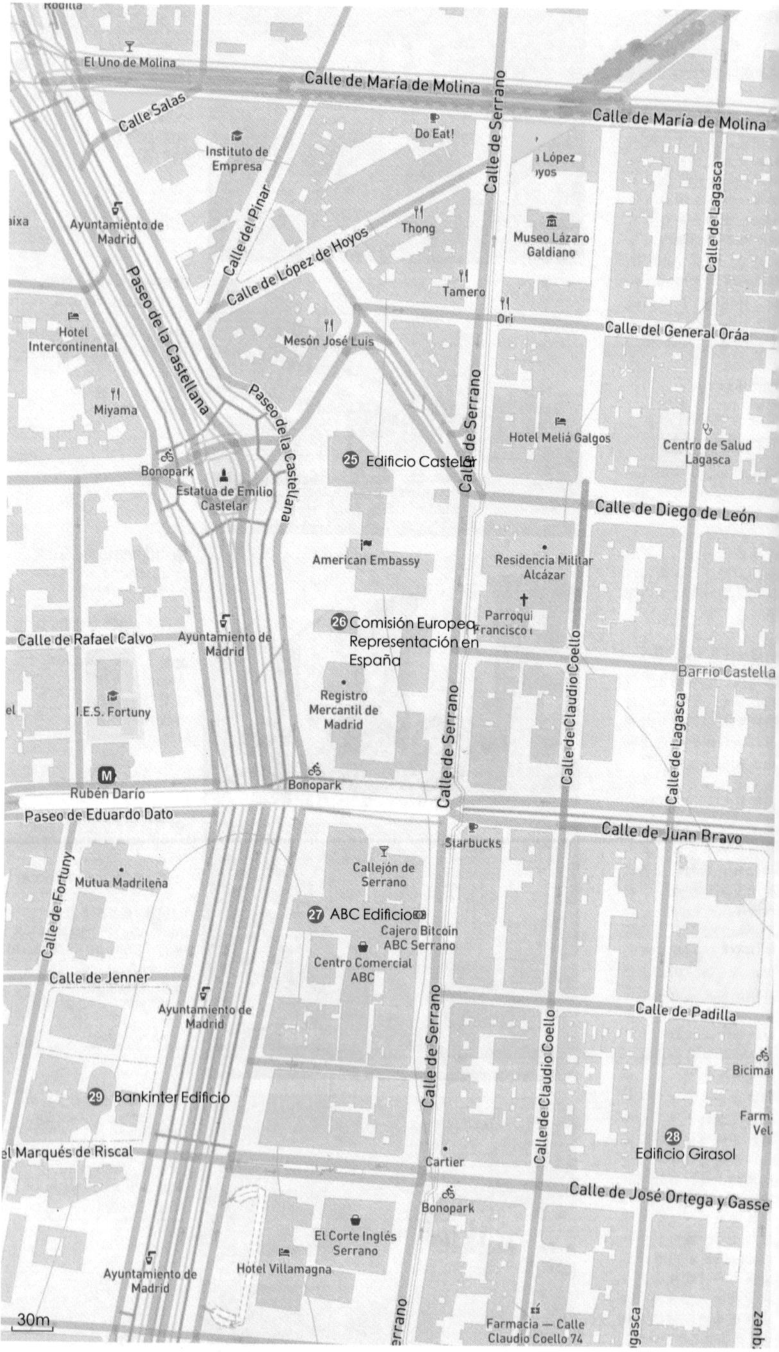
El Uno de Molina
Calle de María de Molina
Calle de María de Molina
Calle Salas
Do Eat!
Instituto de Empresa
Calle de Serrano
Ayuntamiento de Madrid
Calle del Pinar
Thong
Museo Lázaro Galdiano
Calle de Lagasca
Calle de López de Hoyos
Tamero
Paseo de la Castellana
Ori
Hotel Intercontinental
Mesón José Luis
Calle del General Oráa
Paseo de la Castellana
Miyama
Calle de Serrano
Hotel Meliá Galgos
Centro de Salud Lagasca
25 Edificio Castelar
Bonopark
Estatua de Emilio Castelar
Calle de Diego de León
American Embassy
Residencia Militar Alcázar
26 Comisión Europea. Representación en España
Calle de Rafael Calvo
Ayuntamiento de Madrid
Barrio Castella
I.E.S. Fortuny
Registro Mercantil de Madrid
Calle de Serrano
Calle de Claudio Coello
Calle de Lagasca
Rubén Darío
Bonopark
Paseo de Eduardo Dato
Starbucks
Calle de Juan Bravo
Calle de Fortuny
Mutua Madrileña
Callejón de Serrano
27 ABC Edificio
Cajero Bitcoin ABC Serrano
Centro Comercial ABC
Calle de Jenner
Ayuntamiento de Madrid
Calle de Padilla
Calle de Serrano
Calle de Claudio Coello
29 Bankinter Edificio
28 Edificio Girasol
Cartier
Calle de José Ortega y Gasse
Bonopark
El Corte Inglés Serrano
Hotel Villamagna
Ayuntamiento de Madrid
30m
Farmacia — Calle Claudio Coello 74

卡斯特拉大楼

悬挂式施工法完成的装记式建筑的典范，它的钢筋混凝土核心筒置于建筑一侧，实现悬臂式钢结构主体。通过双层玻璃幕墙采光和隔热。

欢盟驻西班牙办公楼

红色花岗岩，玻璃和铝合金装饰的建筑，外立面展示了空调管道。

ABC 大楼

这座建筑实际上由两座楼组成，其中朝向Serrano 街道的建筑立面属于新穆德哈尔风格，建造于 1899 年；而另一个建筑立面朝向 Paseo de la Castellana 街道，具有西班牙南部的塞维利亚地方特征，建于 1926 年。该建筑在马德里地区率先引入现代主义室内设计，采用新艺术运动的铁艺铸造装饰工艺，目前这里是一个商业中心。

向日葵住宅

平面呈梳状，住宅倾角侧向朝着街道，最有效地利用场地尺度，满足房间私密性。深红色外墙陶瓷贴面包裹整个建筑，表现出波浪形起伏的特征。木制百叶窗增加住宅宁静和温暖的感官体验。

银行大楼

建筑师保留了场地上 19 世纪的折中主义历史建筑，用理性的手法在狭窄的空间内完成的银行办公楼的扩建，实现与旧建筑的协调，又体现新城市建筑的独立；整座建筑谦逊地成为古建筑的红褐色背景墙。建筑师明智地开创了对角线空间，重新定义了场地入口，竖向上最大化办公场所面积；材料使用接近历史建筑的砖材饰面。该建筑在粗野主义盛行的时代背景下展现了设计与建造的精确性与高品质的要求，倡导了对城市文脉的尊重。

㉕ 卡斯特拉大楼
Edificio Castelar

建筑师：Rafael de la-Hoz,Gerardo Olivares James
地址：Paseo de la Castellana, 50
类型：办公建筑
年代：1982

㉖ 欧盟驻西班牙办公楼
Comisión Europea, Representación en España

建筑师：José Antonio Corrales utiérrez, Ramón Vázquez Molezún
地址：Pza de la Castellana 46
类型：办公建筑
年代：1975

㉗ ABC 大楼
ABC Edificio

建筑师：López Sallaberry,González,A.,Anasagasti
地址：Serrano 61 and Paseo de la Castellana 34
类型：办公建筑
年代：1926/1991

㉘ 向日葵住宅
Edificio Girasol

建筑师：José Antonio, Coderch, Manuel Valls
地址：Calle de José Ortega y Gasset, 23
类型：居住建筑
年代：1964

㉙ 银行大楼
Bankinter Edificio

建筑师：拉斐尔 · 莫内欧 /Moneo, Bescós
地址：Paseo de la Castellana 29 c/v Marqués de Riscal
类型：办公建筑
年代：1973

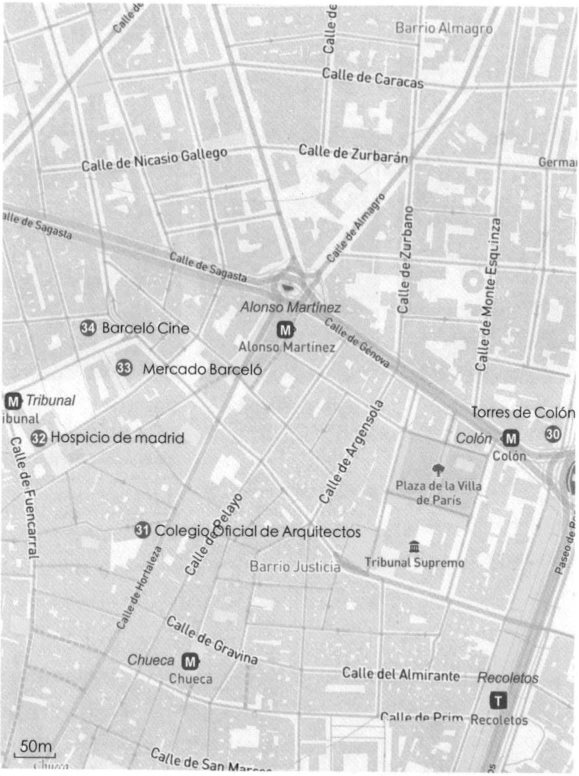

30 **哥伦布大厦**
Torres de Colón

建筑师：Antonio Lamela
地址：Plaza de Colón
类型：办公建筑
年代：1976

哥伦布大厦

该大厦是双塔悬挂式建筑的先驱，高达116m，共23层，两个独立的悬挂式结构通过顶部平台相连接。施工中先建造完成底部基础和二座核心筒，再由顶部向下逐层建设。该楼的层数原可以达到40层的高度，但考虑到首都风貌，被折减为目前的二栋塔式。1990年代的维护和改造工程中加建了屋顶新艺术风格的逃生层，从此二座塔楼连结在一起。

Note Zone

31 建筑师协会总部
Colegio Oficial de Arquitectos

建筑师 :Conzalo Moure
地址 : Calle de Hortaleza, 63
类型 :办公建筑
年代 :2012

32 马德里历史博物馆
Hospicio de madrid (Museo de Historia de Madrid)

建筑师 : Pedto de Ribera
地址 : Calle de Fuencarral, 78
类型 :文化建筑
年代 :18 世纪
开放时间 : 周二至周日 10 : 00-20 : 00。

33 巴塞洛市场
Mercado Barceló

建筑师 :Nieto & Sobejano
地址 : Calle Barceló, 6
类型 :商业建筑
年代 :2014

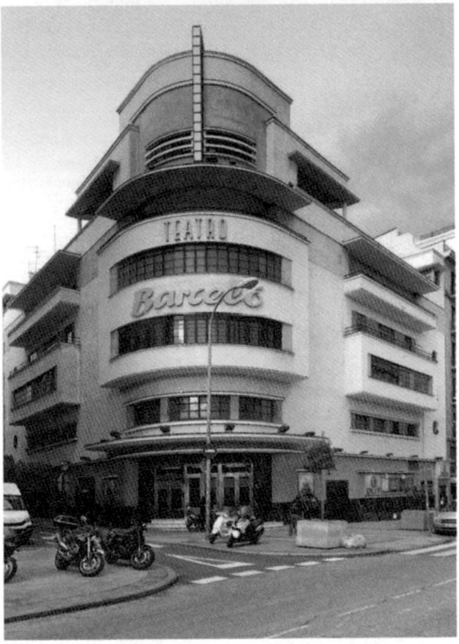

34 巴塞洛电影院
Barceló Cine

建筑师 :Gutiérrez Soto
地址 : Calle Barceló, 11
类型 :剧场建筑
年代 :1930

建筑师协会总部

一个成功的旧城改造项目，在建设建筑师协会办公楼的同时，利用公共花园，组织重建了社区功能建筑，诸如老年日托中心、幼儿园、健身中心、音乐学校等公共设施。

马德里历史博物馆（国家遗产）

巴洛克风格主立面具有祭坛的组织结构，建筑形态上突出强烈的动态，以布景技术给城市增添戏剧化的建筑空间。

巴塞洛市场

建筑被定义为21世纪的农贸市场，兼有市场、运动中心和图书馆3种主要建筑功能，可容纳上百个摊位。市场组合成马德里市中心一栋主要的城市综合体。新建筑保留了街道空间、户外广场、交往平台；整洁、素雅的幕墙与内部多姿多彩的市场氛围形成鲜明的对比。

巴塞洛电影院

马德里理性主义代表建筑，立面水平窗洞的设计受到表现派的影响。主入口面向街区转角，剧场公共大厅和排练厅等空间则可环绕剧场大厅呈“L”形，体现了欧洲理性主义成熟期的设计理念；外立面造型受到门德尔松表现派的影响。

Plaza de Emilio
Jiménez Millas
Bar Ebla
Plaza de España
Calle de San
Bernardino
Calle de los Re
35 Edificio España
Hans
Bicimad 116a
Edificio España
Nemrut
Plaza de España
Quick
de España
50m

Madrid
Bakio
Calle
Bonopark
36 La Gasolinera de Petróleos Porto Pi
Repsol
Calle de Alberto Aguilera
San Bernardo
14 Bikes
Repsol
D'A
lle del Acuerdo
50m

E.T.S.I. Navales
37 Casa do Brasil
A-6
Museo de América
Avenida del Arco de la Victoria
Moncloa
M
50m

38 La Biblioteca de UNED
b Senda del Rey
Avenida de Séneca
Puente de Castilla
50m

Note Zone

Note Zone

㉟ 西班牙大厦
Edificio España

建筑师：Joaquín y Julián Otamendi Machimbarrena
地址：Plaza de España
类型：办公建筑
年代：1953

㊱ 加油服务站
La Gasolinera de Petróleos Porto Pi

建筑师：Casto Fernández Shaw
地址：Calle Alberto Aguilera 18
类型：交通建筑
年代：1927/1996

㊲ 巴西之家
Casa do Brasil

建筑师：Luis Alfonso d'Escragnolle Filho
地址：Av. de la Memoria,3
类型：科教建筑
年代：1985

㊳ UNED 大学城图书馆
La Biblioteca de UNED

建筑师：Linazasoro
地址：Calle Senda del Rey, 5
类型：科教建筑
年代：1996
开放时间：周一至周五 9：00-19:30，八月一日至十五日闭馆。

西班牙大厦

大厦建成时，属于全欧洲最高的建筑物，达到117m，共25层楼。它具有对称式的立面矗立于西班牙广场，包含了酒店、购物中心、办公楼和公寓等功能，共有32座电梯。立面设计是以红色面砖和米色石灰岩板材装饰的新巴洛克风格。

加油服务站

西班牙第一座现代主义建筑。西班牙现代主义先锋建筑的代表。建筑以简洁的空间布置满足加油站功能，还包括一座一层楼的小建筑停放汽车，一个办公室，一个寝室以及一栋具有扩音器的塔楼。

巴西之家

四组混凝土建筑具有相对独立的基础来适应地形，简约的建筑造型受到巴西建筑师奥斯卡·尼迈耶和卢西奥·奥斯卡的影响。建筑立面顺应功能和朝向，北立面使用水平向的混凝土格栅，通过立面孔洞为室内走廊提供自然采光。

UNED 大学城图书馆

建筑室内外形态对立，外形是严谨的立方体，内部中厅却是通高的圆厅，柔和而亲切的照明几乎全来自"井"字形吊顶的天窗，充分利用了自然光源。外砖墙立面体现了1930年代第一座大学城的建筑风采。

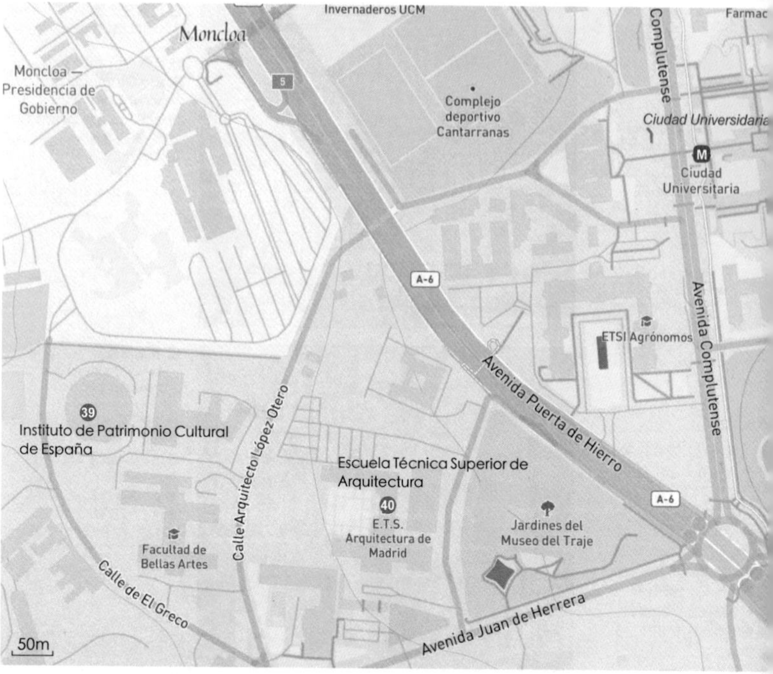
Invernaderos UCM
Moncloa
Moncloa — Presidencia de Gobierno
Complejo deportivo Cantarranas
Complutense
Ciudad Universidaria
Ciudad Universitaria
A-6
ETSI Agrónomos
Avenida Complutense
Avenida Puerta de Hierro
39
Instituto de Patrimonio Cultural de España
Calle Arquitecto López Otero
Escuela Técnica Superior de Arquitectura
40
E.T.S. Arquitectura de Madrid
Jardines del Museo del Traje
Facultad de Bellas Artes
Calle de El Greco
Avenida Juan de Herrera
50m

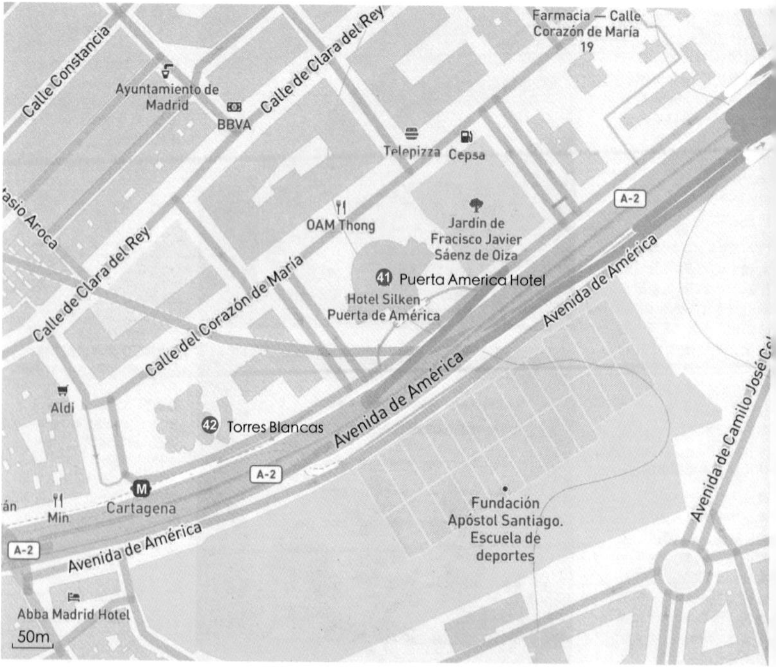
Farmacia — Calle Corazón de María 19
Calle Constancia
Calle de Clara del Rey
Ayuntamiento de Madrid
BBVA
Telepizza
Cepsa
A-2
OAM Thong
Jardín de Fracisco Javier Sáenz de Oiza
41 Puerta America Hotel
Hotel Silken Puerta de América
Calle de Clara del Rey
Calle del Corazón de María
Avenida de América
Aldi
42 Torres Blancas
Avenida de Camilo José Cela
Cartagena
Min
Fundación Apóstol Santiago. Escuela de deportes
Avenida de América
Abba Madrid Hotel
50m

lote Zone

㊴ **艺术修复中心**
Instituto del Patrimonio Cultural de España

建筑师：Fernando Higueras
地址：Calle Pintor el Greco, 4
类型：文化建筑
年代：1961

㊵ **马德里建筑学院**
Escuela Técnica Superior de Arquitectura

建筑师：Pascaul Pascual Bravo,García de Castro
地址：Avenida de Juan de Herrera, 4
类型：科教建筑
年代：1932

㊶ **美洲酒店**
Puerta America Hotel

建筑师：让·努韦尔等 /Jean Nouvel,etc
地址：Av. De América 41
类型：居住建筑
年代：2005

㊷ **布兰卡白塔**
Torres Blancas

建筑师：萨恩兹·德·奥伊萨 / Sánez de Oíza
地址：Corazón de María 2 c/v Av.de América 37
类型：居住建筑
年代：1961

艺术修复中心（国家遗产）

艺术修复中心坐落在马德里西部大学城地区。20世纪60年代受意大利建筑学术代表Bruno Zevi, Gio Ponti等人的主要影响。 它建立了有机的结构表现的建筑模式，与同时期理性主义和复古主义形成对比。

马德里建筑学院

复古主义立面，马德里大学城最早期的建筑之一。建筑使用“O”形平面，二栋主楼分别设置教师办公区和学生教学区，体现理性的功能主义原则。

美洲酒店

邀请诸如扎哈·哈迪德、让·努维尔、诺曼·福斯特等当代著名建筑师为酒店设计客房。建筑、室内设计和艺术设计共同协作完成，以国家和民族主题迎接国际旅客。

布兰卡白塔

马德里有机建筑流派的代表。建筑师同时吸收了柯布西耶的理性主义和赖特的有机主义理论，建造出一个有机生长的高层住宅。总高度达到81m，内部功能主要是住宅和办公。外墙由于预算的原因，保持灰色混凝土。内核心筒和外墙作为承重结构。

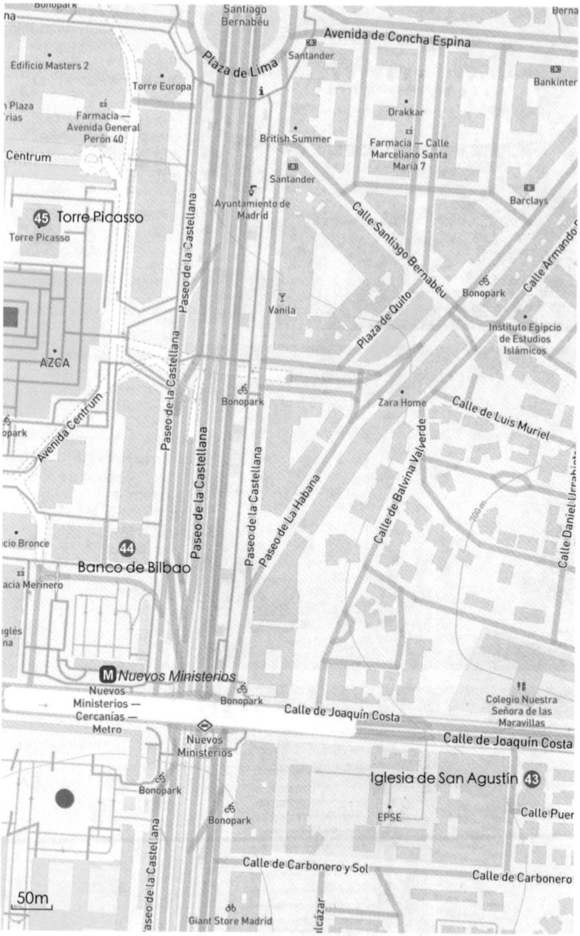
Santiago
Bernabéu
Avenida de Concha Espina
Plaza de Lima
Santander
Edificio Masters 2
Torre Europa
Bankinter
Farmacia — Avenida General Perón 40
Drakkar
British Summer
Farmacia — Calle Marceliano Santa María 7
Centrum
Santander
Barclays
Ayuntamiento de Madrid
45 Torre Picasso
Torre Picasso
Calle Santiago Bernabéu
Paseo de la Castellana
Vanila
Bonopark
Plaza de Quito
Instituto Egipcio de Estudios Islámicos
AZCA
Bonopark
Zara Home
Calle de Luis Muriel
Avenida Centrum
Paseo de la Castellana
Calle de Balvina Valverde
Paseo de La Habana
Calle Daniel Urrabieta
44
Banco de Bilbao
Nuevos Ministerios
Nuevos Ministerios — Cercanías — Metro
Bonopark
Calle de Joaquín Costa
Colegio Nuestra Señora de las Maravillas
Calle de Joaquín Costa
Nuevos Ministerios
Iglesia de San Agustín 43
Bonopark
EPSE
Calle de Carbonero y Sol
Calle de Carbonero
Giant Store Madrid
50m

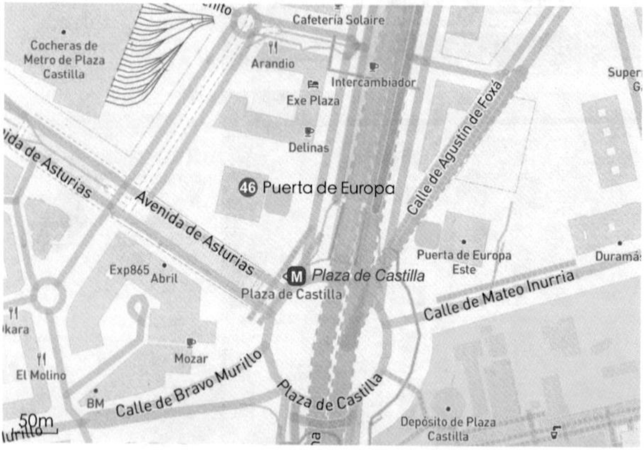
Cafetería Solaire
Cocheras de Metro de Plaza Castilla
Arandio
Intercambiador
Exe Plaza
Delinas
Calle de Agustín de Foxá
46 Puerta de Europa
Avenida de Asturias
Puerta de Europa Este
Exp865
Abril
Plaza de Castilla
Plaza de Castilla
Calle de Mateo Inurria
Mozar
El Molino
BM
Calle de Bravo Murillo
Plaza de Castilla
Depósito de Plaza Castilla
50m

Note Zon

Note Zone

㊸ **圣奥古斯丁教堂**
Iglesia de San Agustín

建筑师：路易斯·莫亚·布兰克 /Luis Moya Blanco
地址：Calle de Joaquín Costa, 10,
类型：宗教建筑
年代：1949

㊹ **毕尔巴鄂银行大楼**
Banco de Bilbao

建筑师：萨恩兹·德·奥伊萨 / Sáenz de Oíza
地址：Paseo de la Castellana, 81
类型：办公建筑
年代：1978

㊺ **毕加索大厦**
Torre Picasso

建筑师：山崎实 /Yamasaki, Jorge Mir Rafael Coll
地址：Plaza Pablo Ruiz Torre Picasso 1
类型：办公建筑
年代：1979

㊻ **欧洲之门**
Puerta de Europa

建筑师：菲利普·约翰逊 / Philip Johnson, John Burgee
地址：Plaza de Castilla
类型：办公建筑
年代：1996

圣奥古斯丁教堂

西班牙内战后历史主义建筑代表作。椭圆形平面和穹顶，4 个小礼拜堂环绕外立面使用地方传统的红砖砌筑工艺。

毕尔巴鄂银行大楼

双核心筒结构解决了较短的施工周期和地下火车隧道通过的可能性。六个预应力混凝土平台分别支撑 5 层钢结构楼层，总高 37 层，这也是立面的组成逻辑。

毕加索大厦

20 世纪马德里建造的最高的摩天大楼，建筑师雅马萨奇使用简练的线条突出新高层建筑美学，顶部的檐口装饰使得整座塔楼具有多立克柱式的联想。

欧洲之门

后现代主义建筑师菲利普·约翰逊的代表作。钢结构摩天楼，141m 高相对向内 15° 倾斜，建筑试图打破线性城市规划的框架。建筑抽象轮廓灵感来源于苏联结构主义艺术家亚历山大·罗钦可。

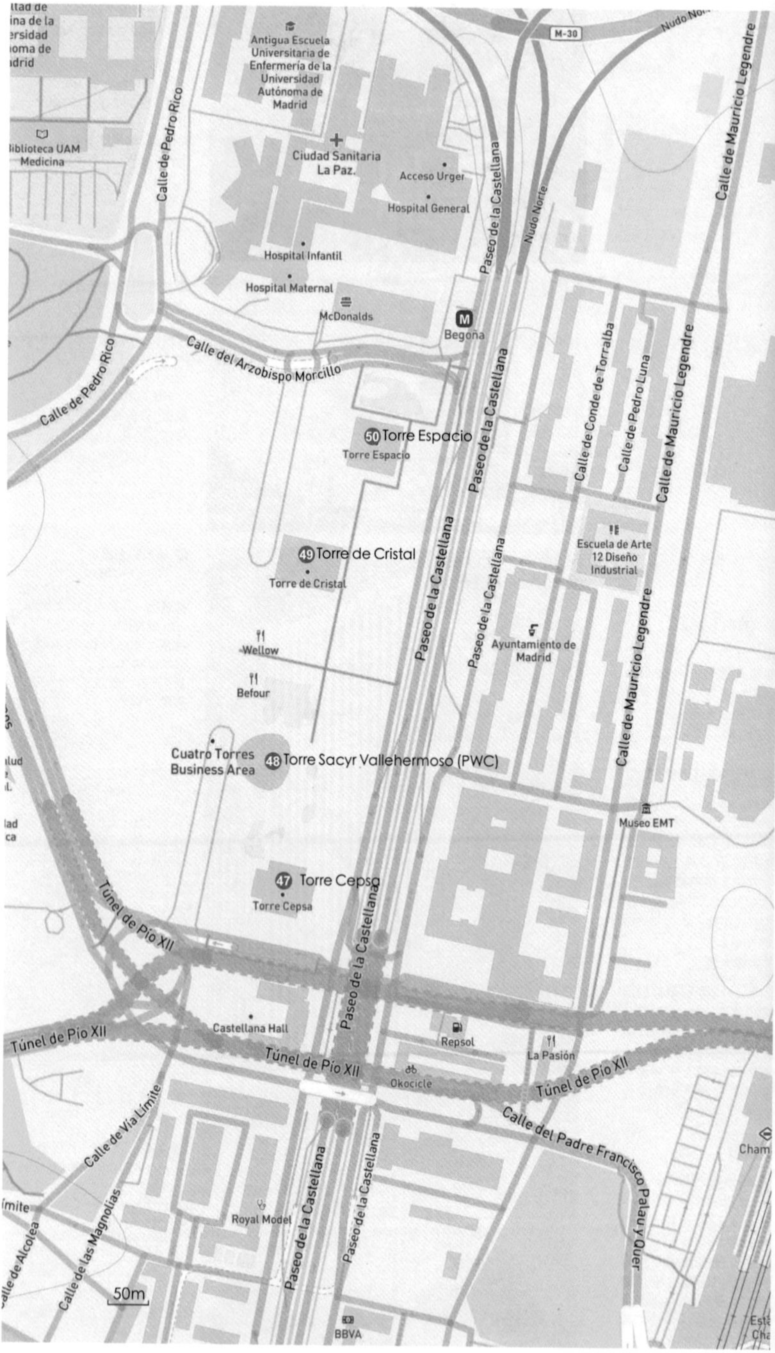
Antigua Escuela Universitaria de Enfermería de la Universidad Autónoma de Madrid
Ciudad Sanitaria La Paz.
Acceso Urger
Hospital General
Hospital Infantil
Hospital Maternal
McDonalds
Begoña
M-30
Nudo Norte
Calle de Pedro Rico
Calle del Arzobispo Morcillo
Paseo de la Castellana
Calle de Mauricio Legendre
Calle de Conde de Torralba
Calle de Pedro Luna
50 Torre Espacio
Torre Espacio
49 Torre de Cristal
Torre de Cristal
Escuela de Arte 12 Diseño Industrial
Ayuntamiento de Madrid
Wellow
Befour
Cuatro Torres Business Area
48 Torre Sacyr Vallehermoso (PWC)
Museo EMT
47 Torre Cepsa
Torre Cepsa
Túnel de Pío XII
Castellana Hall
Repsol
La Pasión
Okocicle
Calle del Padre Francisco Palau y Quer
Calle de Vía Límite
Calle de las Magnolias
Calle de Alcolea
Royal Model
BBVA
50m

Note Zone

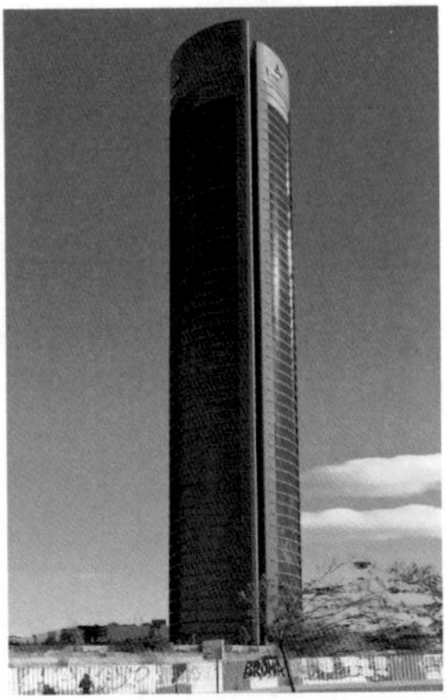

47 马德里银行大楼
Torre Cepsa

建筑师 :福斯特及合伙人建筑事务所 Foster & Parteners
地址 : Torre Foster, Paseo de la Castellana, 259A
类型 :办公建筑
年代 :2009

48 萨希尔大厦
Torre Sacyr Vallehermoso (PWC)

建筑师 :Carlos Rubio Carvajal, Enrique Áñvarez-Sala Walker
地址 : Edificio Torre PwC, Paseo de la Castellana, 259B
类型 :办公建筑
年代 :2008

49 水晶塔
Torre de Cristal

建筑师 :西萨 · 佩里 / Cesar Pelli
地址 : Torre de Cristal, Paseo de la Castellana, 259C
类型 :办公建筑
年代 :2009

50 空间塔
Torre Espacio

建筑师 :贝聿铭及合伙人建筑事务所 / Pei Cobb Freed & Partners
地址 : Paseo de la Castellana, 259D,
类型 :办公建筑
年代 :2008

马德里银行大楼

西班牙最高的建筑，达到250m，入口大厅达到13.5m。设计采用外置双核心筒结构，每12层设置结构转换层，两个核心筒之间布置使用空间。钢结构用量达到1.1万吨，外立面使用玻璃和防锈钢分隔。

萨希尔大厦

建筑高达236m，马德里最豪华的酒店占据了六成建筑空间，最高两层含有一个豪华全景观光餐厅。高层塔楼采用双层鳞片状玻璃幕墙。另外，大楼装配有3台2.5kw功率的风力涡轮机提供辅助能源。

水晶塔

建筑高度目前在西班牙排名第二，达到249m。建筑形体以蓝色玻璃包裹，体量切割成多面反射体，如同一枚精致的宝石。

空间塔

办公楼建筑高达230m，57层，主要提供给重要的企业和使馆办公场所。建筑和工程师团队使用了余弦曲线的数学公式来完成幕墙的组装，达到平面从底座的矩形向上衍生为曲菱形的独特、动态的雕塑特征。

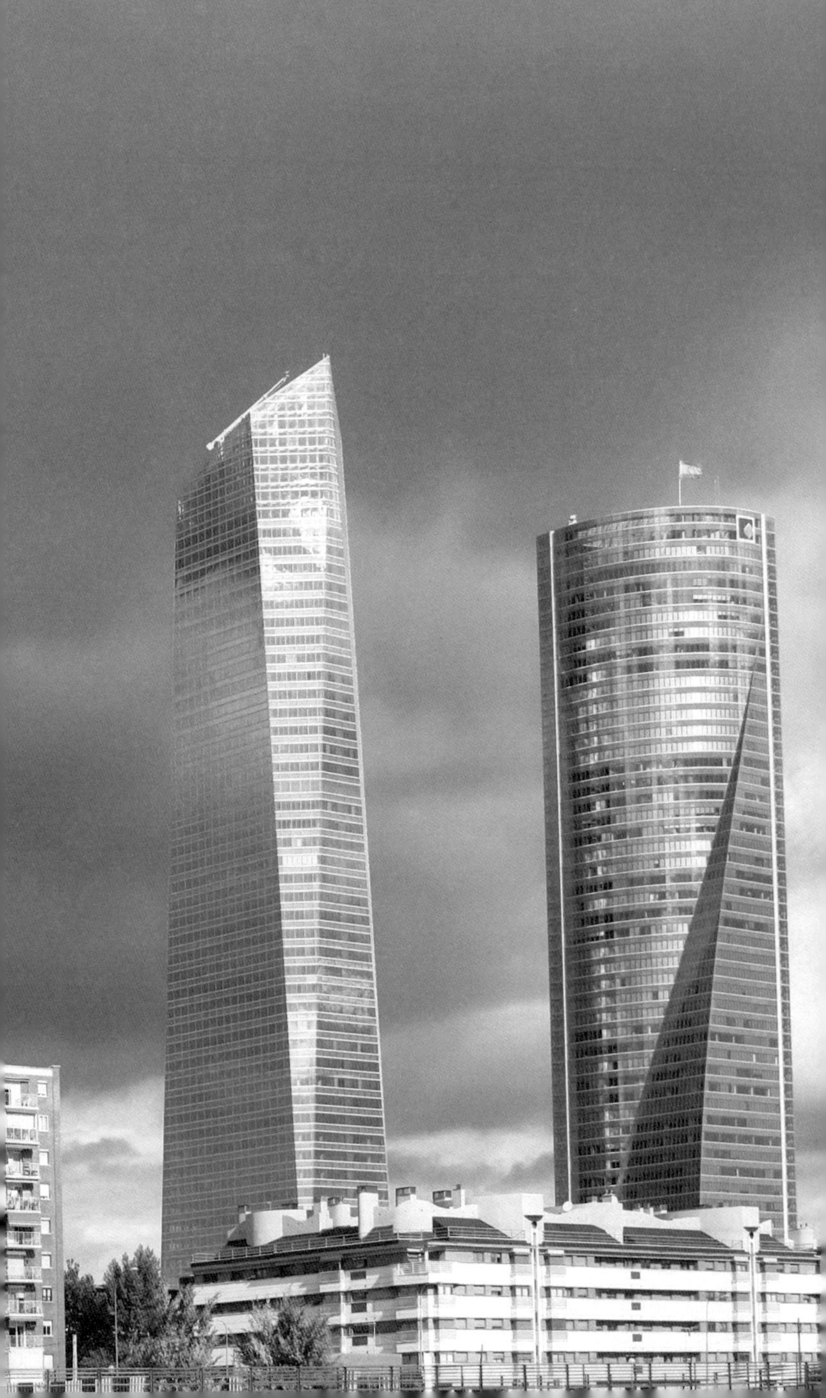

马德里银行大楼／福斯特及合伙人建筑事务所
萨希尔大厦／Carlos Rubio Carvajal, Enrique Áñvarez-Sala Walker
水晶塔／西萨·佩里
空间塔／贝聿铭及合伙人建筑事务所

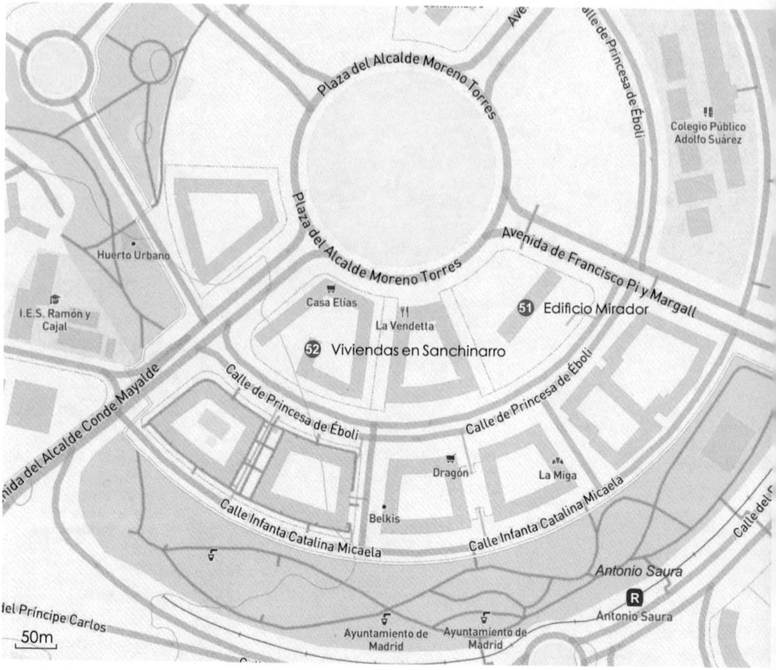
Plaza del Alcalde Moreno Torres
Calle de Princesa de Éboli
Colegio Público Adolfo Suárez
Huerto Urbano
I.E.S. Ramón y Cajal
Avenida de Francisco Pi y Margall
Casa Elías
La Vendetta
51 Edificio Mirador
52 Viviendas en Sanchinarro
Avenida del Alcalde Conde Mayalde
Dragón
La Miga
Belkis
Calle Infanta Catalina Micaela
Antonio Saura
del Príncipe Carlos
Ayuntamiento de Madrid
50m

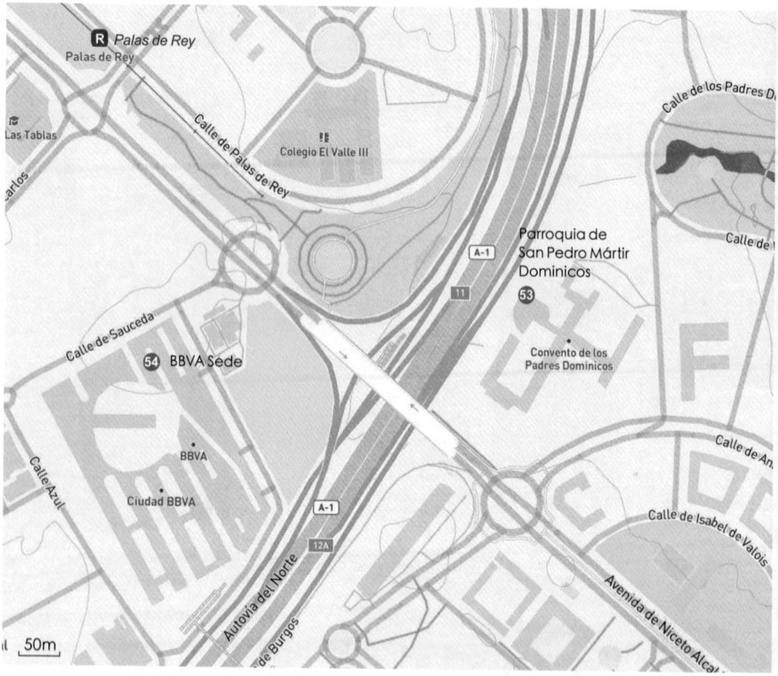
Palas de Rey
Las Tablas
Calle de Palas de Rey
Colegio El Valle III
Calle de los Padres D
A-1
Parroquia de San Pedro Mártir Dominicos
53
Calle de Sauceda
54 BBVA Sede
Convento de los Padres Dominicos
BBVA
Ciudad BBVA
Calle Azul
Calle de Isabel de Valois
Autovía del Norte
Avenida de Niceto Alcal
de Burgos
50m

Note Zone

51 米拉多社会住宅
Edificio Mirador

建筑师 :MVRDV & Blanca Lleó
地址 : Calle Princesa de Eboli,21
类型 :居住建筑
年代 :2005

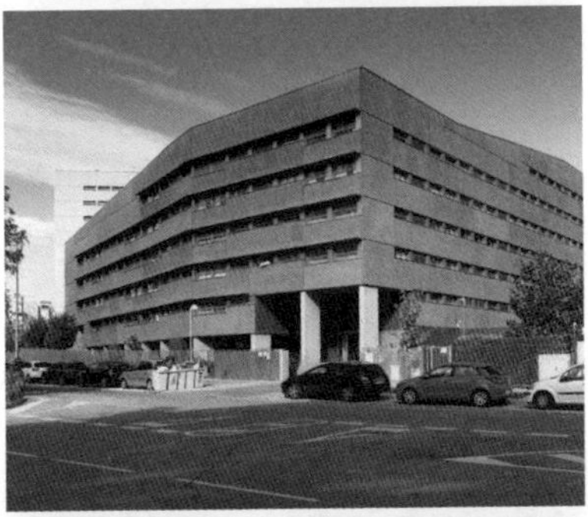

52 三池拉诺社会住宅
Viviendas en Sanchinarro

建筑师 :Burgos & Garrido
地址 : Plaza Alcalde Moreno Torres
类型 :居住建筑
年代 :2007

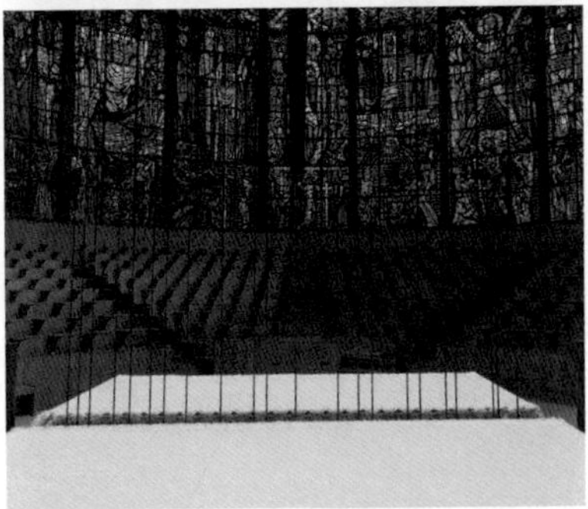

53 多米尼哥教堂
Parroquia de San Pedro Mártir Dominicos

建筑师 : 米歇尔 · 费萨克 / Miguel Fisac
地址 : Av.de Burgos 204. Alcobendas
类型 :宗教建筑
年代 :1955

54 BBVA 银行总部
BBVA Sede

建筑师 : 赫尔佐格与德梅隆 / Herzog & de Meuron
地址 : Calle Azul, 4
类型 :办公建筑
年代 :2013

米拉多社会住宅

该住宅是建筑师在传统的社区地块内创造多元文化体验的居住空间，大楼内部邻里单元在立面上以不同色彩区分，体现不同类型的户型单元。在竖向上，距地面高达 36.85m 的空中庭院插入建筑实体，是远方马德里山区景观的景框。

三池拉诺社会住宅

谨慎地融入它当前的文脉中，但是又被赋予可识别的轮廓，建筑通过一种开放的螺旋形的空间和一个内部花园作为日常使用。

多米尼哥教堂

从传统建筑空间形式中寻求进步，创造出宗教空间的新形式。教堂主厅双曲线平面，筒状天光照亮了中心圣坛，分离出唱诗班。空间质朴而宁静，但是又突出多彩的透光玻璃墙面和宗教雕像。

BBVA 银行总部

建筑空间由庭院、步道和小花园 3 种要素构成，试图把银行大楼的办公区塑造成城市绿洲；内部交通设计以人际交流为目的的步行网络，采用组团式的办公体，穿插不同尺度的绿植庭院。基座建筑外立面幕墙依据朝向调整尺寸和角度，最大化利用自然光。

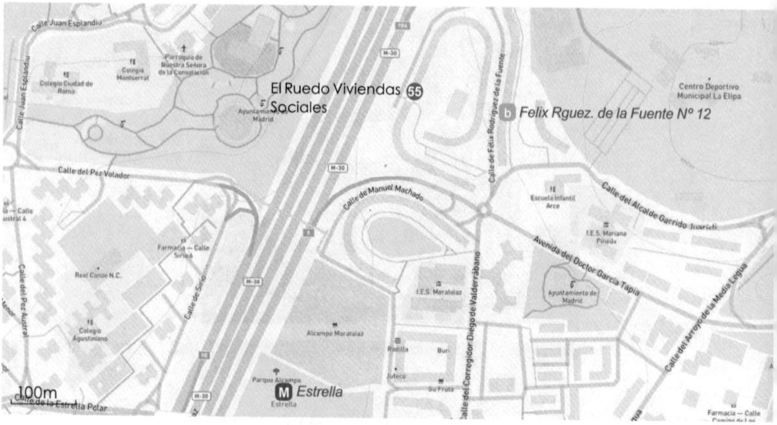
El Ruedo Viviendas Sociales 55
b Felix Rguez. de la Fuente Nº 12
M Estrella
Estrella
100m
Calle Juan Esplandiu
Calle del Pez Volador
Calle de Manuel Machado
Calle del Alcalde Garrido Juaristi
Avenida del Doctor García Tapia
Calle del Corregidor Diego de Valderrábano
Calle de Félix Rodríguez de la Fuente
Calle del Arroyo de la Media Legua
Calle de Sirio
Calle del Pez Austral
Calle Juan Esplandiu
Centro Deportivo Municipal La Elipa
Escuela Infantil Arce
I.E.S. Mariana Pineda
Ayuntamiento de Madrid
I.E.S. Moratalaz
Alcampo Moratalaz
Parque Alcampo
Real Canoe N.C.
Colegio Agustiniano
Colegio Ciudad de Roma
Colegio Montserrat
Parroquia de Nuestra Señora de la Consolación
Farmacia — Calle Sirio 6
M-30

M La Gavia
La Gavia
56 64 Viviendas sociales en Vallecas
b Peñaranda de Bracamonte - Puentedey
57 Viviendas Sociales en Vallecas
100m
Avenida Ensanche de Vallecas
Calle del Alto de la Sartenilla
Calle Baños de Valdearados
Calle de Puentedey
Avenida del Cerro Milano
Calle de Entrepeñas
Grupo Ortiz
Colegio Público José de Echegaray
M-45

58 132 viviendas en el Enanche de Vallecas
b Cardenal V.Enrique y Tarancon-Pilar Mada
M Valdecarros
Valdecarros
100m
Calle de Fernando Chueca
Calle Pilar de Madariaga Rojo
Gran Vía del Sureste
Calle del Cerro del Murmullo
Calle del Arte Figurativo
Calle de Eduardo Chillida
Calle de Valdeculebras

Note Zone

㊺ 努诶朵社会住宅
El Ruedo Viviendas Sociales

建筑师：萨恩兹·德·奥伊萨 / Sánez de Oíza
地址：Félix Rodríguez de la Fuente
类型：居住建筑
年代：1986

㊻ 瓦德阿拉多社会住宅
64 Viviendas sociales en Vallecas

建筑师：Rueda & Pizarro
地址：C/ Baños de Valdearados, 7, Vallecas.
类型：居住建筑
年代：2011

㊼ 布拉卡蒙特社会住宅
Viviendas Sociales en Vallecas

建筑师：Guillermo Vázquez Consuegra
地址：Calle Peñaranda de Bracamonte, 71, 28051 Madrid, Spain
类型：居住建筑
年代：2014

㊽ 彼纳社会住宅
132 viviendas en el Enanche de Vallecas

建筑师：Estudio Entresitio
地址：Calle PILAR Madariaga ROJO, 9
类型：居住建筑
年代：2009

努诶朵社会住宅

20世纪末期的社会住宅项目。600m长的螺旋平面的8层红砖建筑，在城市干道一侧引人注目。内庭院几何色彩的装饰源自西班牙南部的庭院色彩。密集的细窗和过大的体量被公众认为过于接近“监狱”的形象。过于局促的户型设计带来使用的不便。

瓦德阿拉多社会住宅

一处位于转角区域的建筑，设计在利用了住宅建筑热力学原理的同时，保证平面设计更加灵活。根据自然采光的条件对建筑体形准确地切割和调整，底部向内倒角留出景观空间和交通平台。外立面依据房间使用3种开窗的模块：西南方向 是2.4m×2.35m的客厅窗；东北方向是0.75m×2.35m与衣柜间形成的通风窗；最后是0.2m宽的垂直交通体的洞窗。

布拉卡蒙特社会住宅

两个体块，互相对立，相互平行，使所有公寓单元都有最佳的视线和朝向两个朝外的立面户型实现良好的通风和照明。外立面材料使用铝合金遮阳板，反射环境的变化和多样性。建筑体量的减法用以削弱对交通环岛的压迫感。

彼纳社会住宅

塔式和板式的不平衡和异向尺度，用高度对比和镀锌表皮肌理强调它的城市环境空间。

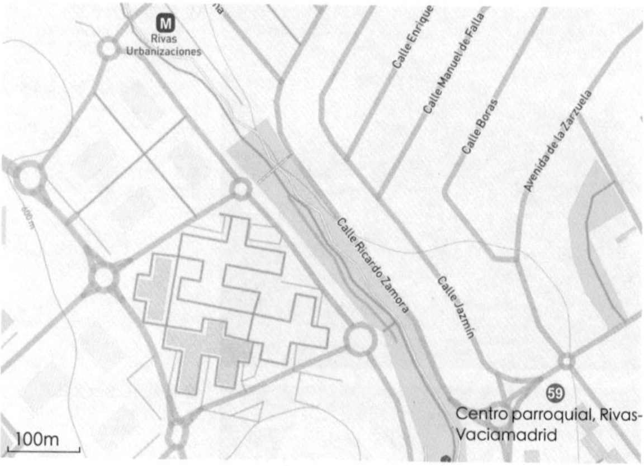

Note Zone

⑲ **里瓦教区中心**
Centro Parroquial, Rivas-Vaciamadrid

建筑师：Vicens & Ramos
地址：Calle Libertad 17, Rivas-Vaciamadrid
类型：宗教建筑
年代：2008
备注：距离马德里市中心约 20 公里。

⑳ **万达大都会球场**
Wanda Metropolitano

建筑师：Cruz y Ortiz Arquitectos
地址：Av.de los Arcentales and M-40 Ringroad
类型：体育建筑
年代：1984

里瓦教区中心

造型突破常规的宗教建筑，包裹暗红色的耐候钢板冲破天际，以激进的几何形体表现力量感。它坐落于相对狭长的地块，建筑师大胆地再塑了宗教的向心空间并适应宗教仪式活动。外部东侧立面的金属几何体为祭坛空间捕捉自然光，从而使外部形态与内部仪式得到统一。

万达大都会球场

原建筑是混凝土工程的体育场杰作，通过矩形曲面墙体支撑一个大型看台，满足田径赛事的观赏需要，也适合大型音乐会和节庆活动。由于它的独特看台造型被冠以“梳子体育场”的称号。2016年公布新的改造方案，该体育场改建为马德里竞技足球俱乐部的主场。因中国万达集团成为股东后，被冠名为万达大都会球场。新球场委任原建筑师团队进行改扩建。设计体现了原碗状混凝土结构与新加建的飘浮膜结构的艺术对比，象征不同的时代意义。球场内，看台空间具有极强的视觉感染力，它的覆顶结构呈向心放射形，由双层张拉环钢结构实现主体框架，用三弦桁架结构支撑高达 46500m^2 的高分子纤维膜。球场与菲利普照明合作，采用 LED 全景照明，可依据赛事活动需要自由调整环境光方案，并可提供高达一千六百万色的可选色。除了作为一座足球场，其内部配置了 11000m^2 的会议、商业、美食中心，为场内外的球迷和公众带来多样、高品质的赛事体验。

Note Zone

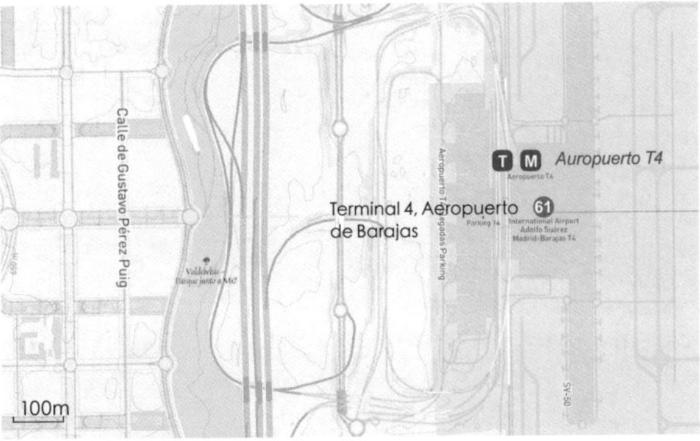

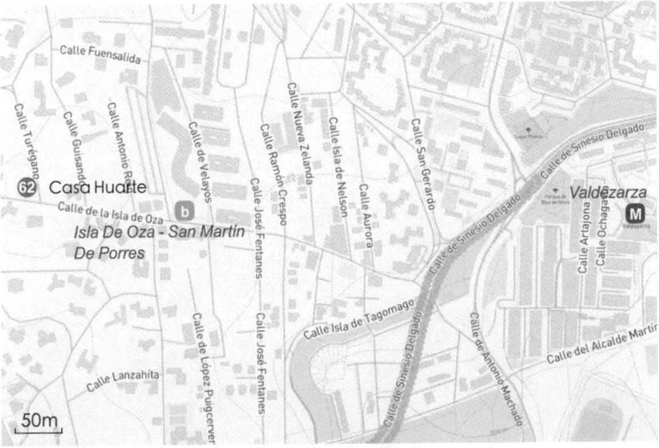

马德里 4 号航站楼

这是一座向旅行致敬的航站楼，它致力于创造一个诗意的乘机环境来丰富旅行的意义，是当代高技派建筑的代表。建筑概念表达了山脉状起伏的屋盖，呼应自然景观。钢结构屋顶内侧以竹木吊顶，东、西两侧利用大屋面挑檐防止阳光直射，室内大厅通过屋顶圆形天窗获取自然照明，坚持了能源友好型和人性化的设计原则。目前，它的总面积达 110 万 m^2，并预留了未来扩建的接驳设计。航站楼年发送旅客量在 3500 万人次，预计在 2020 年达到 5000 万人次。

61 马德里 4 号航站楼
Terminal 4, Aeropuerto de Barajas

建筑师：理查德 · 罗杰斯 / Richard Rogers, Estudio Lamela
地址：Km12 Autovía A-2
类型：交通建筑
年代：2006

乌阿特住宅

马德里 20 世纪 60 年代现代主义住宅。平面呈梳形，两翼的体量贯穿 3 个院落。每一个院落都具备特殊功能，东部院落是入口大厅，中部院落是游泳池和儿童场地，西部院落为住宅空间服务。建筑动静分区明确；正南北朝向获取最大自然采光，促进花园植被的自然生长。

62 乌阿特住宅
Casa Huarte

建筑师：Corrales/Molezún
地址：Calles Turégano 1 / Isla de Oza 7, urbanización Puerta de Hierro
类型：居住建筑
年代：1965

Dario Aparicio -
Tapia Casariego b
63 Hipodromo de la
Zarzuela
El Barrial-Centro
Comercial Pozuelo
Bus-VAO
Autovía del Noroeste
M-40
Pozuelo
Aravaca
Calle 30
Club de Campo
500m

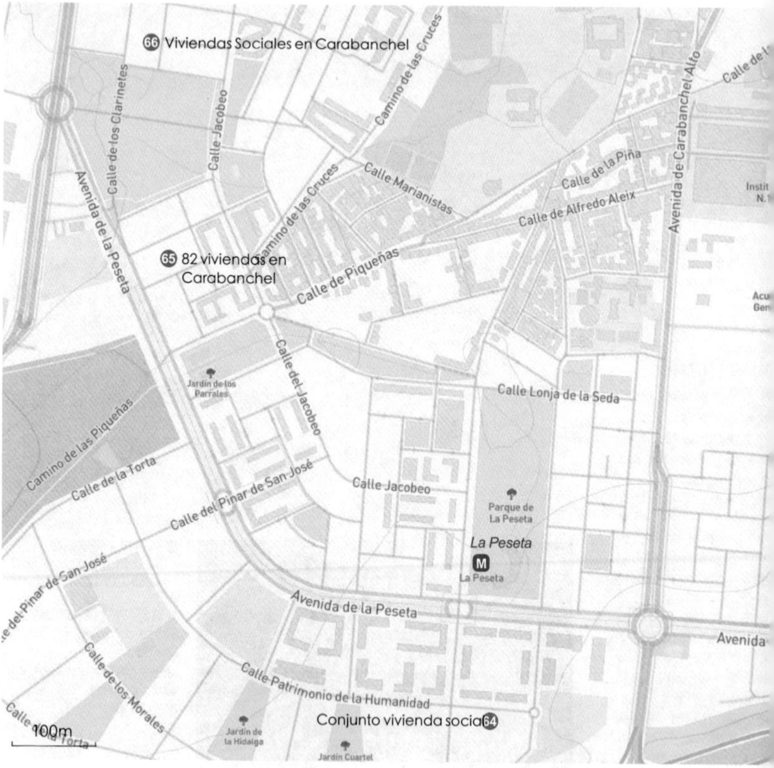
66 Viviendas Sociales en Carabanchel
65 82 viviendas en
Carabanchel
Conjunto vivienda social 64
Calle de los Clarinetes
Calle Jacobeo
Camino de las Cruces
Avenida de Carabanchel Alto
Calle de la Piña
Calle Marianistas
Calle de Alfredo Aleix
Avenida de la Peseta
Calle de Piqueñas
Calle del Jacobeo
Jardín de los
Parrales
Calle Lonja de la Seda
Camino de las Piqueñas
Calle de la Torta
Calle del Pinar de San José
Calle Jacobeo
Parque de
La Peseta
La Peseta
La Peseta
Avenida de la Peseta
Avenida
Calle de los Morales
Calle Patrimonio de la Humanidad
Jardín de
la Hidalga
Jardín Cuartel
100m

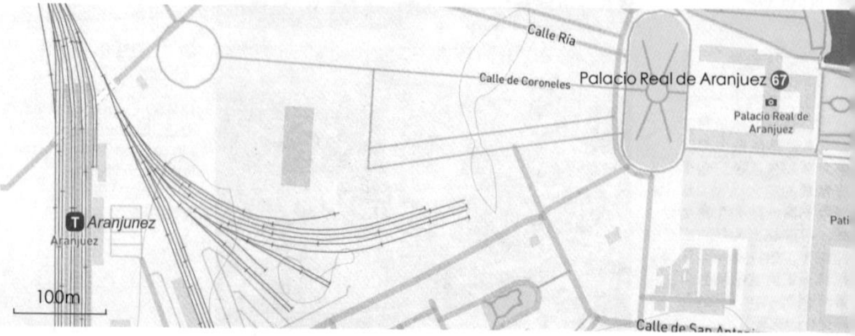
Calle Ría
Calle de Coroneles
Palacio Real de Aranjuez 67
Palacio Real de
Aranjuez
Aranjuez
Aranjuez
100m

马德里赛马场
国家遗产）

昆凝土工程专家合作建戈，混凝土薄板覆顶最薄也6cm。表现与理性的乍品。由于内战爆发，工星没有完全竣工。

乌曼尼达社会住宅

亥住宅是中、低层混合的居住区综合体，原规划设计156套社会住宅。内部划分方格网庭院，贯穿乡村小径般的通道；水平和垂直的模块化住宅组织社区空间，尊重传统居住习俗并且保持了户型的弹生。建筑师最大限度地提升住户单元与外部公共区的联系，尽量接触公共绿地和庭院。另外，两侧高层建筑标示了居住区的出入口位置。

贝瑟达社会住宅

32套住房的社会住宅，设计为堆叠的彩色金属集装箱，每一个住宅单元细胞都有一个预留的小开放空间，内部巨大的庭院作为大规模公共活动使用。

克拉尼内特斯社会住宅

由于地段的限制，住宅单元不得不使用东西朝向。面向公园一侧创造1.5m宽的观景阳台；另一侧立面使用竹制百叶窗，调节不利朝向的日晒。竹百叶板包裹建筑，框架限定统一模式，造成一种不联系、偶然和趣味性的立面模式。该社会住宅探讨了低成本的预算下，既实现公共交往空间的同时，又保留了使用者的自主意愿。

阿兰胡埃斯宫殿
（世界遗产）

西班牙皇室主要的行宫之一，虽然经历三代君主的改造和扩建，但宫殿风格保持了和谐的统一。外立面材料使用红色面砖和白色石灰岩形成精彩的艺术对比。宫殿内部的中国瓷厅和镜厅体现了18世纪新古典和洛可可风格。同时，宫殿群周围阿兰胡埃斯风景园林的演变被列入“世界文化遗产”。

63 马德里赛马场
Hipodromo de la Zarzuela

建筑师：Carlos Arniches, Martín Domínguez, Eduardo Torroja
地址：Av. Padre huidobro s/n
类型：体育建筑
年代：1935

64 乌曼尼达社会住宅
Conjunto vivienda social

建筑师：Thom Mayne
地址：Patrimonio de la Humanidad 2, Carabanchel
类型：居住建筑
年代：2006

65 贝瑟达社会住宅
82 viviendas en Carabanchel

建筑师：Amman, Cánovas & Maruri
地址：Av. de la Peseta, 15, Carabanchel
类型：居住建筑
年代：2009

66 克拉尼内特斯社会住宅
Viviendas Sociales en Carabanchel

建筑师：FOA
地址：Calle Clarinetes, 19, Carabanchel
类型：居住建筑
年代：2006

67 阿兰胡埃斯宫殿
Palacio Real de Aranjuez

建筑师：Juan Bautista de Toledo, Juan de Herrera
地址：Plaza de Parejas, s/n, Aranjuez, Madrid
类型：文化建筑
年代：17世纪
开放时间：周二至周日10:00-20:00。

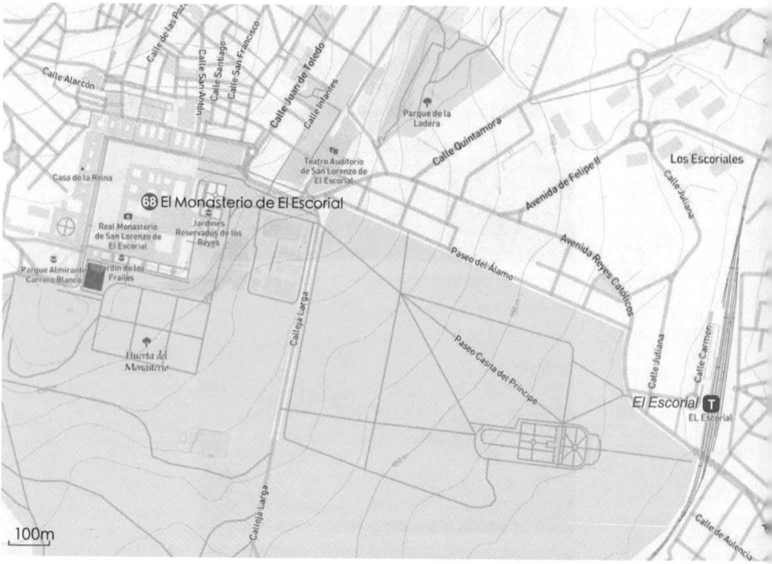

68 **埃斯科里亚尔修道院**
El Monasterio de El Escorial

建筑师：Juan Bautista de Toledo
地址：Av Juan de Borbón y Battemberg, s/n, San Lorenzo de El Escorial
类型：文化建筑
年代：16 世纪

修道院是由 8 个部分组成的庞大复合建筑体：修道院、宫殿、陵墓、教堂、图书馆、慈善堂、神学院、学校。整个建筑平面呈长方形，长 207m，宽 161m。

设计背景：

西班牙君主费利佩二世纪念法兰西亨利二世的战争胜利而建的宫殿和修道院。建造者希望在该地兴建一座庞大的皇家宗教基地，用以支持宗教改革运动。同时也作为皇室成员的埋葬地。

平面由米开朗基罗的学生－建筑师 Juan Bautista de Toledo 主持设计，矩形的格网平面体现文艺复兴时期遵循的平衡、秩序、清晰和统一的空间特质。这种格网平面影响了当时西班牙地区的城镇规划。

立面设计：

古典柱式构成的建筑立面相对朴素、简洁，没有过多的装饰物。西立面是通往国王庭院的主入口，上部有一座圣·洛伦索的雕像和皇室盾徽。

室内空间：

意大利文艺复兴时期的著名画家 Federico Zuccaro 和 Pellegrino Tibaldi 完成了大部分的壁画，多以描述皇室和宗教故事为主，用以装饰室内墙面。

修道士花园：

出于对自然的热爱，费利佩二世建造了一个让人放松和冥想的花园，目前依然被神学院的师生使用。

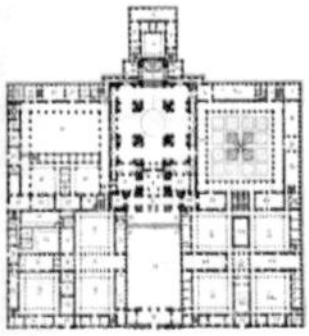

平面图

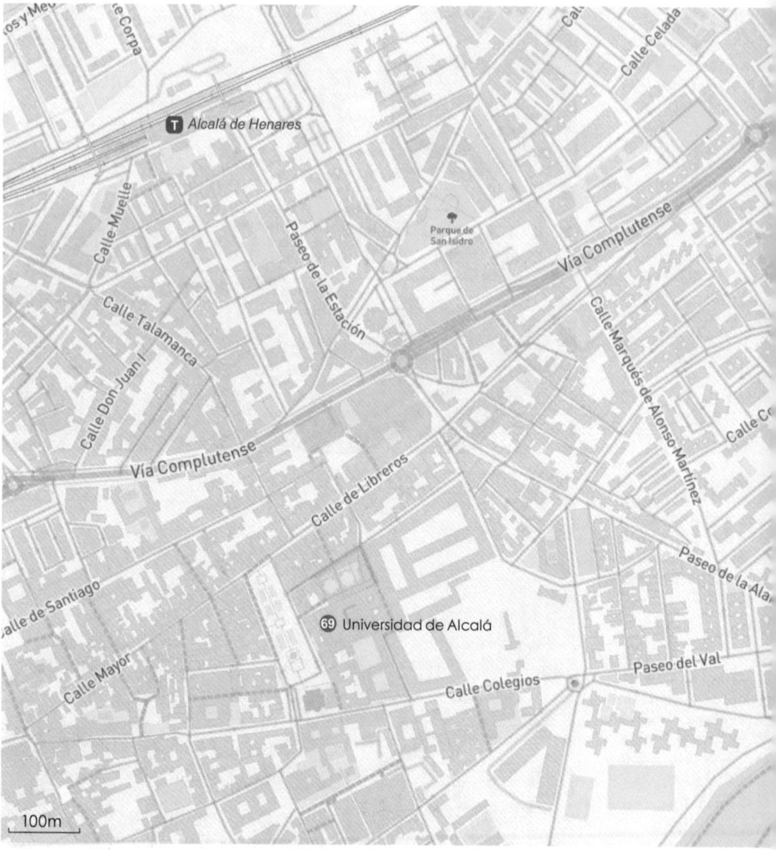

69 阿尔卡拉大学
Universidad de Alcalá

建筑师：不详
地址：Plaza de San Diego, s/n, Alcalá de Henares
类型：文化建筑
年代：15 世纪
开放时间：10 月至次年 3 月，周二至周日 10：00-18：00；四月至九月，周二至周日 10：00-20：00。

阿尔卡拉大学
（世界遗产）

该大学在塞万提斯的故乡。是西班牙“黄金时代”建设的知识之城，这座现代规划设计的大学城及其历史古城同时被列入“世界文化遗产”。

02・莱昂

建筑数量：05

01 莱昂大教堂 /Enrique
02 圣伊斯多诺教堂
03 莱昂大会堂 / 曼西亚 & 图隆
04 圣马可医院 /Juan de Álava
05 省立当代艺术博物馆 / 曼西亚 & 图隆

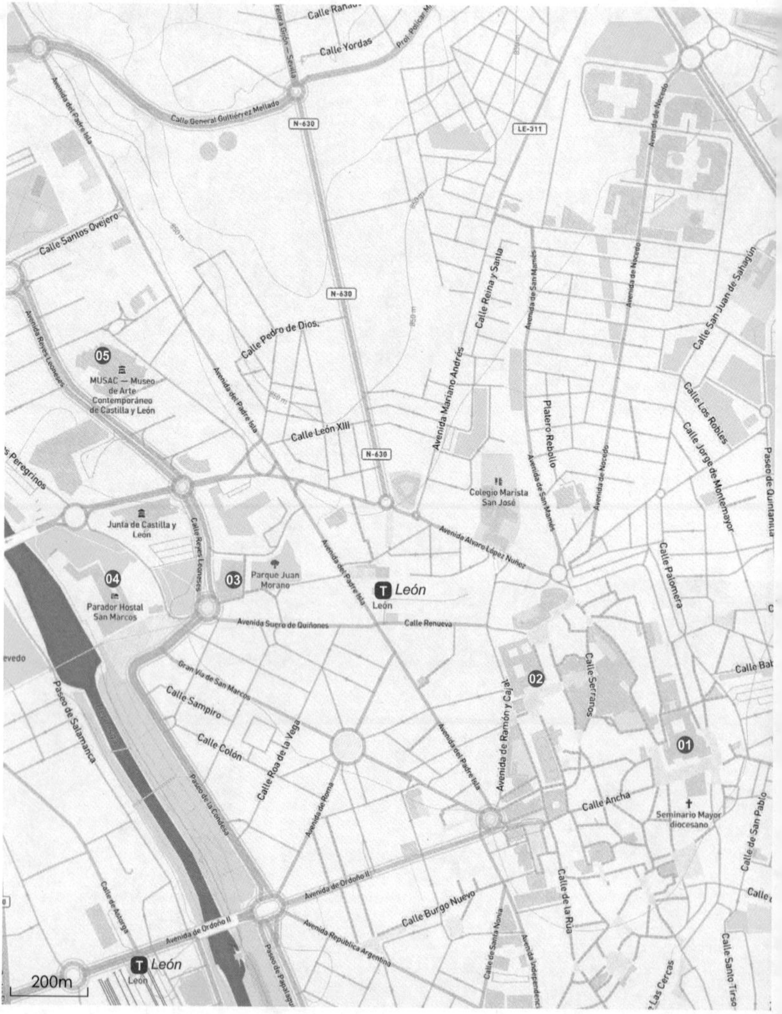

Note Zone

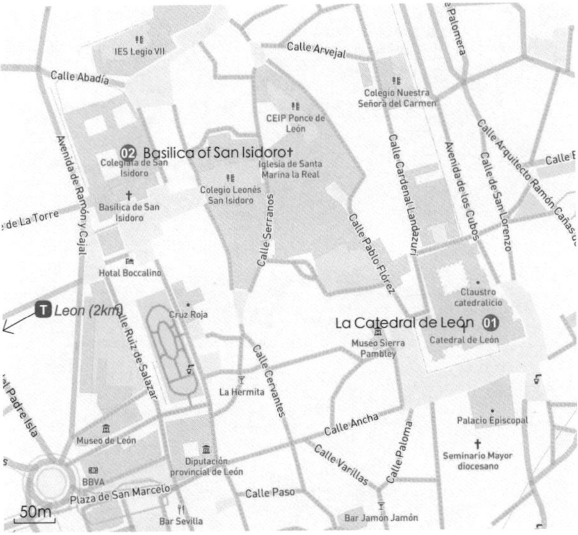

01 莱昂大教堂
La Catedral de León

建筑师：Enrique
地址：Plaza Regla, s/n
类型：宗教建筑
年代：13 世纪

02 圣伊斯多诺教堂
Basilica of San Isidoro

建筑师：不详
地址：Plaza de San Isidoro, 4
类型：宗教建筑
年代：10 世纪

莱昂大教堂
（国家遗产）

教堂受到法国哥特式建筑的影响，该教堂是西班牙哥特建筑的典型代表，具有完美的宗教空间艺术的表达，是西班牙国家遗产。

圣伊斯多诺教堂

建造于原古罗马神庙的基础之上，是具有罗曼式风格的教堂和修道院。它的巴西利卡部分继承了哥特式建筑风格，也有一部分十字拱保留了伊斯兰装饰艺术，内部具有一座皇家万神殿，体现出独特的莱昂地方性的罗曼式装饰艺术。

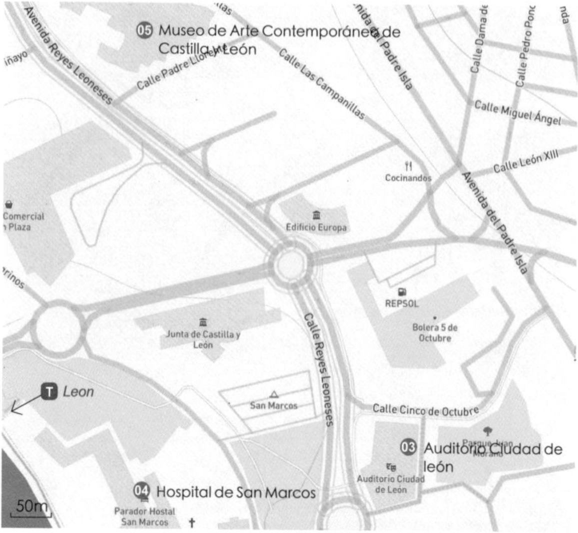

Note Zone

03 莱昂大会堂
Auditorio Ciudad de león

建筑师：曼西亚 & 图隆 / Mansilla, Tuñón
地址：Av. de los Reyes Leoneses, 4
类型：观演建筑
年代：2001

04 圣马可医院
Hospital de San Marcos

建筑师：Juan de Álava
地址：Plaza de San Marcos, 7
类型：医疗建筑
年代：16 世纪

05 卡斯蒂利亚莱昂当代艺术博物馆
Museo de Arte Contemporáneo de Castilla y León

建筑师：曼西亚 & 图隆 / Mansilla, Tuñón
地址：Avenida de los Reyes Leoneses, 24
类型：文化建筑
年代：2005
开放时间：周二至周日 11：00-14：00,17:00-20:00。

莱昂大会堂

从场地着手，会堂主体建筑分为主音乐大厅和展厅两大部分。建筑师创造了两套窗洞模块适应不同空间光照要求，它们是不同尺寸、位置的外立面方形格和内侧的窗洞。

圣马可医院

曾经为一座修道院，西班牙最有代表性的文艺复兴风格建筑之一。现已经被改为以医院为主要内容的综合性建筑，含有酒店、教堂、博物馆等建筑功能。

卡斯蒂利亚莱昂当代艺术博物馆

打破传统观念的博物馆，以更开放的态度对待具有生命力的艺术品及其生存空间。一系列精准的菱形平面从纵横方向、对角线方向组织展示和参访空间。公共大厅、夹层空间、庭院是建筑最精髓的创作空间。此外，彩色的立面灵感源自该城市主教堂的彩色玫瑰窗。

03 · 阿维拉

建筑数量：04

01 阿维拉主教堂
02 阿维拉城墙
03 圣文森特教堂 / Giral Fruchel
04 阿维拉会展中心 /Francisco Mangado

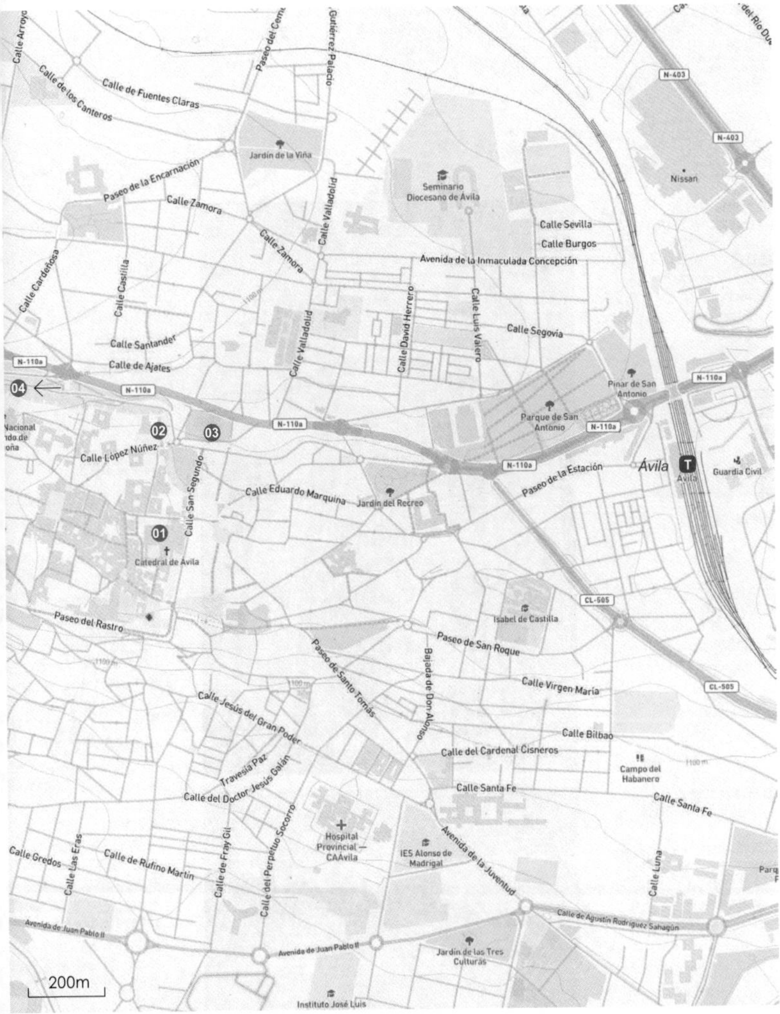

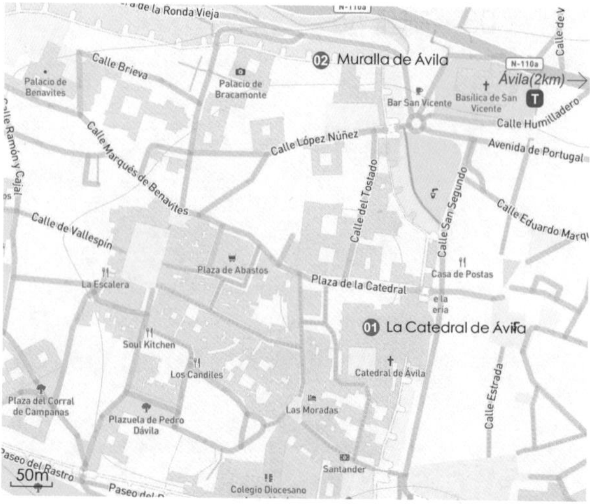

Note Zone

① 阿维拉主教堂
La Catedral de Ávila

建筑师：不详
地址：Plaza de la Catedral,8
类型：宗教建筑
年代：1091

② 阿维拉城墙
Muralla de Ávila

建筑师：不详
地址：Calle de López Núñez, 14
类型：古城保护
年代：11–14 世纪

阿维拉主教堂

哥特式和罗马式结合的一栋古建筑，体现出结构上的转型特征。它是一座教堂和堡垒工事结合的建筑，其半圆形后殿曾是城市炮塔。

阿维拉城墙
（国家遗产）

罗马式防御性城墙工程，环绕阿维拉古城，展现古代城防军事智慧是欧洲地区保存最完好的中世纪城墙。它的周长达2516m，有87座碉楼，9座城门，矩形平面；围合面积达33公顷；主要的城墙厚度有3m，高12m。主城门——阿尔卡萨大门由两座碉楼并列组成，是一种加强防御性城门的欧洲孤例。目前，城墙大部分向公众开放，可登上城墙俯瞰古城全景和周围的原野风景。

lote Zone

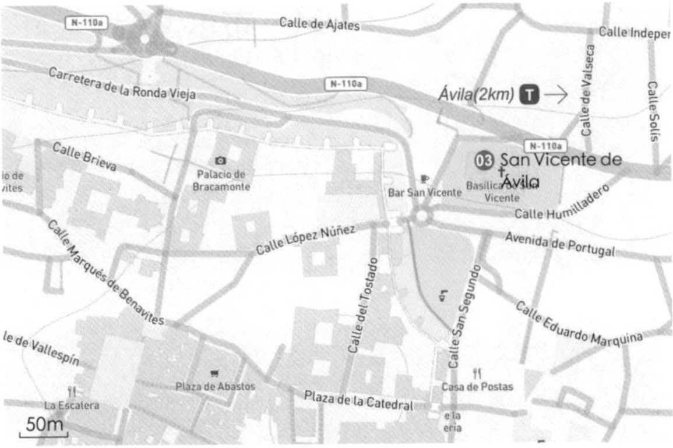

圣文森特教堂
(国家遗产)

西班牙保存最完美的罗曼式建筑之一，采用拉丁十字式平面，西、南侧大门有华美的罗曼式装饰；由于建筑材料使用含有氧化铁的砂岩，建筑整体泛出橘黄色的温暖色调。部分柱子、祈祷室也使用了这种红色砂岩；教堂里保存着一座罕见的罗曼式风格的彩色石雕。

阿维拉城市会展中心

花岗石形象来源于本地的岩土景观，两个几何体量适应地形变化并与不远处的古城墙形成某种呼应。

03 圣文森特教堂
Basilica de San Vicente

建筑师：Giral Fruchel
地址：Calle de San Vicente, 4
类型：宗教建筑
年代：11 世纪

04 阿维拉城市会展中心
Centro de Exposiciones y Congresos, Ávila

建筑师：Francisco Mangado
地址：AVENIDA DE MADRID, 102
类型：文化建筑
年代：2009

04・布尔戈斯

建筑数量：04

01 圣玛丽亚凯旋门
02 布尔戈斯大教堂 /Juan de Colonia
03 人类历史博物馆 /Navarro Baldeueg
04 波西娅酒庄 / 福斯特及合伙人建筑事务所

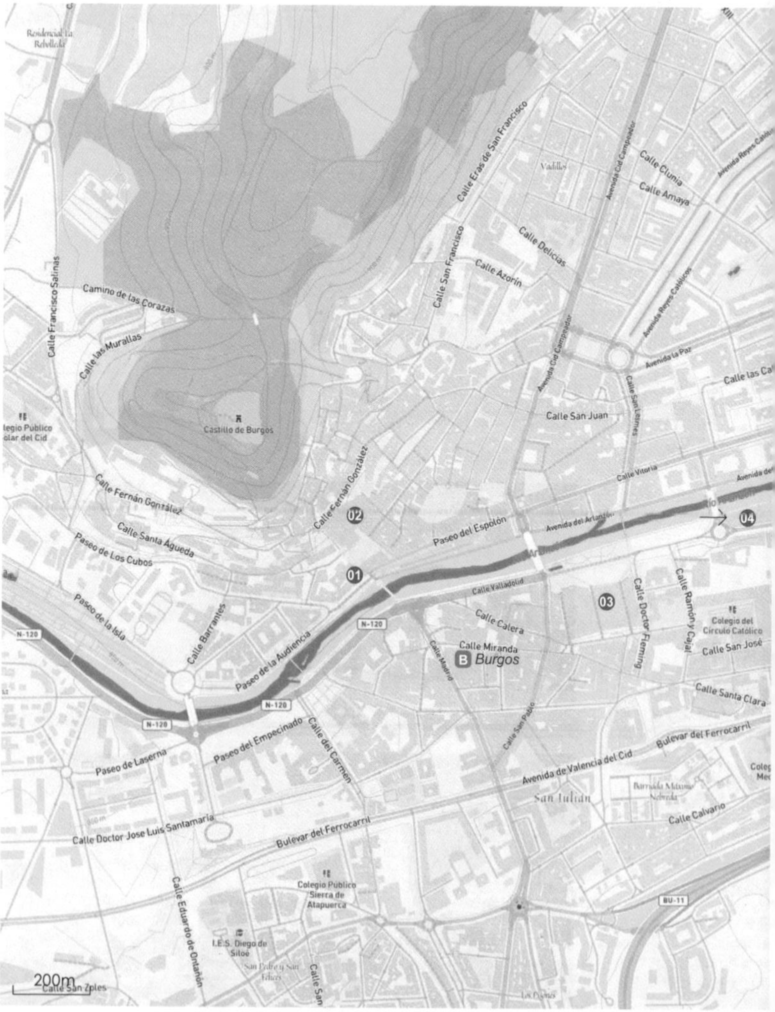

ote Zone

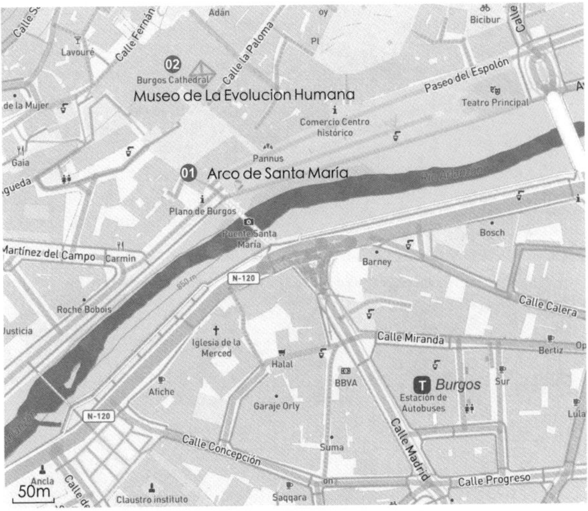

01 圣玛丽亚凯旋门
Arco de Santa María

建筑师 :不详
地址 : Plaza del Rey San Fernando, s/n
类型 :古城保护
年代 :14-15 世纪

02 布尔戈斯大教堂
La Catedral de Burgos

建筑师 : Juan de Colonia
地址 : Plaza de Santa María
类型 :宗教建筑
年代 :13-16 世纪

圣玛丽亚凯旋门(国家遗产)

中世纪古城的 12 座城门之一，连接城外的圣玛利亚桥梁和城内的国王广场，现在是一座面向公众开放的城市艺术展览馆。其立面为三段式的祭坛风格，全石材装饰，中层部分的壁龛雕刻城市法官、伯爵、国王的全身像。内部中世纪建造的楼梯保存完好。

布尔戈斯大教堂

12 世纪后，哥特建筑文化在西班牙传播开来的代表教堂，在原罗曼式教堂基础上重建。西侧的圣玛丽亚之立面属于成熟的哥特风格，明显受到法国兰斯大教堂的影响；南面的圣礼之门完成于 13 世纪，展现了西班牙最精美的哥特式雕塑艺术。

Note Zon

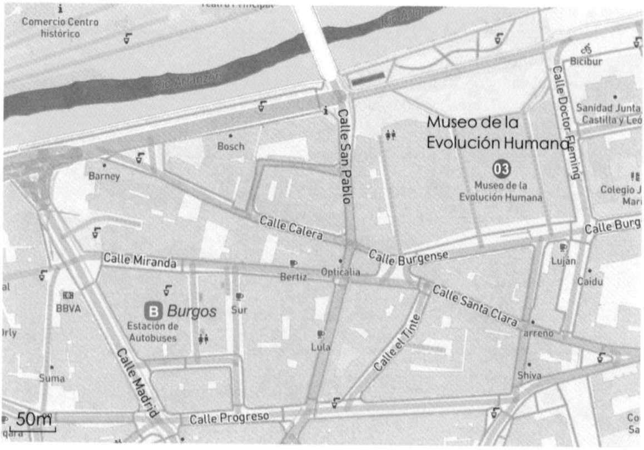

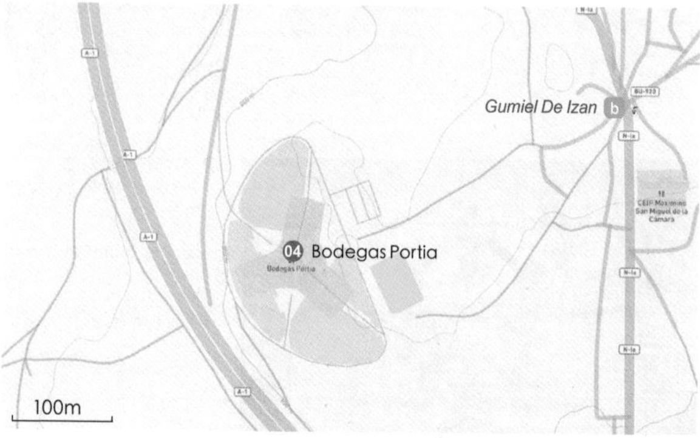

⓪③ 人类历史博物馆
Museo de la Evolución Humana

建筑师：Navarro Baldeweg
地址：Paseo Sierra de Atapuerca, s/n Burgos
类型：文化建筑
年代：2010
开放时间：周二至周日 10：00-20：00。

⓪④ 波西娅酒庄
Bodegas Portia

建筑师：福斯特及合伙人建筑事务所 / Foster & Parteners
地址：Gumiel de Izán, Salida 171 de la A1. Burgos
类型：工业建筑
年代：2010

人类历史博物馆

建筑通过3个玻璃体块展现人类进化的3个过程。场地设计上体现对公共性空间的探索。为支撑史前遗迹上的无柱空间，创造了"X"形交叉钢柱托起巨大屋盖。建筑通过坡道、通廊、平台的设计，诠释了时间的流动，景物的变化；高差和流线设计呼应了不远处的河流与城市景观，建立了自然与人文的对话。

波西娅酒庄

光、物质和灵魂——建筑师以这三种要素诠释这座世界著名的红酒酒庄。钢、木材、混凝土和玻璃的建筑材料在形式和尺度上的精准控制体现出细节美学。三瓣式平面分别是红酒的原料生产、发酵、陈酿的3个过程。

05 · 萨拉曼卡

建筑数量：09

01 萨拉曼卡主教堂 /Rodrigo Gil de Hontañón ○
02 萨拉曼卡大学 /Rodrigo Gil de Hontañón ○
03 贝壳之家 ○
04 神职教堂 / Juan Gómez de Mora , Andrés García de Quiñones
05 大区政府会展中心 /Navarro Baldeweg
06 萨拉曼卡建筑师协会 /Arroyo Pemjean
07 蒙特雷宫 / Rodrigo Gil de Hontañón ○
08 舞台艺术中心 /Mariano Bayón
09 罗尤修道院 /Fernández Alba, Antonio ○

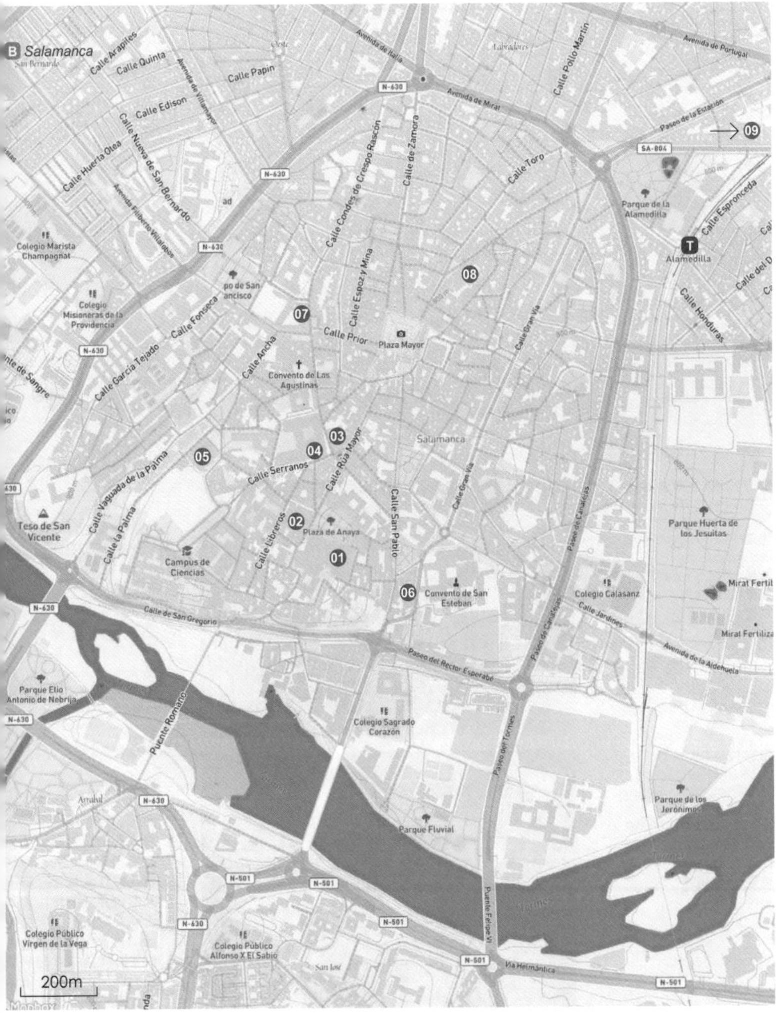

Note Zone

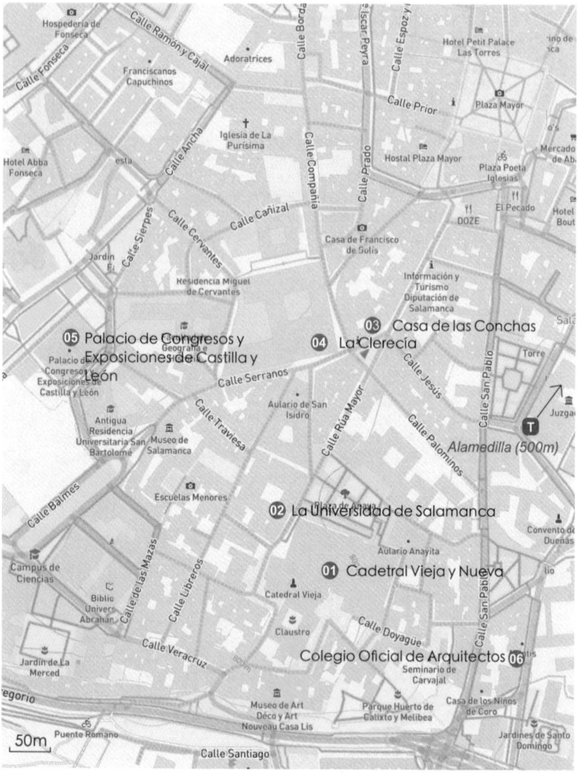

01 萨拉曼卡主教堂
Cadetral Vieja y Nueva

建筑师：Rodrigo Gil de Hontañón
地址：Plaza Juan XXIII
类型：宗教建筑
年代：16-18 世纪

萨拉曼卡主教堂（世界遗产）

西班牙哥特时期教堂之一，随后的扩建中，巴洛克穹顶和93m高的钟楼建筑打破了原有建筑的格局。

02 萨拉曼卡大学
La Universidad de Salamanca

建筑师：Rodrigo Gil de Hontañón
地址：Calle Libreros, 19
类型：宗教建筑
年代：1218

萨拉曼卡大学

西班牙最古老的大学。三座古老的学院环绕广场而建，主入口建于1415年。最经典的西班牙文艺复兴建筑，主立面展现了银匠式风格。三段式的银匠式装饰，大量生动的雕塑包含天主教君主肖像、动植物和人物等；院落四周的双层回廊内保留了哥特风格的楼梯。

Note Zone

贝壳之家
(世界遗产)

贝壳之家在15世纪考古建筑基础上进行的修复，原建筑是哥特风格的城市府邸，室内有精美的拱廊，楼梯和壁饰。它的立面镶嵌有贝壳形态的石雕而因此得名，贝壳是圣地亚哥朝圣之路上的修道士象征物。立面上还有家族纹章，海豚式的入口雕塑象征文艺复兴时期的爱情。目前它是一座公共社区图书馆。

神职教堂

巴洛克风格的皇家神学院。学院主体功能分为3部分，即教堂区、学院区和居住区。教堂主入口立面两座雄伟的塔楼设计精美，将立面构图分为纵向3个进深空间，内部装饰体现17世纪巴洛克风格。

大区政府会展中心

位于古城入口一角，功能分为演出厅和展览厅两部分，以几何特征与内凹空间体现纪念性。它的中央大厅采用悬拱结构，满足最佳声学设计，同时依靠巧妙的弧拱空间过滤外部天光，提供室内间接照明和光艺术氛围。大厅可容纳1000座，满足节庆、会议和演出等多用途。

萨拉曼卡建筑师协会

外表由刻纹花岗石、钢筋、木材形成一种金色调混凝土立面，室内设计同时帮助建筑融入环境。

03 贝壳之家
Casa de las Conchas

建筑师：不详
地址：Calle Compañía, 2,
类型：古城保护
年代：15-16 世纪

04 神职教堂
La Clerecía

建筑师：Juan Gómez de Mora, Andrés García de Quiñones
地址：Calle de la Compañía, 5
类型：宗教建筑
年代：17 世纪

05 大区政府会展中心
Palacio de Congresos y Exposiciones de Castilla y León

建筑师：Navarro Baldeweg
地址：Cuesta de Oviedo s/n
类型：展览建筑
年代：1985

06 萨拉曼卡建筑师协会
Colegio Oficial de Arquitectos

建筑师：Arroyo Pemjean
地址：Calle Arroyo de Santo Domingo 19-23
类型：办公建筑
年代：2010

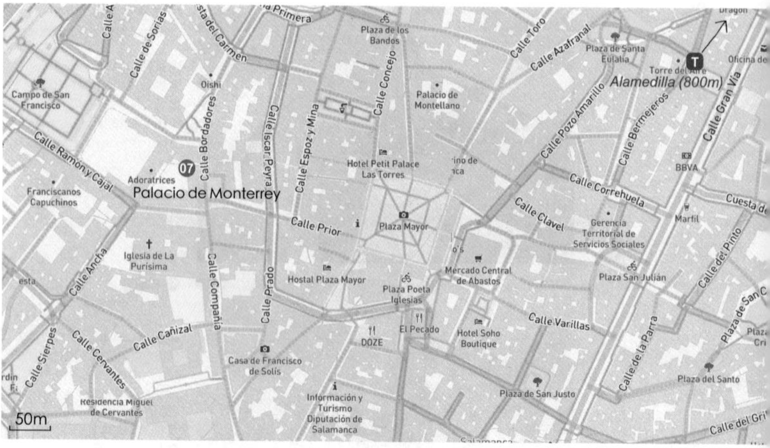
Palacio de Monterrey
07
Alamedilla (800m)
Campo de San Francisco
Franciscanos Capuchinos
Adoratrices
Oishi
Calle Ramón y Cajal
Calle de Sorias
Calle Bordadores
Calle Iscar Peyra
Calle Espoz y Mina
Calle Concejo
Plaza de los Bandos
Palacio de Montellano
Hotel Petit Palace Las Torres
Plaza Mayor
Calle Prior
Iglesia de La Purísima
Calle Compañía
Calle Prado
Hostal Plaza Mayor
Plaza Poeta Iglesias
El Pecado
DOZE
Mercado Central de Abastos
Hotel Soho Boutique
Calle Varillas
Calle Ancha
Calle Cañizal
Calle Sierpes
Calle Cervantes
Residencia Miguel de Cervantes
Casa de Francisco de Solís
Información y Turismo Diputación de Salamanca
Plaza de San Justo
Calle Toro
Calle Azafranal
Plaza de Santa Eulalia
Torre del Aire
Calle Pozo Amarillo
Calle Bermejeros
Calle Gran Vía
BBVA
Calle Correhuela
Calle Clavel
Gerencia Territorial de Servicios Sociales
Marfil
Plaza San Julián
Calle del Pinto
Calle de la Parra
Plaza del Santo
50m

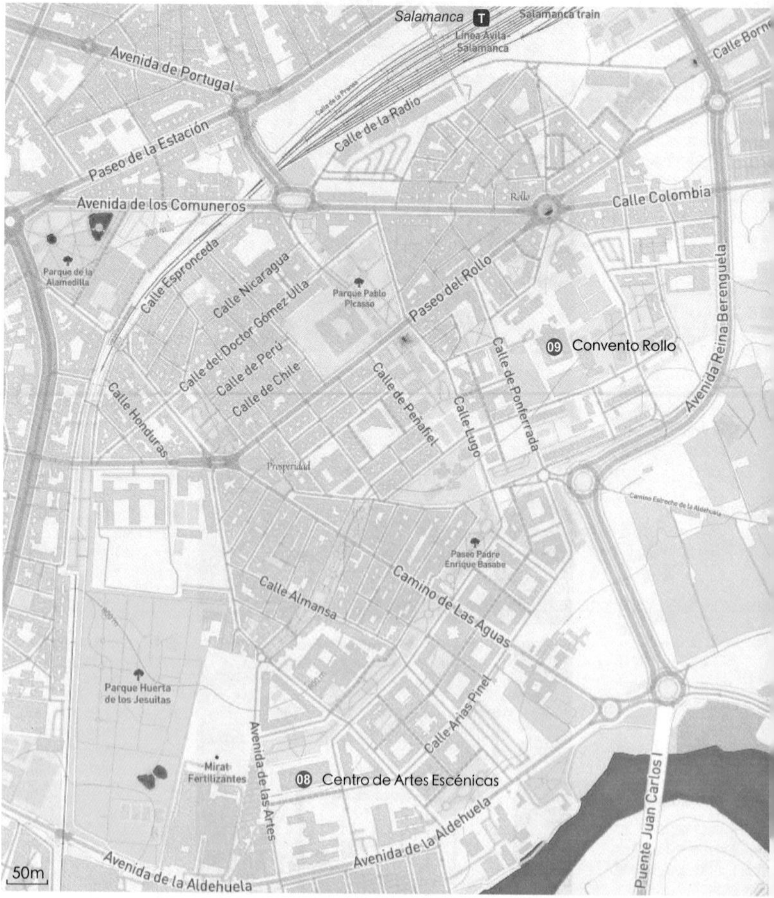
Salamanca
Salamanca train
Línea Ávila-Salamanca
Avenida de Portugal
Paseo de la Estación
Calle de la Radio
Avenida de los Comuneros
Rollo
Calle Colombia
Parque de la Alamedilla
Calle Espronceda
Calle Nicaragua
Calle del Doctor Gómez Ulla
Calle de Perú
Calle de Chile
Parque Pablo Picasso
Paseo del Rollo
09
Convento Rollo
Calle de Peñafiel
Calle Lugo
Calle de Ponferrada
Avenida Reina Berenguela
Calle Honduras
Prosperidad
Paseo Padre Enrique Basabe
Calle Almansa
Camino de Las Aguas
Parque Huerta de los Jesuitas
Calle Arias Pinel
Mirat Fertilizantes
Avenida de las Artes
08
Centro de Artes Escénicas
Avenida de la Aldehuela
Puente Juan Carlos I
50m

lote Zone

⑦ **蒙特雷宫**
Palacio de Monterrey

建筑师 :Rodrigo Gil de Hontañón
地址 : Plaza Agustinas
类型 :古城保护
年代 :14 世纪

⑧ **舞台艺术中心**
Centro de Artes Escénicas

建筑师 :Mariano Bayón
地址 : Plaza del Liceo
类型 :文化建筑
年代 :2003

⑨ **罗尤修道院**
Convento Rollo

建筑师 :Fernández Alba, Antonio
地址 : Paseo de Rollo.44
类型 :宗教建筑
年代 :1958

蒙特雷宫
(国家遗产)

西班牙银匠艺术风格的宫殿建筑代表。建筑以三边围合庭院，四角的塔楼顶部装饰尤为华丽，是西班牙黄金时代的主流审美风格。

舞台艺术中心

紧凑的体型和材质强调出本地特殊石材质感，让人联想到萨拉曼卡古城建筑景象。透过室内光源提供夜景灯效。该中心含有 1200 座的主演艺厅和 300 座的小剧场。

罗尤修道院
(国家建筑奖)

受到 20 世纪中期马德里历史主义学派的影响，建筑师理性地采用两套空间法则完成功能设计：一套是严谨的笛卡尔坐标制定的学生宿舍单元；另一套是自由边界的礼堂为核心有机地统领全局。中央庭院使用了适应地形高差的平台和楼梯，充满活力和动态。建筑材料源于城市历史，而创新的拼贴方式体现了它的时代感。具有本地传统建造工艺的石砌建筑。利用庭院分组设置修道士的居住与活动的功能空间。

06 · 塞戈维亚

建筑数量：07

01 塞戈维亚古罗马水渠
02 尖锥之家
03 圣米扬教堂
04 塞戈维亚城堡
05 韦拉十字教堂
06 圣伊尔德丰索宫 /Teodoro Ardemans
07 寇卡城堡

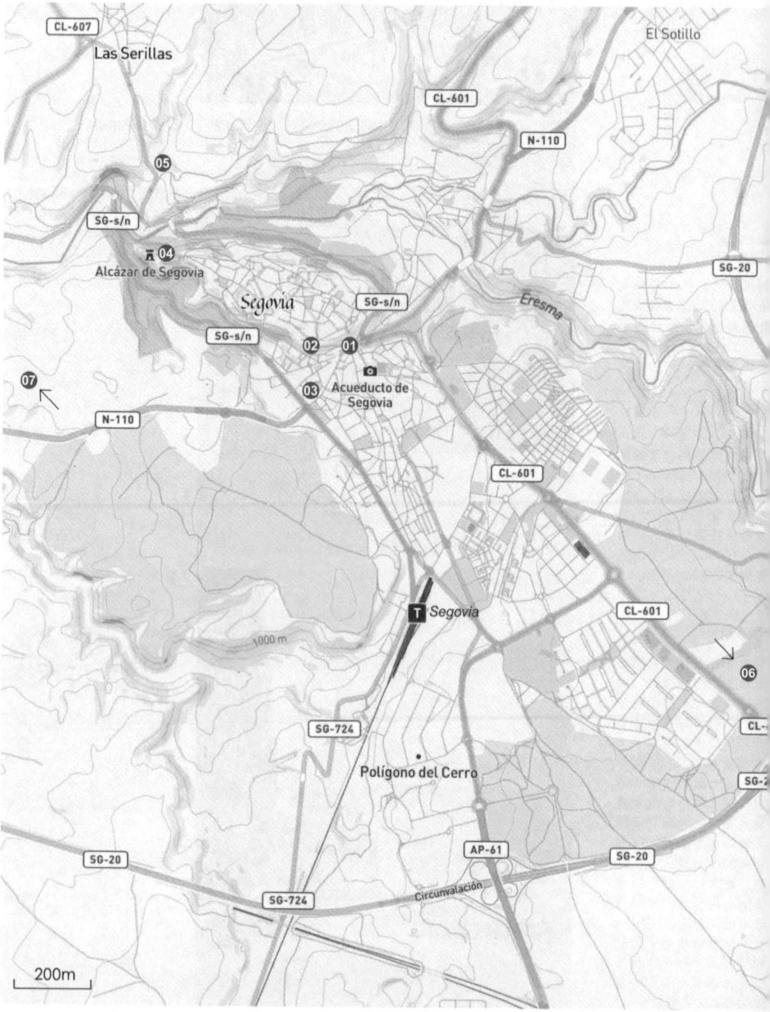

lote Zone

古罗马塞戈维亚水渠（世界遗产）

古罗马建造城市供水工程的奇迹，历史总长达15km，古城核心段保存地非常完好。由花岗岩石块砌筑而成，完全不用砂浆黏结。

尖锥之家

又名为“鸟喙之家”，主立面有360个四棱锥型的花岗岩石雕，它体现了中世纪粗鲁、野蛮的装饰特征。建筑中厅具有文艺复兴风格，铺地形制源于塞戈维亚的塔拉维拉石材。

圣米扬教堂

塞戈维亚最有代表的罗曼式小教堂，教堂经历数次修复和重建。主体建筑由中间的主殿和两侧侧廊共3座筒拱结构支撑，中筒拱略有抬高。中央大厅为八边形拱顶，它的两道平行桁架受到伊斯兰拱结构的影响。东端的礼拜堂最为华丽，由6个半圆弧拱形成。建筑外立面具有和谐的比例。南北两侧的拱廊体现了塞戈维亚罗曼式的建筑风格，南侧拱廊最古老，有10个拱窗和1座拱门，用丰富的石雕讲述圣经的故事，表现了人物、动植物的形态。北侧的石塔使用早期的十字拱结构。

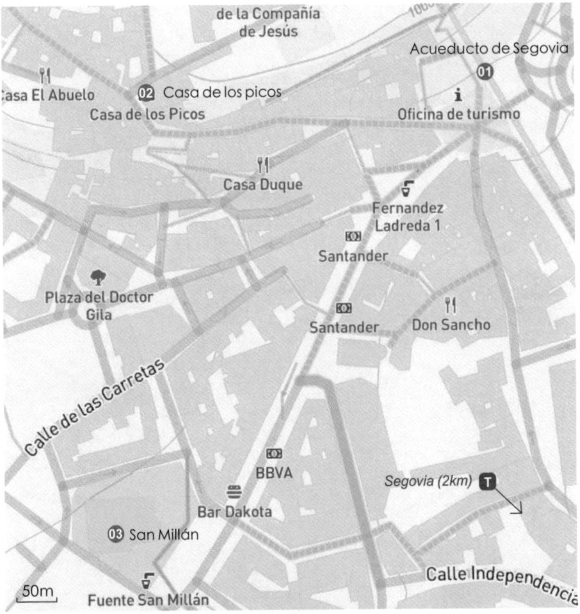

01 古罗马塞戈维亚水渠
Acueducto de Segovia

建筑师：不详
地址：Plaza del Azoguejo, 1
类型：古城保护
年代：1世纪

02 尖锥之家
Casa de los picos

建筑师：不详
地址：Calle de Juan Bravo, 8, 40001
类型：古城保护
年代：15世纪
开放时间：周一至周五 8:30-3:15, 16:00-21:45。

03 圣米扬教堂
Iglesia de San Millán

建筑师：不详
地址：c/ Travesía de los Pelaires, 1
类型：宗教建筑
年代：11世纪

Note Zone

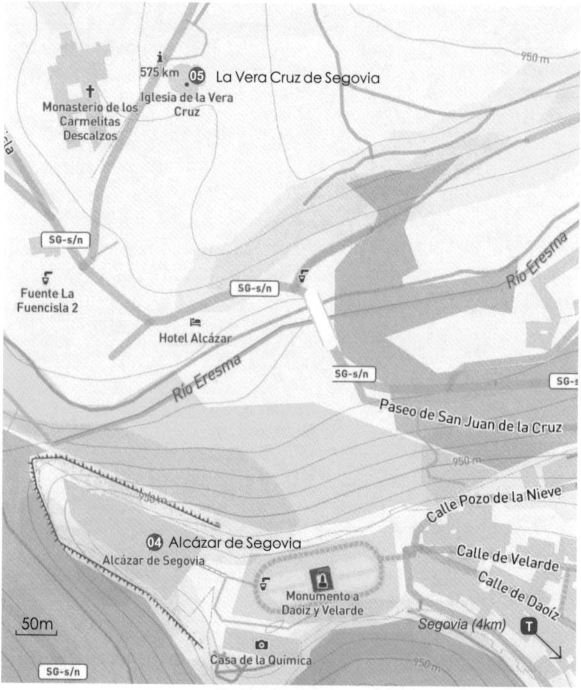

04 塞戈维亚城堡
Alcázar de Segovia

建筑师：不详
地址：Plaza Reina Victoria Eugenia, s/n, 40003
类型：古城保护
年代：12 世纪
开放时间：周二至周日 10：00-19：30，周一 10:00-19:30。

05 韦拉十字教堂
La Vera Cruz de Segovia

建筑师：不详
地址：Ctra. de Zamarramala, 40003
类型：宗教建筑
年代：13 世纪
开放时间：周二 16:00-19:00，周三至周日 10：00-13：30，16：00-19：00。

塞戈维亚城堡
（世界遗产）

西班牙最壮美的中世纪城堡式宫殿之一，目前被用作博物馆和军事档案馆。城堡建造于岩石峭壁之上，外形像一艘巨舰，两条河流环绕城外。原址为古代的要塞，在历史中先后作为宫殿、监狱、炮兵军事学院等功能使用。本地的片岩装饰了建筑塔楼的屋面，在光照下呈现蓝色的金属质感。从胡安二世塔楼登顶可欣赏古城风光。

韦拉十字教堂
（国家遗产）

西班牙保存最完好的十二边平面的天主教建筑，从罗曼式向哥特式过渡的建筑。它的内部有 3 座小礼拜堂，一个半圆形圣器室，外设方形平面的钟楼，这种建筑形制继承了早期古罗马的基督教礼拜堂。建筑外墙使用方石砌筑，有小尺度的高窗，外形简约而洗练。此外，内部中央的十二边形、二层楼高的内厅功能尚无确切考证。

Note Zone

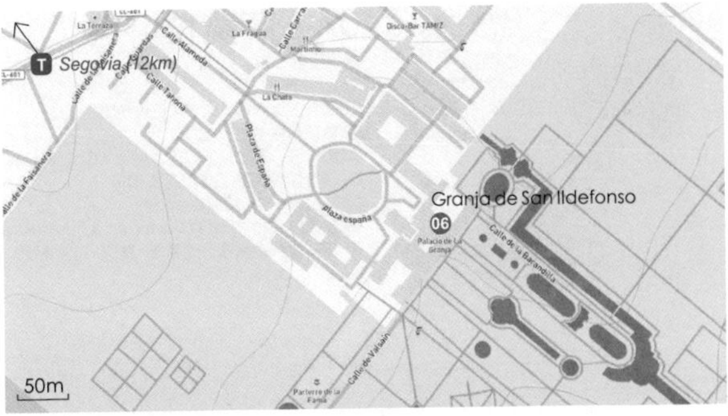

圣伊尔德丰索宫
（国家遗产）

西班牙皇室的行宫之一，建于原皇室的狩猎场之上，是国王菲利佩五世下令，依照巴黎凡尔赛宫的形制建造的巴洛克式宫殿建筑群，内部尽显法国装饰艺术特征。皇室陵殿是西班牙第一次采用罗马式的陵墓形式。宫殿后侧是兴建的古典法式的几何园林，展现非凡的雕塑艺术和喷泉景观。雕塑使用铅铸造，外涂饰成金铜色彩。

06 圣伊尔德丰索宫
Granja de San Ildefonso

建筑师：Teodoro Ardemans
地址：Plaza España, 15,La Granja de S. Ildefonso, Segovia
类型：古城保护
年代：1741
开放时间：10 月至次年 3 月，周二至周日 10：00-18：00，4 月至 9 月 10:00-20:00。
备注：距离塞戈维亚市中心约 12 公里。

寇卡城堡
（国家遗产）

哥特式与穆德哈尔式建筑风格的结合，西班牙保存最完好的军事建筑古迹之一。它使用了强化型的砖材和灰泥粘结层，能抵御炮火的攻击，外侧较清晰地呈现水平灰白色线条。城堡是矩形平面，有三层防御系统、一座外城壕和两座内城，最核心的内城有高达 25m 的塔楼。

07 寇卡城堡
Castillo de Coca

建筑师：不详
地址：Ronda del Castillo, s/n,Coca, Segovia
类型：古城保护
年代：15 世纪
开放时间：周一至周二，周四至周日，11:00-13:00，16:30-18:30。
备注：距离塞戈维亚市中心约 55 公里。

07・萨莫拉

建筑数量：07

01 法务咨询大楼 / 坎波・巴埃萨
02 萨莫拉主教座堂
03 阿丰索・恩里克斯国王基金会 / Casas, Lleó
04 萨莫拉博物馆 / 曼西亚 & 图隆
05 拉莫斯卡里翁剧院 / MGM
06 省政府大楼 / Peña Tarancón & Fernández Nieto
07 萨莫拉劳动大学 / 路易斯・莫亚・布兰克

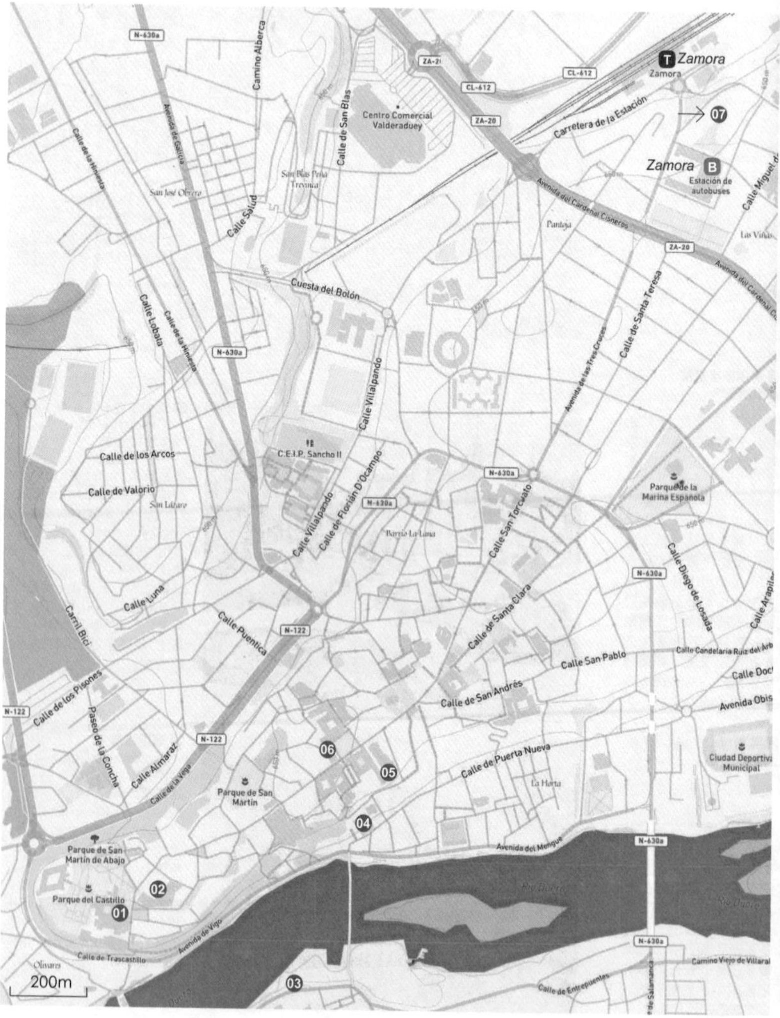

Note Zone

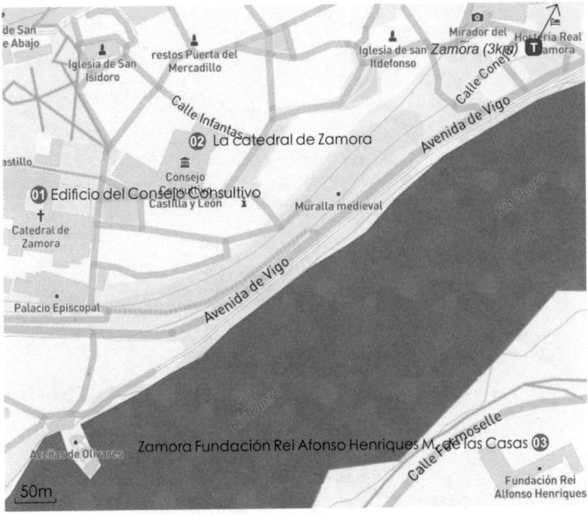

法务咨询大楼

一个轻薄、纯粹的玻璃盒子从石头墙壁后生长起来，试图融入萨莫拉历史城区。使用石材和玻璃建立“虚”与“实”的空间质感。墙面使用与城市主教堂相同的石材，敦实厚重；内部采用透明玻璃开放地面对历史环境。该透明玻璃为全硅胶材料粘结的双层阻热玻璃，单块面积达 6m × 3m，体态异常空盈。

01 法务咨询大楼
Edificio del Consejo Consultivo

建筑师：坎波 · 巴埃萨 / Campo Baeza G.Gaiisán/ Blanco
地址：Calle Obispo Manso, 1
类型：办公建筑
年代：2012

萨莫拉主教座堂（国家遗产）

拉丁十字平面，3 个半圆拱源于 16 世纪早期的哥特结构。十字中心的遗迹受到拜占庭文化影响，是教堂最美丽的部分，也是城市的象征。

02 萨莫拉主教座堂
La Catedral de Zamora

建筑师：不详
地址：Calle Puerta del Obispo, 1
类型：宗教建筑
年代：1174

阿丰索 · 恩里克斯国王基金会

该基金会建筑保存了一座哥特式修道院遗址。新扩建建筑合理组织了图书馆、餐厅、居住、科研等使用功能。新建筑部分“L”形平面回应了场地原有的外墙范围，灵活地保存了古代拱结构的小礼拜堂遗址。立面使用了深红色耐候钢外表皮，框型玻璃幕墙面对萨莫拉古城风景。

03 阿丰索 · 恩里克斯国王基金会
Zamora Fundación Rei Afonso Henriques M. de las Casas

建筑师：Manuel de las Casas, Lleó
地址：Av.Nazareno de San Frontis s/n
类型：文化建筑
年代：1993
开放时间：周一至周五 10 : 00-18 : 00。

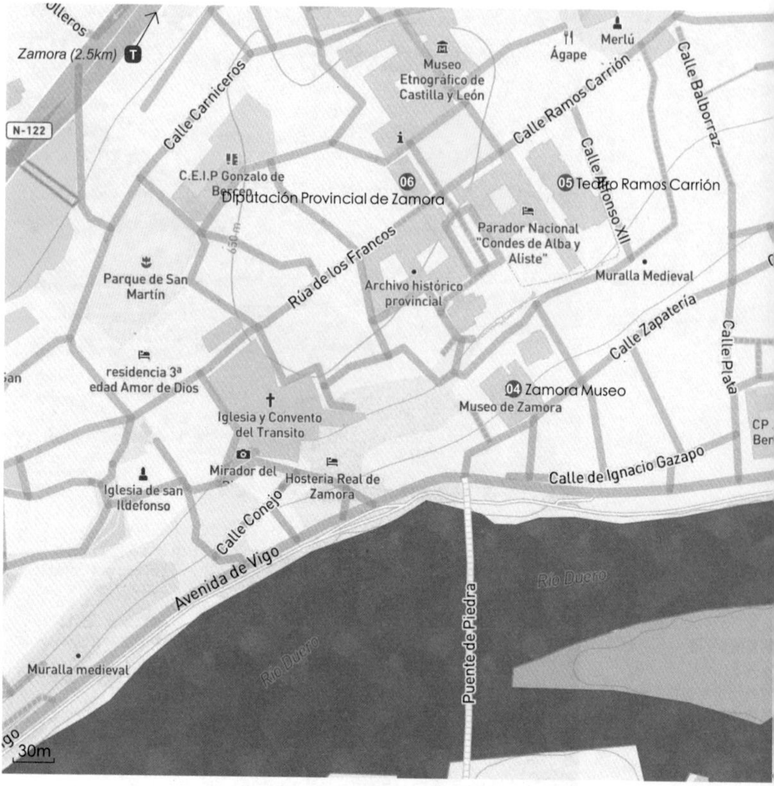
Zamora (2.5km)
N-122
Calle Carniceros
Museo Etnográfico de Castilla y León
Ágape
Merlú
Calle Ramos Carrión
Calle Balborraz
C.E.I.P Gonzalo de Berceo
06 Diputación Provincial de Zamora
05 Teatro Ramos Carrión
Calle Alfonso XII
Parador Nacional "Condes de Alba y Aliste"
Parque de San Martín
Rúa de los Francos
Archivo histórico provincial
Muralla Medieval
Calle Zapatería
Calle Plata
residencia 3ª edad Amor de Dios
Iglesia y Convento del Transito
04 Zamora Museo
Museo de Zamora
Mirador del
Hosteria Real de Zamora
Calle de Ignacio Gazapo
Iglesia de san Ildefonso
Calle Conejo
Avenida de Vigo
Puente de Piedra
Río Duero
Muralla medieval
30m

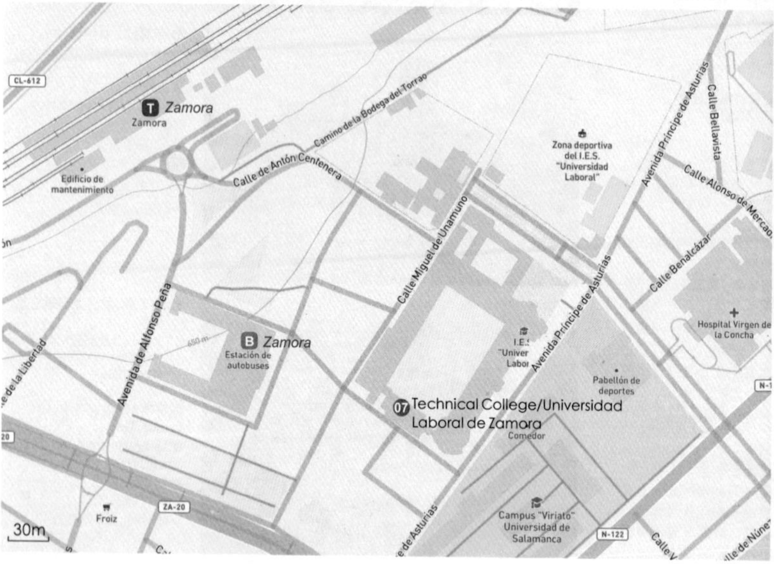
CL-612
Zamora
Zamora
Edificio de mantenimiento
Camino de la Bodega del Torrao
Calle de Antón Centenera
Zona deportiva del I.E.S. "Universidad Laboral"
Avenida Príncipe de Asturias
Calle Bellavista
Calle Alonso de Mercado
Calle Benalcázar
Calle Miguel de Unamuno
Avenida de Alfonso Peña
B Zamora
Estación de autobuses
Hospital Virgen de la Concha
Pabellón de deportes
07 Technical College/Universidad Laboral de Zamora
Comedor
ZA-20
Froiz
Campus "Viriato" Universidad de Salamanca
N-122
30m

Note Zone

④ **萨莫拉博物馆**
Zamora Museo

建筑师：曼西亚 & 图隆 / Mansilla&Tuñón
地址：Pza.de Santa Lucía 1
类型：文化建筑
年代：1989
开放时间：周二至周日 10：00-14:00,17:00-20：00。

⑤ **拉莫斯卡里翁剧院**
Teatro Ramos Carrión

建筑师：MGM
地址：Calle de Ramos Carrión, 25
类型：文化建筑
年代：2012

⑥ **省政府大楼**
Diputación Provincial de Zamora

建筑师：Peña Tarancón & Fernández Nieto
地址：Plaza de Viriato,Zamora
类型：办公建筑
年代：2011

⑦ **萨莫拉劳动大学**
Universidad Laboral de Zamora

建筑师：路易斯 · 莫亚 · 布兰克 / Luis Moya Blanco
地址：Av.Principal de Asturias 53
类型：科教建筑
年代：1947

萨莫拉博物馆

建筑师使用当代元素对历史建筑的诠释。该博物馆被定义为历史的容器，用几何的体量与老城肌理对比；内部空间使用多样的切面大天窗，以不同位置、高度、朝向定义不同的展陈空间；参观流线设计使用了叙事性的手法。

拉莫斯卡里翁剧院

对历史中心古老剧院的整修，新的被玻璃围合的扩展区抽象地体现了它在城市中的优势位置。

省政府大楼

新政府办公大楼积极回应了城市历史广场，塑造了开放式的历史城市立面。内部庭院通过开阔的出入口朝向公共广场；横向整块拼砌的本地产的砂岩、洞石体现支撑结构的逻辑，与周边建筑立面肌理和谐统一。

萨莫拉劳动大学

Moya 传统新建筑的代表，教学综合体建筑。中央庭院和矩形平面占地 31500m^2,生活区朝向庭院。

08 · 帕伦西亚

建筑数量：03

01 市民中心 /Exit Architects
02 比利亚穆列尔德塞拉托公墓 / Gabriel Gallegos, Juan Carlos Sanz
03 奥梅达庄园 / Paredes & Pedrosa

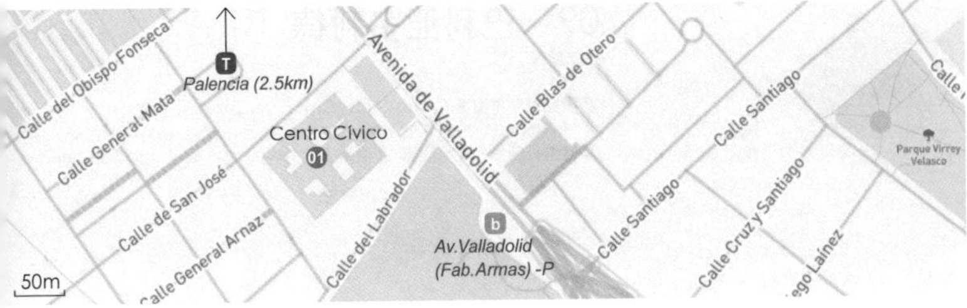

市民中心

一座省级监狱的改建，在被淘汰和荒弃之后，用一种镀锌材料和 U 形玻璃挽救了原有的砖面肌理，获得重新塑造。

比利亚穆列尔德塞拉托公墓

娴熟地运用多种建筑材料，诸如混凝土、锌板、钢和木材，塑造粗糙质朴的质感，在自然光影的作用下，体现静谧中充满活力的生机，与材质本身的冰冷形成强烈对比，也是“生”与“死”空间哲学的探索。

奥梅达庄园

巨大的马赛克收藏地，源于公元 4 世纪古罗马别墅，由金属顶覆盖的打孔板材和聚碳酸酯板材包裹藏区。庄园共 27 间房，其中 12 间保存有精美的马赛克铺地；中央庭院由一圈柱廊围合，有十字形的马赛克步行道。参观者可以通过内部的木走廊和透明玻璃板领略别墅平面遗迹的全貌，同时又可欣赏马赛克铺地的艺术。

01 市民中心
Centro Cívico

建筑师：Exit Architects
地址：Av de Valladolid, 26
类型：文化建筑
年代：2012

02 比利亚穆列尔德塞拉托公墓
Cementerio, Villamuriel de Cerrato

建筑师：Gabriel Gallegos, Juan Carlos Sanz
地址：Calle Corro Redentor
类型：其他 / 殡葬建筑
年代：1999
备注：距离帕伦西亚约 10 公里。

03 奥梅达庄园
Villa Romanade la Olmeda

建筑师：Paredes & Pedrosa
地址：CL- 615, km 55, 34116 Pedrosa de la Vega
类型：特色片区
年代：2008
开放时间：周二至周日 10：30-18：30。
备注：距离帕伦西亚约 70 公里。

09 · 巴利亚多利德

建筑数量：02

01 国家雕塑博物馆 / Juan Guas / Simón de Colonia(原建), Nieto Sobejano(扩建)
02 普鲁托斯酒庄 / 理查德 · 罗杰斯 / Richard Rogers, Alonso Balaguer

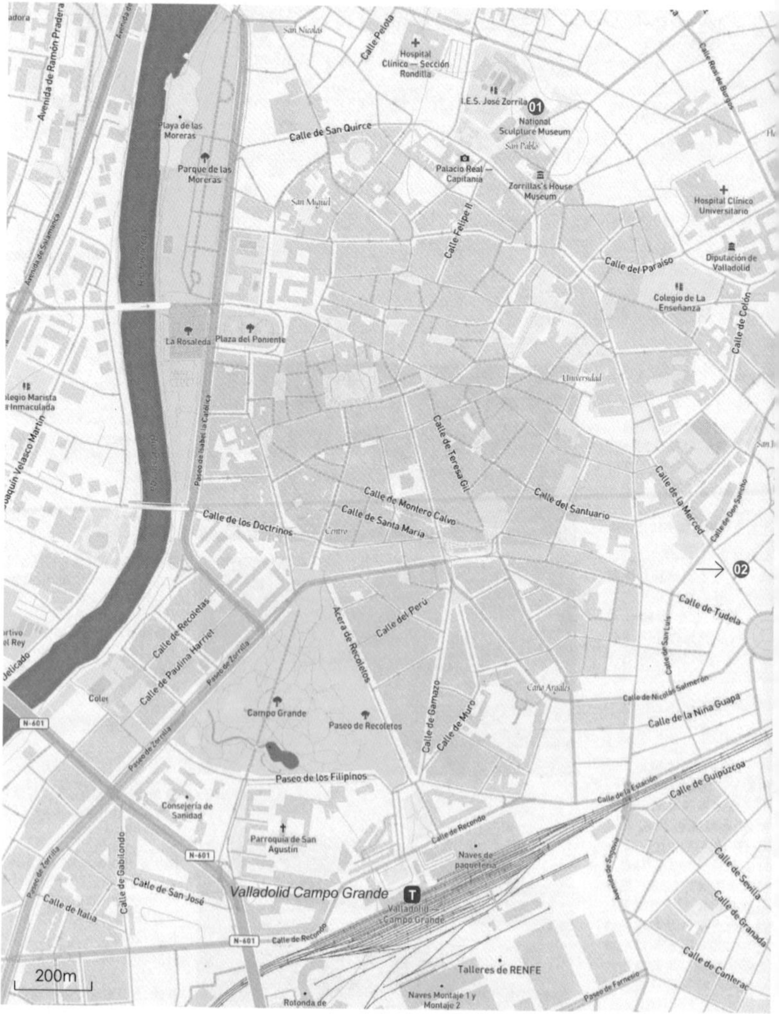

lote Zone

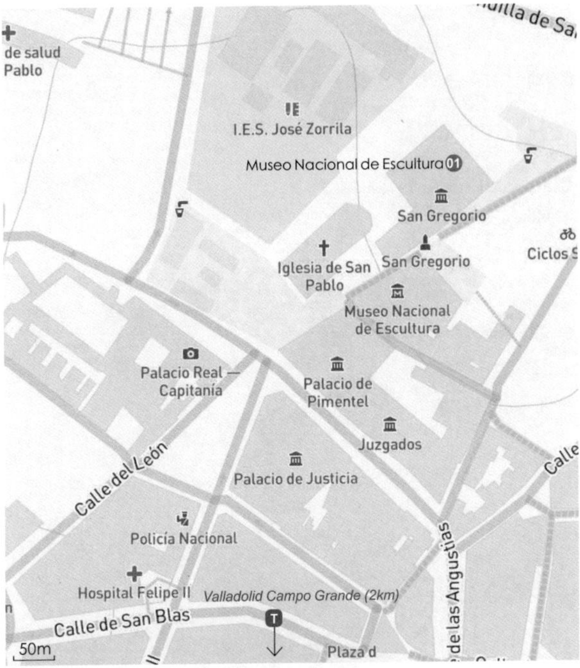

01 国家雕塑博物馆
Museo Nacional de Escultura

建筑师：Juan Guas/Simón de Colonia(原建), Nieto Sobejano(扩建)
地址：Cadenas de San Gregorio, 1
类型：文化建筑
年代：1488、2009
开放时间：周二至周六 10：00-14:00,16:00-19:30，周日 10:00-14:00。

国家雕塑博物馆
(国家遗产)

西班牙伊莎贝拉风格的最重要代表建筑，强调装饰艺术性、严谨的比例特征以及象征性。主立面入口设计采用悬幕形态和竖向构图特征来源于凯旋门建筑形制。建筑的扩建体现从整体着手的干预性设计，它创造了一个趋于独立的现代空间，使用锈铁板、砂岩、木材与原历史建筑材质对比；其他干预设计针对新建立的室内采光，重新设计屋顶，满足室内展陈的要求。

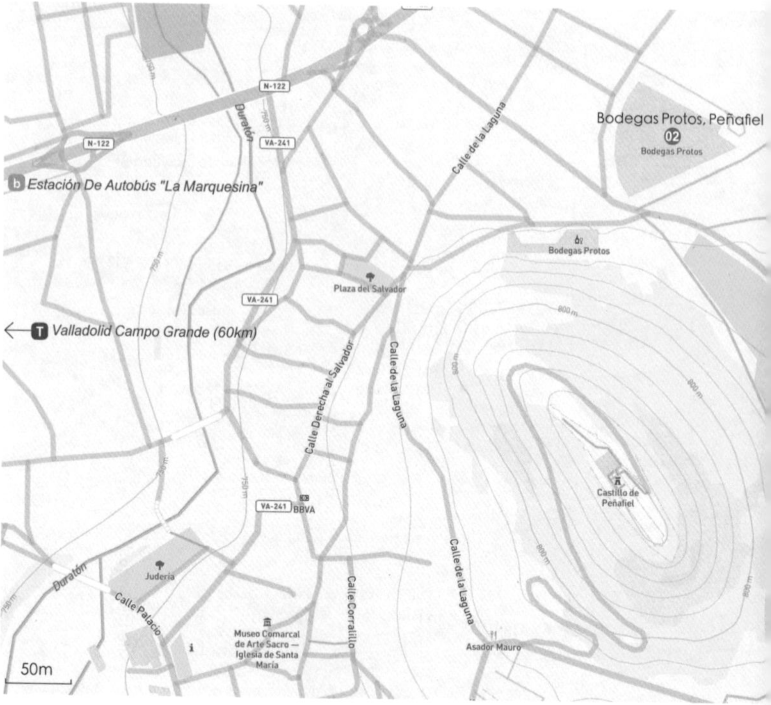

⑫ 普鲁托斯酒庄
Bodegas Protos, Peñafiel

建筑师：理查德·罗杰斯 / Richard Rogers, Alonso Balaguer
地址：Camino Bodegas Protos, 24-28, 47300 Peñafiel
类型：工业建筑
年代：2008
备注：距离巴利亚多利德市中心约 60 公里。

普鲁托斯酒庄由一系列抛物线、压型木的拱结构建成，是葡萄酒酿造厂和品牌总部，它用理性的方式回应了历史、自然环境，用现代的建筑技艺诠释传统的酿酒文化。建筑采用了低能耗被动式节能设计，利用地热维持地下储酒窖全年 14 ～ 16℃的最佳温度，而充分的自然光照明用于地上的生产、管理等空间。

10 · 托莱多

建筑数量：06

01 托莱多城堡 /Alonso de Covarrubias
02 托莱多大教堂 /Petrus Petri,Master Martín
03 圣克鲁斯博物馆 / Alonso de Covarrubias
04 国会宫 / 拉菲尔 · 莫内欧
05 景观电梯 / José Antonio Martínez Lapeña, Elías Torres
06 农业部大楼 / Manuel de las Casas

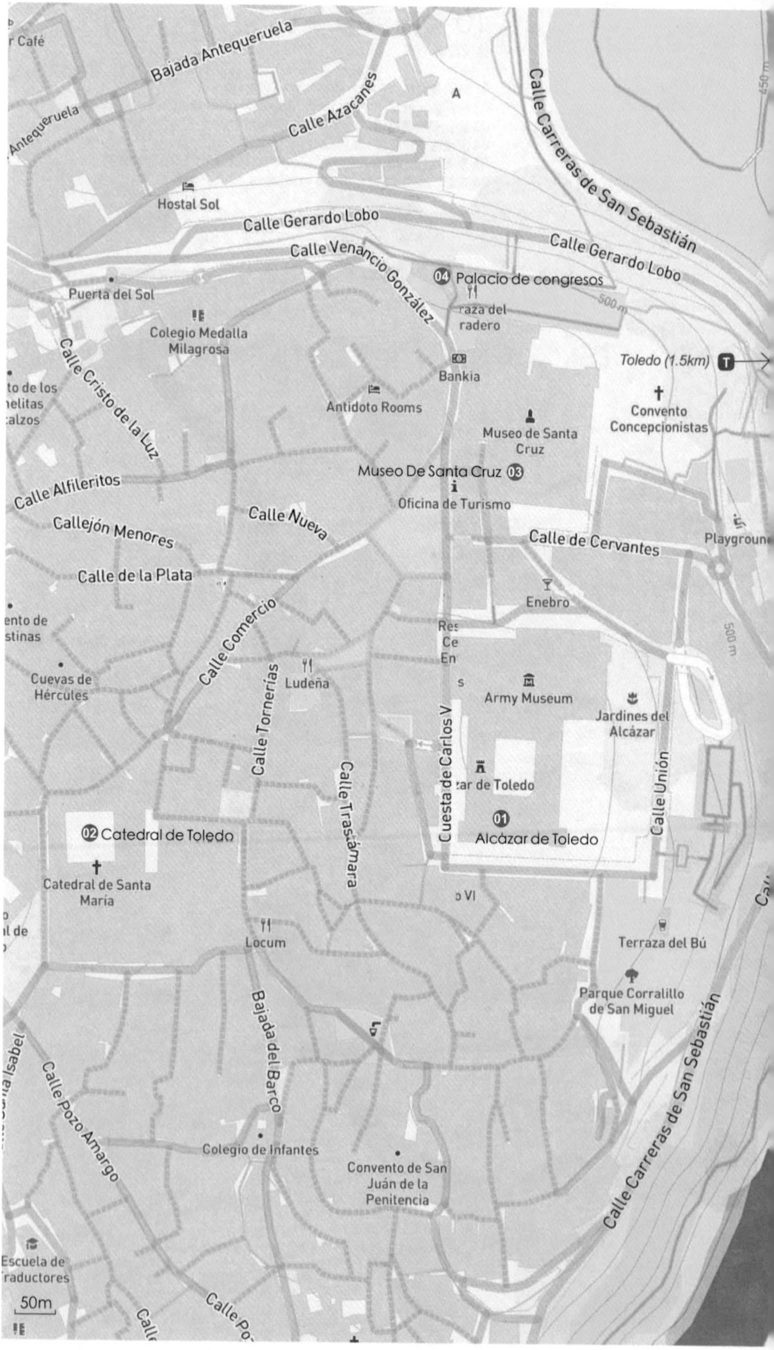

Bajada Antequeruela
Calle Azacanes
Hostal Sol
Calle Gerardo Lobo
Calle Venancio González
Calle Carreras de San Sebastián
Calle Gerardo Lobo
04 Palacio de congresos
Puerta del Sol
Colegio Medalla Milagrosa
Calle Cristo de la Luz
Bankia
Toledo (1.5km)
Antidoto Rooms
Museo de Santa Cruz
Convento Concepcionistas
Museo De Santa Cruz 03
Calle Alfileritos
Oficina de Turismo
Calle Nueva
Callejón Menores
Calle de Cervantes
Playground
Calle de la Plata
Enebro
Calle Comercio
Calle Tornerías
Ludeña
Cuevas de Hércules
Army Museum
Jardines del Alcázar
Cuesta de Carlos V
Calle Trastámara
Calle Unión
02 Catedral de Toledo
01 Alcàzar de Toledo
Catedral de Santa María
Locum
Terraza del Bú
Parque Corralillo de San Miguel
Bajada del Barco
Calle Pozo Amargo
Colegio de Infantes
Convento de San Juán de la Penitencia
Calle Carreras de San Sebastián
Escuela de Traductores
50m
500 m

Note Zone

① 托莱多城堡
Alcázar de Toledo

建筑师 :Alonso de Covarrubias
地址 : Calle de la Union, s/n
类型 :文化建筑
年代 :1537
开放时间 :周一至周二、周四至周日 11 : 00-17 : 00。

② 托莱多大教堂
Catedral de Toledo

建筑师 :Petrus Petri, Master Martín
地址 : Calle Cardenal Cisneros, 1
类型 :宗教建筑
年代 :1226-1493

③ 圣克鲁斯博物馆
Museo De Santa Cruz

建筑师 :Alonso de Covarrubias
地址 : Miguel de Cervantes, 3
类型 :文化建筑
年代 :16 世纪
开放时间 :周一至周六 9:30-18:30 ; 周日 10 : 00-14 : 00。

④ 国会宫
Palacio de Congresos

建筑师 :拉菲尔 · 莫内欧 / Rafael Moneo
地址 : Calle Venancio González, 24
类型 :办公建筑
年代 :2012

托莱多城堡（国家遗产）

在原有的古罗马堡垒上扩建的城堡，占据城市的制高点，是位于山顶上的防御性建筑，具有方形平面、中央庭院以及四角的塔楼，历史上经历两次扩建后，最终形成当前的文艺复兴风格宫殿建筑，具有宏大的纪念性特征。它的 4 个立面展现不同时期的风格：北立面是文艺复兴风格的主立面，水平向三段式墙身；东立面的历史最悠久，保留防御型墙身和中世纪碉楼；南立面是西班牙巴洛克风格；西立面是银匠式风格。目前，这里用作陆军博物馆。

托莱多大教堂（世界遗产）

受到 13 世纪法国哥特式教堂结构的影响，平面长 120m 宽 59m，高 92m。具有 5 座十字拱，北立面的钟楼门最早建造于 14 世纪。

圣克鲁斯博物馆

原是医院，14 世纪成为博物馆。具有希腊十字式平面和 4 个庭院。

国会宫

坐落于托莱多的山侧，建筑并入历史中心区，组织了一系列的平台作为散步和观赏风景的场地。建筑师巧妙地解决了历史古城中用地紧张和环境敏感的难题，把新公共建筑提升为整个古城的另一个城门，通过对街道竖向的再改造，城市历史建筑的轮廓形成了新的风景，被如画地展陈出来。

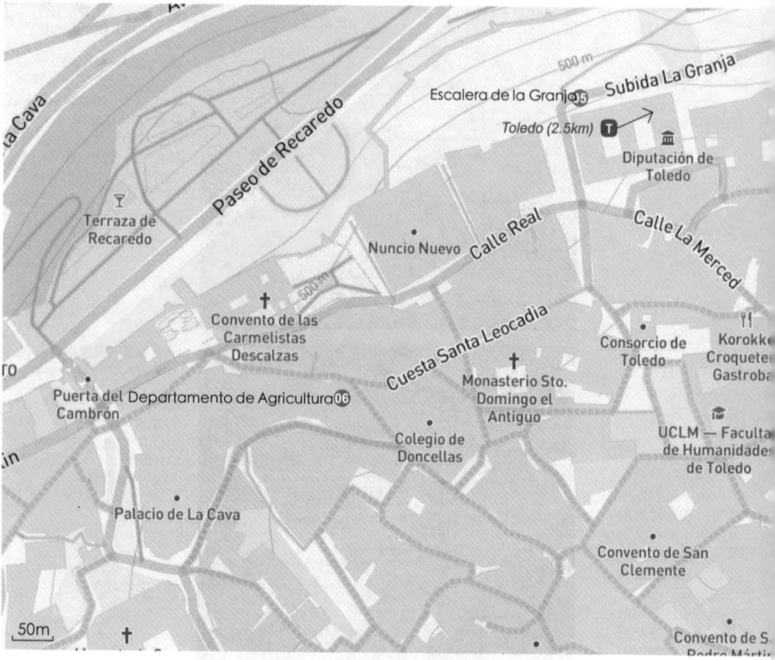

05 景观电梯
Escalera de la Granja

建筑师：José Antonio Martínez Lapeña, Elías Torres
地址：Pza. De Recaredo 22
类型：其他 / 市政建筑
年代：2000

06 农业部大楼
Departamento de Agricultura

建筑师：Manuel de las Casas
地址：Pintor matías Moreno 4
类型：办公建筑
年代：1989

户外电梯

从公共停车场通向历史古城的竖向交通，赭石色的通道嵌入山体，融入古城的建筑色调。

农业部大楼

现代主义建筑在历史古城中的实践，建筑师通过庭院、门洞、窗景等空间组织来最大限度地融入场地和环境。建筑外立面采用浅黄色花岗岩及砂岩呼应古城的环境色。

11 · 昆卡

建筑数量：03

01 西班牙抽象艺术博物馆 / Rueda & Torner & Zóbel & Barja
02 昆卡主教堂
03 帕拉多酒店

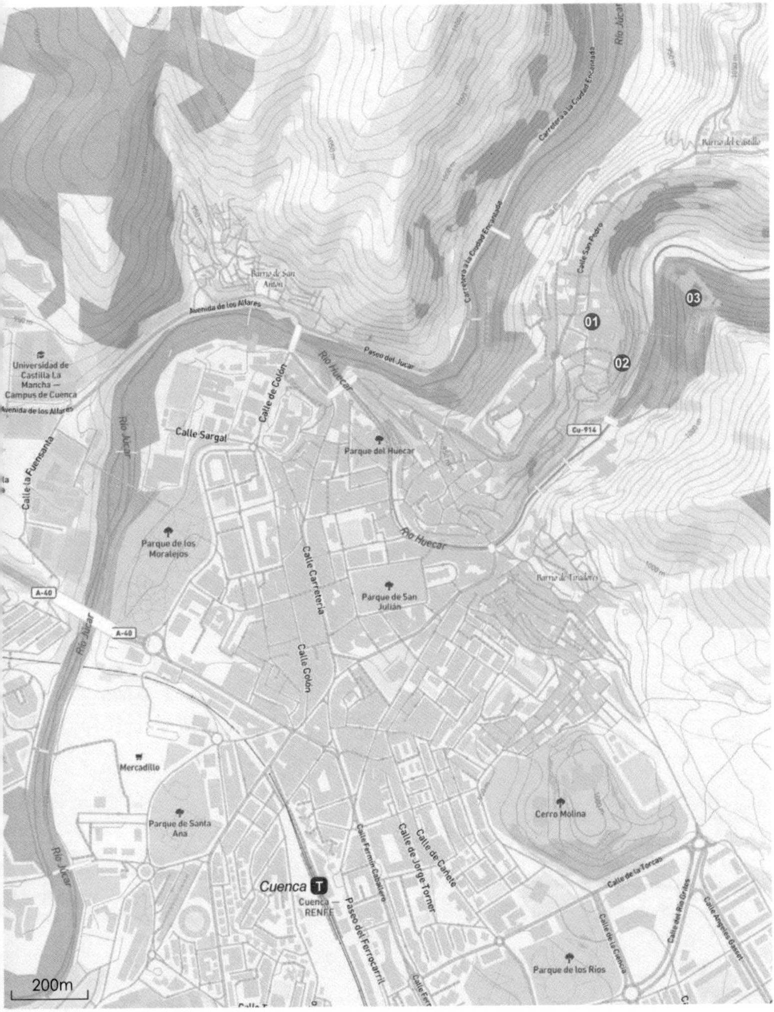

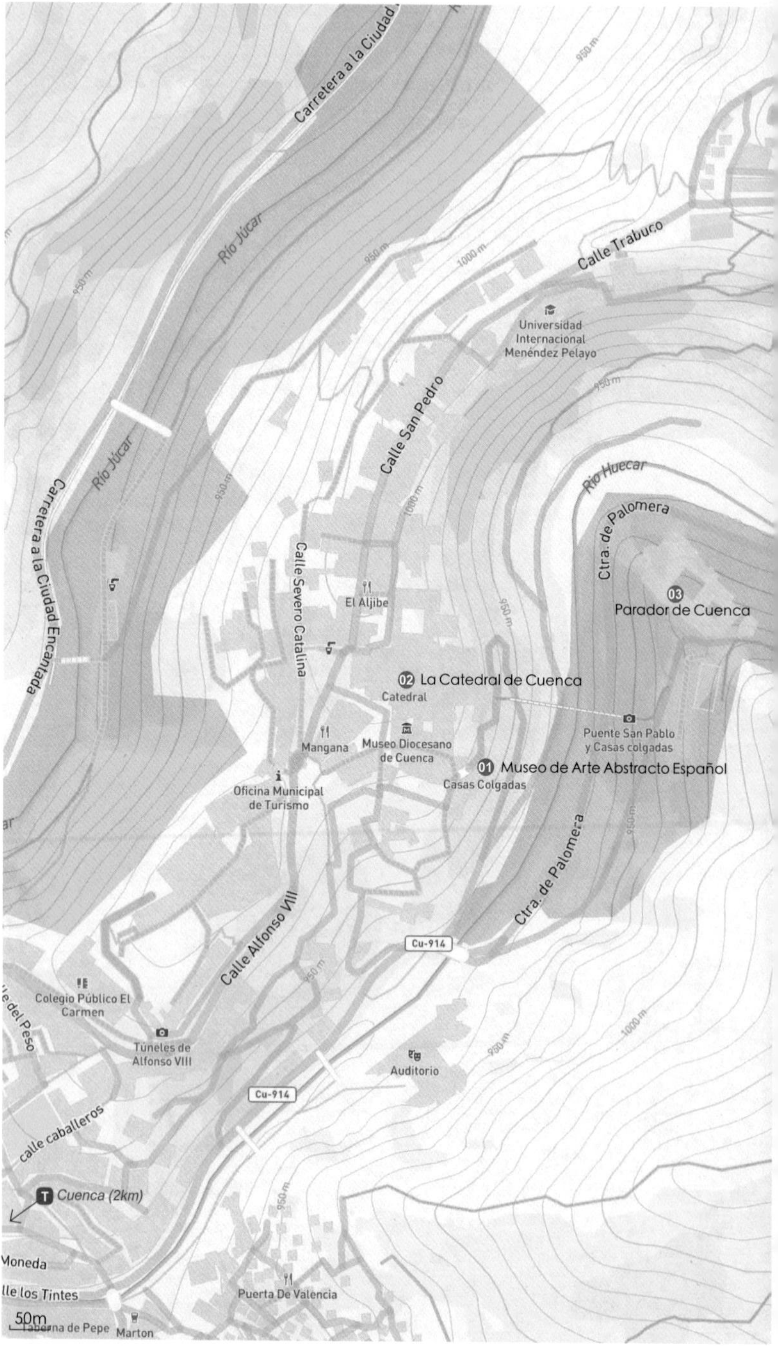
Carretera a la Ciudad
Río Júcar
950 m
1000 m
Calle Trabuco
Universidad Internacional Menéndez Pelayo
Calle San Pedro
Río Huecar
Ctra. de Palomera
Carretera a la Ciudad Encantada
Calle Severo Catalina
El Aljibe
03 Parador de Cuenca
02 La Catedral de Cuenca
Catedral
Puente San Pablo y Casas colgadas
Mangana
Museo Diocesano de Cuenca
01 Museo de Arte Abstracto Español
Casas Colgadas
Oficina Municipal de Turismo
Calle Alfonso VIII
Cu-914
Colegio Público El Carmen
Túneles de Alfonso VIII
Auditorio
calle caballeros
Cuenca (2km)
Moneda
lle los Tintes
Puerta De Valencia
50m
Marton

Note Zone

01 西班牙抽象艺术博物馆
Museo de Arte Abstracto Español

建筑师：Rueda/Torner/Zóbel/Barja
地址：Casas Colgadas, 16001 Cuenca, Spain
类型：特色片区
年代：1963
开放时间：周二至周五 11：00-14：00，16:00-18:00，周六 11:00-14:00,16:00-20:00，周日 11:00-14:30。

02 昆卡主教堂
La Catedral de Cuenca

建筑师：不详
地址：Plaza Mayor, s/n
类型：宗教建筑
年代：1196

03 帕拉多酒店
Parador de Cuenca

建筑师：不详
地址：Subida a San Pablo, s/n, 16001 Cuenca, Spain
类型：酒店建筑
年代：16 世纪

西班牙抽象艺术博物馆

原来被称为“悬屋”，源于 15 世纪建筑，经历数次改建，现含有三层木结构悬挑阳台。该建筑是古城边界一侧保存最完整的该类型历史建筑。被用作餐厅和艺术馆。

昆卡主教堂

一座位于壮丽自然风景区的城市。整座城市和城堡共同列入世界遗产，昆卡主教堂是最古老的西班牙哥特式建筑的代表之一。

帕拉多酒店

原为 16 世纪修道院，体现西班牙哥特建筑结构和文艺复兴立面的结合。它坐落于陡峭的崖壁之上，20 世纪被改建为国营酒店，其餐厅依然使用原古修道院的公共餐厅，16 世纪的回廊和教堂保存完好。

12 · 瓜达拉哈拉

建筑数量：02

01 瓜达拉哈拉博物馆 / Juan Guas
02 大剧院 / Fernández-Shaw Arquitectos

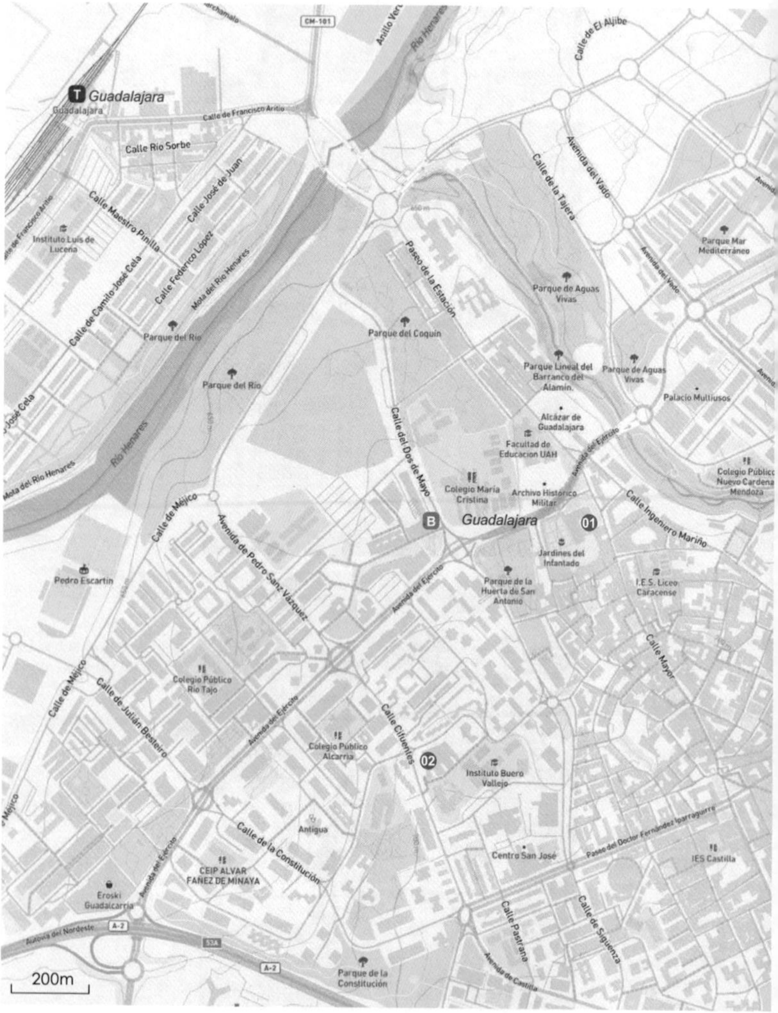

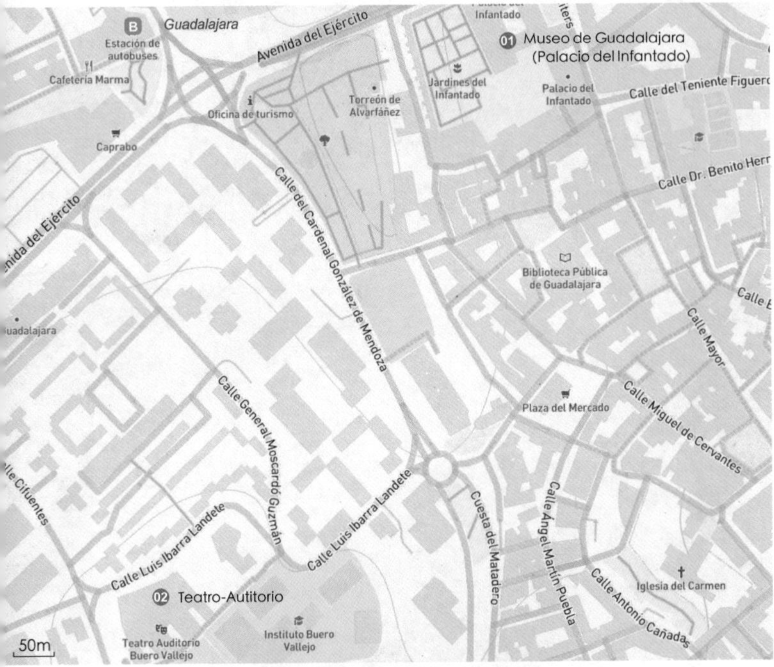

01 瓜达拉哈拉博物馆
Museo de Guadalajara
(Palacio del Infantado)

建筑师：Juan Guas
地址：Plaza de los Caídos, s/n,
类型：文化建筑
年代：1480
开放时间：周二至周日 9：00-14:00,16:00-20:00。

02 剧院
Teatro-Autitorio

建筑师：Fernández-Shaw Arquitectos
地址：Calle de Cifuentes, 30, 19003 Guadalajara, Spain
类型：文化建筑
年代：2003

瓜达拉哈拉博物馆（世界遗产）

16 世纪文艺复兴建筑风格，保存有哥特式的结构和摩尔文化的装饰。建筑主立面朝西，布以钻石形石雕，顶层走廊装饰最精美，并有外凸的阳台。内部中央大厅为矩形平面，双层拱廊环绕，上层是回旋形柱，下层塔司干柱头各支撑一对狮子石雕，因此这里也被称为狮子厅。

剧院

剧院共容纳了 1003 个剧场座位，其中包括 634 个室内座位和 369 个露天剧场座位，舞台总面积达 465m²。剧院为现代风格，立面的玻璃幕墙使其在白天和夜晚都能完美地利用光影。

古罗马国家艺术博物馆/拉斐尔·莫内欧

13 · 梅里达

建筑数量：15

01 古罗马国家艺术博物馆 / 拉斐尔 · 莫内欧
02 古罗马斗兽场
03 古罗马剧院
04 古罗马家族墓地遗址
05 米特雷奥庄园
06 圣欧拉利娅大教堂
07 戴安娜神庙 /Jose Maria Sánchez García（改建）
08 阿尔卡萨瓦文化中心 / Rafael Mesa, Jesus Martínez
09 阿尔卡萨瓦堡垒
10 瓜迪亚纳河上的罗马桥
11 埃斯特雷马杜拉省政府楼 /Navarro Baldeweg
12 图拉真凯旋门
13 米拉格罗斯水渠
14 罗马竞技场
15 圣拉萨罗水渠

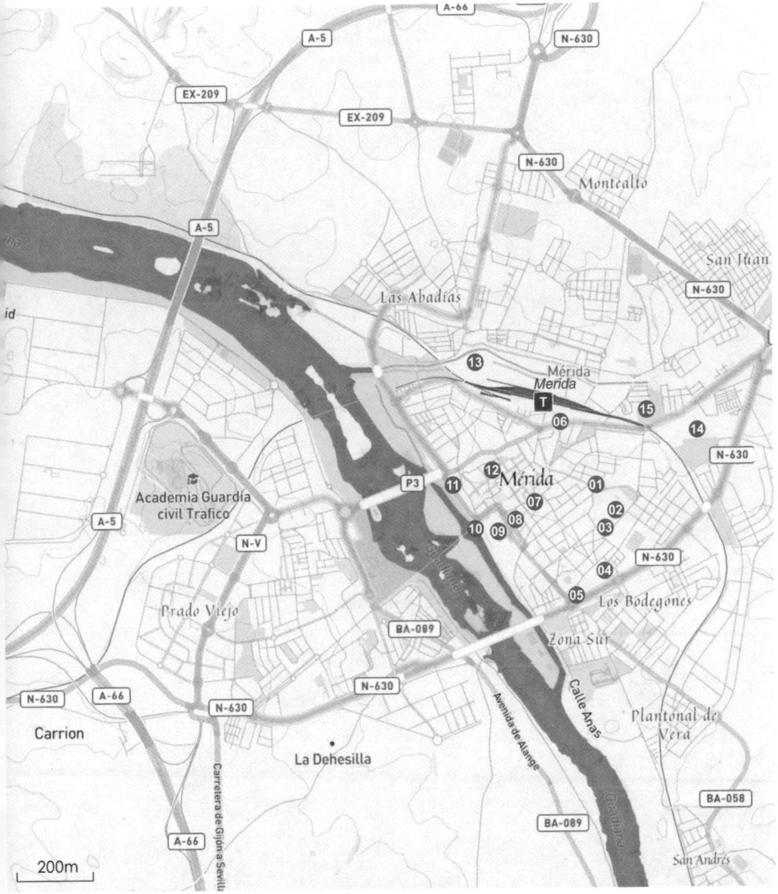

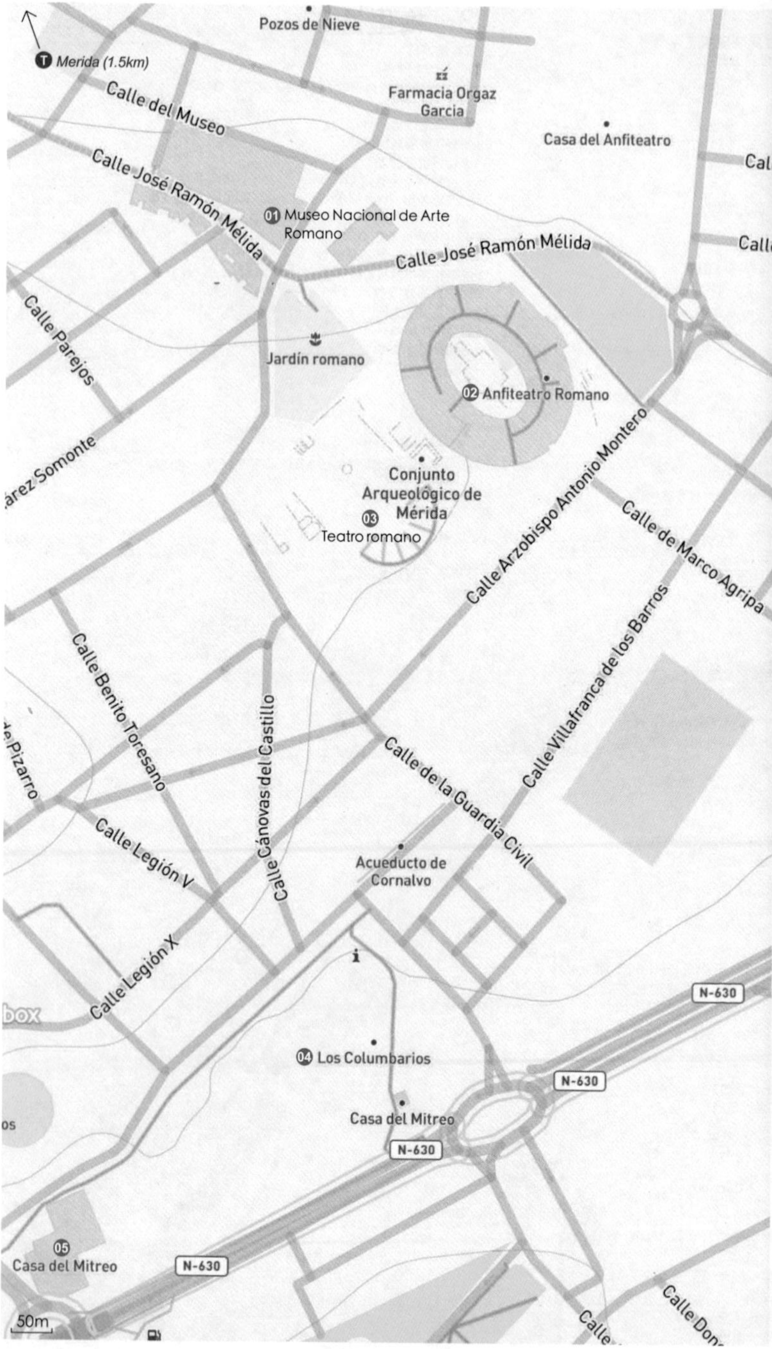
Pozos de Nieve
Merida (1.5km)
Calle del Museo
Farmacia Orgaz Garcia
Casa del Anfiteatro
Calle José Ramón Mélida
01 Museo Nacional de Arte Romano
Calle José Ramón Mélida
Calle Parejos
Jardín romano
02 Anfiteatro Romano
Conjunto Arqueológico de Mérida
03 Teatro romano
Calle Arzobispo Antonio Montero
Calle de Marco Agripa
Calle Villafranca de los Barros
Calle Benito Toresano
Calle Cánovas del Castillo
Calle de la Guardia Civil
Calle Legión V
Acueducto de Cornalvo
Calle Legión X
N-630
04 Los Columbarios
Casa del Mitreo
N-630
05 Casa del Mitreo
N-630
50m

古罗马国家艺术博物馆（世界遗产）

西班牙当代地域主义建筑的杰出作品，项目回应了古老的建造技术，高挑的建筑空间合理地布置大型展品，高效地组织了观赏流线。天光的运用展现出时间的痕迹。

古罗马斗兽场（世界遗产）

斗兽场建于公元前 1 世纪，是古罗马帝国时期的斗兽场遗址，位置靠近古罗马剧院，同属于该地区最大规模的古罗马公共活动区域。它平面呈椭圆形，长轴达 126m、短轴达 102m，中央椭圆场地长轴 64m、短轴 41m。东侧看台依山而建，立面有 16 个门洞对外开放。它的座席如同所有罗马建筑一样分为上、中、下三个等级。建筑公共区的基座原来装饰有大理石和壁画，生动地还原了当时的场景，少部分遗存收藏于邻近的罗马艺术博物馆内。

古罗马剧场（世界遗产）

古罗马形制的剧院，建筑设计与选址遵循维特鲁威建筑法则，具有双层镜框式舞台背景，最多可容纳近 6000 名观众。

罗马家族墓地遗址（世界遗产）

罗马时期建造的家族墓园群遗址，它至少保存了两个家族墓地遗迹，揭示了古罗马时期殡葬文化。碑文记载了清晰的家族历史，并使用了火葬的方式。附属的花园里还发掘出建于公元 4 世纪的其他陵墓建筑。

米特雷奥庄园（世界遗产）

古罗马时期的家族住宅，它位于古罗马梅里达城郊外，曾经历几个世纪的改建，具有 3 个柱廊环绕的庭院。拥有保存完好建筑平面、马赛克铺装艺术和壁画装饰。房间的其中一幅壁画鲜明地体现了古罗马时期的宇宙观，描绘了天空、地球、海洋的象征图景。

01 古罗马国家艺术博物馆
Museo Nacional de Arte Romano

建筑师：拉斐尔 · 莫内欧 / Rafael Moneo
地址：José R. Mélia s/n
类型：文化建筑
年代：1980
开放时间：周二至周六 9:30-20:00，周日 10:00-15:00。

02 古罗马斗兽场
Anfiteatro romano

建筑师：不详
地址：Calle Buenavista, 9, 06800 Mérida, Badajoz,
类型：历史建筑
年代：公元前 8 年
开放时间：10 月至次年 3 月，周一至周日 9 :00-18 : 30；4-9 月，周一至周日 9 : 00-21 : 00。

03 古罗马剧场
Teatro romano

建筑师：不详
地址：Plaza Margarita Xirgu, s/n, 6800 Mérida, Badajoz
类型：历史建筑
年代：公元前 16- 前 15 年
开放时间：10 月至次年 3 月，周一至周日 9 : 00-18 : 30；4-9 月，周一至周日 9 : 00-21 : 00。

04 罗马家族墓地遗址
Los Columbarios

建筑师：不详
地址：Calle Vía Ensanche, 29, 06800 Mérida, Badajoz
类型：历史建筑
年代：1 世纪
开放时间：10 月至次年 3 月，周一至周日 9 : 00-18 : 30；4-9 月，周一至周日 9 : 00-21 : 00。

05 米特雷奥庄园
Casa del Mitreo

建筑师：不详
地址：Calle Oviedo, s/n, 06800 Mérida, Badajoz
类型：历史建筑
年代：1-2 世纪
开放时间：10 月至次年 3 月，周一至周日 9 : 00-18 : 30；4-9 月，周一至周日 9 : 00-21 : 00。

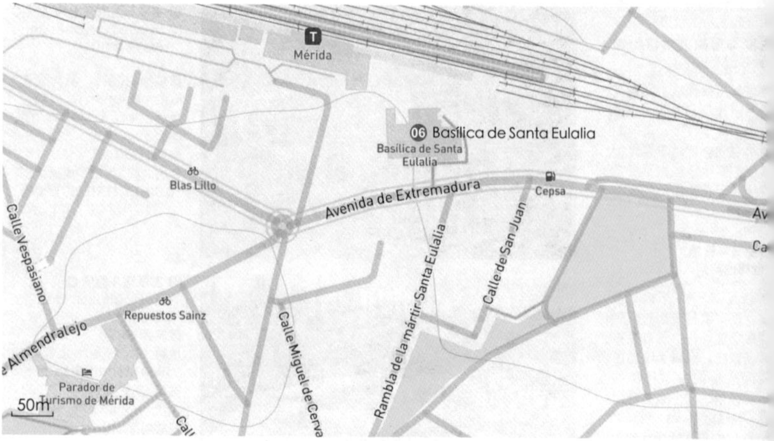
Mérida
06 Basílica de Santa Eulalia
Basílica de Santa Eulalia
Blas Lillo
Avenida de Extremadura
Cepsa
Calle Vespasiano
Calle de San Juan
Rambla de la mártir Santa Eulalia
Calle Miguel de Cerva
Repuestos Sainz
Almendralejo
Parador de Turismo de Mérida
50m

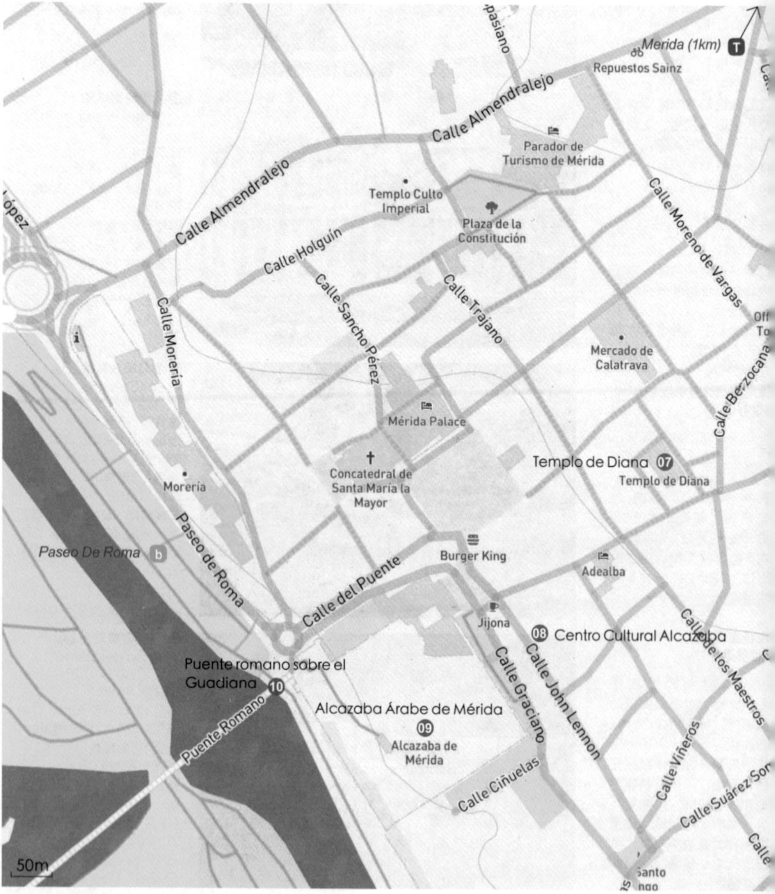
Merida (1km)
Repuestos Sainz
Calle Almendralejo
Parador de Turismo de Mérida
Calle Almendralejo
Templo Culto Imperial
Plaza de la Constitución
Calle Moreno de Vargas
Calle Holguín
Calle Sancho Pérez
Calle Trajano
Calle Morería
Mercado de Calatrava
Mérida Palace
Templo de Diana 07
Templo de Diana
Concatedral de Santa María la Mayor
Morería
Paseo De Roma
Paseo de Roma
Burger King
Adealba
Calle del Puente
Jijona
08 Centro Cultural Alcazaba
Puente romano sobre el Guadiana 10
Puente Romano
Alcazaba Árabe de Mérida
09
Alcazaba de Mérida
Calle Graciano
Calle John Lennon
Calle de los Maestros
Calle Viñeros
Calle Ciñuelas
50m

圣欧拉利娅大教堂（世界遗产）

己西利卡形制的西哥特教堂，立面具有罗马式风格，它代表着早期基督教在伊比利亚半岛传播的历史印迹。教堂是经典的巴西利卡平面，三列半圆形筒拱结束于东端半圆形大厅，依然可见哥特式结构。南侧的立面有罗曼式的马蹄拱。17 世纪又加建了巴洛克式的入口，建筑材料取自于古城中的罗马神庙遗址。

狄安娜神殿（世界遗产）

古罗马神殿，部分建筑具有文艺复兴立面和穆德哈尔装饰。罗马神庙遗址位于老城商业中心和居住区之间，通过对这一区域的环境整治，意图恢复原始环境特征。

阿尔卡萨瓦文化中心

文化中心保存了考古遗址作为永久的展品，通过环形中庭组织室内功能。建筑交通核心使用环形坡道，形成环绕而上的流动感，屋顶开启巨大的圆形窗洞为公共大厅引入自然光照明。建筑功能配置克服了场地的局限性，含有图书馆、档案馆、展厅、沙龙等，成为古城社区中颇具活力的现代公共服务中心。

阿尔卡萨瓦堡垒（世界遗产）

在罗马军营上新建的堡垒建筑，具有控制河流通道的战略位置，堡垒内部的城市功能顺应地形，并且具有内部的供、排水系统。

瓜迪亚纳河上的罗马桥（世界遗产）

一栋始建于罗马时期的石拱桥，象征着城市的起源。它的全长达 792m，共 60 个石桥拱，是古罗马奥古斯都时期在伊比利亚半岛建造完成的宏伟工程之一，从部分原始结构的遗存中清晰可见，使用了混凝土浇筑工艺，石材则取自于河岸。

06 圣欧拉利娅大教堂
Basílica de Santa Eulalia

建筑师：不详
地址：Av. Extremadura, 11, 06800 Mérida
类型：宗教建筑
年代：13 世纪

07 狄安娜神殿
Templo de Diana

建筑师：José María Sánchez García（改建）
地址：Calle Sta. Catalina, 7
类型：文化建筑
年代：1-2 世纪（始建）/2011（改建）

08 阿尔卡萨瓦文化中心
Centro Cultural Alcazaba

建筑师：Rafael Mesa, Jesús Martínez
地址：Calle John Lennon, 5
类型：文化建筑
年代：不详
开放时间：周一至周五 8:00-15:00，17:00-20:00。

09 阿尔卡萨瓦堡垒
Alcazaba Árabe de Mérida

建筑师：不详
地址：Paseo de Roma, s/n, 06800 Mérida, Badajoz
类型：历史建筑
年代：835
开放时间：周一至周日 9:00-20:30。

10 瓜迪亚纳河上的罗马桥
Puente Romano sobre el Guadiana

建筑师：不详
地址：Paseo Roma, 0, 06800 Mérida, Badajoz
类型：交通建筑
年代：1-2 世纪

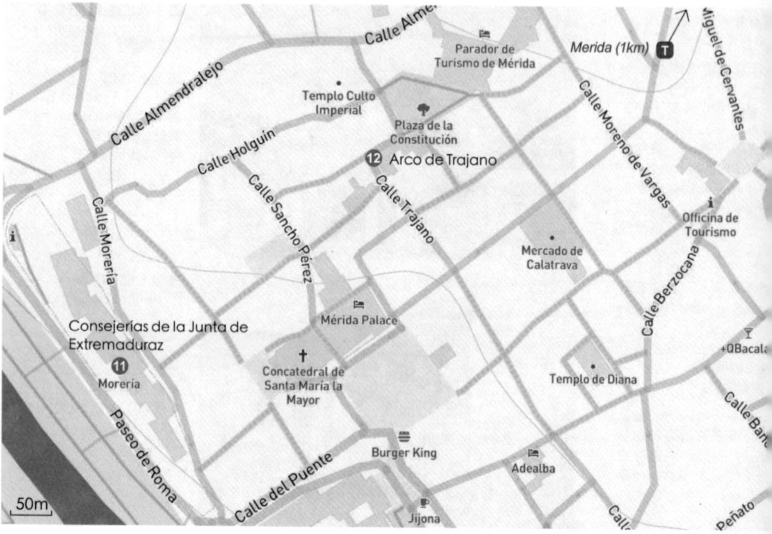
Calle Almendralejo
Parador de Turismo de Mérida
Merida (1km)
T
Miguel de Cervantes
Templo Culto Imperial
Plaza de la Constitución
Calle Holguín
12 Arco de Trajano
Calle Moreno de Vargas
Calle Sancho Pérez
Calle Trajano
Calle Morería
Officina de Tourismo
Mercado de Calatrava
Calle Berzocana
Mérida Palace
Consejerías de la Junta de Extremaduraz
11 Morería
Concatedral de Santa María la Mayor
+QBacala
Templo de Diana
Paseo de Roma
Burger King
Adealba
Calle del Puente
Jijona
Peñato
50m

Rio Albarregas
Calle Ribera
Avenida Felipe Corchero
Acueducto de Los Milagros
13
Calle del Agua
Parque Acueducto de los Milagros
Calle del Ferrocarril
Calle de Toledo
Calle Calvario
Calle Marquesa de Pinares
Calle Duque de Salas
Calle Augusto
Merida
Estación de Mérida
T
100m

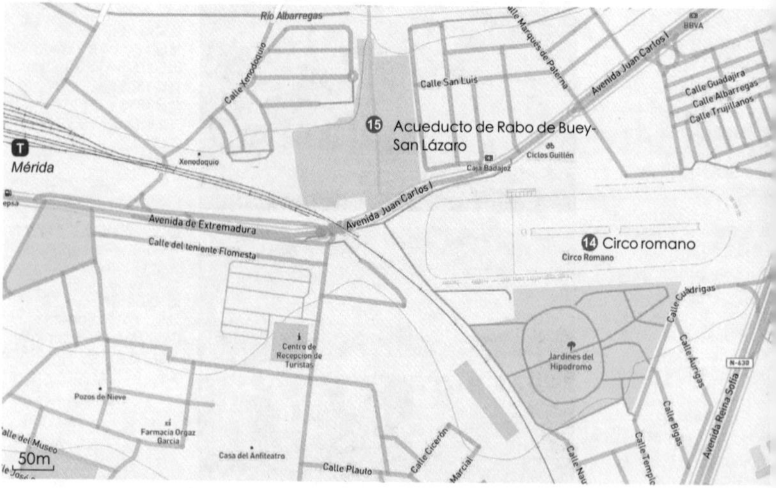
Río Albarregas
Calle Xenodoquio
Calle Marqués de Paterna
Avenida Juan Carlos I
BBVA
Calle San Luis
Calle Guadajira
Calle Albarregas
Calle Trujillanos
15 Acueducto de Rabo de Buey-San Lázaro
T
Mérida
Xenodoquio
Ciclos Guillén
Caja Badajoz
Avenida de Extremadura
Calle del teniente Flomesta
14 Circo romano
Circo Romano
Calle Cuadrigas
Calle Aurigas
Jardines del Hipodromo
Centro de Recepcion de Turistas
N-630
Calle Bigas
Avenida Reina Sofía
Pozos de Nieve
Farmacia Orgaz García
Casa del Anfiteatro
Calle del Museo
Calle Plauto
Calle Cicerón
50m

埃斯特雷马杜拉省政府楼

考古遗迹上的办公建筑。形态和尺度呼应古老的城墙。以简洁的建筑形体和线性的排列来重建古城边界的城市景观。建筑平行于城市河流，因此强调了视线的延展并呼应相邻的古城墙。由于施工中发现了古罗马建筑遗迹，底层转为架空层，重建了步道穿过考古场地，把发掘出的城墙和古道路展示出来。

图拉真凯旋门
（世界遗产）

大理石与花岗石建造的古城拱门，高 14m，宽 m，拱跨达 5.7m，其庄严感为人称奇。拱门上的拱心石块有 1.4m 高，石块上的孔洞原来用于固定大理石的装饰面板。

米拉格罗斯水渠
（世界遗产）

罗马水渠，基本结构保存完整。原长 5km，花岗岩和砖块建造的水渠有着纤细的外形，矗立于河谷之上。现遗存的水渠属于邻近城市的末段，长达 830m 共有 73 根柱，它最高的部分可达 85m。其建筑结构体现了梅里达地区精湛的砖石工艺。水渠的柱身坚挺而优雅，由五组花岗岩和红砖砌筑，这种红、黄相间的色彩也是该水渠重要的视觉标志。

罗马竞技场
（世界遗产）

保存完整形态的古罗马竞技场，长 400m，宽 00m，有容纳 3 万人的看台，并划分了观众的阶层等级。在罗马帝国时期用于马车竞赛运动。它极为罕见地保存了部分竞技场建构物，例如入口门洞、看台纵向的基础、裁判席等。

圣拉萨罗水渠尾段
（世界遗产）

完好的罗马水渠只保存一段连拱和 3 个柱身，其余部分建造于 16 世纪，延续了原来的古罗马水渠线路，现改建为可供休闲娱乐的廊道。

⑪ **埃斯特雷马杜拉省政府楼**
Consejerías de la Junta de Extremadura

建筑师：Navarro Baldeweg
地址：Av. Del Guadiana s/n
类型：办公建筑
年代：1991

⑫ **图拉真凯旋门**
Arco de Trajano

建筑师：不详
地址：C/ Trajano, s/n, 06800 Mérida, Badajoz
类型：历史 建筑
年代：1 世纪

⑬ **米拉格罗斯水渠**
Acueducto de Los Milagros

建筑师：不详
地址：Av. de Via de la Plata, S/N, 06800 Mérida, Badajoz
类型：历史建筑
年代：1-2 世纪

⑭ **罗马竞技场**
Circo romano

建筑师：不详
地址：Av. de Juan Carlos I, s/n, 06800 Mérida, Badajoz
类型：历史建筑
年代：1 世纪
开放时间：10 月至次年 3 月，周一至周日 9:00-18:30，4 月至 9 月，周一至周日 9:00-21:00。

⑮ **圣拉萨罗水渠尾段**
Acueducto de Rabo de Buey-San Lázaro

建筑师：不详
地址：Av. de Juan Carlos I, S/N, 06800 Mérida, Badajoz
类型：历史建筑
年代：1-2 世纪

14 · 卡塞雷斯

建筑数量：03

01 卡塞雷斯博物馆 /Aranguren + Gallegos arquitectos
02 瑞莱斯酒店 / 曼西亚 & 图隆
03 圣玛丽亚瓜达卢佩皇家修道院

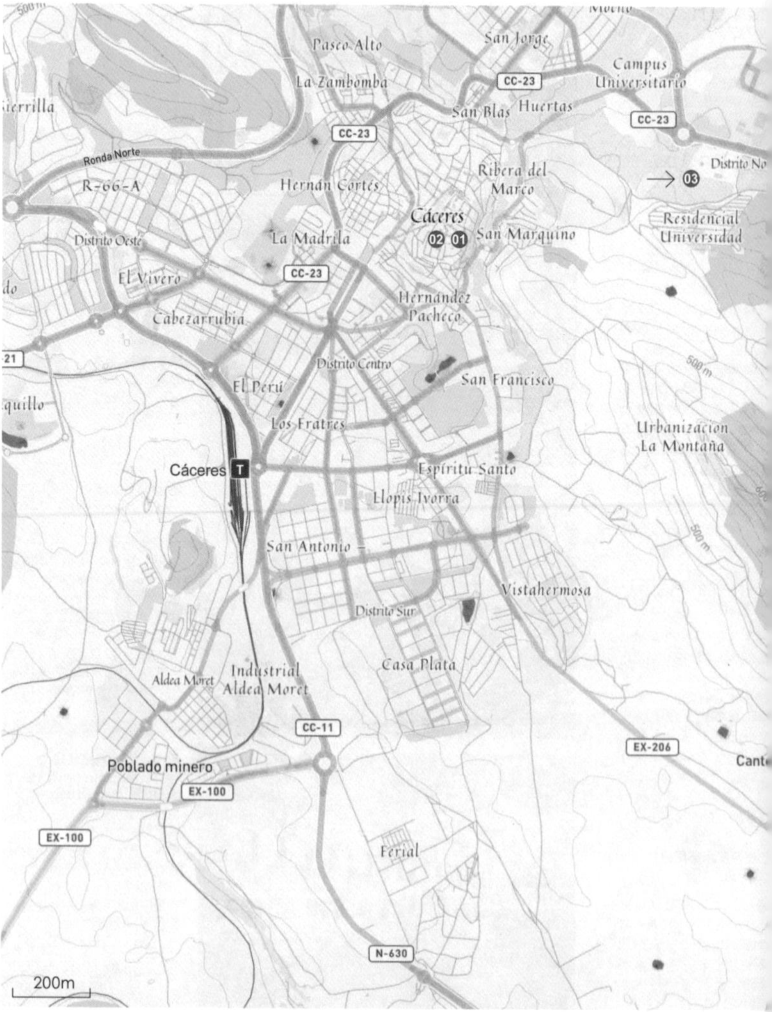

lote Zone

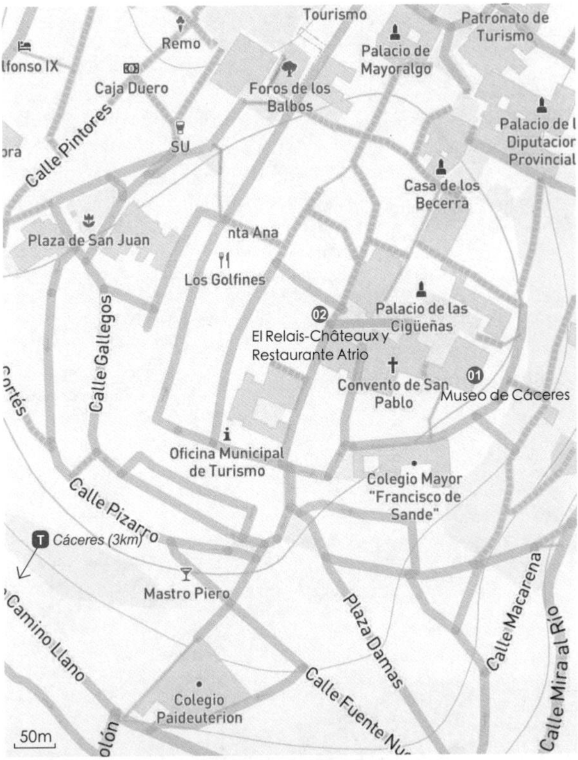

卡塞雷斯博物馆

建筑师成功地将16世纪的公爵府邸和马厩改建成考古和人类博物馆以及美术馆。建筑地下部分保存完好的穆斯林蓄水池和马蹄拱结构。建筑使用了地方材料，但运用了现代的砌筑工艺，受到意大利建筑师斯卡帕的影响。

瑞莱斯酒店

在世界文化遗产的中世纪古城内，把原历史建筑改造为精品酒店，它的挑战在于新建筑如何融入历史并尊重社区。建筑师把新、旧建筑视为寄居蟹的共生关系，希望激活老建筑的生命，从有机的空间组织中诠释新建筑的现代性。室内白色的混凝土列柱与黑色木板的装饰对比强化了新空间的重建。目前，它有14间豪华客房与1座餐厅。

01 卡塞雷斯博物馆
Museo de Cáceres

建筑师：Aranguren + Gallegos arquitectos
地址：Pza. De las Veletas 1
类型：文化建筑
年代：1991
开放时间：周二至周六 9:00-20:00，周日 10:15-15:00。

02 瑞莱斯酒店
El Relais-Châteaux y Restaurante Atrio

建筑师：曼西亚 & 图隆 / Mansilla&Tuñón（改建）
地址：Plaza San Mateo,11
类型：居住建筑
年代：始建不详，2010（改建）

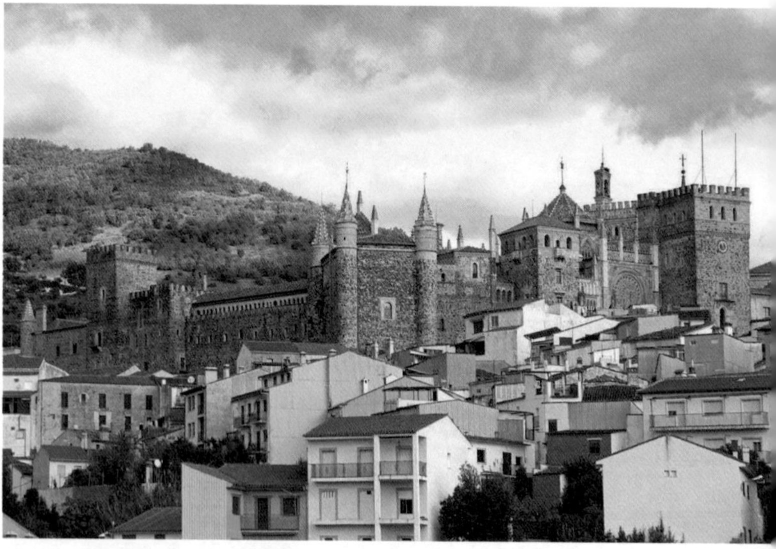

03 圣玛丽亚瓜达卢佩皇家修道院
Real Monasterio de Santa María de Guadalupe

建筑师:不详
地址: Plaza Sta. María de Guadalupe, 10140 Guadalupe, Cáceres
类型:宗教建筑
年代:13 世纪
备注:距离卡塞雷斯火车站约 120 公里。

圣玛丽亚瓜达卢佩皇家修道院（世界遗产）

宏大的修道院建筑群，经历数个世纪的建造，集中了哥特、穆德哈尔、文艺复兴、巴洛克和新古典主义建筑的特色。

15 · 巴达霍斯

建筑数量：02

01 巴达霍斯艺术博物馆扩建 /Studio Hago
02 大会堂 / Selgas & Cano

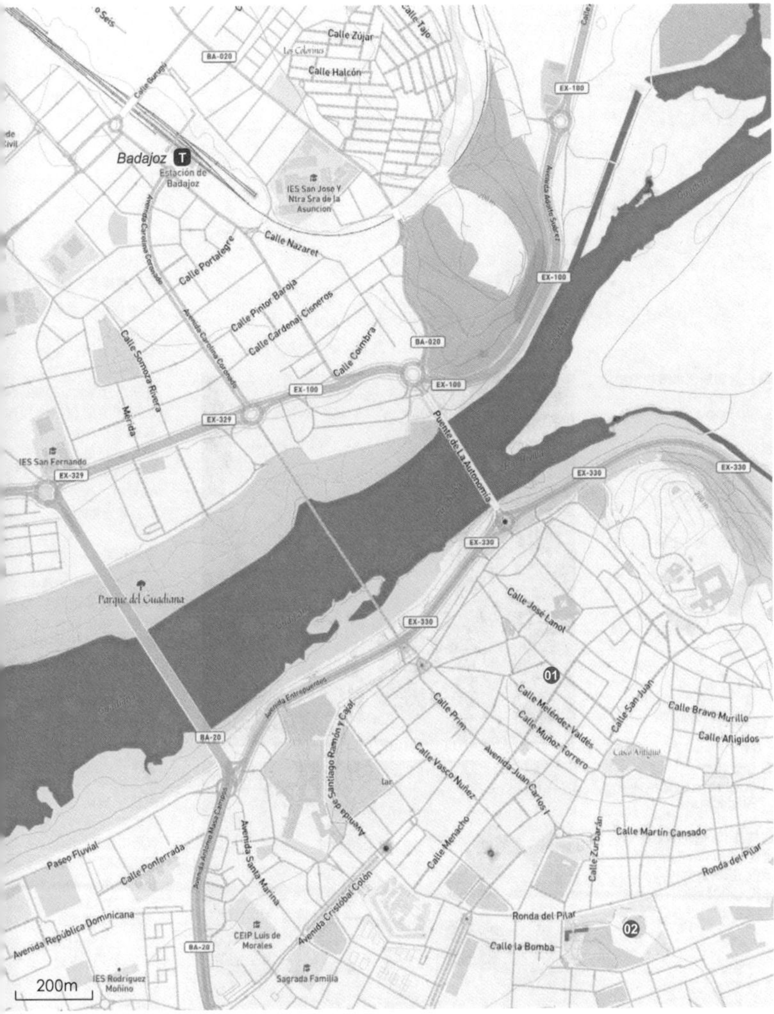

Note Zone

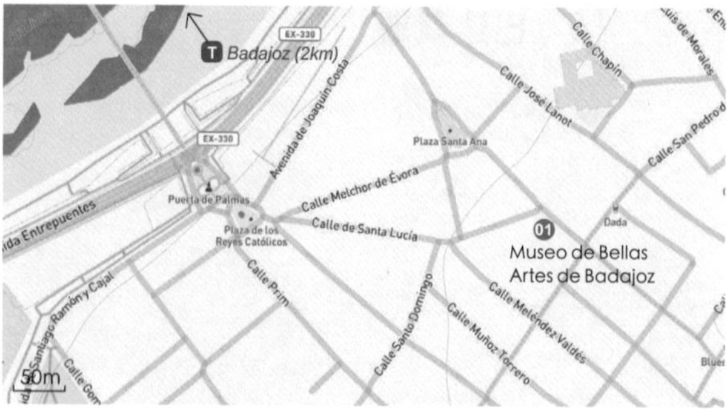

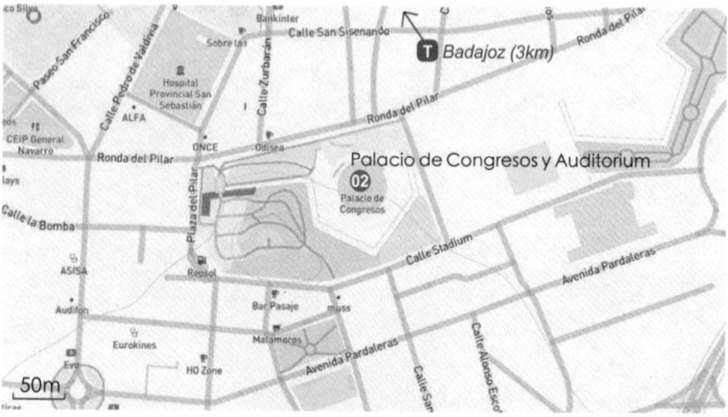

01 巴达霍斯艺术博物馆扩建

Museo de Bellas Artes de Badajoz

建筑师：Studio Hago
地址：Calle Duque de San German, 3
类型：文化建筑
年代：2014
开放时间：周二至周日 10:00-14:00，18:00-20:00。

02 会议礼堂

Palacio de Congresos y Auditorium

建筑师：Selgas & Cano
地址：Ronda Pilar, 8A
类型：剧场建筑
年代：2005

巴达霍斯艺术博物馆扩建

采用预应力混凝土穿孔板建造立面和顶棚以及室内隔墙，扩建部分通过庭院连接原有建筑，并向两个方向城市展开。建筑用强烈的识别性和连续性寻找与历史城市的联系，利用单一的建筑材料消解了室内与室外的界限，凸显了艺术馆的自我表达的意愿。

会议礼堂

设计团队擅于使用多彩、轻质的丙烯酸复合板材，在该项目中他们首次挑战了大尺度的公共建筑，将其成功地融入历史敏感的城市环境中，在西班牙当代材料创新上具有先锋性。该建筑位于城市古老的军事堡垒之上，更早期这里是一座斗牛场。新建筑使用了圆柱形，呼应原址的建筑遗存，塑造具有历史纪念性的场所。建筑内部的大礼堂位于原斗牛场的空地上，环绕白色、光洁的格栅，通过顶部暗绿色的条状顶棚实现自然光照明。经过下沉式的入口后，可以通向环绕中心礼堂的辅助功能用房。

北部地区

Northern Area

- ⑯ 萨拉戈萨 /Zaragoza
- ⑰ 特鲁埃尔 /Teruel
- ⑱ 韦斯卡 /Huesca
- ⑲ 毕尔巴鄂 /Bilbao
- ⑳ 维多利亚 / Vitoria-Gasteiz
- ㉑ 圣塞瓦斯蒂安 /San Sebastían
- ㉒ 埃西耶戈 /Elciego
- ㉓ 奥尼亚蒂 / Oñati
- ㉔ 潘普洛纳 /Pamplona
- ㉕ 洛格罗尼奥 / Logroño

nostia /
21
Sebastián
Elizond
osa
24
Pamplona /
Iruña
ella /
arra
Sangüesa /
Zangoza
Jaca
Pyrénées
occidentales
Tafalla
osa
alahorra
Ejea
de
los
Caballeros
18
Huesca
Graus
Tudela
Barbastro
Tarazona
Monzón
Sariñena
Alagón
16
Zaragoza
AP-2
Calatayud
Cariñena
Belchite
riza
Caspe
Daroca
Alcañiz
Calamocha
Utrillas
17
Teruel
A-232

16 · 萨拉戈萨

建筑数量：10

01 圣柱圣母圣殿主教座堂 /Ventura Rodríguez
02 萨拉戈萨商会馆 / Juan de Sariñena
03 萨拉戈萨主教堂 / Giovanni Battista Contini
04 萨拉戈萨总督府 / Martin Gaztelu
05 卡夏文化中心 / 卡门·碧诺斯
06 阿尔哈菲里亚宫
07 萨拉戈萨桥 / 扎哈·哈迪德，帕特里克·舒马赫
08 议会宫 / Nieto & Sobejano
09 西班牙馆 / Francisco Mangado
10 萨拉戈萨精神病中心 / José Javier Gallardo,G.Bang

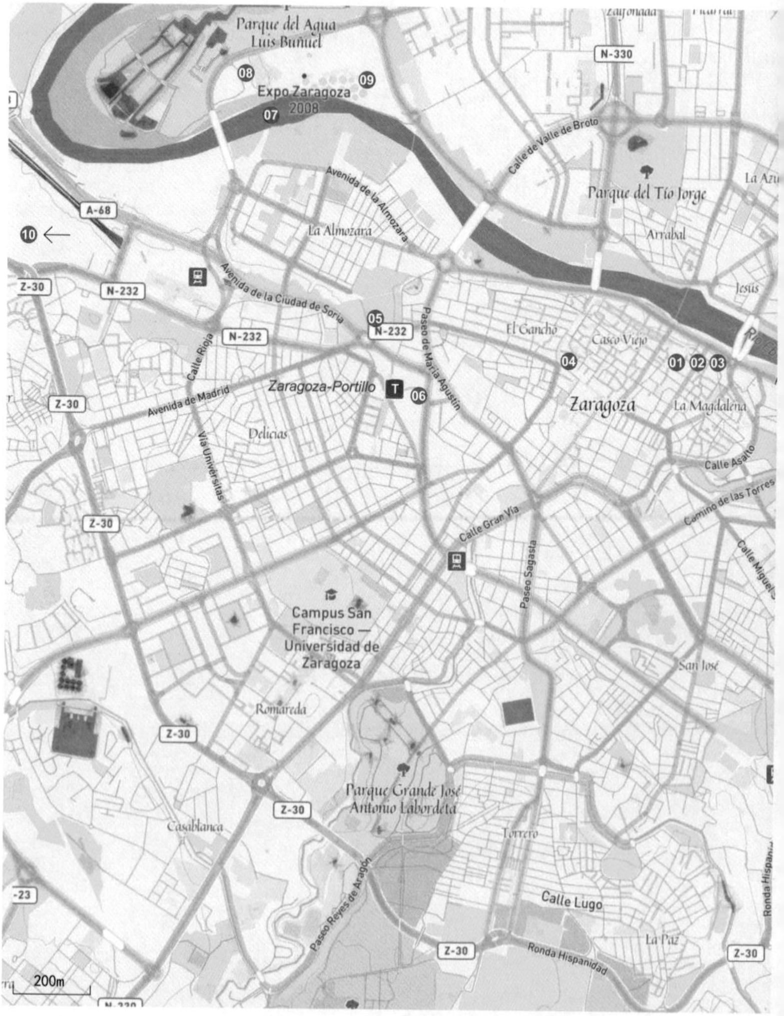

圣柱圣母圣殿主教座堂

早期的建筑主体是在14世纪建造的哥特式和穆德哈尔式风格教堂，祭坛与唱诗班席依然保存以上风格。目前的教堂主要是巴洛克风格，占地扩大到130m长，67m宽，有11座穹顶和4座塔楼；中央圣殿和穹顶在18世纪再次重建，属于新古典主义风格。室内收藏了著名画家戈雅、巴约等的壁画。

萨拉戈萨商会（国家遗产）

阿拉贡地区首先受到意大利文艺复兴风格影响的民用建筑代表。它是城市商业活动、贸易往来的重要见证。虽然率先使用了文艺复兴风格的设计，但局部装饰依然使用了本地区传统的穆德哈尔石膏装饰艺术，采用了伊斯兰砖块的砌造工艺。室内的圆柱大厅是同时期公共建筑广泛使用的形制，由文艺复兴式的圆柱支撑屋顶，通过密集的肋架拱传递荷载，这种复杂的肋架拱学习自哥特建筑工艺。

萨拉戈萨主教堂（世界遗产）

是天主教萨拉戈萨总教区的主教座堂，位于西班牙萨拉戈萨的座堂广场(Plaza de la Seo)，它是世界遗产阿拉贡的穆德哈尔式建筑的一部分。该主教堂经历了长期的扩建。最初它源于古罗马时期的城市论坛，底层的遗址陈列馆重现了它的历史规模；其次，公元10世纪被改建为清真寺，是西班牙最古老的伊斯兰文化遗存之一；公元12世纪，教堂改建为晚期罗曼式风格，巴西利卡平面和十字翼，罗曼式建筑遗迹从半圆形圣厅底座部分可见；哥特时期，提升了教堂中央筒拱，获得侧向开窗采光，此时在圣米歇尔厅保留了镀金木质顶棚格板的装饰，展现了阿拉贡地区穆德哈尔式珍贵的装饰艺术，该厅的穹顶在文艺复兴时期重建；18世纪初增建了巴洛克式的入口和尖顶塔。

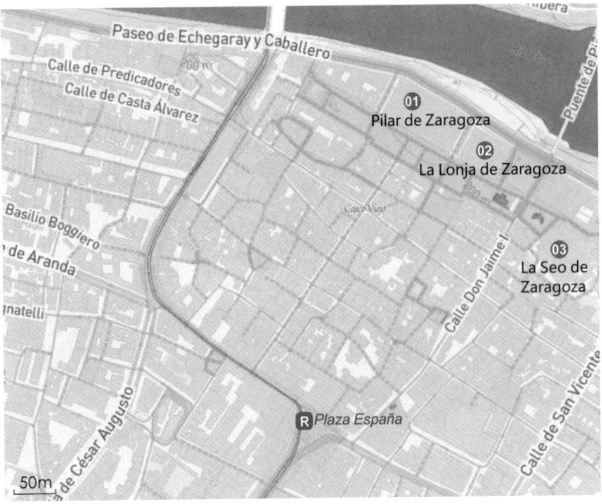

01 圣柱圣母圣殿主教座堂
Pilar de Zaragoza

建筑师：Ventura Rodríguez
地址：Plaza del Pilar, s/n
类型：宗教建筑
年代：1680

02 萨拉戈萨商会馆
La Lonja de Zaragoza

建筑师：Juan de Sariñena
地址：Calle Don Jaime I
类型：历史建筑
年代：1541

03 萨拉戈萨主教堂
La Seo de Zaragoza

建筑师：Giovanni Battista Contini
地址：Plaza de la Seo, 4
类型：宗教建筑
年代：1683

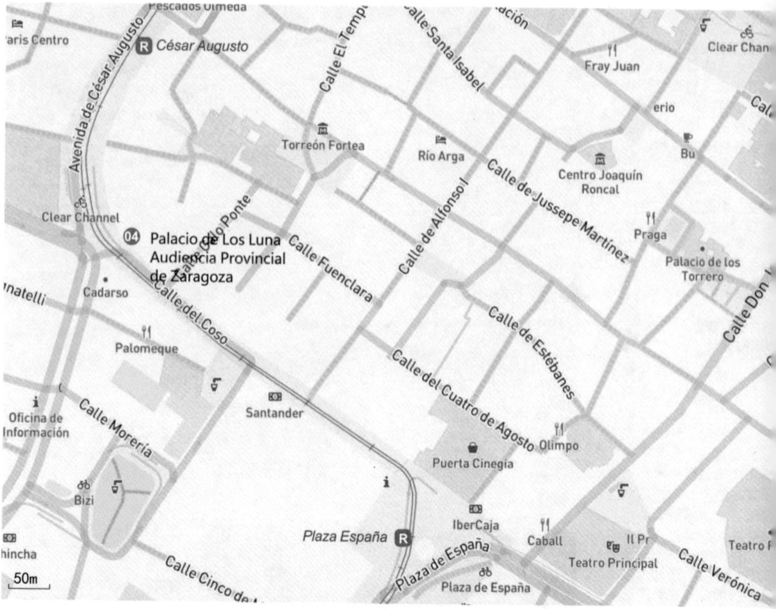
Pescados Olmeda
César Augusto
Avenida de César Augusto
Calle El Temple
Calle Santa Isabel
Fray Juan
Clear Channel
Torreón Fortea
Río Arga
Centro Joaquín Roncal
Calle de Jussepe Martínez
Calle de Alfonso I
Praga
Palacio de los Torrero
Clear Channel
04 Palacio de Los Luna Audiencia Provincial de Zaragoza
Calle Fuenclara
Cadarso
Calle del Coso
Calle de Estébanes
Calle Don
Palomeque
Calle del Cuatro de Agosto
Santander
Oficina de Información
Calle Morería
Olimpo
Puerta Cinegia
Bizi
IberCaja
Caball
Plaza España
Plaza de España
Teatro Principal
Calle Verónica
Calle Cinco de
50m

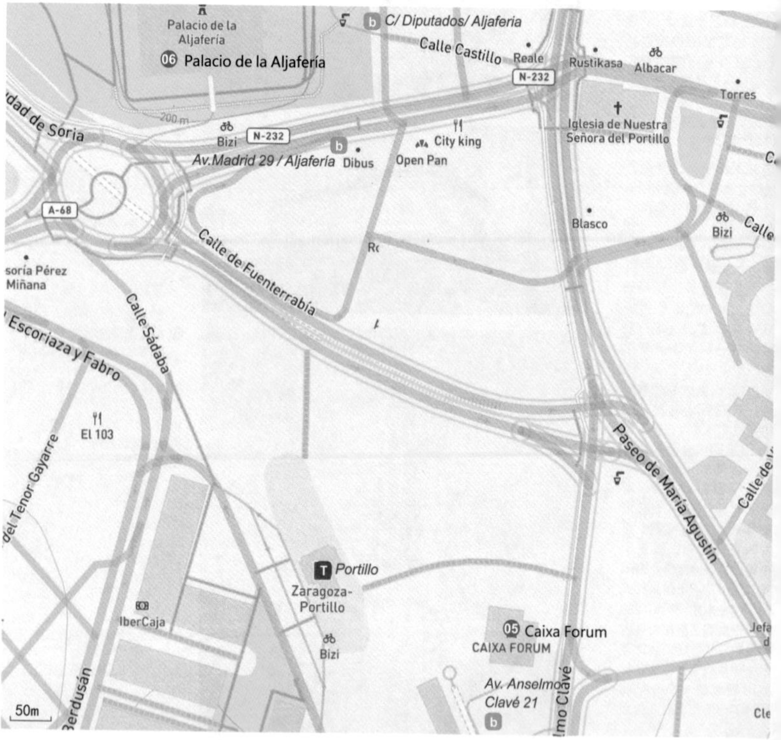
Palacio de la Aljafería
C/ Diputados/ Aljafería
Calle Castillo
Reale
Rustikasa
Albacar
06 Palacio de la Aljafería
N-232
Torres
Iglesia de Nuestra Señora del Portillo
200 m
Bizi
City king
Av.Madrid 29 / Aljafería
Dibus
Open Pan
A-68
Blasco
Bizi
Calle de Fuenterrabía
Miñana
Calle Sádaba
Escoriaza y Fabro
El 103
Paseo de María Agustín
Portillo
Zaragoza-Portillo
IberCaja
05 Caixa Forum
CAIXA FORUM
Bizi
Av. Anselmo Clavé 21
50m

ote Zone

④ 萨拉戈萨总督府
Palacio de Los Luna
Audiencia Provincial de Zaragoza

建筑师：Martin Gaztelu
地址：Calle del Coso, 1
类型：办公建筑
年代：16 世纪

⑤ Caixa 文化中心
Caixa Forum

建筑师：卡门 · 碧诺斯 / Carme Pinós
地址：Calle José Anselmo Clave, 4
类型：文化建筑
年代：2014
开放时间：周一至周日 10:00-20:00。

⑥ 阿尔哈菲里亚宫
Palacio de la Aljafería

建筑师：不详
地址：Calle de los Diputados, s/n,
类型：历史建筑
年代：11 世纪
开放时间：周一至周三，周六、周日 10:00-14:00，16:30-20:00，周四 10:00-14:00，16:30-18:30，周五 10:30-14:00，16:30-20:00。

萨拉戈萨总督府
（国家遗产）

萨拉戈萨典型的宫殿建筑，天主教费尔南多君主在外时期建设的原地区总督府邸。它属于文艺复兴风格，主入口半圆拱门两侧有两座巨大的石雕，左侧是希腊英雄忒修斯，右侧是大力士赫克卢斯。建筑装饰中使用了阿拉贡地区当时崇尚的白、绿相间的陶瓷片，体现了地域特色。

Caixa 文化中心

该单体建筑尝试突破传统结构逻辑，抬升起的建筑体重被视为城市花园内的一座雕塑。建筑内部使用贯穿参观流线的公共步道，在悬挑的结构体内通过不同视高的景窗观赏不同视角的城市面貌，激发市民对城市公共性的思考。

阿尔哈菲里亚宫
（世界遗产）

保存完好的穆德哈尔风格建筑，立面采用精美的伊斯兰几何纹样装饰的马蹄形拱。该宫殿保存了 11 世纪的伊斯兰风格装饰艺术，精美的几何构图的石膏纹样装饰了马蹄形拱门，华丽的镀金木格天花，静谧的水景庭院；它被喻为阿拉贡地区穆德哈尔艺术风格的起源。目前，这里除被用作博物馆外，附属建筑是大区议会所在地。

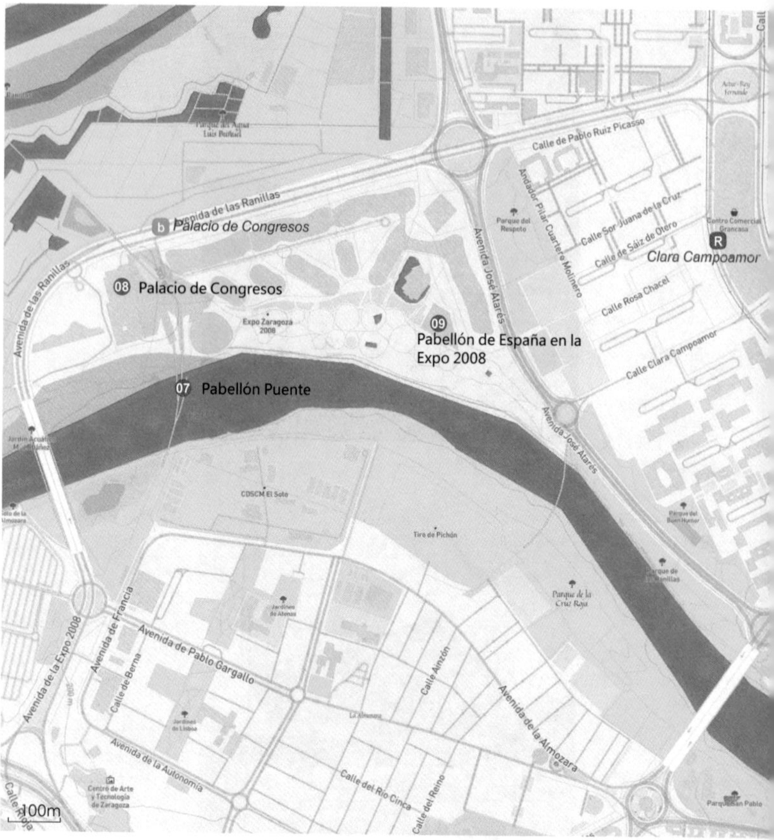

Avenida de las Ranillas
b Palacio de Congresos
08 Palacio de Congresos
Expo Zaragoza 2008
09 Pabellón de España en la Expo 2008
07 Pabellón Puente
Calle de Pablo Ruiz Picasso
Andador Pilar Cuartero Molinero
Avenida José Atarés
Calle Sor Juana de la Cruz
Calle de Sáiz de Otero
R Clara Campoamor
Calle Rosa Chacel
Calle Clara Campoamor
Parque del Respeto
Centro Comercial Grancasa
CDSCM El Soto
Tiro de Pichón
Parque de la Cruz Roja
Avenida de la Expo 2008
Avenida de Francia
Avenida de Pablo Gargallo
Calle de Berna
Calle Ainzón
Avenida de la Almozara
Avenida de la Autonomía
Calle del Río Cinca
Calle del Reino
Centro de Arte y Tecnología de Zaragoza
Calle Rioja
100m

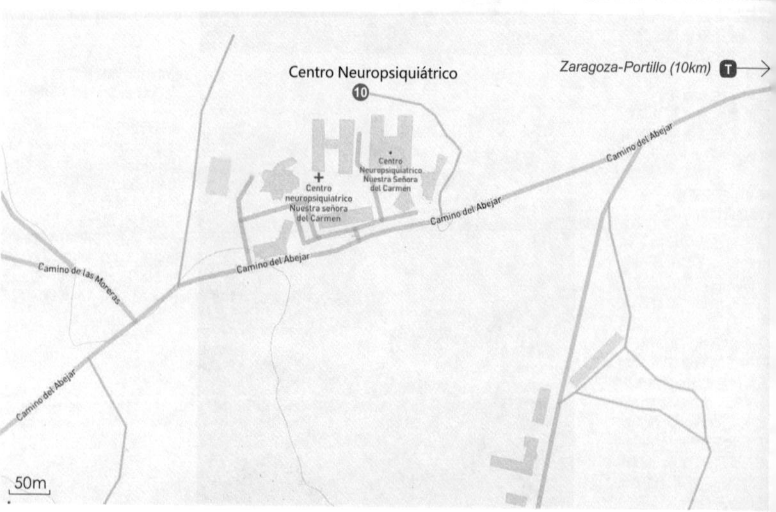

Centro Neuropsiquiátrico
10
Zaragoza-Portillo (10km) T
Centro Neuropsiquiatrico Nuestra Señora del Carmen
Centro neuropsiquiatrico Nuestra señora del Carmen
Camino del Abejar
Camino de las Moreras
50m

ote Zone

⑦ **萨拉戈萨桥**
Pabellón Puente

建筑师：扎哈·哈迪德 /Zaha Hadid, 帕特里克·舒马赫 Patrik Schumacher
地址：Av. De Ranillas 101
类型：交通建筑
年代：2008

⑧ **议会宫**
Palacio de Congresos

建筑师：Nieto & Sobejano
地址：Plaza Lucas Miret Rodriguez, 1
类型：办公建筑
年代：2008

⑨ **2008 年世博会西班牙国家馆**
Pabellón de España en la Expo 2008

建筑师：Francisco Mangado
地址：Av. José Atarés, 26, 50018 Zaragoza, Spain
类型：文化建筑
年代：2008

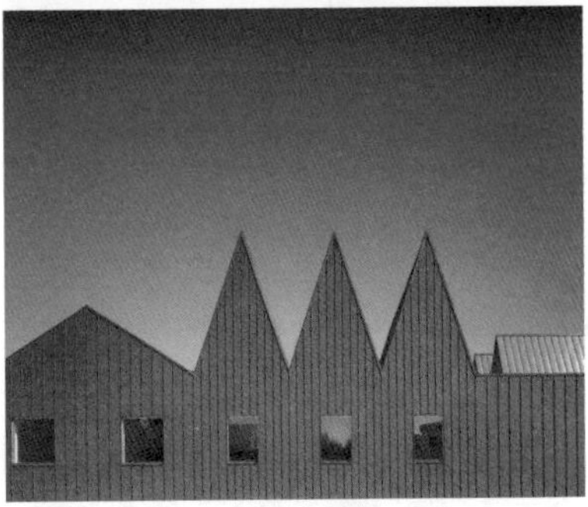

⑩ **萨拉戈萨精神病中心**
Centro Neuropsiquiátrico

建筑师：José Javier Gallardo,G.Bang
地址：Camino del Abejar, 0
类型：医疗建筑
年代：2012
备注：距离萨拉戈萨市中心 Portillo 火车站约 10 公里。

萨拉戈萨桥

世博会展馆展示水的可持续利用，有机动态的编织外形，金属覆盖物可以调节建筑微气候，避免日光直射和寒冷的北风。

议会宫

建筑主要包含 3 个功能区：展览厅、公共厅和大会堂，长达 167m，建筑表达出公共机构的特征，曲折的屋顶造型是内部空间捕光器，半透明的玻璃幕墙和金属格栅可以过滤光线，适应室内的照明需求，最大限度降低能耗。

2008 年世博会西班牙国家馆

2008 年西班牙世博会国家馆，回应水与环境的主题，用 750 根陶土柱组成的立面象征埃布罗河岸的原有森林；屋顶使用太阳能光伏板和雨水收集系统。该建筑实现了当时低预算、工期短的建造目标，它的整体式节能设计源于对“森林法则”的学习。

萨拉戈萨精神病中心

被农田和庄稼地环绕，位于萨拉戈萨市郊，建筑屋面的醒目表明了它的医疗和护理中心建筑属性的特殊性。

17 · 特鲁埃尔

建筑数量：04

01 圣马丁塔
02 特鲁埃尔大教堂 / Juan Lucas Botero
03 圣佩德罗穆德哈尔式塔楼
04 萨尔瓦多穆德哈尔式塔楼

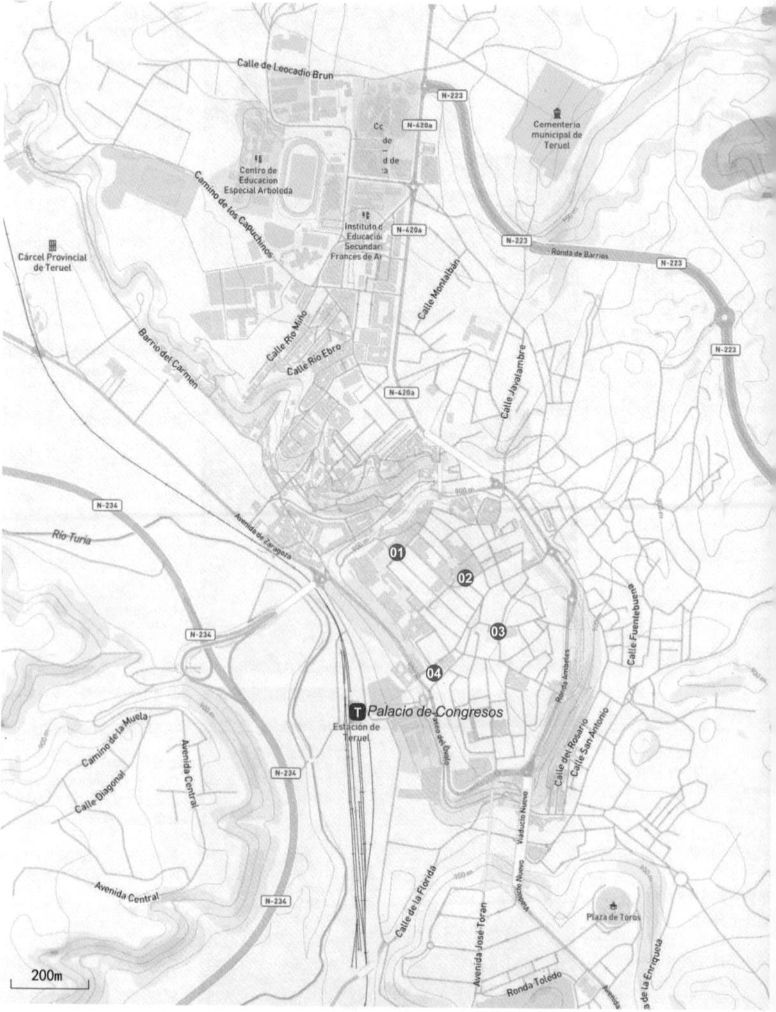

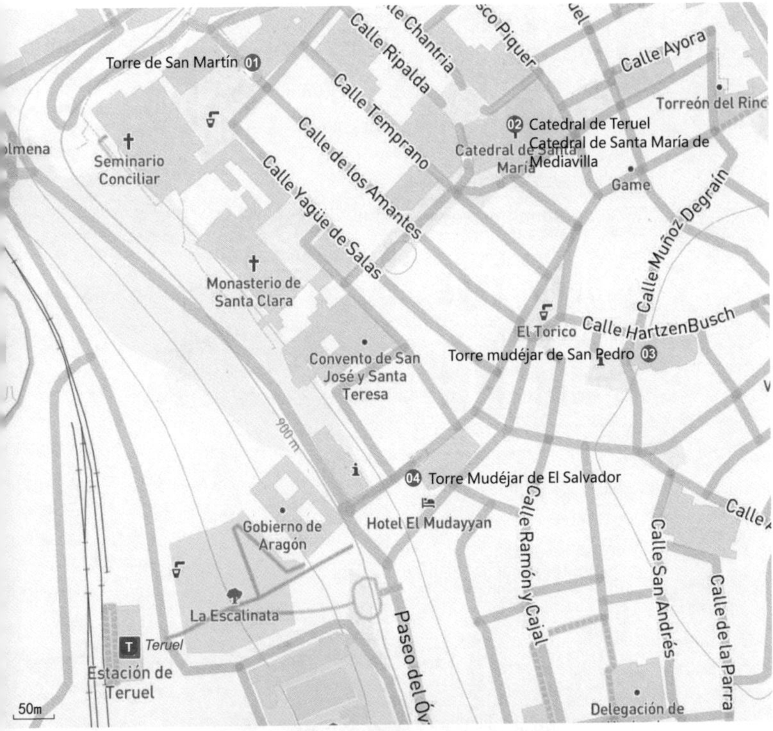

圣马丁塔（世界遗产）

中世纪砖石结构的高塔，属于阿拉贡的穆德哈尔风格，底层可以作为道路通行，外立面装饰陶瓷面砖；塔楼共3层，顶层为十字拱支撑结构。

01 圣马丁塔
Torre de San Martín

建筑师：不详
地址：Calle San Martín, 1
类型：历史建筑
年代：14-16 世纪

02 特鲁埃尔大教堂
Catedral de Teruel
Catedral de Santa
María de Mediavilla

建筑师：Juan Lucas Boterc
地址：Plaza de la Catedral,
类型：历史建筑
年代：12-16 世纪

西班牙最古老的穆德哈尔
之一，方形基座，以彩釉
分三段装饰，顶部八边形
塔是 17 世纪的加建部分。
立面装饰有釉面陶瓷砖。
堂大厅顶部有华美的镶格
饰和壁画，也誉为穆德哈
式的“西斯廷教堂”。19
纪，教堂的扩建受到历史
义影响，新建了罗曼式的
圆形立面和新穆德哈尔装饰。

Note Zone

⓪③ 圣佩德罗穆德哈尔式塔楼
Torre mudéjar de San Pedro

建筑师：不详
地址：Calle Matías Abad, 3
类型：历史建筑
年代：14 世纪

⓪④ 萨尔瓦多穆德哈尔塔楼
Torre Mudéjar de El Salvador

建筑师：不详
地址：Calle el Salvador, 7
类型：历史建筑
年代：14 世纪

圣佩德罗穆德哈尔式塔楼（世界遗产）

14 世纪穆德哈尔式教堂，塔楼可以追溯到 13 世纪完成，坐落于老城的古犹太人聚居区，底部的出入口通向城市街道，为矩形平面，也是最古老的城市塔楼。室内装饰是 19 世纪的新穆德哈尔风格，室内保存文艺复兴的木雕祭坛。塔楼外有绿色、紫红色的陶土装饰。东侧紧邻堡垒式的教堂和四廊建筑，这是阿拉贡地区独有的防御型功能的宗教教筑。

萨尔瓦多穆德哈尔塔楼（世界遗产）

西班牙伊斯兰时期的建筑精品同时又融入了当时的哥特建筑艺术风格，体现在精致的瓷砖和琉璃瓦的工艺。

18·韦斯卡

建筑数量：02

01 省立体育中心 / 米拉莱斯 & 碧诺斯
02 省立美术馆 / 拉斐尔·莫内欧

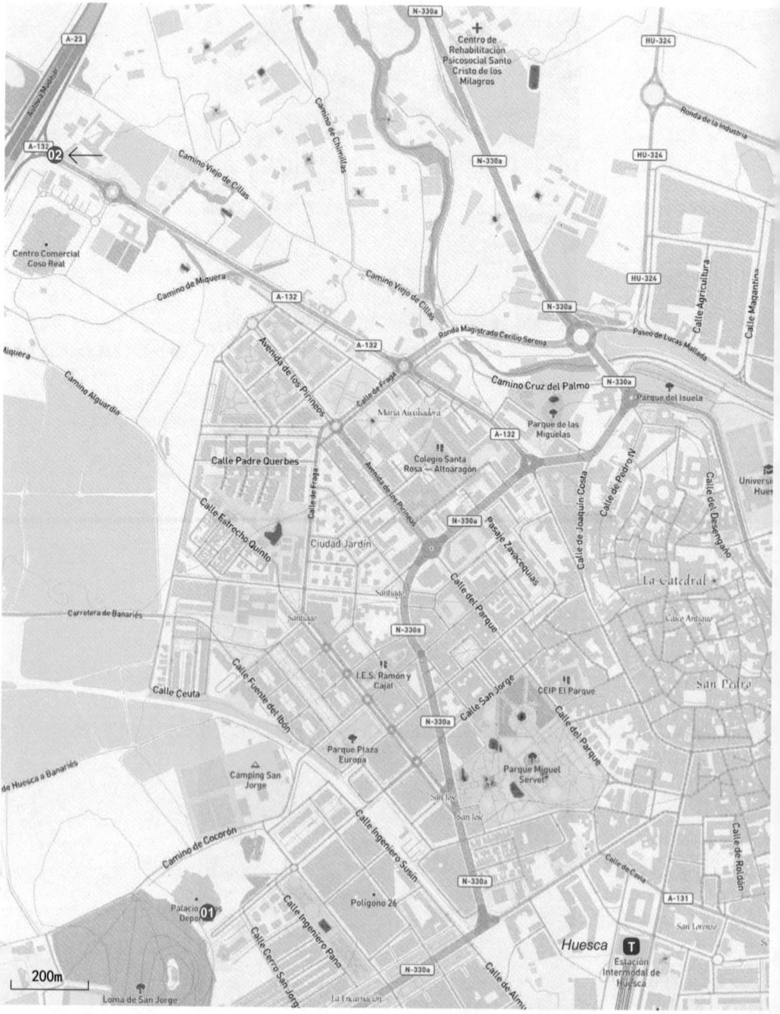
N-330a
A-23
Centro de Rehabilitación Psicosocial Santo Cristo de los Milagros
HU-324
Autovía Mudéjar
Ronda de la Industria
A-132
02
Camino Viejo de Cillas
Camino de Chimillas
Centro Comercial Coso Real
Camino de Miquera
Calle Agricultura
Calle Magantina
Ronda Magistrado Cerilio Serena
Paseo de Lucas Mallada
Miquera
Avenida de los Pirineos
Calle de Fraga
Camino Cruz del Palmo
Parque del Isuela
Camino Alguardia
María Auxiliadora
Parque de las Miguelas
Colegio Santa Rosa — Altoaragón
Calle Padre Querbes
Calle de Joaquín Costa
Calle de Pedro IV
Calle del Desengaño
Calle Estrecho Quinto
Pasaje Zavacequias
Ciudad Jardín
La Catedral
Calle del Parque
Santiago
Carretera de Banariés
Casco Antiguo
I.E.S. Ramón y Cajal
CEIP El Parque
San Pedro
Calle Ceuta
Calle Fuente del Ibón
Calle San Jorge
Parque Plaza Europa
Parque Miguel Servet
de Huesca a Banariés
Camping San Jorge
San José
Calle Ingeniero Susín
Camino de Cocorón
Calle de Cava
Calle de Roldán
A-131
Palacio de Deportes
01
Polígono 26
Calle Ingeniero Pano
Calle Cerro San Jorge
San Lorenzo
Huesca
Estación Intermodal de Huesca
200m
Loma de San Jorge
La Encarnación

Note Zone

01 省立体育中心
Palacio Municipal de los Deportes Huesca

建筑师：米拉莱斯 & 碧诺斯 / Miralles & Pinós
地址：Camino de San Jorge s/n, Cerro de San Jorge
类型：体育建筑
年代：1988

02 阿拉贡自治区的美术馆
Fundación Beulas

建筑师：拉斐尔·莫内欧 / Rafael Moneo
地址：Av. Doctor Artero s/n
类型：文化建筑
年代：2005
开放时间：周四、周五 18:00-21:00；周六 11:00-14:00,18:00-21:00；周日 11:00-14:00。

省立体育中心

建筑创造性使用大型拉索悬挂式屋顶，是建筑师早期代表性成名作之一。

阿拉贡自治区的美术馆

艺术家个人美术馆，含有艺术工作室和艺术家寓所。建筑形态源于本地的山脉景观；室内利用了波浪形和流动空间展陈画作。屋顶的格栅通过特别设计依据照明要求提供间接采光。

2008 年世博会西班牙国家馆 / Francisco Mangado

19 · 毕尔巴鄂

建筑数量：12

01 古根海姆博物馆 / 弗兰克 · 盖里
02 德乌斯托大学图书馆 / 拉斐尔 · 莫内欧
03 地铁站枢纽 / 福斯特
04 历史档案馆 /ACXT Arquitectos
05 市会展中心和音乐厅 / Federico Sorriano, Dolores Palacios
06 坎波斯剧院 / Azebal &Darroguy
07 巴斯克自治区卫生局 / Coll-Barrer Arquitectos
08 阿斯库拉活动中心 /Ricardo Bastida（始建）, Philippe Starck, Thibaut Mathieu（扩建）
09 卡斯达诺市民文化中心 / Ricardo Bastida
10 里贝拉菜市场 /Pedro Ispizua
11 市体育馆 / ACXT Arquitectos
12 米利比亚教堂 / IMB Arquitectos

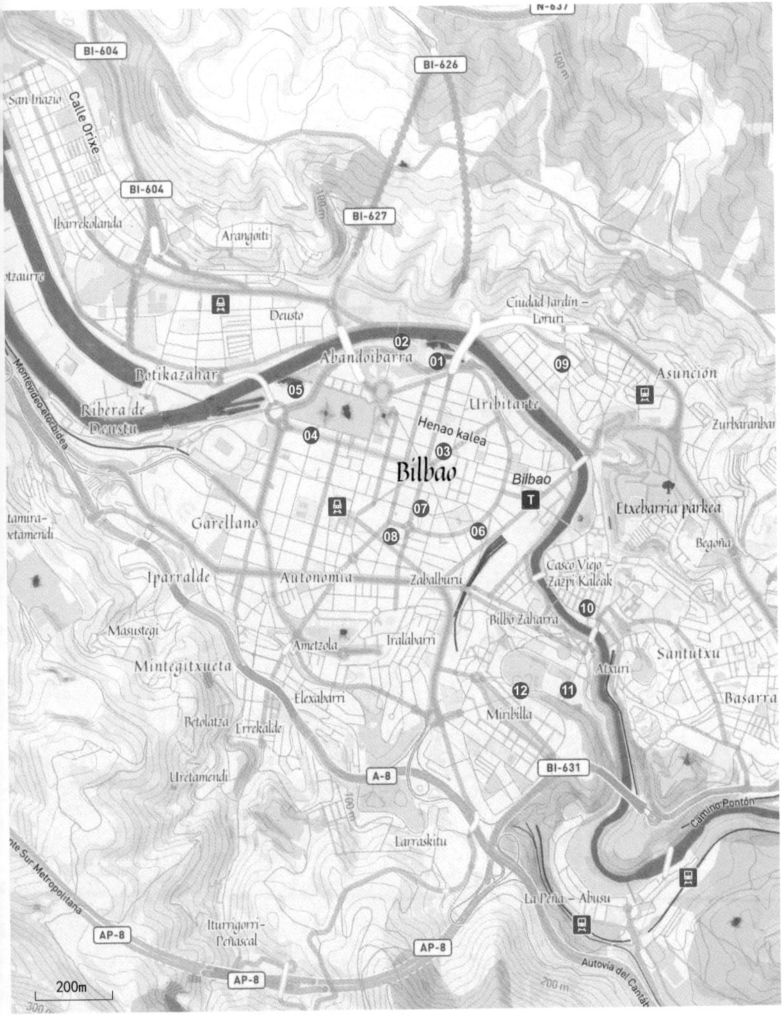

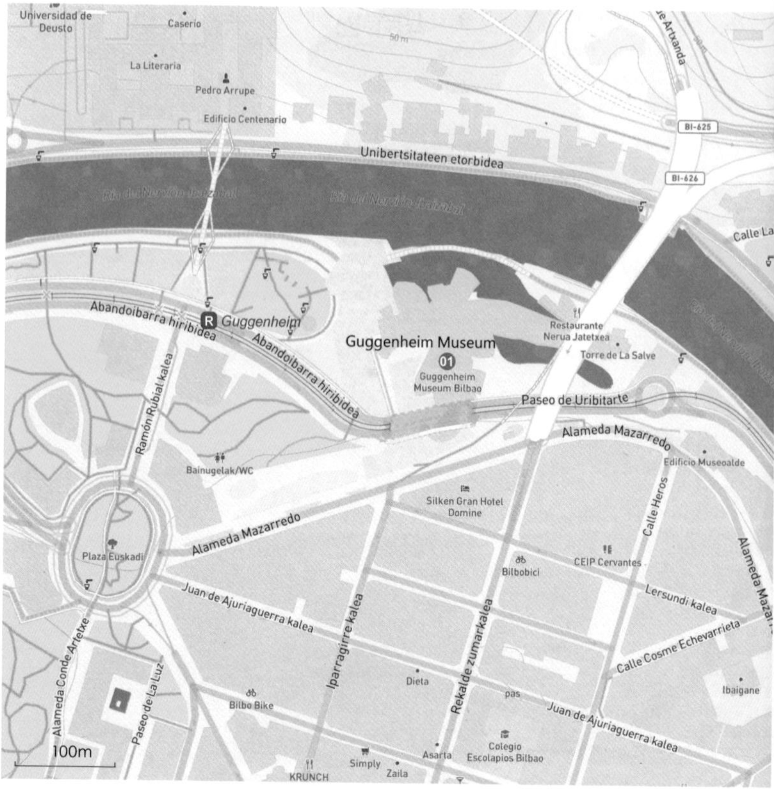

01 古根海姆博物馆
Guggenheim Museum

建筑师：弗兰克·盖里 / Frank Gehry
地址：Av.Abando Ibarra 2
类型：文化建筑
年代：1991
开放时间：周二至周日 10:00-20:00。

20世纪最杰出的解构主义建筑代表作，由钛合金板覆盖而成的复杂曲面建筑，重新为城市注入旺盛的生命力。

设计背景：

1997年建成开馆，立即成为毕尔巴鄂城市新的文化旗舰和当代艺术活动最重要的博物馆，这座博物馆重新塑造了新的城市形象，标志着毕尔巴鄂城市复兴进程的开始。建筑大师盖里在设计中使用了他熟悉的解构主义风格，以一系列集中、堆砌、错位、扭曲、倾斜和分裂的单元让建筑灵动起来。

平面设计：

博物馆总建筑面积达到24000m²。平面采用中央大厅和四周环绕式功能区组织参观流线。中央玻璃大厅净空达到50m，周边展室、行政管理部门等围绕中庭向外散开，形成相邻空间的有序过渡。主展厅之外组织了3部分附属空间，分别是东区的临时性展厅，它沿河岸顺势展开；南区是艺术家工作室、研究室；外围和间隙空间辅助布置办公、餐厅、商业服务等设施。

结构设计：

盖里的设计是通过草图－模型－计算机辅助设计的方法完成的。借助当时先进的数字计算系统（CATIA）生成支撑自由曲面的内部骨架，精确地完成了内部空间与外部型体的塑造，提高了钢结构施工图设计与施工建造的精度与效率。

建筑材料：

熠熠夺目的钛金属板是建筑外表皮的主要材料。这种材料的选择使得建筑双曲面表皮在不同方向的日照下，呈现出光影变幻的效果。其他部分建筑材料使用了玻璃、钢和石灰岩等。

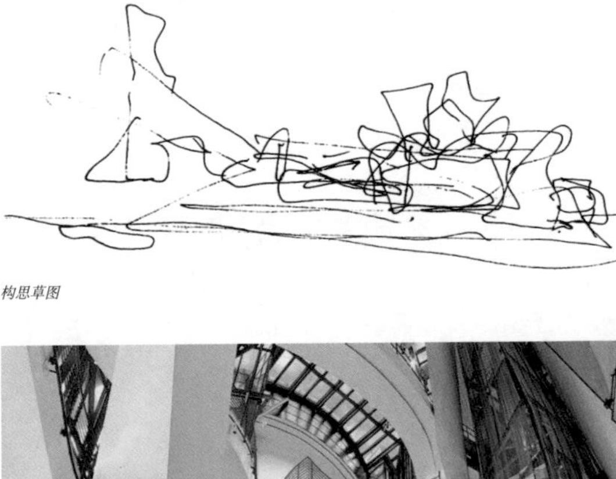

构思草图

古根海姆博物馆 / 弗兰克·盖里（背侧）

IBERDROLA

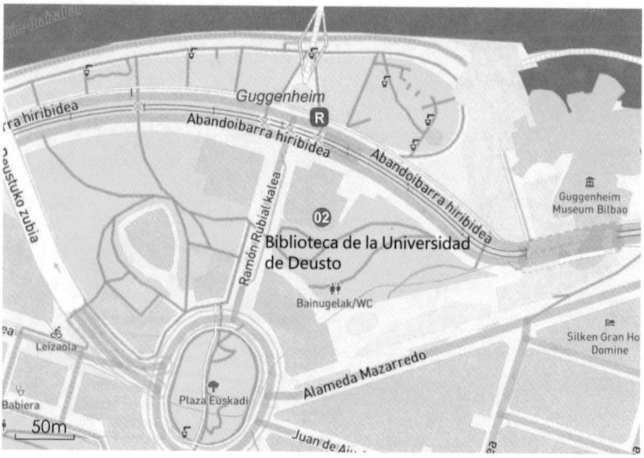

Note Zon

02 德乌斯托大学图书馆
Biblioteca de la Universidad de Deusto

建筑师：拉斐尔·莫内欧 / Rafael Moneo
地址：Ramón Rubial Kalea, 1, 48009 Bilbo
类型：科教建筑
年代：2008

03 地铁站枢纽
Estación de Metro

建筑师：福斯特及合伙人建筑事务所 / Foster & Parteners
地址：Bilbao
类型：交通建筑
年代：1988

德乌斯托大学图书馆

在非常敏感的历史城市更新地块上新建的文化地标。建筑师以谦逊、简洁的几何体量与不远处的古根海姆博物馆互为衬映；透明的玻璃砖外表面体现教育资源的开放、公益性特征。建筑立面局部圆倒角和内凹削解了与城市公园的视觉冲突，公共空间内适时的布置具有极佳视角的景窗。

地铁站枢纽

地铁交通设施已成为城市环境工程重要的一部分，注重乘客地下空间的搭乘体验。它整合了建筑师、工程师、施工部门和图像设计者的努力，体现了西班牙领先的地下施工技术。

ote Zone

历史档案馆

建筑重视自然光，外立
面透明的玻璃和活跃的
立面尝试与外部空间建
立联系。建筑折纸状的
玻璃幕墙打破了线性街
道的节奏，使用丝网印
刷不同民族的文字，体
现文化的包容。相反，室
内庭院采用简洁的抹灰
墙面和排列规整的窗
洞，为内部使用者营造
安静的休憩氛围。

市会展中心和音乐厅

新的城市会展和音乐
厅，暗红色船型建筑追
溯了码头城市的航运发
展历程。场地原属于造
船厂，暗红色的立面象
征工业衰退的历史。新
建筑是城市更新计划之
一，主要有剧场、音乐
厅、会堂等公共功能，是
城市向文化方向转型的
重大工程之一。

04 历史档案馆
Archivo Hsitóric de Euskadi

建筑师：ACXT Arquitectos
地址：María Díaz Haroko Kalea, 3
类型：办公建筑
年代：2014

05 市会展中心和音乐厅
Palacio Euskalduna

建筑师：Federico Sorriano, Dolores Palacios
地址：Av.Abando Ibarra
类型：文化建筑
年代：1994

KRUNCH
Simply
Zaila
Asarta
Escolapios Bilbao
Ametza
Ruiz
Henao kalea
Clinica Ercilla Mutualia
Anselmo Clavé
Colon de Larreategi kalea
Heros
Ercilla Kalea
Henao k
BBVA
TC jatetxea
Bar 70
Máximo Agirre Kalea
Iparragirre kalea
Elcano kalea
Rekalde zumarkalea
Zabalgune plaza
ABANCA
Zuberoa
Mosel
Casa Viva
Calle Ercilla
Calle Colón de Larreategui
Udon
Barclays
Suárez
Sociedad Filarmónica de Bilbao
Mandarina Duck
Santander
Ciclos Zubero
Moyua
La Caixa
BBK
Estoril
Bilbao Okala Jatetxea
Ercilla kalea
Moyua
Hacienda Pública
Elcano kalea
Gran Via de Don Diego López de Haro
BBVA
Máximo Agirre Kalea
Rodriguez Arias kalea
Diputazio kalea
Astarloa kalea
BBK
Cámara de Comercio de Bilba
BBVA
Jardines Perú
Eguillor
Biblioteca Foral
SOHO
The Dreams
Urquijo
07 Sede de Sanidad del Gobierno Vasco
Calle Iparragirre
Edificio Bizkaia
Ribs Bilbao
Galerias Urquijo
BHI Miguel De Unamuno
BHI Martín de Bertendona
Alameda de Urquijo
La Bicicleta de Iñaki
Eme
Escuela Universitaria de Estudios Empresariales de Bilbao
08 La Alhóndiga Azkuna Zentroa
Arriquibar plaza
Simsay
Calle Bertendona
Luixana kalea
Azkuna Zentroa
Twiggy
Teatro Campos Elíseos
06
Hurtado de Amezaga etorbidea
Errekakoetxe kalea
Lemona
Gordoniz kalea
Alhondegi
Calle General Concha
Elcano kalea
Calle Euskalduna
San Mames zumarkalea
Hurtado de Amezaga etorbidea
Silken Indautxu
Egaña
Calle Iparraguirre
Costa kalea
Talleres Principales
Garcia Salazar kalea
Egaña kalea
Dyodos
Zabalburu
DIDAKTIKER
Iturriza kalea
Bar Restaurante Ana
KZ
Zabalburu
BBVA
N-634
1800
Bar Oli
Simply
BM
Lidl
Torre Zabalburu-Sede TeleBilbao
Particular del Norte
Ferrocarril de Bilbao
Juan de Garay
BBK
100m

Calle La Salve
..ina kalea
Parqu
Matiko
Iglesia El Salvador Eliza
Castaños
Artasamina kalea
Uriortu kalea
Jesús Insausti
09 Mercado de Castaños
Mugika eta Butroe kalea
Castaños kalea
Tiboli kalea
Jesus Insausti "Uzturre" plaza
cio Museoalde
Epalza kalea
Maviko kalea
Calle Anselma de Salces
Urbitarte kalea
Alameda Ma
Viuda de Epalza Ikastetxea
Conde Duque Bilbao Hotela
50m

ote Zone

⑥ 坎波斯剧院
Teatro Campos Elíseos

建筑师：Alfredo Azebal, Jean Baptiste Darroguy
地址：Calle de Bertendona, 3 Bis, 48008 Bilbao
类型：剧场建筑
年代：1902

⑦ 巴斯克自治区卫生局
Sede de Sanidad del Gobierno Vasco

建筑师：Coll-Barrer Arquitectos
地址：Alameda Recalde, 39, 48008 Bilbo
类型：办公建筑
年代：2008

⑧ 阿斯库拉活动中心
La Alhóndiga Azkuna Zentroa

建筑师：Ricardo Bastida,（始建）, Philippe Starck, Thibaut Mathieu（扩建）
地址：Arriquíbar Plaza, 4, 48001 Bilbo
类型：文化建筑
年代：1909/2001
开放时间：周一至周四 7:00-23:00，周五 7:00-12:00，周六 8:30-12:00，周日 8:30-23:00。

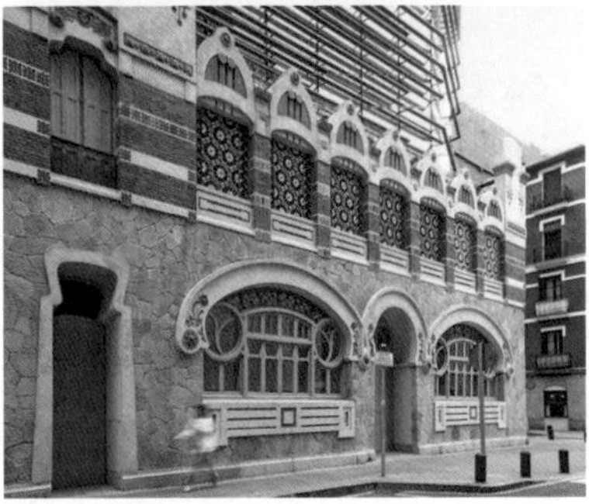

⑨ 卡斯达诺市民文化中心
Mercado de Castaños

建筑师：Ricardo Bastida
地址：Castaños, 11,Bilbao
类型：文化建筑
年代：1910

坎波斯剧院

巴斯克地区有代表性的新艺术建筑作品。原来是小型喜剧剧场，后扩建为歌剧院。马蹄形拱在入口立面是最引人注目的，它又被称为“糖果盒”。

巴斯克自治区卫生局

在城市扩展地区转角的多面体玻璃幕墙建筑，8层建筑由办公室和会议厅组成。建筑位于街区转角地块，它打破了规划准则，用有机体形态激活了城市立面、重塑了变化的天际线。这种晶体结构不只是表皮，其灵活性适应室内公共、办公等空间的使用要求。

阿斯库拉活动中心

原来是 20 世纪初的一座葡萄酒储藏库，具有现代主义特征。新建的 000m^2 大厅内，43 根巨柱代表着不同的艺术文化欢迎来访者。

卡斯达诺市民文化中心

加泰罗尼亚现代主义建筑大师在毕尔巴鄂的著名作品，娴熟地使用了瓷砖艺术。现在被改建为文化中心，增加的两层建筑试图弱化体量，维持历史建筑的主体形象。

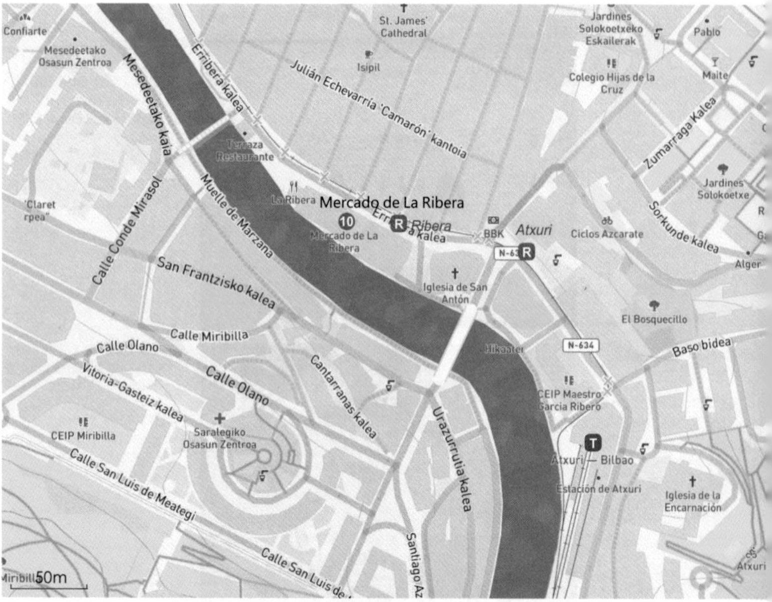
Confiarte
Mesedeetako Osasun Zentroa
St. James' Cathedral
Jardines Solokoetxeko Eskailerak
Pablo
Isipil
Colegio Hijas de la Cruz
Maite
Erribera kalea
Mesedeetako kaia
Julián Echevarría 'Camarón' kantoia
Zumarraga Kalea
Terraza Restaurante
Jardines Solokoetxe
'Claret rpea'
Calle Conde Mirasol
Muelle de Marzana
La Ribera
Mercado de La Ribera
10
Mercado de La Ribera
Erribera kalea
Ribera
BBK
Atxuri
Ciclos Azcarate
Sorkunde kalea
Alger
N-634
San Frantzisko kalea
Iglesia de San Antón
El Bosquecillo
Calle Miribilla
Calle Olano
Hikaatei
N-634
Baso bidea
Calle Olano
Vitoria-Gasteiz kalea
Cantarranas kalea
CEIP Maestro García Ribero
CEIP Miribilla
Saralegiko Osasun Zentroa
Urazurrutia kalea
Atxuri — Bilbao
Calle San Luis de Meategi
Estación de Atxuri
Iglesia de la Encarnación
Santiago Az
Calle San Luis de
Atxuri
Miribill
50m

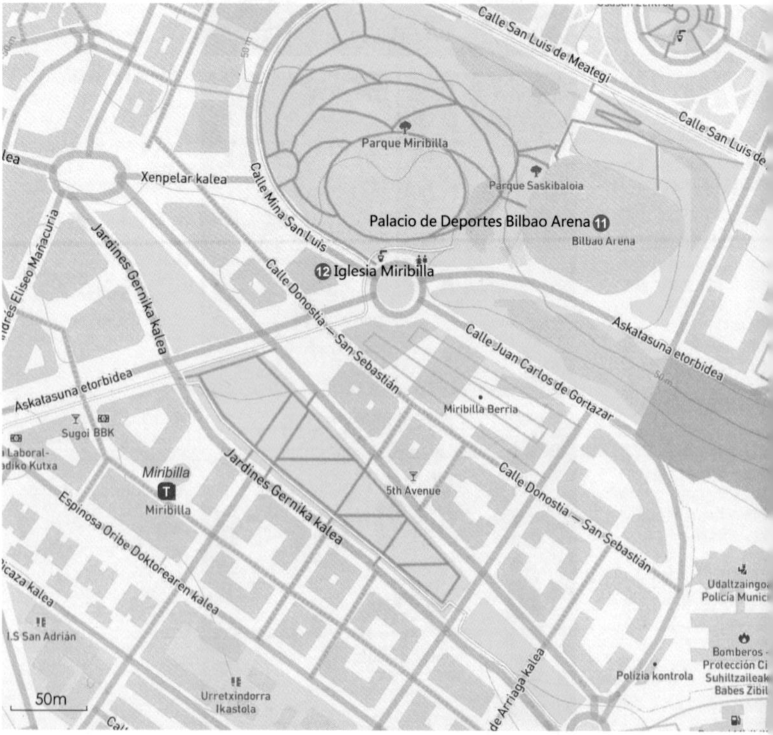
Calle San Luis de Meategi
Calle San Luis de
Parque Miribilla
Xenpelar kalea
Calle Mina San Luis
Parque Saskibaloia
Palacio de Deportes Bilbao Arena 11
Bilbao Arena
12 Iglesia Miribilla
Jardines Gernika kalea
Calle Donostia – San Sebastián
Askatasuna etorbidea
Calle Juan Carlos de Gortazar
Askatasuna etorbidea
Miribilla Berria
Sugoi
BBK
Laboral-
Kutxa
Miribilla
Miribilla
Jardines Gernika kalea
5th Avenue
Calle Donostia – San Sebastián
Espinosa Oribe Doktorearen kalea
Udaltzaingoa
Policía Munic
I.S San Adrián
Bomberos -
Protección Ci
Suhiltzaileak
Babes Zibil
de Arriaga kalea
Polizia kontrola
Urretxindorra Ikastola
50m

ote Zone

⑩ **里贝拉菜市场**
Mercado De La Ribera

建筑师：Pedro Ispizua
地址：Erribera Kalea, s/n,
类型：商业建筑
年代：1930

⑪ **市体育馆**
Palacio de Deportes
Bilbao Arena

建筑师：ACXT Arquitectos
地址：Avda Askatasuna 13
类型：体育建筑
年代：2007

⑫ **米利比亚教堂**
Iglesia Miribilla

建筑师：IMB Arquitectos
地址：Askatasuna
Etorbidea, 11
类型：宗教建筑
年代：2006

里贝拉菜市场

它位于老城核心区，紧邻城市河流，占地面积超过1万m^2，共3层，交易各种农产品、海鲜和其他食材，曾被吉尼斯纪录认证为世界最全农产品的农贸市场。该建筑具有理性主义的风格，内部为无柱大空间，使用大面积玻璃侧窗增加室内照明，窗扇有着精美的花卉主题的彩窗装饰。

市体育馆

该体育馆有3座分馆，分别是篮球馆、游泳馆和健身馆。建筑外形像一棵枝繁叶茂的大树位于山丘之上。外立面采用可回收铝合金菱形板，以及提取自树林的色彩，该立面起到通风和透光性，包裹着球场的大型设备。

米利比亚教堂

通过彩色玻璃和光的控制，对当代教堂的象征性和表现力进行了新尝试。依据场地条件规划宗教活动的序列，再塑仪式感。

从毕尔巴鄂城市街道看古根海姆博物馆

20 · 维多利亚

建筑数量：03

01 省考古博物馆 / Francisco Mangado
02 加冕教堂 / 米歇尔·费萨克
03 天使教堂 / Javier Carvajal, García de Paredes

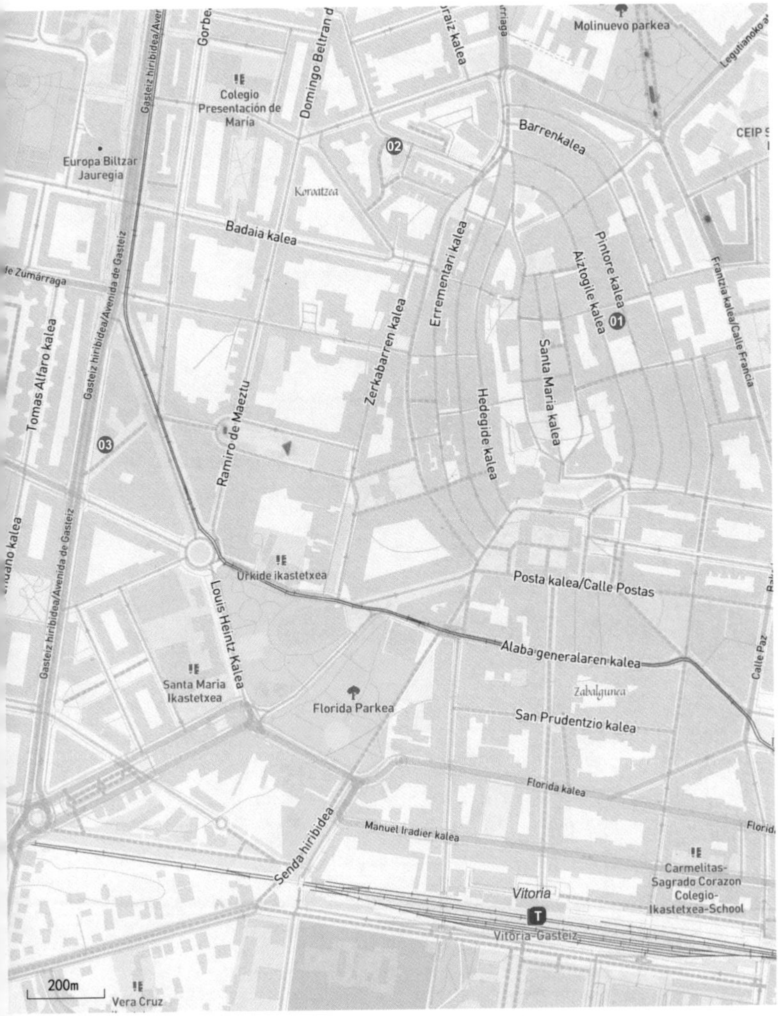

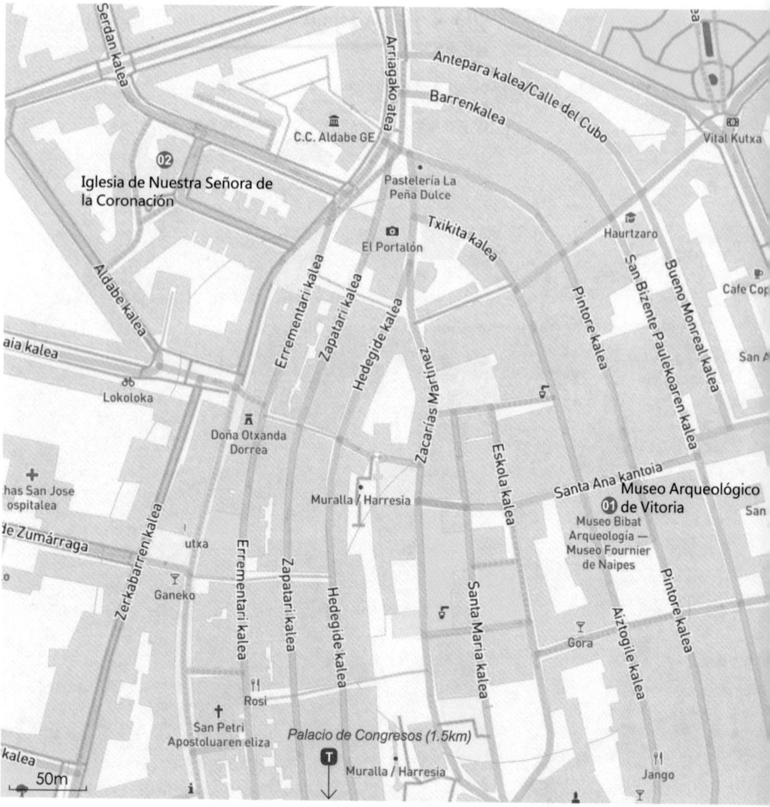
Serdan kalea
Arriagako atea
Antepara kalea/Calle del Cubo
Barrenkalea
C.C. Aldabe GE
Vital Kutxa
02
Iglesia de Nuestra Señora de la Coronación
Pastelería La Peña Dulce
Txikita kalea
Haurtzaro
El Portalón
Cafe Cop
Aldabe kalea
Errementari kalea
Zapatari kalea
Hedegide kalea
Zacarías Martínez
Pintore kalea
San Bizente Paulekoaren kalea
Bueno Monreal kalea
San A
aia kalea
Lokoloka
Doña Otxanda Dorrea
Eskola kalea
Santa Ana kantoia
Museo Arqueológico
01 de Vitoria
Museo Bibat Arqueología — Museo Fournier de Naipes
San
has San Jose ospitalea
Muralla / Harresia
de Zumárraga
utxa
Zerkabarren kalea
Ganeko
Errementari kalea
Zapatari kalea
Hedegide kalea
Santa Maria kalea
Gora
Aiztogile kalea
Pintore kalea
Rosi
San Petri Apostoluaren eliza
Palacio de Congresos (1.5km)
T
Muralla / Harresia
Jango
kalea
50m

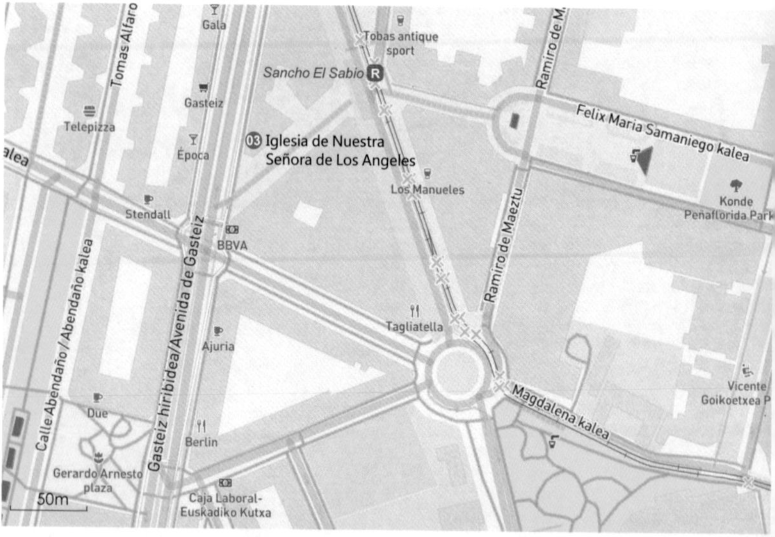
Tomas Alfaro
Gala
Tobas antique sport
Sancho El Sabio
R
Ramiro de M
Gasteiz
Telepizza
Felix Maria Samaniego kalea
03 Iglesia de Nuestra Señora de Los Angeles
Época
alea
Los Manueles
Konde Peñaflorida Park
Stendall
BBVA
Calle Abendaño / Abendaño kalea
Gasteiz hiribidea/Avenida de Gasteiz
Ramiro de Maeztu
Tagliatella
Ajuria
Vicente Goikoetxea P
Due
Magdalena kalea
Berlin
Gerardo Arnesto plaza
Caja Laboral-Euskadiko Kutxa
50m

ote Zone

01 省考古博物馆
Museo Arqueológico de Vitoria

建筑师：Francisco Mangado
地址：Cuchillería Kalea, 54, 01001 Vitoria-Gasteiz, Araba
类型：文化建筑
年代：2004
开放时间：周二至周六 10:00-14:00，16:00-18:30，周日 11:00-14:00。

02 加冕教堂
glesia de Nuestra Señora de la Coronación

建筑师：米歇尔·费萨克 / Miguel Fisac
地址：Eulogio Serdán 9
类型：宗教建筑
年代：1958

03 天使教堂
Iglesia De Nuestra Señora De Los Angeles

建筑师：Javier Carvajal, García de Paredes
地址：Bastiturri 4
类型：宗教建筑
年代：1958

省考古博物馆

深暗的铜格栅外立面，控制阳光直射，保护考古遗迹和博物馆陈设。室内展陈空间设置了倾斜的采光玻璃棱柱以捕捉不同时间的日光，为室内带来柔和的泛光照明。

加冕教堂

教堂基本元素是曲面和平面两层墙体，营造光影的变幻，建筑的目标是探索和揭示光的真实感。建筑师使用了曲面和平直的两种墙体，以动态与静态、光滑与粗糙的物质客观特征来反映同一时刻光的不同形态。教堂的主要采光来自西侧，当午后的日光从顶部天窗照入大厅，顿时显现温暖甚至炽热的氛围，而祭坛的采光来自北侧的反射，它的安宁恰与前者形成强烈地对比。

天使教堂

三角地带建造的教堂，封闭式的穹顶使用隐藏的开口间接引入自然光，漫反射光让人几乎无法察觉光源。

21·圣塞瓦斯蒂安

建筑数量：06

01 库萨会议中心和演艺厅 / 拉菲尔·莫内欧
02 圣特尔莫博物馆 / Nieto & Sobejano
03 皇家航海俱乐部 / José Manuel Aizpurúa, Joaquín Labayen
04 耶稣教堂 / 拉菲尔·莫内欧
05 和平之家文化中心 / Isuuru arquitectos
06 巴斯克烹饪中心 /VAUMM architecture& urbanism

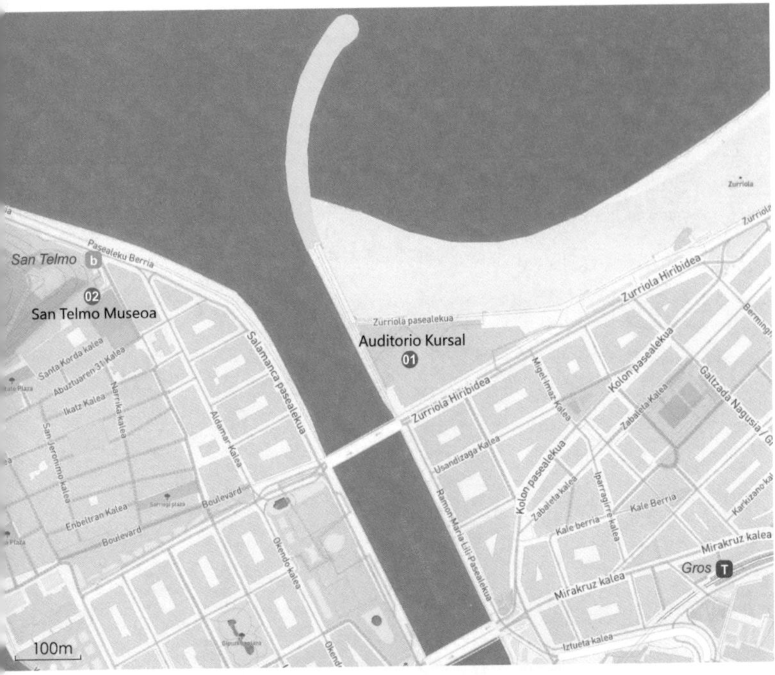

01 库萨会议中心和演艺厅
Auditorio Kursal

建筑师：拉菲尔·莫内欧 / Rafael Moneo
地址：Av. de Zurriola, 1
类型：剧场建筑
年代：1990

02 圣特尔莫博物馆
San Telmo Museo

建筑师：Nieto & Sobejano
地址：Plaza Zuloaga, 1
类型：文化建筑
年代：16 世纪 /2011
开放时间：周二至周日 10:00-20:00。

库萨会议中心和演艺厅

城市海滩上的半透明的玻璃立方体，隐喻两座海岸礁石。非对称的几何形体强调了海湾空间的尺度和自然曲线。会议中心大堂可灵活调节座席位：最多 1806 个座位，最少 1148 个座位，满足会议、歌剧、音乐会等多功能。这里是圣塞瓦斯蒂安电影艺术节的主办地。

圣特尔莫博物馆

从城市尺度处理自然和城市景观的过渡，提出了城市和山地建立边界的可能。博物馆在原 16 世纪中期建成的教堂之上扩建完成。它用现代的建筑语言重建自然与人文的联系，利用地形和坡道连结山体与海洋。穿孔金属表皮的墙体具有时代感，沿墙攀长的植物暗示古城新的生机。

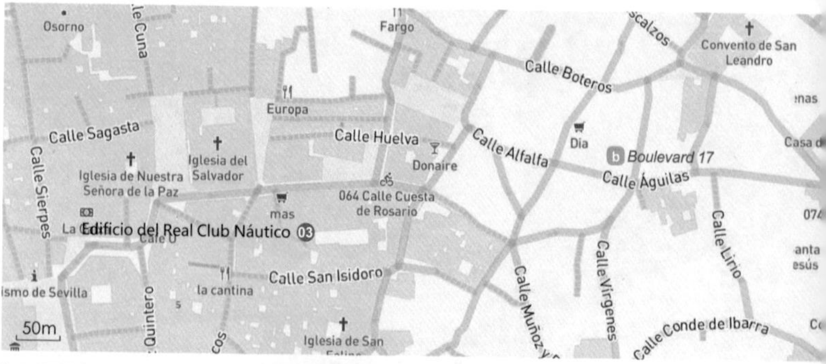
Osorno
Fargo
Convento de San Leandro
Calle Boteros
Europa
Calle Sagasta
Iglesia del Salvador
Calle Huelva
Calle Alfalfa
Dia
Boulevard 17
Calle Sierpes
Iglesia de Nuestra Señora de la Paz
Donaire
Calle Águilas
064 Calle Cuesta de Rosario
mas
Edificio del Real Club Náutico 03
Calle Lirio
Calle Vírgenes
la cantina
Calle San Isidoro
Calle Muñoz
Iglesia de San
Calle Conde de Ibarra
50m

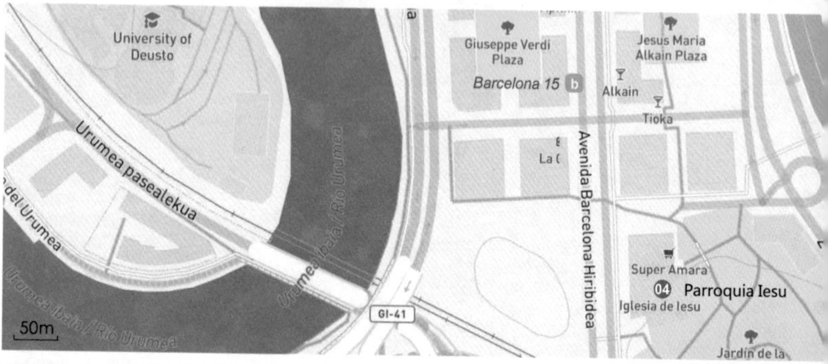
University of Deusto
Giuseppe Verdi Plaza
Jesus Maria Alkain Plaza
Barcelona 15
Alkain
Tioka
Urumea pasealekua
Avenida Barcelona Hiribidea
Super Amara
04 Parroquia Iesu
Iglesia de Iesu
GI-41
Urumea ibaia / Río Urumea
Jardín de la
50m

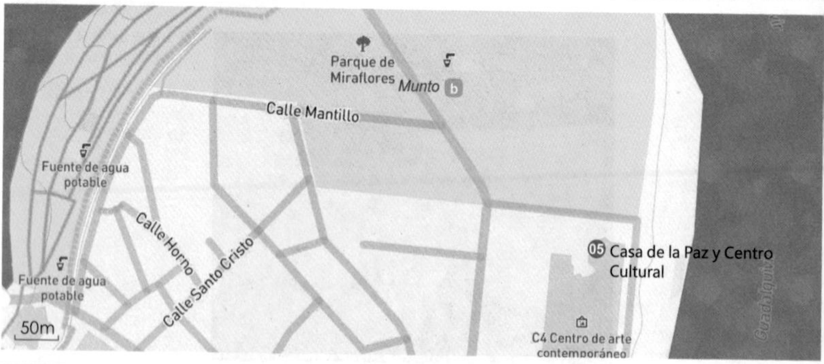
Parque de Miraflores
Munto
Calle Mantillo
Fuente de agua potable
Calle Horno
Calle Santo Cristo
05 Casa de la Paz y Centro Cultural
Fuente de agua potable
C4 Centro de arte contemporáneo
50m

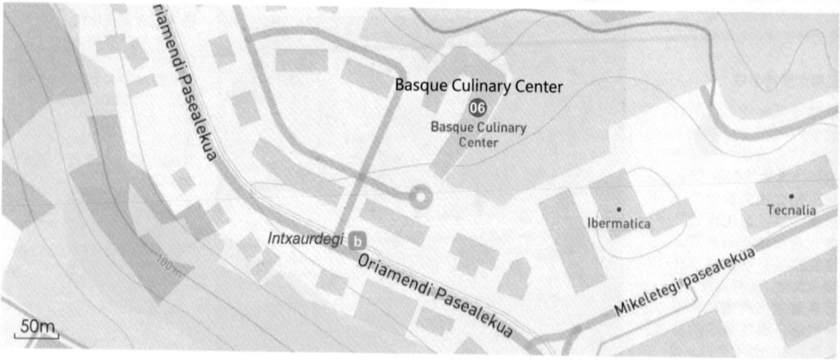
Oriamendi Pasealekua
Basque Culinary Center
06
Basque Culinary Center
Ibermatica
Tecnalia
Intxaurdegi
Oriamendi Pasealekua
Mikeletegi pasealekua
50m

lote Zone

⓪③ **皇家航海俱乐部**
Edificio del Real Club Náutico

建筑师 :José Manuel Aizpurúa, Joaquín Labayen
地址 : Calle Ijentea, 9
类型 :体育建筑
年代 :1929

⓪④ **耶稣教堂**
Parroquia Iesu

建筑师 :拉菲尔 · 莫内欧 / Rafael Moneo
地址 : Av de Barcelona 2,
类型 :宗教建筑
年代 :2011

⓪⑤ **和平之家文化中心**
Casa de La Paz y Centro Cultural

建筑师 :Isuuru arquitectos
地址 : Aiete Pasealekua, 63
类型 :文化建筑
年代 :2010

⓪⑥ **巴斯克烹饪中心**
Basque Culinary Center

建筑师 :VAUMM Architecture& Urbanism
地址 : Paseo Juan Avelino Barriola, 101
类型 :文化建筑
年代 :2011

皇家航海俱乐部

西班牙现代理性主义建筑的重要代表。坐落在花园一般的海岸上，建筑形式模拟船的尾部，具有象征意义，该建筑自1945年落成以来，极大地促进了当时社会体育运动的发展。

耶稣教堂

靠近河岸的一个城市新邻里空间，新教堂通过白色的体量和木材的使用传达出宁静感。

和平之家文化中心

城市历史公园内的文化中心，功能用房隐藏在山体内，维持场地内原有的历史建筑风貌。

巴斯克烹饪中心

烹饪与美食技术学院的教学大楼，具有鲜明的符号特征，它的外形显示了该美食学院的创新与科技结合的追求，外形像层层堆叠错落的餐盘。它用“U”形平面建立公共交往的核心空间，其他教学和办公活动环绕庭院逐层循环展开，这种环线线路考虑了食物的链式生产工序。

22 · 埃西耶戈

建筑数量：02

01 里斯卡尔侯爵酒店 / 弗兰克·盖里
02 伊休斯酒庄 / 圣地亚哥·卡拉特拉瓦

备注：埃西耶戈是一座小型市镇，暂无法提供准确的公共交通站点，读者可选择搭乘计乘车或自驾前往。

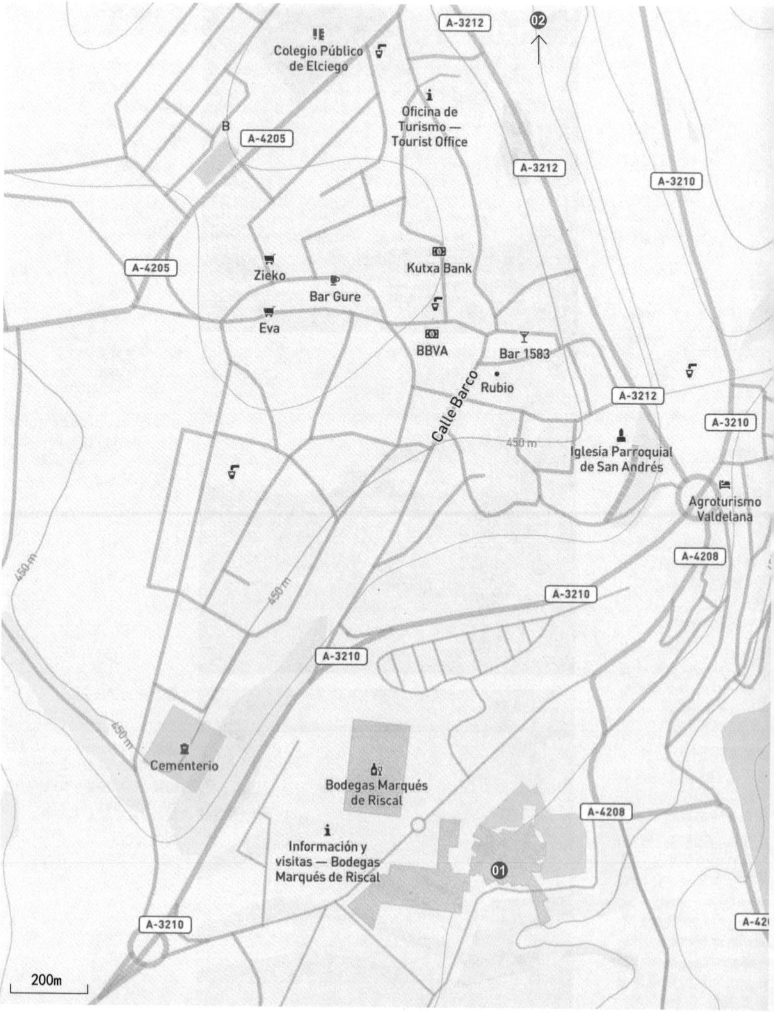

ote Zone

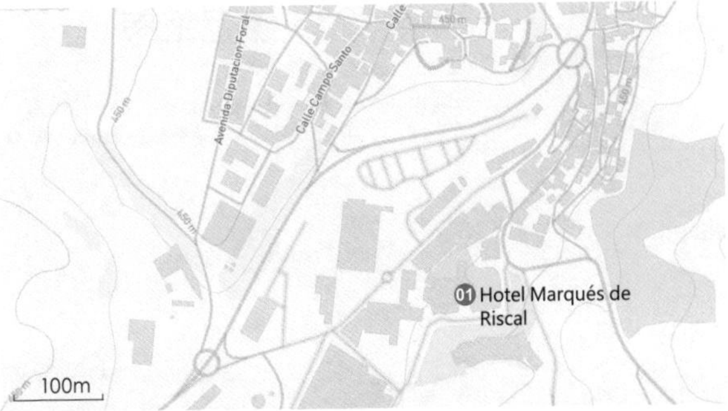

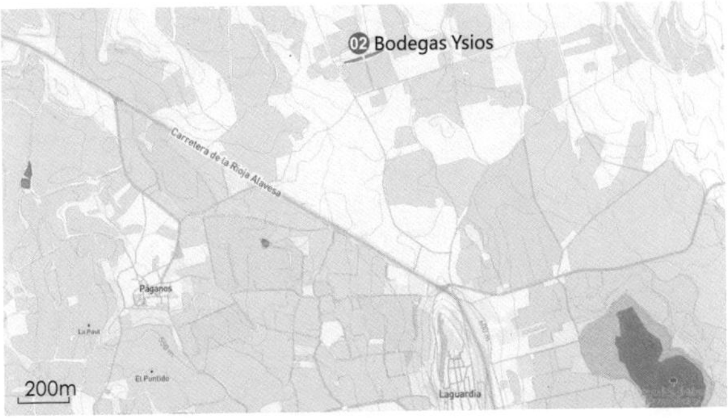

01 里斯卡尔侯爵酒店
Hotel Marqués de Riscal

建筑师：弗兰克·盖里 / Frank O. Gehry
地址：Calle Torrea Kalea, 1, Elciego, Álava
类型：居住建筑
年代：2006

02 伊休斯酒庄
Bodegas Ysios

建筑师：圣地亚哥·卡拉特拉瓦 / Santiago Calatrava
地址：Camino de la Hoya, s/n, Guardia
类型：工业建筑
年代：2001
备注：距离埃西耶戈城中心约10公里。

里斯卡尔侯爵酒店

玫瑰色、金色和银色构成的复杂形体建筑，寓意不同种类葡萄酒的色泽。立面石材和木材的使用隐喻地方传统建筑元素。

伊休斯酒庄

高技术代表的葡萄酒庄，精心定义了葡萄酒的品尝、储存和售卖功能标准。波浪形金属覆顶和立面温暖的木材的对比，产生了连续性的动感。

23・奥尼亚蒂

建筑数量：02

01 奥尼亚蒂大学
02 阿让察组新教堂 / 萨恩兹・德・奥伊萨等

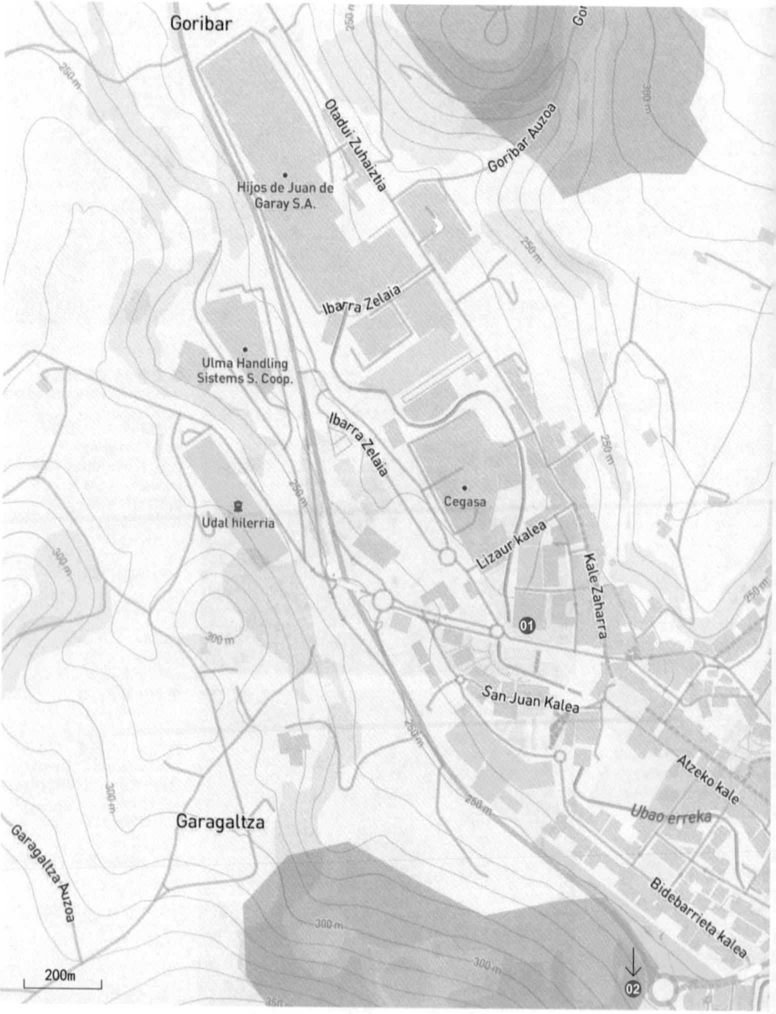
Goribar
Otadui Zuhaiztia
Goribar Auzoa
Hijos de Juan de Garay S.A.
Ibarra Zelaia
Ulma Handling Sistems S. Coop.
Ibarra Zelaia
Cegasa
Udal hilerria
Lizaur kalea
Kale Zaharra
01
San Juan Kalea
Atzeko kale
Ubao erreka
Garagaltza
Garagaltza Auzoa
Bidebarrieta kalea
02
200m

Note Zone

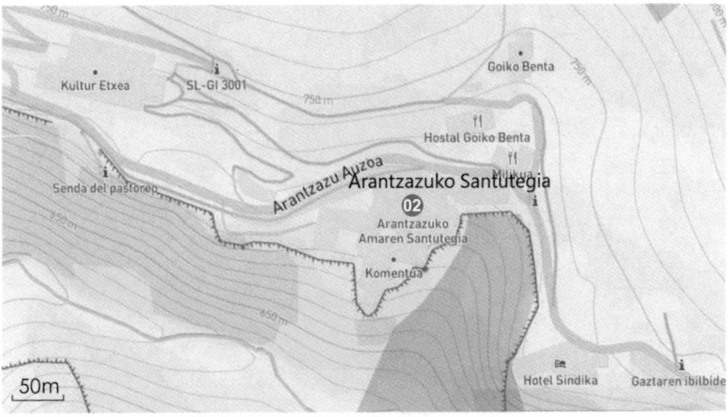

01 奥尼亚蒂大学

La Universidad de Oñate

建筑师：不详
地址：Av de Unibertsitate, 8
类型：科教建筑
年代：16 世纪

02 阿让察组新教堂

Arantzazuko Santutegia

建筑师：萨恩兹·德·奥伊萨 / Sáenz de Oiza,Luís Laorga
地址：Lugar Barrio Arantzazu, 6, Arantzazu
类型：宗教建筑
年代：1950
备注：距离奥尼亚蒂市中心约 10 公里。暂无法提供准确的交通站点，读者可以选择自驾或者出租车前往。

奥尼亚蒂大学

重要的文艺复兴建筑代表，其装饰带有银匠风格向手法主义的痕迹过渡。建筑内部有一个双层拱廊的矩形内院，以爱奥尼柱头支撑拱顶，柱肩使用了历史和神话人物题材的浮雕装饰。该大学建筑标志着文艺复兴运动对人文精神的探索和古典知识的学习。

阿让察组新教堂

保持巴斯克民族文化的现代主义建筑，由著名本土画家、雕塑师和建筑师共同合作完成。建筑从岩石、峡谷地带脱颖而出，同时具有宗教的仪式感和超越时代的艺术性。人口铁艺大门和雕塑出自奇里达 (Chillida)，彩色木质祭坛来自卢西奥·穆纽兹 (Lucio Muñoz)，都是抽象派艺术作品。

24 · 潘普洛纳

建筑数量：10

01 Condestable 之家画廊 / Tabuenca & Leache
02 纳瓦拉档案馆 / 拉斐尔·莫内欧
03 纳瓦拉博物馆 / Garcés, Sória
04 德斯卡索斯社会住宅 / Pereda Pérez Arquitectos
05 圣豪尔赫教堂 / Tabuenca & Leache Arquitectos
06 潘普洛纳学院经济与商业楼 /Juam M. Otxotorena
07 纳瓦拉大学建筑学院 / Sobrini, Echaide, Aguinaga
08 纳瓦拉大学博物馆 / 拉斐尔·莫内欧
09 生物制药研究中心 / Vaíllo & Irigaray Estudio
10 奥特伊扎艺术基金会 /Francisco javier, Sáenz de Oíza

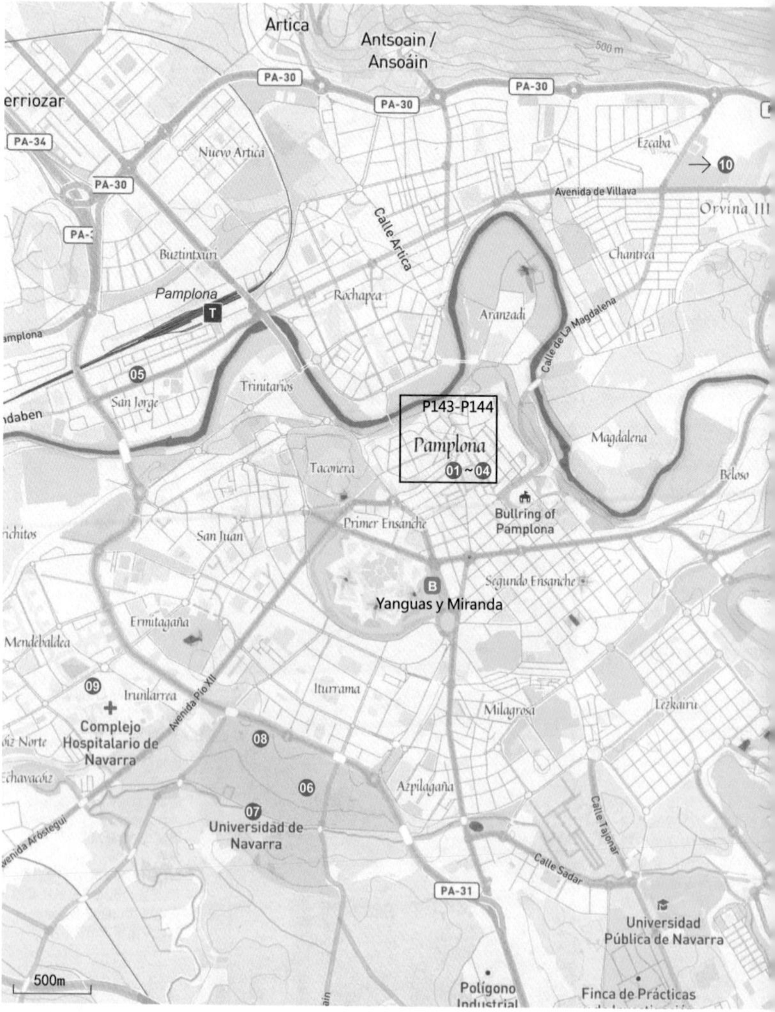

Note Zone

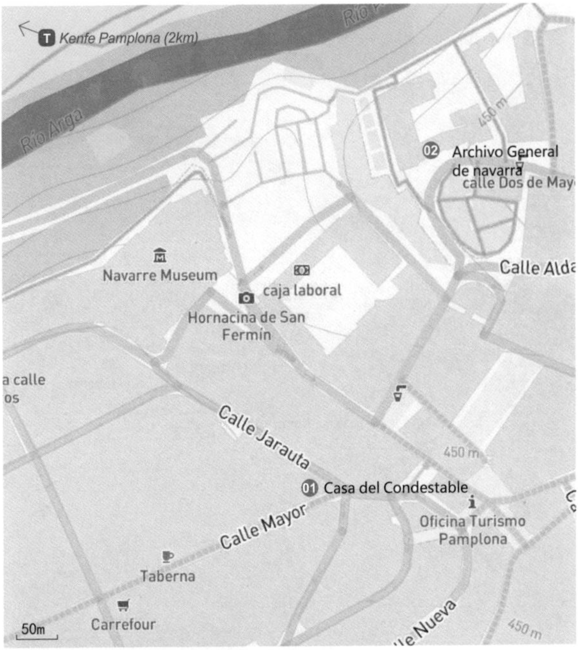

Condestable 之家画廊

该建筑为16世纪的宫殿建筑的修复和重建。通过微小的干预把文艺复兴宫殿转变为一处市民文化中心。室内以修复古老的木质天花格板为主，还原了空间尺度。庭院采取了大胆的干预，保留部分石柱，用木材、黏土、抹灰和石膏等材料重建新的肌理。该文化中心提供了展览、会议、行政、图书阅览和社区服务等功能。

纳瓦拉档案馆

使用与原有建筑相似的石材，将古老的哥特式宫殿立面整合到新的档案馆建筑中。该建筑极为成功地解决了新、旧建筑的协调问题：一方面使用哥特式的石料砌筑工艺修复破败的老建筑，另一方面新档案馆采用类似的干挂石材以略微不同的尺度砌成新的立面，这二种不同时代的建筑工艺精彩地统一成整体。建筑有两部分主要功能：哥特宫殿区是学术和行政管理用房，新扩建部分是档案馆。

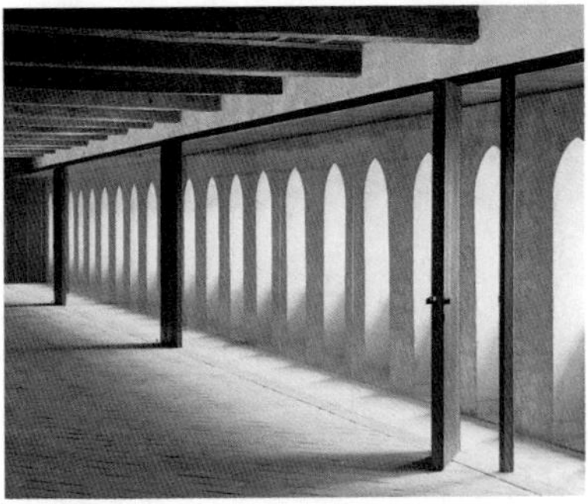

01 Condestable 之家画廊
Casa del Condestable

建筑师 :Tabuenca & Leache Arquitectos
地址 : Calle Mayor, 2
类型 :文化建筑
年代 :2009

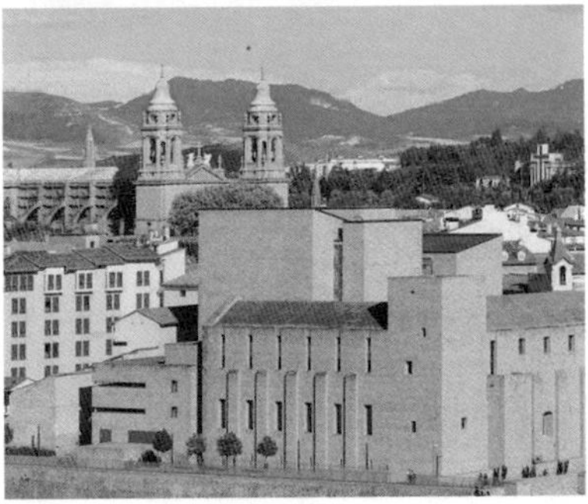

02 纳瓦拉档案馆
Archivo General de Navarra

建筑师 :拉斐尔 · 莫内欧 / Rafael Moneo
地址 : Calle del Dos de Mayo, s/n
类型 :办公建筑
年代 :2003

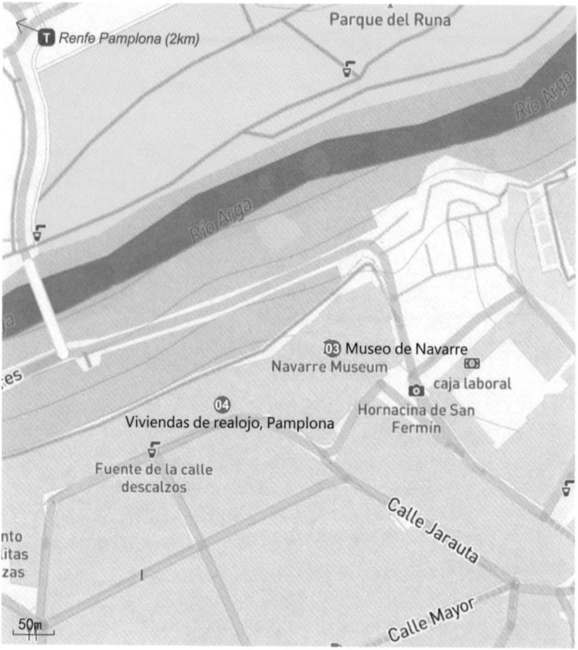

Note Zon

03 纳瓦拉博物馆
Museo de Navarre

建筑师：Garcés de Seta Bonet, Enric Sória Jordi Garcés
地址：Calle de Santo Domingo, 47
类型：文化建筑
年代：1986
开放时间：周二至周六 9:30-14:00,17:00-19:00，周日 11:00-14:00。

04 德斯卡索斯社会住宅
Viviendas de realojo, Pamplona

建筑师：Pereda Pérez Arquitectos
地址：la calle Descalzos, 24
类型：居住建筑
年代：2014

纳瓦拉博物馆

这里保存了16世纪的医院建筑遗迹，如主入口大门和内庭院，它是潘普洛纳地区文艺复兴风格的民用建筑典型。20世纪伊始被改建为博物馆，主厅属于17世纪的教堂大厅，有哥特式结构和文艺复兴风格装饰。室内展陈空间序列由下而上，从底层的史前时代展厅到首层的古罗马时期展厅，再逐层向上是近代与现代展厅。

德斯卡索斯社会住宅

小尺度的枢纽场地，住宅项目必须置入6个公寓单元中，并试图审慎地与周边的建筑相融合，尤其是在pamplona历史中心地区。建筑分解为前后两个体量融入街区肌理，疏通了公共巷道，以自然的、低干扰的方式融入社区生活。建筑的尺度、材质尽可能地接近古城中的同类型建筑。

ote Zone

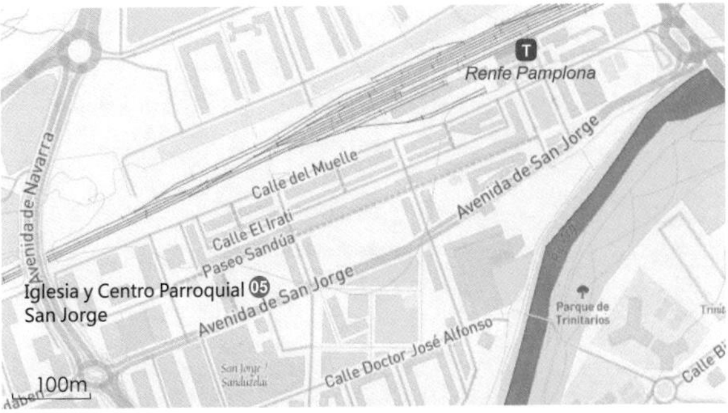

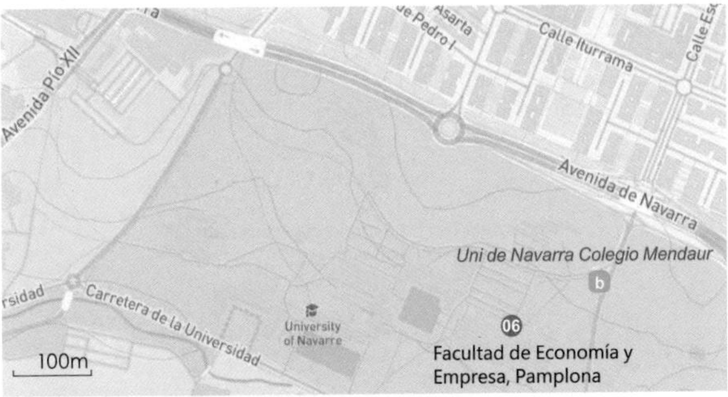

05 圣豪尔赫教堂
Iglesia y Centro
Parroquial San Jorge

建筑师 :Tabuenca & Leache Arquitectos
地址 : Travesía Sandua, 2
类型 :宗教建筑
年代 :2008

06 潘普洛纳学院经济与商业楼
Facultad de Economía y Empresa

建筑师 :Juan M.Otxotorena
地址 : Avenida Navarra, 1
类型 :科教建筑
年代 :2012

圣豪尔赫教堂

从场地外部条件着手设计，新的大区教堂通过教堂公共庭院联系了两处城市广场。建筑立面竖向石材肌理和格栅呼应周边城市垂直方向的特征。

潘普洛纳学院经济与商业楼

该校园建筑旨在建立共享、交流的空间。它延续了紧邻的原法学院的空间节奏，从横向延展的立面中确立新学院楼的公共性特征。立面主要采用预制混凝土构造、白玻璃、深灰色金属板，体现体量的整体感和客观、冷静的氛围。

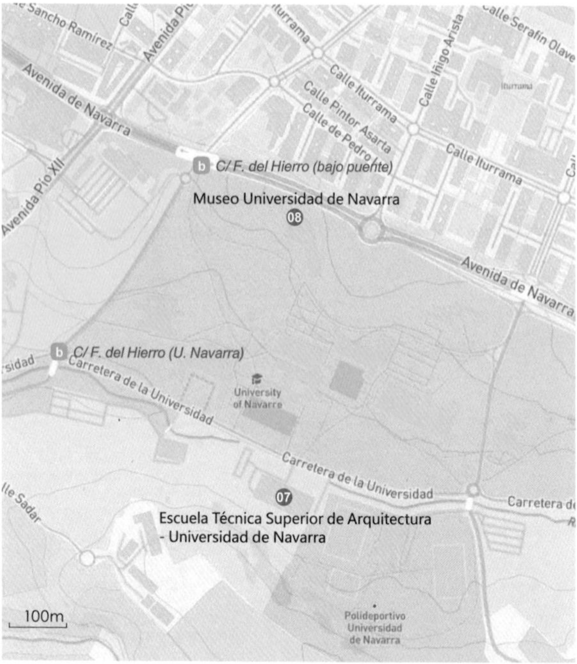

Note Zone

⑦ **纳瓦拉大学建筑学院**
Escuela Técnica Superior de Arquitectura - Universidad de Navarra

建筑师：Carlos Sobrini, Rafael Echaide, Eugenio Aguinaga
地址：Calle Universidad, B33
类型：科教建筑
年代：1978

⑧ **纳瓦拉大学博物馆**
Museo Universidad de Navarra

建筑师：拉斐尔·莫内欧 / Rafael Moneo
地址：Campus Universitario, s/n
类型：文化建筑
年代：2015
开放时间：周二至周日 10:00-20:00。

纳瓦拉大学建筑学院

体现结构逻辑的现代主义科教建筑。应用钢结构贯穿整体，使空间充满现代感和工业感。

纳瓦拉大学博物馆

位于校园两座山丘之间的凹地，建筑师创造性地定义全景视线设计，可以从博物馆看到周边所有大学的院系建筑。这是一种建筑与环境的对话，也是馆藏艺术品与科学教育的对话。

ote Zone

⑨ **生物制药研究中心**
Centro de investigación Biomédica

建筑师：Vaíllo & Irigaray Estudio
地址：Calle de Irunlarrea, 3
类型：办公建筑
年代：2011

⑩ **奥特伊扎艺术基金会**
Fundación Jorge Oteiza, Alzuza

建筑师：Francisco javier, Sáenz de Oíza
地址：Calle la Cuesta, 7, Alzuza
类型：文化建筑
年代：2003
开放时间：周二至周五 10:00-15:00，周六 11:00-19:00，周日 11:00-15:00。
备注：距离潘普洛纳市中心 10 公里。官网 www.museooteiza.org

生物制药研究中心

大型肋结构下的同一个刃面具有不同的高度和外框，是显著的区块特征，立面波浪起伏的板材保护内部满足了对工作环境的私密性需求。

奥特伊扎艺术基金会

雕塑师工作室和博物馆。红色混凝土盒状建筑隐喻雕塑师简单而有力量感的创作理念。天光和视线设计营造深邃和饱满的展陈空间。

25 · 洛格罗尼奥

建筑数量：05

01 市政厅 / 拉斐尔·莫内欧
02 交通中转中心 / Ábalos & Herreros,Casariego-Guerra
03 圣女寺院 /Juan M. Otxotorena
04 圣文澜德尤索修道院
05 苏索修道院

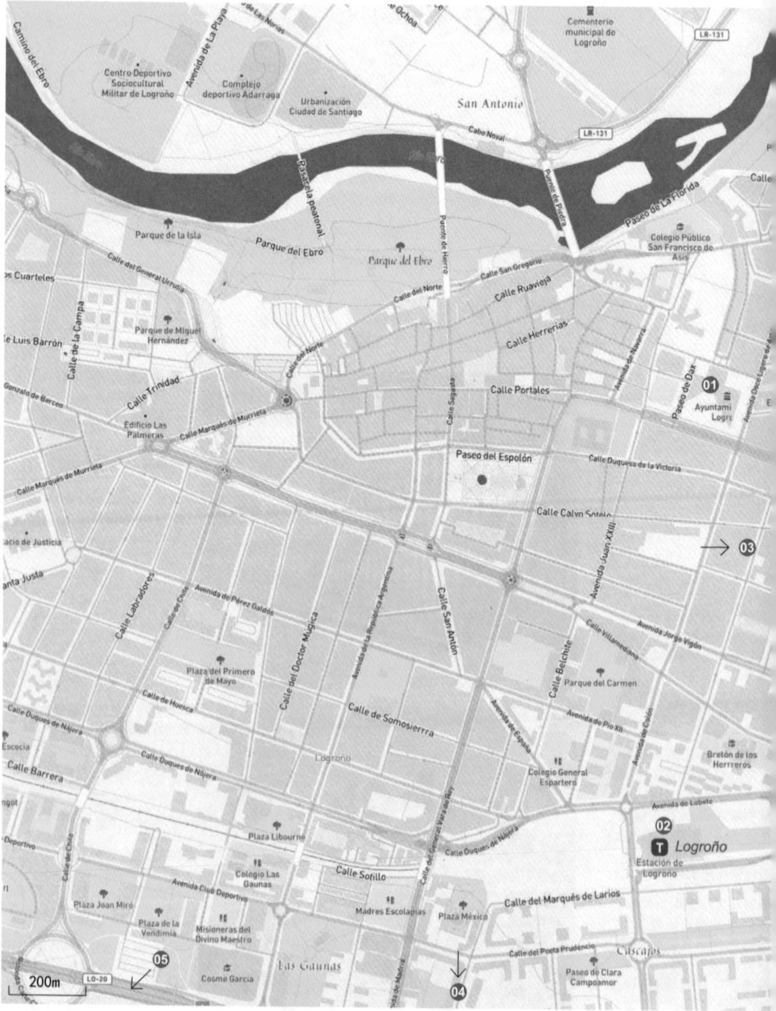

Note Zone

01 市政厅
Ayuntamiento de Logroño

建筑师：Rafael Moneo
地址：Bajo, Av. de la Paz, 11
类型：办公建筑
年代：1973

02 交通中转中心
Estación Intermodal

建筑师：Ábalos & Herreros,Casariego-Guerra
地址：Av. de Colón, 83
类型：交通建筑
年代：2013

市政厅

市政厅建于19世纪现代城市规划划定的矩形地块中。它由两个三角形平面楼体拼接后形成另一个直角三角形广场，其长边朝向城市道路；另一个钢琴形状的楼体位于广场背部，底层架空连通室外公共景观道。它完美地表达了公共行政建筑的严肃性，同时也维持了公共空间的活力。该建筑在城市公共性方面的探索影响了西班牙当代公共建筑实践。

交通中转中心

高速铁路站和汽车站的接驳体，埋入式地下轨道建造了一个可能的大尺度绿色空间，满足城市中心的人行步道和自行车道的通行。

Logroño (8km)
T
LR-255
LR-255
03 Ermita de la Virgen de la Antigua
500 m
100m

LR-206
T Logroño (50km)
LR-421
Cementerio
Carretera del Monte
LR-206
LR-422
Monasterio de San Millán de Yuso
04
Monasterio San Millán de Yuso
800 m
LR-422
Cárdenas
100m

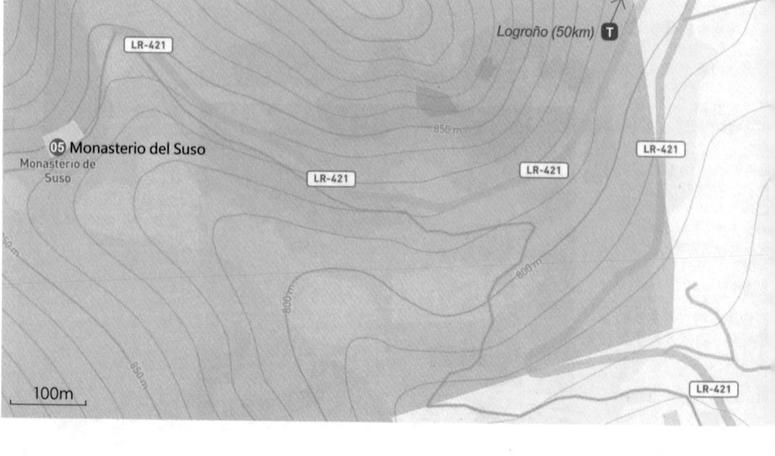
LR-421
Logroño (50km) T
850 m
05 Monasterio del Suso
Monasterio de Suso
LR-421
LR-421
LR-421
800 m
800 m
850 m
LR-421
100m

03 圣女寺院
Ermita de la Virgen de la Antigua

建筑师:Juan M.Otxotorena
地址：LR-255, 36,26141 Alberite, La Rioja
类型:宗教建筑
年代:2008
备注:距离洛格罗尼奥市中心8公里。

考古遗迹的保护和展示建筑，以单一的混凝土材质体现抽象的连续性，户外活动和自然景观融合。

04 圣文澜德尤索修道院
Monasterio de San Millán de Yuso

建筑师:不详
地址：Calle Prestiño, s/n, San Millán de la Cogolla
类型:宗教建筑
年代:16世纪
开放时间：周二至周日 9:55-13:25,15:55-17:25。
备注:距离洛格罗尼奥市中约50公里。

该修道院为本笃会教在原罗曼式修道院上新建而成。它的主礼拜堂始建于1504年，被归类为“颓废哥特风格”，内部装饰有宏大的祭坛帆布画，属于“格列戈画派”。它的修道院回廊始建于1549年，内廊为文艺复兴时期的哥特风格，外立面体现古典主义特征。

05 苏索修道院
Monasterio del Suso.

建筑师:不详
地址:San Millán de la Cogolla, La Rioja
类型:宗教建筑
年代:6世纪
开放时间：周二至周日 9:55-13:25,15:55-17:25。
备注:距离洛格罗尼奥市中约50公里。

苏索修道院为世界遗产，该修道院围绕一座隐修士的墓地修建而成，距今约1500年。它的建筑中保留了早期的马蹄形拱门，地面以红砖和灰岩构成花状的装饰纹样，呈现出西哥特、莫沙拉比和罗曼式风格。

南部地区
Southern Area

26 塞维利亚 /Sevilla

27 格拉纳达 /Granada

28 科尔多瓦 /Córdoba

29 加的斯 /Cádiz

30 哈恩 /Jaén

31 马拉加 /Málaga

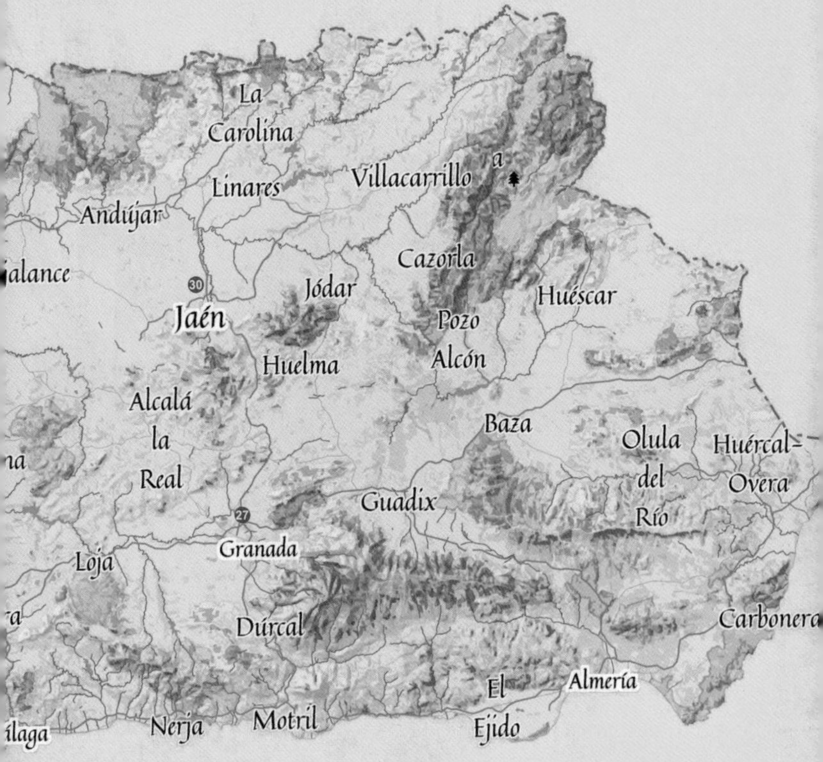

La
Carolina
Linares
Villacarrillo
a
Andújar
ialance
Cazorla
Jódar
Huéscar
30
Jaén
Pozo
Alcón
Huelma
Alcalá
la
Real
Baza
Olula
del
Río
Huércal-
Overa
na
Guadix
27
Granada
Loja
Dúrcal
Carbonera
El
Ejido
Almería
álaga
Nerja
Motril

塞维利亚吉拉达塔楼

26 · 塞维利亚

建筑数量：18

01 吉拉达塔楼
02 塞维利亚主教堂 /Alonso Martínez
03 印度群岛档案馆 / Juan de Herrera
04 卡比多市民广场
05 黄金塔
06 斗牛场 /Francisco Sanchez de Aragon, Pedro; Vicente de San Martin
07 特里亚纳陶艺中心 /AF6 Arquitectos
08 塞维利亚大学 /Ignacio, Diego, Sebastían
09 圣特尔莫宫
10 阿方索十三世酒店 / José Espiau y Muño
11 阿德里亚蒂大厦 / José Espiau y Muño
12 塞维利亚市政厅 / Diego de Riaño
13 杜克洛之家 / 何塞·路易斯·塞特
14 塞维利亚城堡
15 西班牙广场 /Anibal González
16 彼拉多之家
17 都市阳伞 / Jurgen Mayer H
18 塞维利亚机场 / 拉斐尔·莫内欧

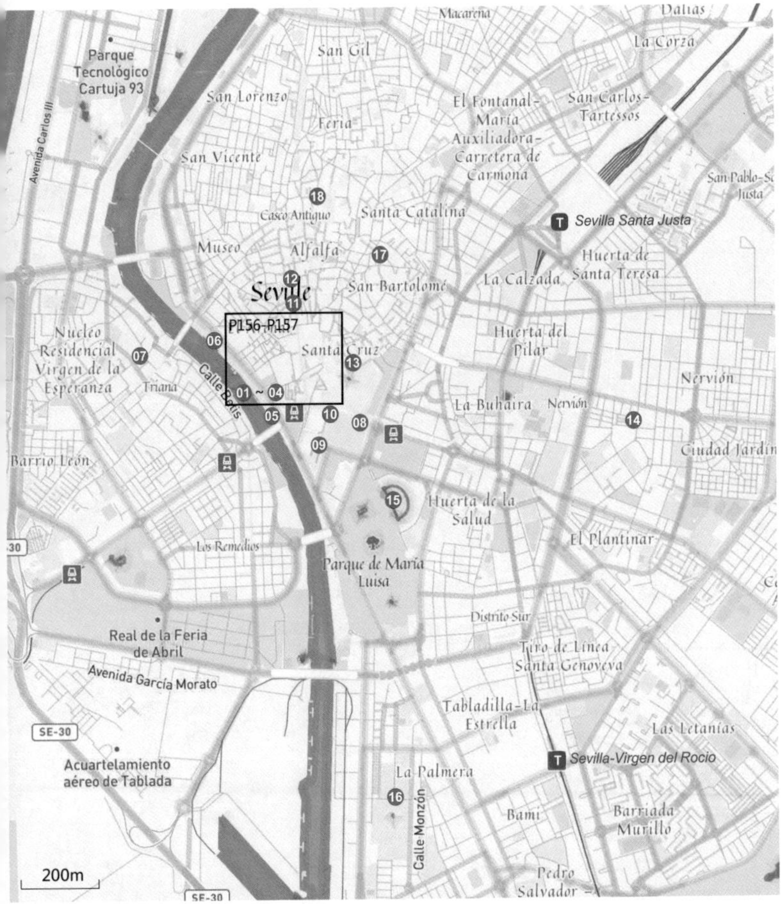

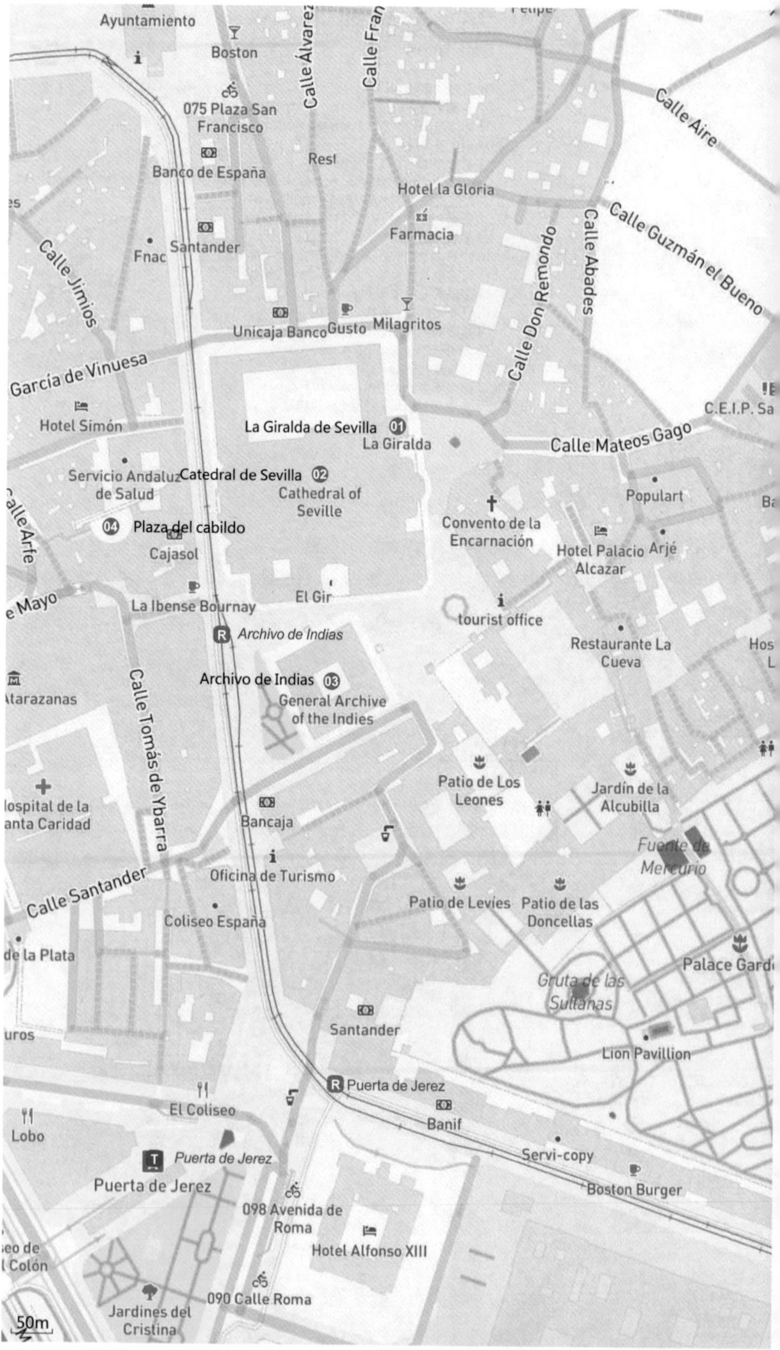
Ayuntamiento
Boston
Calle Álvarez
Calle Fran
075 Plaza San Francisco
Banco de España
Rest
Hotel la Gloria
Calle Aire
Farmacia
Santander
Fnac
Calle Jimios
Calle Don Remondo
Calle Abades
Calle Guzmán el Bueno
Unicaja Banco
Gusto
Milagritos
García de Vinuesa
Hotel Simón
La Giralda de Sevilla 01
La Giralda
Calle Mateos Gago
C.E.I.P. Sa
Servicio Andaluz de Salud
Catedral de Sevilla 02
Cathedral of Seville
Convento de la Encarnación
Populart
04 Plaza del cabildo
Cajasol
Hotel Palacio Alcazar
Arjé
La Ibense Bournay
El Gir
tourist office
Archivo de Indias
Restaurante La Cueva
Archivo de Indias 03
General Archive of the Indies
Calle Tomás de Ybarra
Patio de Los Leones
Jardín de la Alcubilla
Bancaja
Fuente de Mercurio
Oficina de Turismo
Calle Santander
Patio de Levíes
Patio de las Doncellas
Coliseo España
de la Plata
Palace Gard
Gruta de las Sultanas
Santander
Lion Pavillion
Puerta de Jerez
Banif
El Coliseo
Lobo
Servi-copy
Puerta de Jerez
Puerta de Jerez
Boston Burger
098 Avenida de Roma
Hotel Alfonso XIII
090 Calle Roma
Jardines del Cristina
50m

01 **吉拉达塔楼**
La Giralda de Sevilla

建筑师：不详
地址：Av. de la Constitución
类型：历史建筑
年代：1184
开放时间：周一 11:00-15:30，周二至周六 11:00-17:00，周日 14:30-18:00。

02 **塞维利亚主教堂**
Catedral de Sevilla

建筑师：Alonso Martínez
地址：Av. de la Constitución
类型：宗教建筑
年代：1401-1507
开放时间：周一 11:00-15:30，周二至周六 11:00-17:00，周日 14:30-18:00。

03 **印度群岛档案馆**
Archivo de Indias

建筑师：Juan de Herrera
地址：Av. de la Constitución
类型：办公建筑
年代：16 世纪

04 **卡比多市民广场**
Plaza del cabildo

建筑师：不详
地址：Plaza del Cabildo, 2
类型：特色街区
年代：20 世纪
开放时间：全周 10:00-23:30。

Note Zone

吉拉达塔楼

一座 105m 高的钟塔。塔顶的铜像雕塑象征着对胜利的信念与信仰的坚持，站在塔顶可以俯视整个城市的全貌。这里曾经是穆斯林教堂，后改为天主教堂，承载着历史更迭的厚重感。

塞维利亚主教堂（世界遗产）

世界上占地面积最大的哥特式大教堂，有 80 座礼拜堂，另外，保存了伊斯兰风格的桔院，曾经是政治聚会和宗教文化活动的场地。

印度群岛档案馆（世界遗产）

矩形平面的建筑包含着一个中央庭院，红砖和白色石材的立面构图是塞维利亚传统建筑的要素。

卡比多市民广场

半圆形广场、半圆形建筑和底层大理石柱廊环绕广场。这处老城独特的街区是周末集市的活动场地，通常晚上会关闭。

Jardines de la Santa Caridad
Calle Santander
Oficina de Turismo
Coliseo España
Patio de Leyíes
Patio de las Doncellas
Torre de la Plata
Palace
Gruta de las Sultanas
Helvetia Securos
Santander
Lion Pavillion
05 Torre de Oro
Paseo Alcalde Marqués del Contadero
El Coliseo
Banif
Lobo
Servi-copy
Puerta de Jerez
Boston Burger
Kiosko de las Flores
098 Avenida de Roma
097 Paseo de Cristóbal Colón
Hotel Alfonso XIII
090 Calle Roma
Jardines del
30m

160 Calle Arjona
Calle Castelar
Calle Harinas
Unicaja Banco
Calle Adriano
Taquilla
Paseo Alcalde Marqués del Contadero
Empresa Pagés
089 Calle Adriano
Calle García de Vinuesa
CEPSA
Hotel Simón
La Plaza de Toros de Sevilla
06
Victorio
Plaza de Toros de la Real Maestranza de Caballería de Sevilla
Calle Antonia Díaz
Servicio Andaluz de Salud
Calle Arfe
Cajasol
Momuento a Carmen
Curro Romero
Calle Pavía
La Ibense Bornay
Airbnb
Calle Velarde
Calle Dos de Mayo
Reales Atarazanas
Archivo de Indias
30m

Calle Adriano
Paseo Alcalde Marqués del Contadero
Puente Isabel II
CEPSA
Casa cuesta
Mercado de Triana
07
Centro Cerámica Triana
El Faro de Triana
Casa Manolo
San Jorge (Altozano)
Calle Betis
Calle Antillano Campos
218 Plaza del Altozano
Cervecería Akela
Plaza de Cuba (1km)
M
Mascarpone
30m

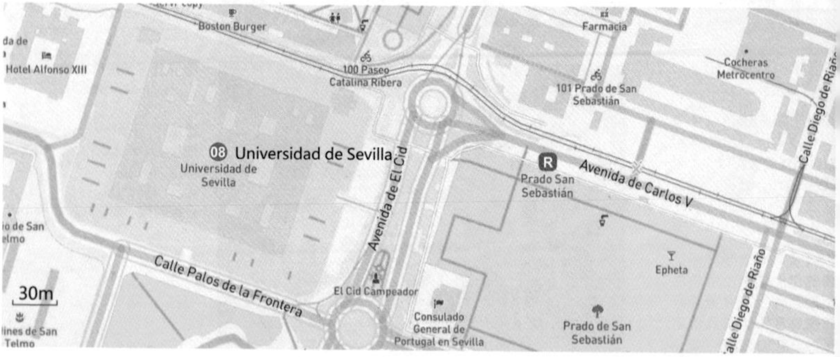
Boston Burger
Farmacia
Hotel Alfonso XIII
100 Paseo Catalina Ribera
Cocheras Metrocentro
101 Prado de San Sebastián
Calle Diego de Riaño
08 Universidad de Sevilla
Universidad de Sevilla
R
Prado San Sebastián
Avenida de Carlos V
Avenida de El Cid
Calle Palos de la Frontera
Epheta
El Cid Campeador
Consulado General de Portugal en Sevilla
Prado de San Sebastián
Calle Diego de Riaño
30m

⑤ **黄金塔**
Torre de Oro

建筑师：不详
地址：Paseo de Cristóbal Colón
类型：历史建筑
年代：1220

⑥ **斗牛场**
La Plaza de Toros de Sevilla

建筑师：Francisco Sanchez de Aragon, Pedro; Vicente de San Martin
地址：Paseo de Cristóbal Colón, 12
类型：体育建筑
年代：1749
开放时间：11月至次年3月，9:30-19:00,4月至10月9:30-21:00。

⑦ **特里亚纳陶艺中心**
Centro Cerámica Triana

建筑师：AF6 Arquitectos
地址：Calle Antillano Campos, 14
类型：文化建筑
年代：2013
开放时间：周二至周六 11:00-17:30，周日 10:00-14:30。

⑧ **塞维利亚大学**
Universidad de Sevilla

建筑师：Ignacio Sala, Diego Bordick, Sebastían van der Borcht
地址：Calle San Fernando, 4
类型：科教建筑
年代：15 世纪

ote Zone

黄金塔
(国家遗产)

它的名字来源于阳光照射下的金色景象。十二边形的三分塔楼，高36.7m，底部最宽处15.2m，底部石材砌筑，上部使用砖砌。曾被用来管制河道航运。

斗牛场
(国家遗产)

西班牙最古老的斗牛场之一，是第一座圆形斗牛场。在斗牛场外加建了巴洛克式的环形建筑，主入口两个塔司干柱式支撑半圆形拱门；场内共设1.1万座席位，含观众、贵宾区、博物馆和斗牛士教堂。每年4月和9月的节庆日会有盛大的演出。

特里亚纳陶艺中心

设计适应了城市文脉的需要，将旧陶瓷工厂的室内空间转变为一处展示和解说中心，保持原有建筑的外轮廓。

塞维利亚大学
(国家遗产)

曾经是18世纪欧洲建造的第一个皇家烟厂，最宏大和保存完好的一组传统工业建筑。20世纪中期作为大学教学和行政用房。保留了巴洛克风格的主入口。

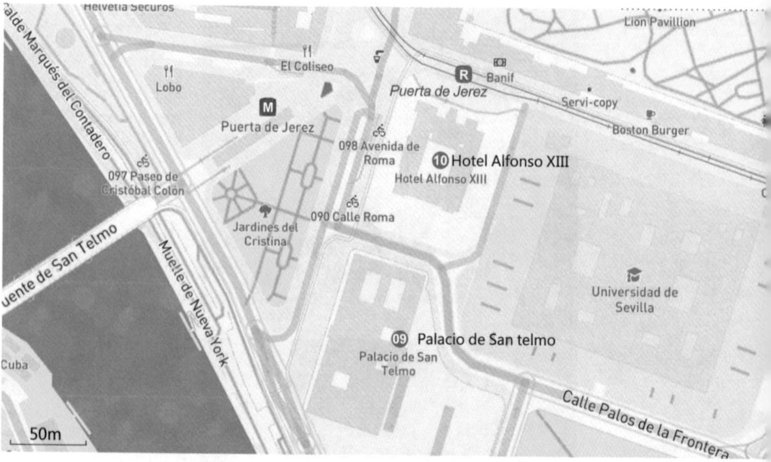

⑨ **圣特尔莫宫**
Palacio de San telmo

建筑师：不详
地址：Av. Roma, s/n, 41004 Sevilla, Spain
类型：历史建筑
年代：1682
开放时间：周四、六、日，全天开放，可提前预约。

圣特尔莫宫
（国家遗产）

主入口体现了最经典的西班牙巴洛克建筑风格。建筑保留了完好的主立面，中央庭院和礼拜堂。

ote Zone

⑩ 阿方索十三世酒店
Hotel Alfonso XIII

建筑师：José Espiau y Muñoz
地址：Calle San Fernando, 2
类型：旅馆建筑
年代：1916

⑪ 阿德里亚蒂大厦
Edificio La Adriática

建筑师：José Espiau y Muñoz
地址：Avenida de la Constitución, 2
类型：居住建筑
年代：1914

⑫ 塞维利亚市政厅
Ayuntamiento de Sevilla

建筑师：Diego de Riaño
地址：Plaza Nueva, 1,
类型：办公建筑
年代：16 世纪
开放时间：周一至周四 17:00-19:30; 周日 10:00。

可方索十三世酒店

安达卢西亚地域主义和新穆德哈尔结合的建筑，为 1929 年伊比利亚美洲博览会而建，立面和内部装饰都体现了本地建造工艺，对砖、石膏、木料和陶瓷的使用。

可德里亚蒂大厦

斤中主义建筑，结合了尹斯兰文化、银匠风格和地域主义特征。三角彡地块的建筑打开了观察城市的新视角。

塞维利亚市政厅

塞维利亚市政厅是安达卢西亚银匠风格建筑的弋表，19 世纪重建了石夬砌筑的新古典主义的主立面。建筑内部有两坐庭院以及古典主义风咯的礼堂和楼梯。

Note Zo

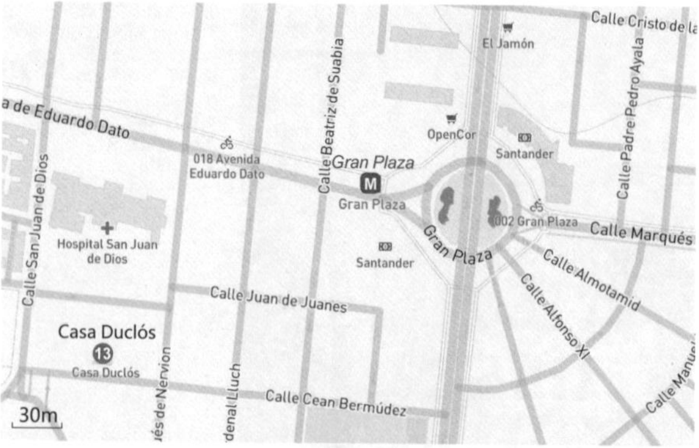

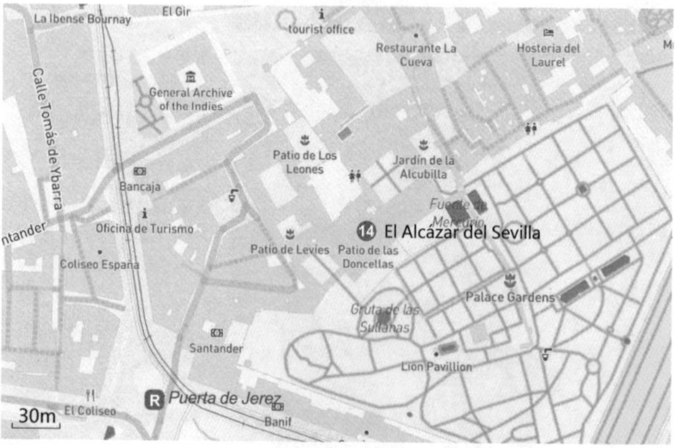

⑬ **杜克洛之家**
Casa Duclós

建筑师：何塞·路易斯·塞特 / Jose Luis Sert
地址：Ceán bermúdez 5
类型：居住建筑
年代：1929

⑭ **塞维利亚城堡**
El Alcázar del Sevilla

建筑师：不详
地址：Patio de Banderas, s/n.
类型：历史建筑
年代：10 世纪
开放时间：周一至周日 9:30-19:00。

杜克洛之家

现代主义建筑师塞特
第一件作品。柱网计
和露台的设置体现建
师对现代建筑和场地
联的尝试。它在矩形
宅平面上嵌套了独立
的花园，建筑外立面
现功能特征，空间结
较清晰。内部楼梯踏
和扶手采用传统的地
工艺，使用金属和陶
的组合。

塞维利亚城堡
(世界遗产)

要塞型宫殿，原宫殿
成于中世纪，保留一
伊斯兰文化遗迹，之
建设增加文艺复兴和
洛克建筑元素。坐落
历史城市的核心地带，
世界上少数依然保持
用的古代宫殿之一。宫
室内有穆德哈尔的装
艺术精品，用石膏板、
砖、天花格板装饰材
为主；此外，皇家花
体现成熟期的伊斯兰
林建筑特点，尤为著
的是少女庭院（Patio
de las doncellas)，数
豪华的接待室环绕中
水池，瓷砖和大理石
饰尤其精美。

ote Zone

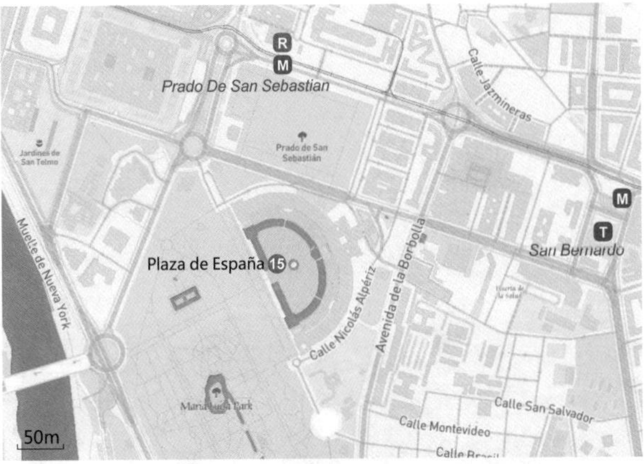

⑮ 西班牙广场

Plaza de España

建筑师 :Anibal González
地址 : Av de Isabel la Católica
类型 :文化建筑
年代 :1914

⑯ 彼拉多之家

La casa de Pilatos

建筑师 :不详
地址 : Pl. de Pilatos, 1
类型 :居住建筑
年代 :16 世纪
开放时间 :周一至周日 9:00-19:00。

西班牙广场

地域主义的标志性建筑，糅合了文艺复兴、穆德哈尔建筑艺术。1929年举办伊比利亚美洲博览会的主题建筑。半椭圆广场最长直径达200m，主体建筑两翼形成环抱式空间，人工河道象征从塞维利亚通向美洲的航海之路。该建筑是由砖和陶瓷装饰，铁艺，浮雕，大理石等，受到文艺复兴时期的影响。

彼拉多之家（国家遗产）

西班牙穆德哈尔与意大利文艺复兴风格的混合。它被认为是安达卢西亚宫殿建筑的原型，它的精美的大理石雕塑体现文艺复兴时期的人文主义特征。

都市阳伞 / Jurgen Mayer H

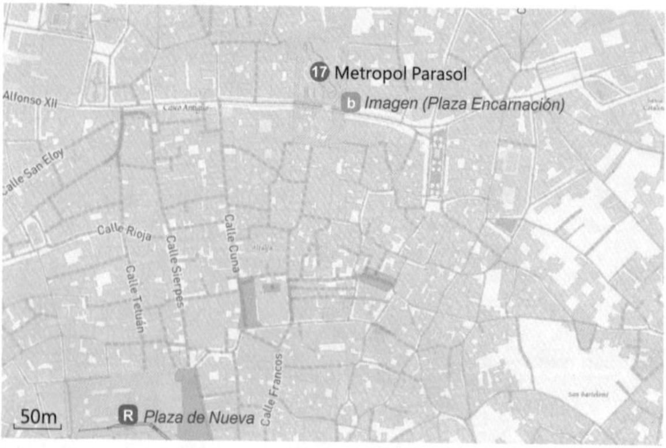

Note Zon

⑰ **都市阳伞**
Metropol Parasol

建筑师：Jurgen Mayer H
地址：Pl. de la Encarnación, s/n
类型：文化建筑
年代：2011
开放时间：周一至周四、周日 10:00-22:30，周五、周六 10:00-23:00。

都市阳伞

经历几次纷争后，这个复合木结构在塞维利亚的广场上建成，它形成一个巨型遮阳建筑，出乎意料的是在它的顶部设计了一条俯瞰城市的观景带。

⑱ **塞维利亚机场**
Aeropuerto de Sevilla

建筑师：Rafael Moneo
地址：Autovía Madrid - Cádiz, km 532
类型：交通建筑
年代：1987
备注：距离塞维利亚市中心约 20 公里。

塞维利亚机场

在城市举办 1992 年世博会之际扩建的一座新航站楼。建筑师创造封闭的建筑形体避免夏季炽热的阳光，室内白色的弧拱和蓝色的穹顶让人联想到清真寺的原型。整个建筑中还再现了安达卢西亚地区其他类型建筑的空间，例如宫殿、橘园等。

27 · 格拉纳达

建筑数量：10

01 阿尔罕布拉宫
02 曼努埃尔德法雅礼堂 / García de paredes
03 罗德里格斯基金会文化中心 / Rodríquez-Acosta 等
04 格拉纳达大教堂 / Enrique Egas
05 格拉纳达大众储蓄银行大厦 / Alberto Campo Baeza
06 格拉纳达银行文化中心 / Alberto Campo Baeza
07 科学乐园扩建 / Ferrater, Jiménez, Brasa
08 格拉纳达综合教学楼 / Cruz y Ortiz Arquitectos
09 格拉纳达大学医学院 / Cruz y Ortiz Arquitectos
10 玛吉斯特里奥学院 / Ramón Fernández Alonso

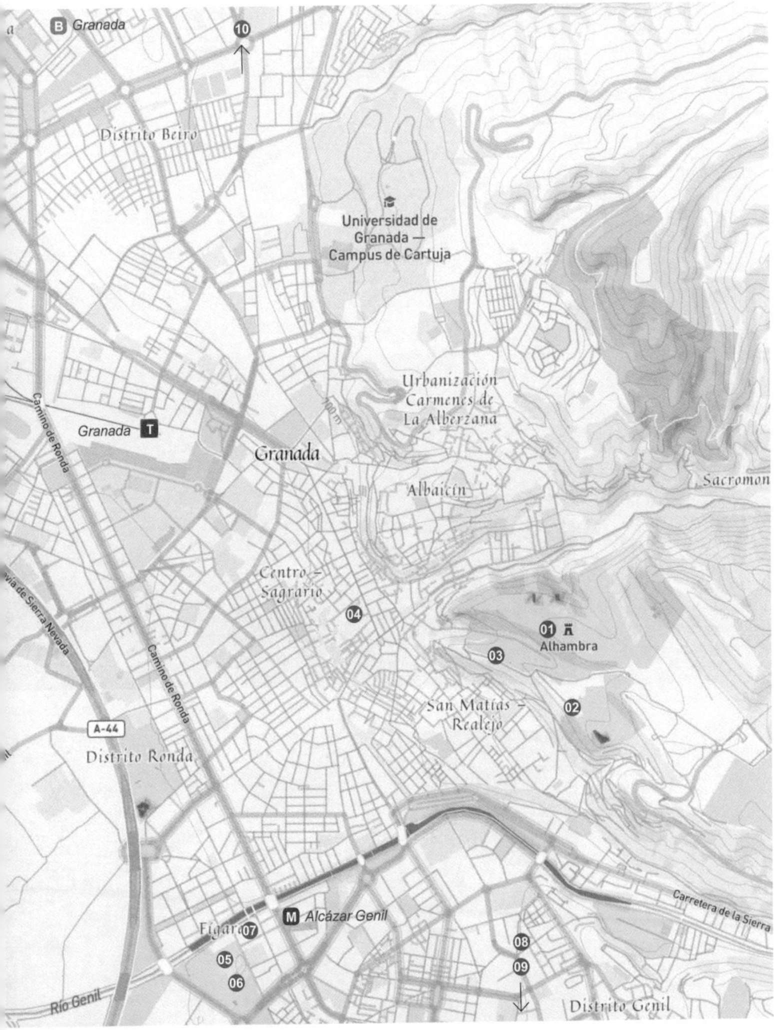

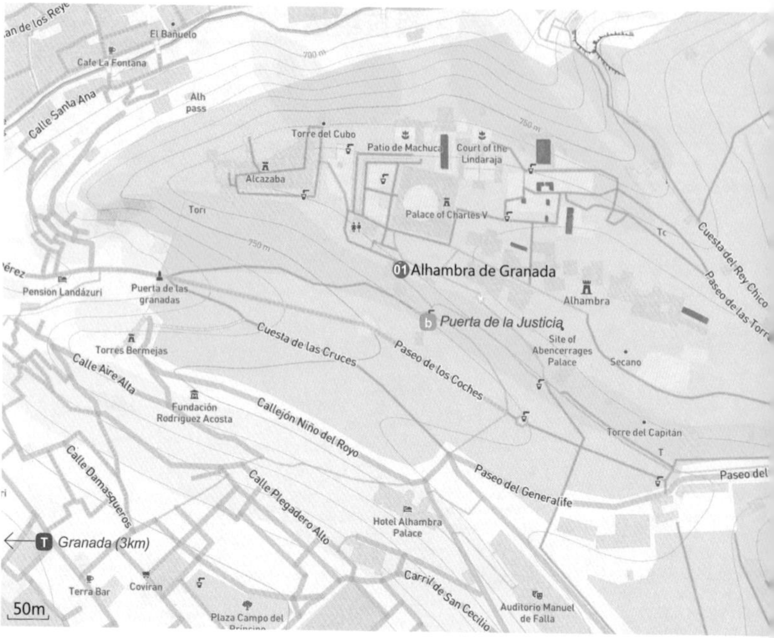

01 阿尔罕布拉宫
Alhambra de Granada

建筑师：不详
地址：Calle Real de la Alhambra, s/n
类型：历史建筑
年代：9-18 世纪
开放时间：4 月 1 日至 10 月 14 日，周一至周日 8:30-20:00，10 月 15 日至次年 3 月 31 日，周一至周日 8:30-18:00。

阿尔罕布拉宫为世界遗产，伊斯兰文化的宫廷建筑，体现最完好的伊斯兰建筑、装饰、造园艺术。

碉堡区 Alcazaba

可尔罕布拉宫源于摩尔\在原古罗马建筑上重折建造的碉堡，由厚重勺城墙、威仪的塔楼和帛延的壁垒三者构成。建筑群坐落于最陡峭的西北缘山地之上，可以全角度的观察宫殿群下的成乡空间。碉堡区保存了7座瞭望塔遗迹，其中25m高的贝拉塔(Torre le la Vela)是由费迪南德和伊莎贝拉两位君王设立，象征着西班牙天主教王国在1492年1月2日重新夺回格拉纳达城市。

纳扎里尔宫殿区 Palacio Nazaries

它是13世纪早期纳斯里德王朝（Nasrid）在最辉煌时期建造的皇宫建筑群，极为完美地展现了安达卢西亚伊斯兰建筑和庭院艺术，沿用了马蹄形拱门、扇贝形拱门、伊斯兰柱式等。其中，狮子院（Patio de los Leones）是由124根白色大理石柱廊围合的伊斯兰庭院，保存了最美丽的伊斯兰建筑和园林艺术杰作；中央喷泉有12座大理石狮子雕塑每隔1小时轮流吐水，代表了伊斯兰雕塑与水力工艺的杰出成就。桃金娘中庭（Patio de los Arrayanes）利用浅、平的矩形水池，纵深的桃金娘树篱，将围合的庭院空间营造得静谧而深远。

Ⅲ 查理五世宫 Charles V

查理五世时期改建了原纳扎里尔宫殿南侧的冬宫部分，再建了一座文艺复兴风格的大尺度寝宫，统称为查理五世宫。它的外立面采用文艺复兴时期的手法主义两段式风格，底部是粗糙的琢石，而上部以平滑的块石装饰；内部圆厅宏大，上下两层柱廊环绕，底部是多立克柱，上部是爱奥尼柱，建筑外立面形式属于典型的文艺复兴风格，但是它的圆形中厅却具有独创性。宫殿屋顶部分未完工。

Ⅳ 夏宫别墅 El Generalife

夏宫别墅始建于公元12世纪，位于阿罕布拉宫东侧外围，它由别墅建筑群、园林、果园组成。它的水渠庭院（Patio de la Acequia）设计精美，水渠既能灌溉果园，又能供给宫殿用水，18世纪加建了喷泉。这是目前保存最完好的中世纪波斯风格的庭院之一。

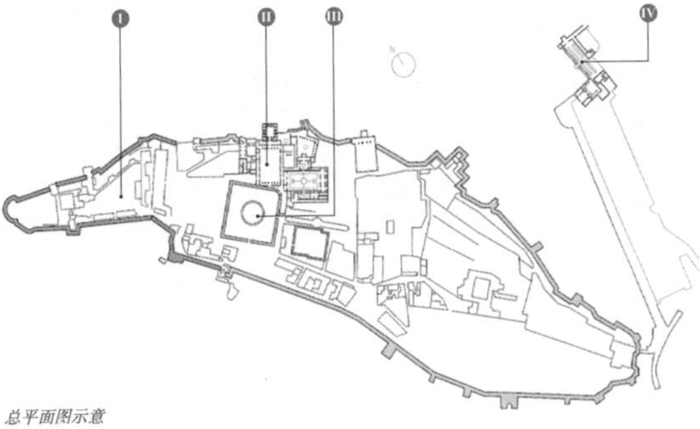

总平面图示意

阿尔罕布拉宫

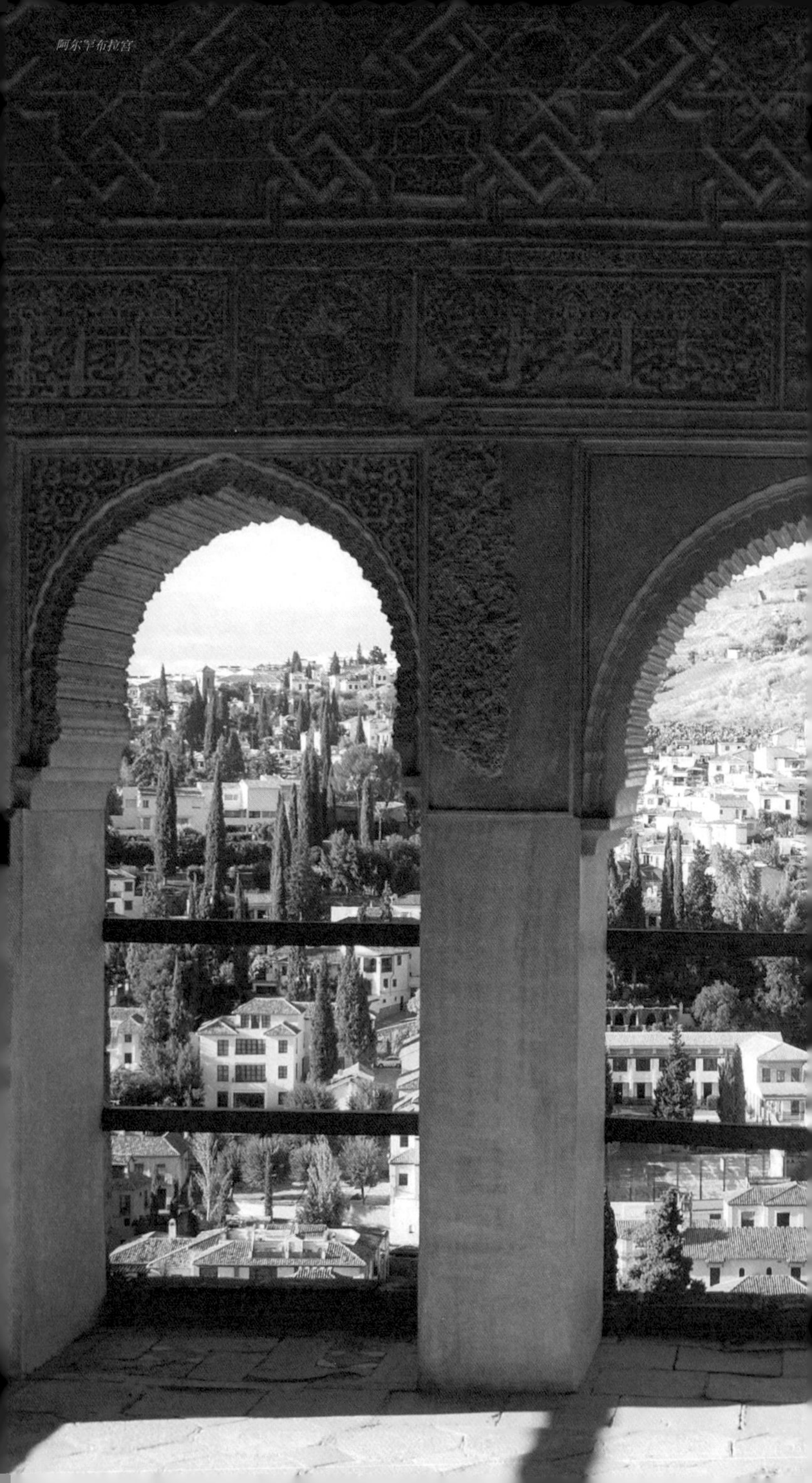

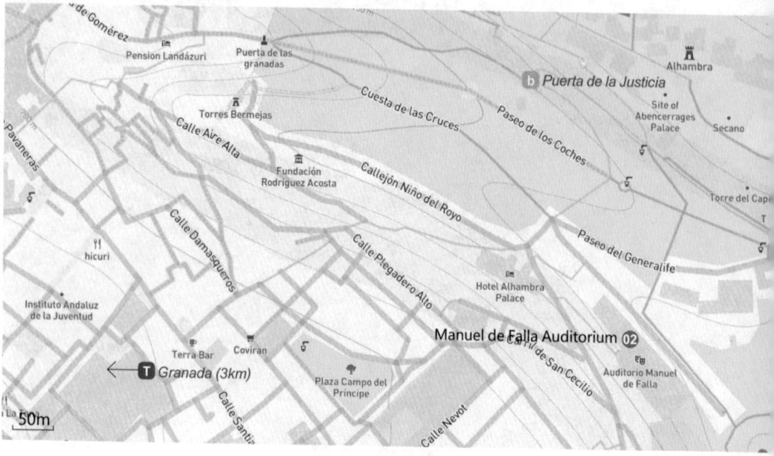
Pension Landázuri
Puerta de las granadas
Alhambra
Puerta de la Justicia
Site of Abencerrages Palace
Secano
Torres Bermejas
Cuesta de las Cruces
Paseo de los Coches
Calle Aire Alta
Pavaneras
Fundación Rodriguez Acosta
Callejón Niño del Royo
Torre del Cap
Paseo del Generalife
Calle Damasqueros
Calle Plegadero Alto
hicuri
Hotel Alhambra Palace
Instituto Andaluz de la Juventud
Manuel de Falla Auditorium 02
Carril de San Cecilio
Terra Bar
Coviran
Granada (3km)
Plaza Campo del Principe
Auditorio Manuel de Falla
Calle Nevot
50m

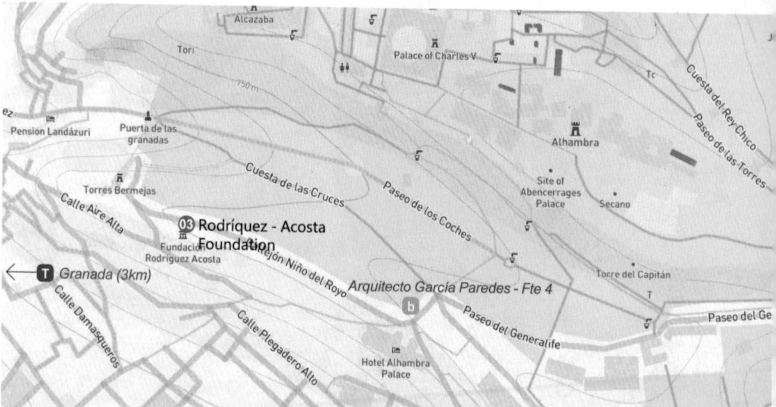
Alcazaba
Tori
Palace of Charles V
Cuesta del Rey Chico
Paseo de las Torres
Pension Landázuri
Puerta de las granadas
Alhambra
Torres Bermejas
Cuesta de las Cruces
Site of Abencerrages Palace
Secano
Paseo de los Coches
Calle Aire Alta
03 Rodríquez - Acosta Foundation
Fundación Rodriguez Acosta
Callejón Niño del Royo
Torre del Capitán
Granada (3km)
Arquitecto García Paredes - Fte 4
Calle Damasqueros
Paseo del Generalife
Paseo del Ge
Calle Plegadero Alto
Hotel Alhambra Palace
50m
Terra Bar
Coviran
Auditorio Manuel

Mercado San Agustín
Tetería
Hotel Casa del C
La Antigualla Tapas Bar
Museo de San Juan de Dios
Calle Baratillos
Samarcanda
Calle Imprenta
Vía Colón
La Riviera
NH Inglaterra
Oficina de Turismo de Granada
Meridional
Granada (1.5km)
Citibank
Calle Cárcel Baja
Calle Elvira
Calle Pan
Hotel Macia Plaza
La Romanilla
la vinoteca
noray
Nemrut
04 Catedral de Granada
Calle Gran Vía de Colón
Calle Joaquín Costa
Placeta Silleria
Calle Abenamar
Hostal Venecia
La Perla
Cuesta de Gomérez
El deseo
Bar Pasiegas
Calle Oficios
Calle Colcha
Rafa Apartoment
Oliver
Medievo
Calle Estribo
Calle Tinte
Calle Sancti Spiritus
Monje
Manolo
Los Manueles
Calle Libreros
Calle Alcaiceria
Boga
Gallio
Estatua de Isabel La Católica
Cuesta de Rodrigo
50m
Sabbore

lote Zone

⑫ 曼努埃尔德法雅礼堂
Manuel de Falla Auditorium

建筑师 :García de paredes
地址 : Calle de Antequeruela Alta, s/n
类型 :文化建筑
年代 :1975

⑬ 罗德里格斯基金会文化中心
Rodríquez - Acosta Foundation

建筑师 :Rodríquez-Acosta, Santa Cruz/Cendoya, Anasagasti, Jiménez Lacal
地址 : Callejón del Niño del Rollo, La Alhambra
类型 :文化建筑
年代 :1914

⑭ 格拉纳达大教堂
Catedral de Granada

建筑师 :Enrique Egas
地址 : Calle Gran Vía de Colón, 5,
类型 :宗教建筑
年代 :16 世纪

曼努埃尔德法雅礼堂

坐落于阿罕布拉宫外部花园，不规则形状的建筑体量掩映在树林中，利用山体开辟半地下扩建，注重与环境融合。

罗德里格斯基金会文化中心（国家遗产）

西班牙建筑历史上最奇特的建筑之一，曾经是画家的庭院式住宅，画家本人参与了建筑的设计，体现了西班牙艺术和自然的协作。

格拉纳达大教堂

完成于西班牙文艺复兴时期的教堂，哥特式平面基础上建造文艺复兴的穹顶，主立面是巴洛克风格。

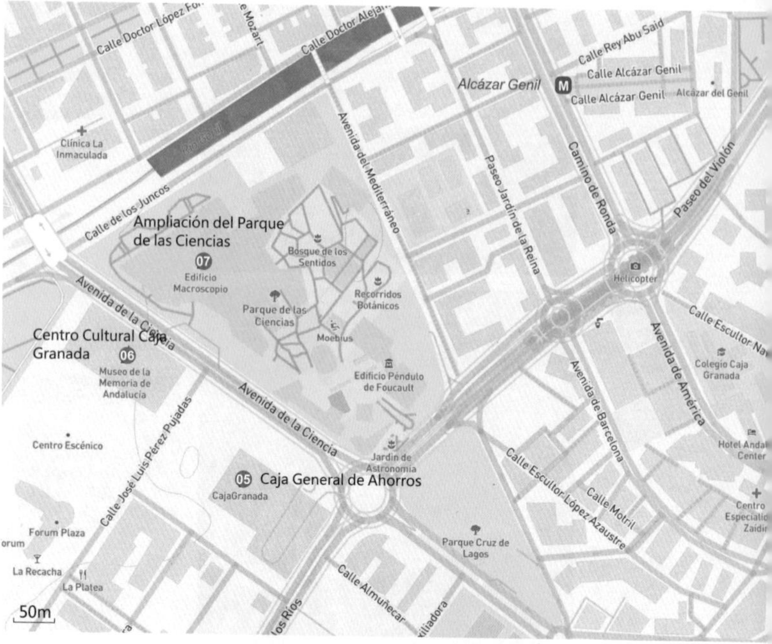

05 大众储蓄银行大厦
Caja General de Ahorros

建筑师：Alberto Campo Baeza
地址：Av. Fernando de los Rios, 6
类型：办公建筑
年代：2001

06 格拉纳达银行文化中心
Centro Cultural Caja Granada

建筑师：Alberto Campo baeza
地址：Av. De la Ciencia 2
类型：文化建筑
年代：2008
开放时间：周二、周三9：30-14：00。周四至周六 9:30-14:00,16:00-19:00，周日，11:00-15:00。

07 科学乐园扩建
Ampliación del Parque de las Ciencias

建筑师：Carlos Ferrater, Eduardo Jiménez, Yolanda Brasa
地址：Av. de la Ciencia
类型：文化建筑
年代：2007
开放时间：周二至周六 10：00-19：00，周日 10:00-15:00。

大众储蓄银行大厦

建筑师使用混凝土墙的模块化捕捉光线，适应不同朝向的室内采光需求，这种设计方法以首次在大型公共建筑上实践，银行大楼为方形平面的立方体，7层高，内部中心室内庭院依靠 3m × 3m 预制混土顶窗格采光，这种顶光通过光过滤后反射到南侧办公区石膏内墙，提供漫反射室内光源。朝南的办公室通过立面大型格板避免低太阳角直射，北立面光线自然和均质，因此决定了平坦、均布的开窗立面。

格拉纳达银行文化中心

巨大板式建筑，基座连接主体大楼，含有一个白色的内庭院，设置环绕的弧形步道，它的空间尺寸源于阿罕布拉宫卡洛斯五世宫。

科学乐园扩建

扩建工程延伸平面并试图与城市肌理融合。屋顶作为连续的单元与整个交互空间的连续关系的载体，最终用柱廊完成建筑的整体表达。

格拉纳达大学综合教学楼

教学楼采用了几何形体有机穿插的建筑形式，将礼堂、图书馆、餐厅、展览厅等功能联系在一起，使建筑具有流动性。公共空间通过局部下沉建立与外部的开放性联系。大礼堂是建筑的焦点，能容纳1000人座席，满足会议、剧场和教学等多功能需求。

格拉纳达大学医学学院

格拉纳达大学卫生科学园的建筑群，中部规划由单个建筑单元穿插形成有机的组合，它是公共使用部分的功能核，周边环绕的八栋高层设置各个专业系所单元。

玛吉斯特里奥学院

运用覆盖陶瓷表皮工艺的校园建筑，强调由教室单元构成的建筑外形。它以模块化的方式组合了六大区域，分别有餐厅、图书馆、礼堂、体育馆、超市和礼堂。陶瓷外墙在阳光的照射下呈现热情和亲切的建筑形象。

08 格拉纳达大学综合教学楼
Edificio de Servicios Generales

建筑师：Cruz y Ortiz Arquitectos
地址：Av. de la Ilustración, 2P
类型：科教建筑
年代：2009

09 格拉纳达大学医学院
Facultad de Medicina

建筑师：Cruz y Ortiz Arquitectos
地址：Av. de la Investigación, 11
类型：科教建筑
年代：2010

10 玛吉斯特里奥学院
Escuela Universitaria De Magisterio

建筑师：Ramón Fernández Alonso
地址：Calle Joaquina Eguaras, 44
类型：科教建筑
年代：2012

格拉纳达银行文化中心 / Alberto Campo Baeza（陈灏）

28 · 科尔多瓦

建筑数量：10

01 科尔多瓦清真寺
02 科尔多瓦古城堡 García de paredes
03 科尔多瓦商会
04 安达卢西亚当代艺术中心 / Nieto & Sobejano
05 维亚纳宫
06 科尔多瓦汽车站 / César Portela
07 市民活动中心 / Paredes Pino
08 扎赫拉古城博物馆 / Nieto & Sobejano
09 中世纪宫城遗址
10 老年活动中心 / Gómez Díaz & Baum Lab

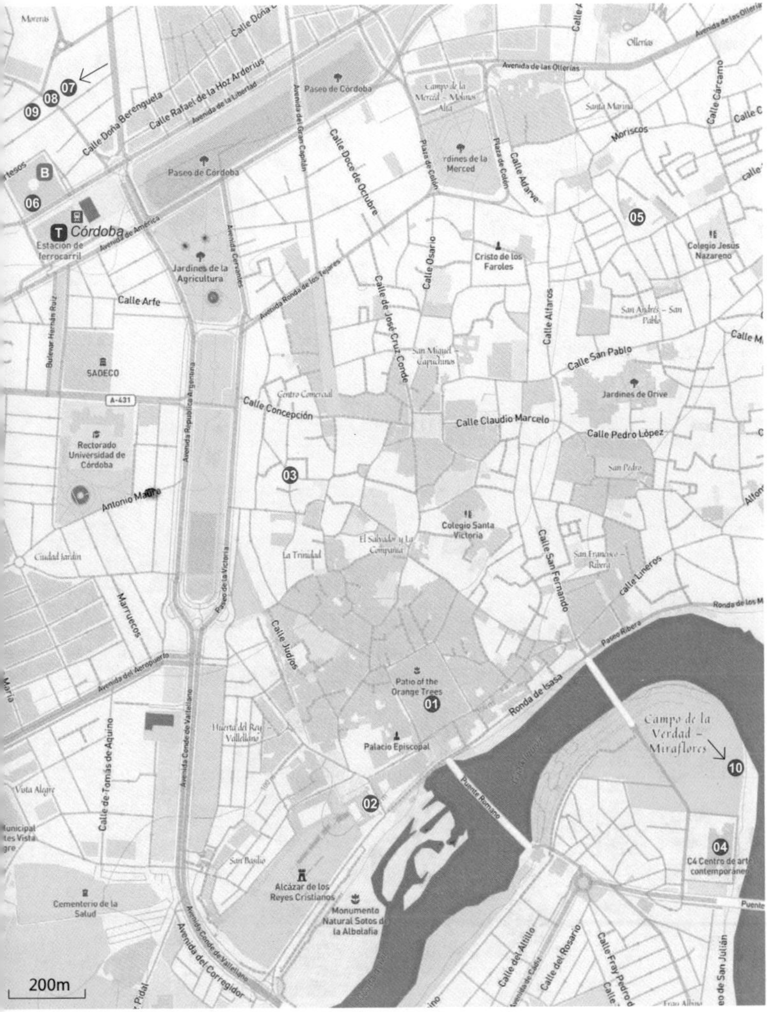

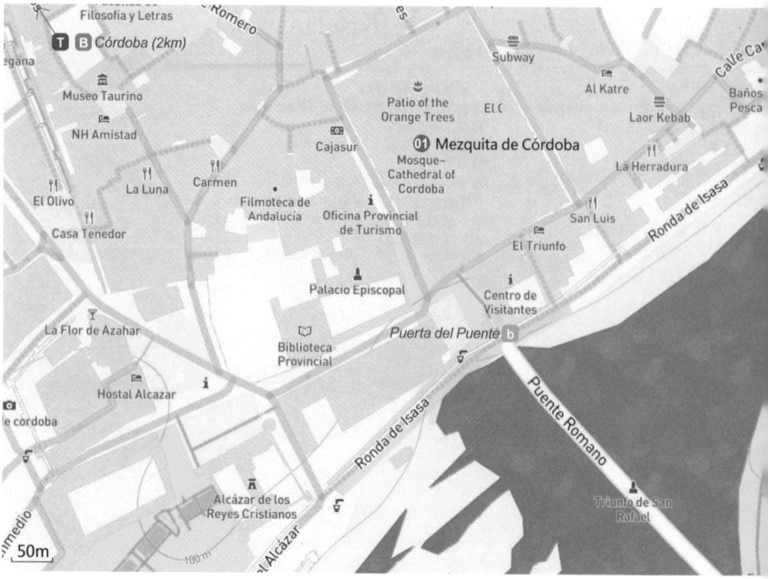

01 科尔多瓦清真寺
Mezquita de Córdoba

建筑师：不详
地址：Calle del Cardenal Herrero,
类型：宗教建筑
年代：7-13 世纪
开放时间：9 月至次年 2 月，周一至周六 8:30-18:00；周日与宗教节日 8:30-11:30,15:00-18:00；3—10 月，周一至周六 10:00-19:00，周日与宗教节日 8:30-11:30,15:00-19:00。

世界第二大清真寺建筑，混合了天主教和伊斯兰教建筑风格，占地 23400m² 建筑面积，保存总计 856 个由花岗岩、大理石、玛瑙等材料建造的连柱廊，马蹄形双拱用红砖和白色云石交替装饰。它是摩尔人建筑中完成度最高、最杰出的作品之一。

设计背景：

科尔多瓦清真寺的背景可以追溯到公元600年，曾经是一座西哥特天主教堂，在摩尔人入侵后被穆斯林和基督教共同占有使用，经过600年的扩建达到现在的规模。

平面设计：

建筑由礼拜堂、内庭院、宣礼塔3部分组成，具有传统清真寺布局特征。礼拜堂平面采用多柱式结构，形成深远、神秘的宗教空间；16世纪基督教在核心部位改建了一座天主教堂，而后增建了庭院——橘院，它原是进入礼拜堂祈祷前的仪式广场，现为种满橘树、棕榈树和柏树的宜人庭院，收集雨水后由水渠进行灌溉。

立面设计：

建筑外立面由城堡形的高墙围合，共有9座高耸大门分别通向礼拜堂的内廊。钟塔（Torre Campanario）高达54米，原是10世纪建成的伊斯兰风格的宣礼塔，16-17世纪被基督教改建，这里允许登塔观赏古城风景。

室内空间：

整体内部空间在清真礼拜堂中具有独创性，用具有韵律感的双层马蹄拱和柱群营造了水平空间的延伸和纯粹感，目前保存了856根柱（原有1293根）；壁龛设计体现了伊斯兰宗教建筑艺术的精髓，采用了几何形和植物形态的镶金纹样。

建筑材料：

室内的柱群装饰面材使用了碧玉、黑玛瑙、大理石、花岗岩与灰斑岩，这些原材料均取自本地古罗马建筑的碎片。

底层平面图

Note Zor

La Flor de Azahar
Biblioteca Provincial
Puerta del Puente
Puente Romano
Hostal Alcazar
patios de cordoba
Alcázar de los Reyes Cristianos
02
Alcázar de los Reyes Cristianos
Ronda de Isasa
Calle Enmedio
Avenida del Alcázar
Postrera
Molino de
50m

Gran Teatro
Córdoba (2km)
Calle Concepción
Calle Conde de Gondomar
Farmacia El Globo
I.E.S Luis de Góngora
Iglesia de San Nicolás de la Villa
Boston
Punto de Información turística
El Otro
Dia
Córdoba Centro
Hotel Conde Cárdenas
Cámara Oficial de Comercio e Industria de Córdoba
03
Lucas
Iglesia del Salvador y Santo Domingo de Silos
Colegio de la Inmaculada
Calle Pompey
50m

Córdoba (3km)
Calle Horno
Calle Santo Cristo
Espacio Andaluz de Creación Contemporánea
04
C4 Centro de arte contemporáneo
Plaza de Santa Teresa
Fuente de ¿La Iglesia?
TU ILUSION
Cepsa
Puente del Arenal
50m

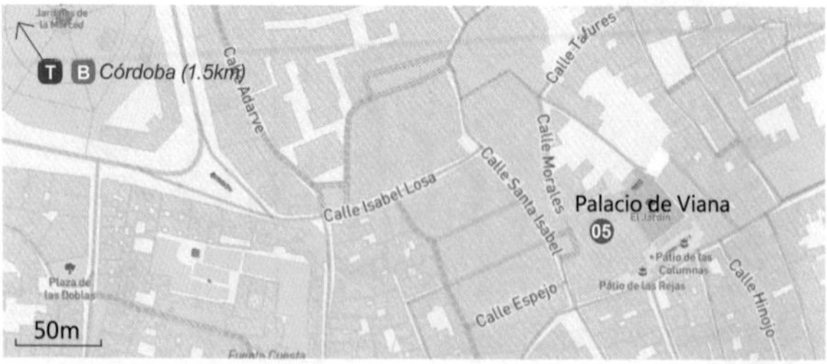
Córdoba (1.5km)
Calle Adarve
Calle Tafures
Calle Morales
Calle Isabel Losa
Calle Santa Isabel
Palacio de Viana
05
Calle Espejo
Calle Hinojo
Patio de las Rejas
Plaza de las Doblas
50m

Calle Historiador Dozy
Calle Marqués de Cabriñana
Calle Tartesos
Calle Escritor Mercado Solís
Estación de autobuses de Córdoba
06
Estación de Autobuses de Córdoba
Avenida Vía Augusta
Córdoba
Córdoba Central
Estación de ferrocarril
Avenida de América
Calle Huerta del Recuerdo
50m

斗尔多瓦古城堡

军事建筑群，其出色的庭院设计和壮美的花园保持了摩尔人的文化特征。它是西班牙历史上具有重要意义的军事建筑，象征费迪南德和伊莎贝拉两位国王联姻后开始从摩尔人手中重新夺回西班牙的南部领土。1492年，哥伦布在这里面见了两位国王后出发探索美洲大陆。建筑内依然保留了阿拉伯浴室，曾经被用作宗教法庭。18世纪重建的马赛克大厅，它大部分的精美马赛克陶瓷艺术掘取自古罗马竞技场的遗迹。

斗尔多瓦商会

西班牙南部现代主义建筑的代表，糅合了现代性和传统特征。建筑受到美国形式主义的影响，但其室内空间体现了不同的有机单元组合。它划定了两种清晰的空间内容，首先是入口与一座雕塑标注了焦点，而后是以优雅、蜿蜒的曲线场景式地展开空间序列。深色的天花上设置点光源，宛如繁星，不规整的地面、粗糙的石材把人又置身到历史的回忆里，虽然建筑平面较对称和紧凑，但其内部氛围格外柔软并充满活力。

安达卢西亚当代艺术中心

立面造型来自于穆斯林文化，平面遵从一种扭曲的六边形，整座建筑是一个内向表达的艺术创意空间和苦行（清修）的室内。

维亚纳宫

科尔多瓦庭院风格，它包含12个小型庭院和一座精美的花园。水体设计含有灌溉功能，水池也与植被融入庭院的自然情态。

科尔多瓦汽车站

科尔多瓦当代建筑代表，整合处理了考古遗迹与城市公交总站的功能需求，同时保持了安达卢西亚地区的文化特色。

⑫ 科尔多瓦古城堡
Alcázar de los Reyes Cristianos

建筑师：不详
地址：Plaza Campo Santo de los Mártires, s/n, 14004 Córdoba,
类型：历史建筑
年代：13-15世纪
开放时间：9月16日至6月15日，周二至周五8:30-20:45，周六8:30-16:30，周日与公共节日8:30-15:00；6月16日至9月15日，周二至周六8:30-14:30，周日与公共节假日9:30-14:30。

⑬ 科尔多瓦商会
Cámara Oficial de Comercio e Industria de Córdoba

建筑师：García de paredes
地址：Calle Pérez de Castro,1
类型：商业建筑
年代：1951

⑭ 安达卢西亚当代艺术中心
Espacio Andaluz de Creación Contemporánea

建筑师：Nieto & Sobejano
地址：Avenida del Campo de la Verdad, 14
类型：文化建筑
年代：2012
开放时间：周二至周六11:00-20:00，周日11:00-15:00。

⑮ 维亚纳宫
Palacio de Viana

建筑师：不详
地址：Plaza de Don Gome, 2
类型：历史建筑
年代：15世纪
开放时间：周二至周日9:00-15:00。

⑯ 科尔多瓦汽车站
Estación de autobuses de Córdoba

建筑师：César Portela
地址：Estación de autobuses, Glorieta de las Tres Culturas, S/N
类型：交通建筑
年代：1998

Note Zor

Córdoba B
Córdoba T
Centro Abierto de Actividades Ciudadanas (CAAC)
07
Avenida Vía Augusta
Avenida de América
Calle Garellano
100m

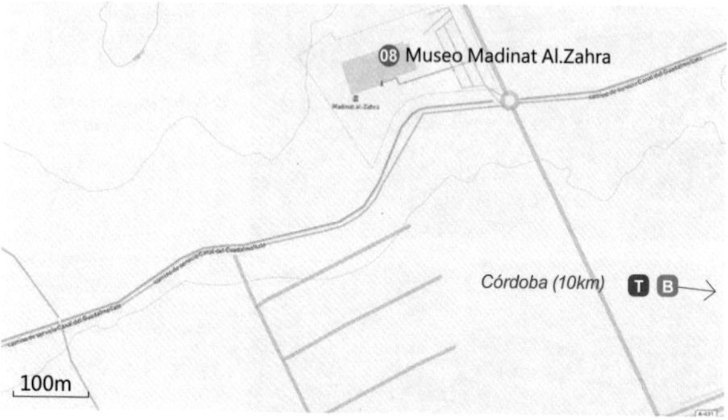
08 Museo Madinat Al.Zahra
Córdoba (10km)
T B
100m

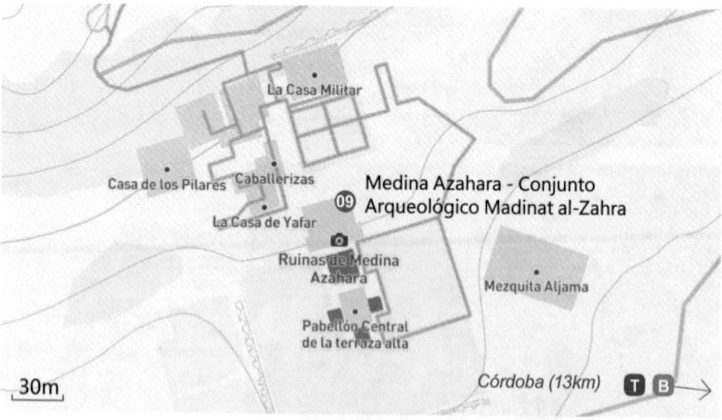
La Casa Militar
Casa de los Pilares
Caballerizas
La Casa de Yafar
09 Medina Azahara - Conjunto Arqueológico Madinat al-Zahra
Ruinas de Medina Azahara
Mezquita Aljama
Pabellón Central de la terraza alta
Córdoba (13km)
T B
30m

Calle Porcuna
Avenida Cañete de las Torres
Calle Salvador Muñoz
B Baena
Cementerio
Centro de Mayores 10
Calle Cañada
100m

市民活动中心

城市公园中提供市民荫凉休憩场地，大小不一的缤纷多彩的伞状装置覆盖 12000m²，塑造当代城市生活中的交往空间。

扎赫拉古城博物馆

一座沟通了考古场所和自然景观的博物馆。展示出古老遗迹的文化力量，同时又揭露了时间和空间的毁坏力。市民活动中心精准地围绕考古现场，用统一高度的矮墙划分博物馆、报告厅、考古工作室和储藏室等，尽力消解建筑的干预而强调考古工作的现实性，保留了扩建的可能。该博物馆的双庭院布置来源于与城市历史建筑形制，红色耐候钢屋面和白色墙体重现了摩尔时期的建筑色调。它的空间与形式的表现力体现在光、阴影、材质和体量感的丰富变化中。

中世纪宫城遗址

中世纪穆斯林宫城遗址，随地形分成 3 个台地建成，最上层属于王室，其次是贵族和大臣办公和住宅群，最下部是市民和兵士居住区。城市公共和私人空间的布置显示了当时古老的城市规划智慧。

老年活动中心

建筑利用地形来重新分配体量，它的原则是提供合适的视角欣赏历史古城的风景。建筑超越了居室的要求，更具有公共性，数个纯净的体量交接，为社区提供更高的生活品质。3 个相离的体量之间是开放、共享的平台，既能通往老城街区，又可进入公共花园，最大限度符合老年人的无障碍使用。

07 市民活动中心
Centro Abierto de Actividades Ciudadanas (CAAC)

建筑师：Paredes Pino
地址：Calle Islas Sisargas
类型：文化建筑
年代：2007

08 扎赫拉古城博物馆
Museo Madinat Al.Zahra

建筑师：Nieto & Sobejano
地址：Canal del Guadalmellato,c03314
类型：文化建筑
年代：2007
开放时间：周二至周六 9:00-18:00，周日 11:00-15:00。
备注：距离科尔多瓦火车站约 10 公里。

09 中世纪宫城遗址
Medina Azahara - Conjunto Arqueológico Madinat al-Zahra

建筑师：不详
地址：Ctra. Palma del Río,km5.5
类型：历史建筑
年代：936
开放时间：1 月 1 日至 3 月 31 日,周二至周六 9:00-18:00,周日与公共节日 9:00-15:00；4 月 1 日至 6 月 30 日，周二至周六 9:00-21:00，周日与公共节日 9:00-15:00；7 月 1 日至 9 月 15 日，周二至周六 9:00-15:00，周日与公共节假日 9:00-15:00；9 月 16 日至 12 月 31 日，周二至周六 9:00-18:00，周日与公共节日 9:00-15:00。

10 老年活动中心
Centro de Mayores

建筑师：Gómez Díaz & Baum Lab
地址：Calle Demetrio de los Ríos, 10，Baena
类型：居住建筑
年代：2014
备注：位于科尔多瓦下辖的 Baena 镇，距离科尔多瓦市中心约 80 公里。

29 · 加的斯

建筑数量：04

01 加的斯大教堂 / Vicente Acero
02 航海博物馆改建 / Cruz y & Ortiz Arquitectos
03 法雅大剧院 / Carbajal&Otero
04 阿瑞纳尔社会住宅 / 阿尔瓦罗·西扎，Otero

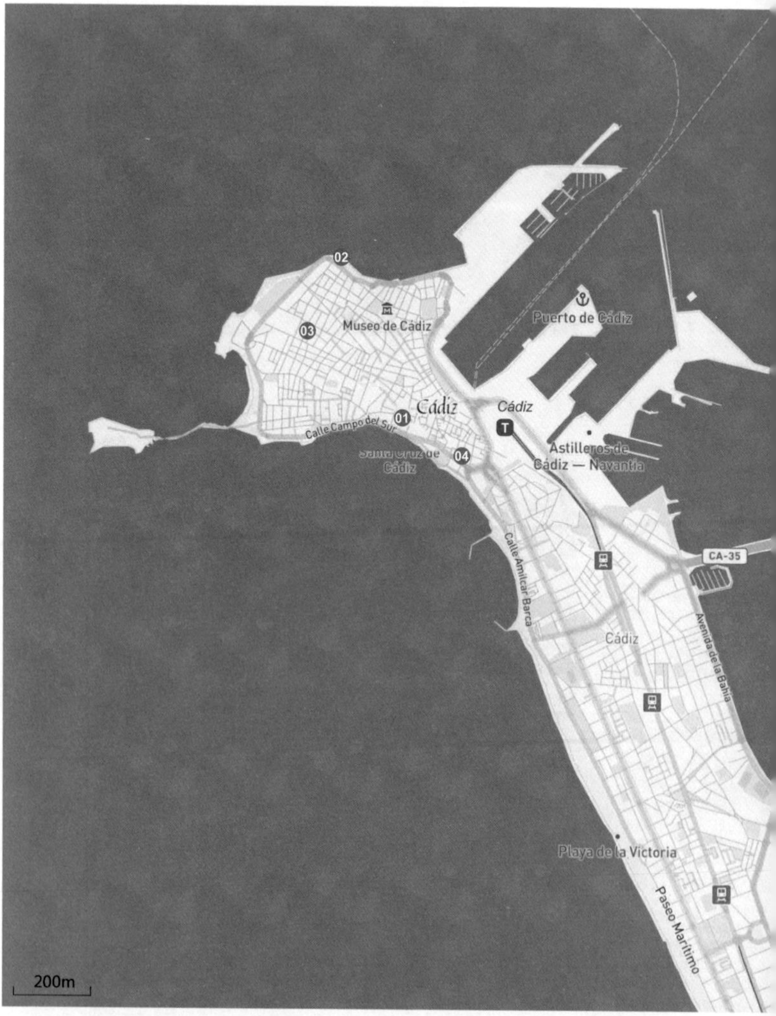

Note Zone

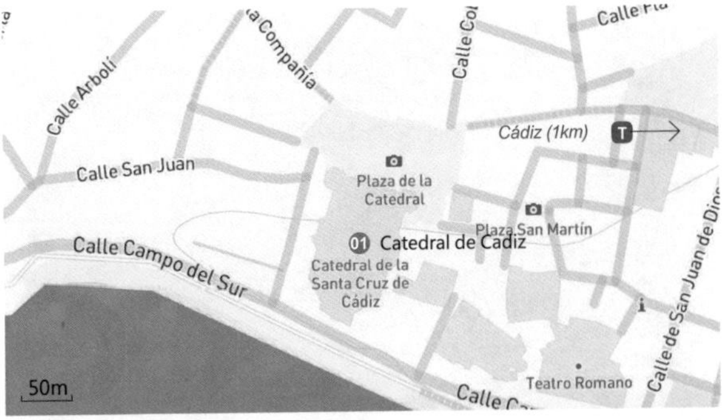

01 **加的斯大教堂**
Catedral de Cadiz

建筑师 :Vicente Acero
地址 : Plaza de la Catedral, s/n
类型 :宗教建筑
年代 :18 世纪
开放时间 :周一至周六 10:00-18:30；周日 13:30-18:30。

02 **航海博物馆改建**
Baluarte de la Candelaria

建筑师 :Cruz y & Ortiz Arquitectos
地址 : Alameda Marqués de Comillas, s/n
类型 :文化建筑
年代 :1986
开放时间 :周一至周六 10:00-15:00, 16:00-19:00；周日 10:00-15:00。

加的斯大教堂

混合了巴洛克、洛可可、新古典主义 3 种建筑风格。2003 年以后开通了登向钟楼的游览通道，可以从那里欣赏整个古城的景色。最初的巴洛克教堂是由往来美洲的航海家们出资建造。而后的改扩建，如教堂的穹顶、塔楼、主立面的上半部分体现了新古典主义的风格。内部共有 16 座小礼拜堂，保存了大量巴洛克式的宗教壁画。地下室顶板使用了平拱技术，体现了建筑师对砖石结构精确的计算和娴熟的构造知识。

航海博物馆改建

海防堡垒改建的航海博物馆。建筑师创造竖向廊柱意象面对滨海开放空间，这里为市民和游客提供展览、音乐会、节日聚会等休闲功能。白色大理石柱廊与原有的淡红色建筑材料形成对比。

Note Zone

03 法雅大剧院
Gran Teatro Falla

建筑师：Jose Antonio Carbajal,Rafael Otero
地址：Pza.Manuel de Falla s/n
类型：剧场建筑
年代：1987

04 阿瑞纳尔社会住宅
Vivienda Social

建筑师：阿尔瓦罗·西扎 / Alvaro Siza, Otero
地址：Concepción Arenal s/n, Campo del Sur
类型：居住建筑
年代：1992

法雅大剧院

新穆德哈尔建筑风格，主立面由红砖砌筑的三个马蹄弧形大门组成，楔形石块以红、白两色交替装饰大剧院室内采用马蹄形观金席布置，剧场舞台宽达18m，深达25.5m，大厅的顶棚绘制了著名的彩画《天堂的寓言》。

阿瑞纳尔社会住宅

住宅在拥挤的建筑群中别具一格。白色涂面与锈黄色面砖的对比具有视觉冲击力，是滨海附近的标志性建筑。

30 · 哈恩

建筑数量：07

01 萨格拉里奥教堂 / Ventura Rodríguez
02 哈恩大教堂 / Andrés de Vandelvira
03 阿拉伯浴场
04 圣卡塔利娜城堡
05 帕拉多酒店
06 西班牙银行大厦 / 拉菲尔 · 莫内欧
07 巴埃萨市政厅 / Viar Estudio

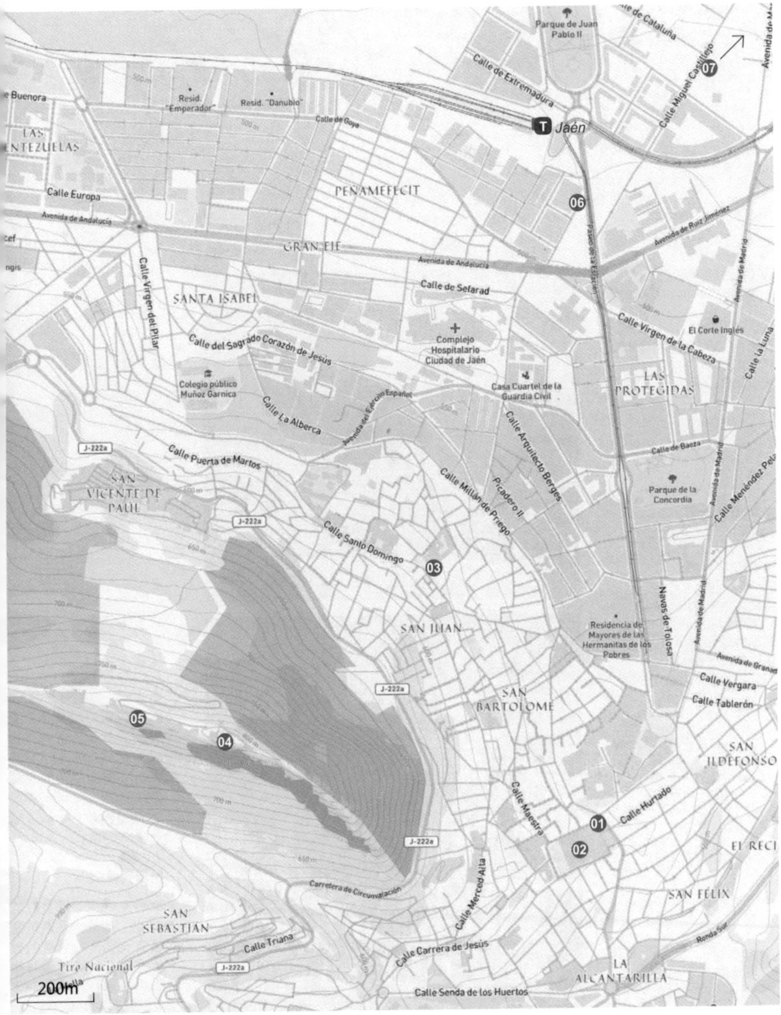

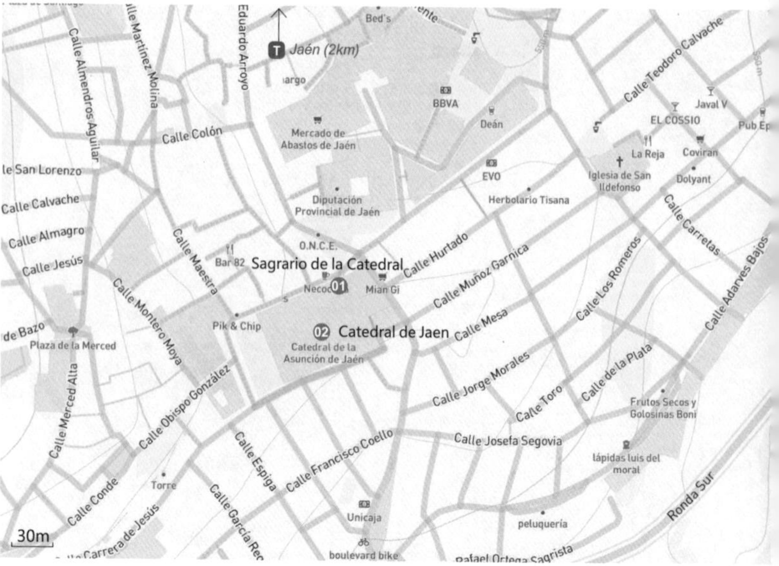

01 萨格拉里奥教堂
Sagrario de la Catedral

建筑师:Ventura Rodríguez
地址:Calle Campanas, 3
建筑类型:宗教建筑
建筑年代:18 世纪

02 哈恩大教堂
Catedral de Jaen

建筑师:Andrés de Vandelvira
地址:Plaza de Santa María
建筑类型:宗教建筑
建筑年代:16 世纪

萨格拉里奥教堂

新古典主义教堂建筑，8对科林斯双柱支撑中央椭圆形穹顶，主人口也有一对科林斯柱支撑门楣。小穹顶平面为椭圆形，288个六边形方格装饰穹顶内壁，中间升起一座采光塔。

哈恩大教堂

大教堂在原有清真寺的遗迹上建成。是西班牙最富文艺复兴特色的大教堂之一。两侧的塔楼和中央双柱门廊体现了文艺复兴的均衡特征。

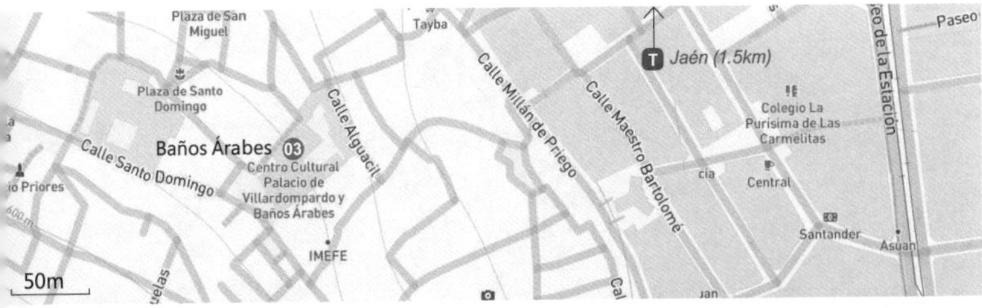

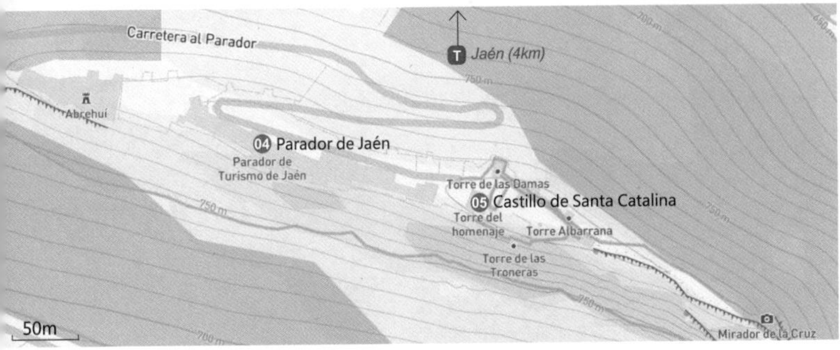

阿拉伯浴场

最早建于11世纪，这是西班牙境内这一时期最大规模的浴场建筑遗迹。也是欧洲保存最完好、最古老的阿拉伯浴场，具有阿莫哈德王朝时期的装饰，占地450m²。16世纪在这里建造了总督府，19世纪当时政府收回部分建筑改造成收容所和小教堂。

圣卡塔利娜城堡

山丘上建成的中世纪基督教防御古堡。沿着山体呈三角形平面布局，共6座塔楼。城堡不远一座花岗石十字纪念碑建于1246年，这里是俯瞰哈恩古城和自然风光的最佳视点。

哈恩国营精品酒店

建筑选址在820m高的山地，具有独一无二的观景视角俯瞰城市以及风景优美的山地。它是一座由城堡改建的酒店，展示出安达卢西亚地区的建筑历史，它经历了从哥特教堂到中世纪基督教防御堡垒，直至现在的国营宾馆。

03 阿拉伯浴场
BAÑOS ÁRABES

建筑师：不详
地址：Plaza Sta. Luisa de Marillac
建筑类型：历史建筑
建筑年代：10-11 世纪
开放时间：周二至周六 9:00-21:00，周日 9:00-14:00。

04 圣卡塔利娜城堡
Castillo de Santa Catalina

建筑师：不详
地址：Castillo de Santa Catalina, s/n
建筑类型：历史建筑
建筑年代：11-15 世纪
开放时间：周一至周六 10:00-14:00,17:00-21:00。

05 哈恩国营精品酒店
Parador de Jaén

建筑师：不详
地址：Castillo de Santa Catalina, s/n
建筑类型：居住建筑
建筑年代：1965

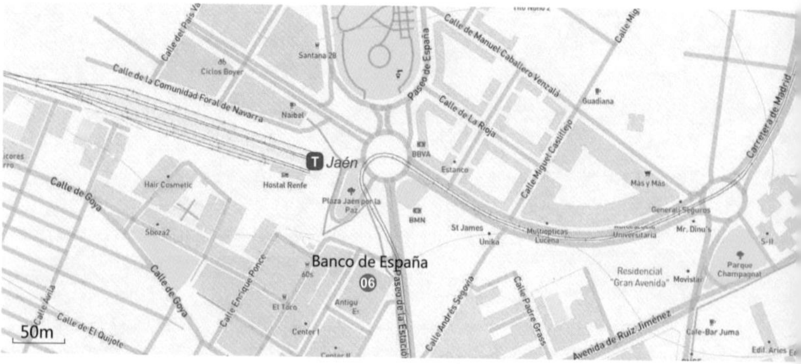

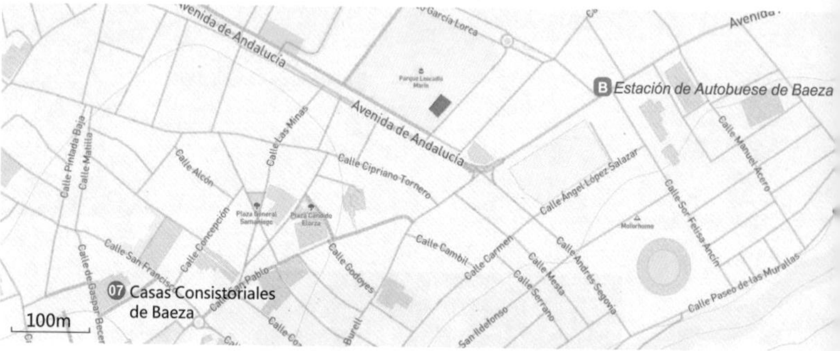

⑯ 西班牙银行大厦
Banco de España

建筑师：拉菲尔 · 莫内欧 / Rafael Moneo
地址：Paseo de la Estación 75
建筑类型：办公建筑
建筑年代：1982

⑰ 巴埃萨市政厅
Casas Consistoriales de Baeza

建筑师：Viar Estudio
地址：Pje. Cardenal Benavides, S/N, Baeza
建筑类型：办公建筑
建筑年代：15-19 世纪 /2011
备注：位于哈恩市下辖 Baeza 市镇，距离哈恩市中心约 50 公里。

西班牙银行大厦

简明的立方体和坚实巨大的立柱传递出银行大楼的安全和坚固性特征。该大厦是西班牙现代主义建筑的代表，在形式、工艺、功能组成上具有先驱性。

巴埃萨市政厅

市政厅古建筑的修复与扩建工作，保存了旧建筑的文艺复兴元素，通过非常极致地分析，使用木材、金属漆、半透明玻璃板和窗格等材料体现阳光在建筑上的照射轨迹，从而展现古建筑内部空间跨越的时光旅程的意境。

31 · 马拉加

建筑数量：06

01 马拉加大教堂
02 卡门蒂森博物馆 / 拉斐尔·莫内欧
03 阿塔拿扎那菜市场改造 / Rucoba, Gallegos
04 自治区以及市政厅总部 / Javier Pénez De La Fuente
05 商务中心 / José Antonio Mota Cerezuela
06 市立图书馆 / María González, Jordi Castro, Jacobo Domínguez

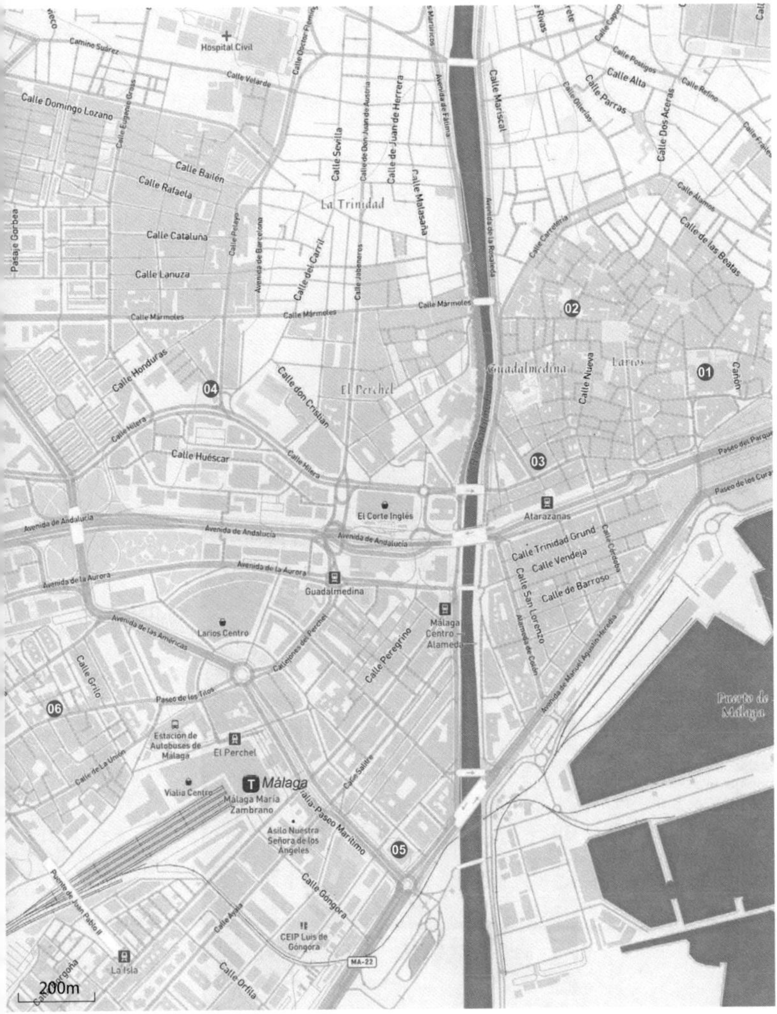

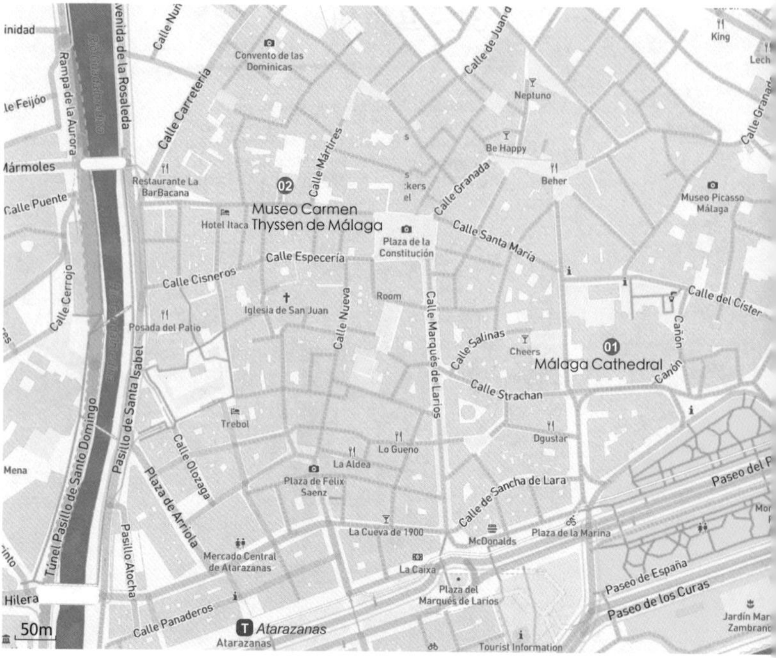

① **马拉加大教堂**
Málaga Cathedral

建筑师：不详
地址：Calle Molina Lario, 9, 29015 Málaga
建筑类型：宗教建筑
建筑年代：16-18 世纪

② **卡门蒂森博物馆**
MUSEO CARMEN THYSSEN DE MÁLAGA

建筑师：拉斐尔・莫内欧 / Rafael Mateo
地址：C/ Compañía, 10. Málaga
建筑类型：文化建筑
建筑年代：2011
开放时间：周一至周日 10:00-20:00。

马拉加大教堂

矩形平面包含双侧廊和中央拱顶。总体呈文艺复兴风格的一座教堂，但是主立面属于巴洛克风格。北主塔高 84m，南面塔未完成。

卡门蒂森博物馆

一处中世纪古城内的建筑改造，以恢复场所记忆为目的。考古修复和遗迹美学并存，并满足博物馆建筑技术需求。

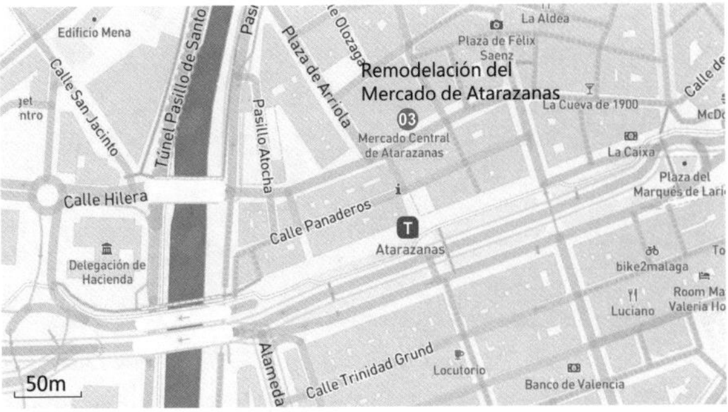

03 阿塔拿扎那菜市场改造
Remodelación Del Mercado De Atarazanas

建筑师：Joaquín de Rucoba, Aranguren & Gallegos Arquitectos S. L.
地址：C/ Atarazanas. Málaga
建筑类型：商业建筑
建筑年代：1876/2010

04 自治区以及市政厅总部
Sede De Áreas Municipales Del Ayuntamiento De Málaga

建筑师：Javier Pérez De La Fuente
地址：Paseo Antonio Machado, 12. Málaga
建筑类型：办公建筑
建筑年代：2010

ote Zone

阿塔拿扎那菜市场改造

19世纪钢结构市场建筑，修复和重建维持历史建筑的纪念意义，复原市场活动空间，适合当代利用价值。室内彩色售卖台与传统建筑钢结构和波形瓦覆顶形成鲜明对比。

自治区以及市政厅总部

从城市景观角度切割建筑的几何形体空间，避免建筑尺度过于压抑，并提供城市和地中海景观的最佳观景面。

Note Zon

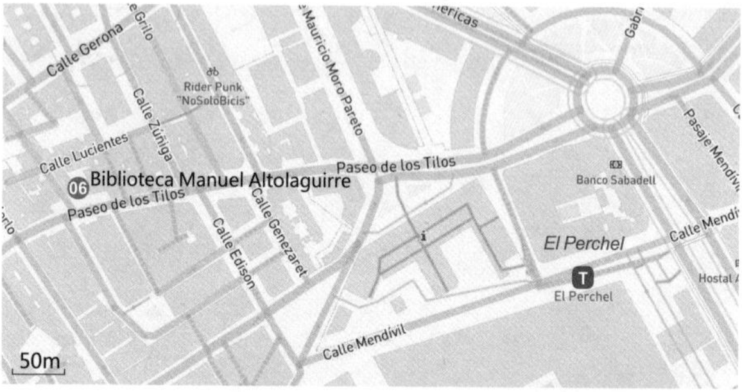

05 商务中心
Edificio Vértice

建筑师：José Antonio Mota Cerezuela.
地址：Calle Hilera, 14. Málaga
建筑类型：办公建筑
建筑年代：2010

06 市立图书馆
Biblioteca Manuel Altolaguirre

建筑师：María González, Jordi Castro, Jacobo Domínguez
地址：C/ Calatrava, 6. Málaga
建筑类型：科教建筑
建筑年代：2007

商务中心

具有强烈的符号性和雕塑感的现代建筑，白色对角线立面使用了玻璃纤维加强混凝土塑形。相反，暗色的幕墙部分使用夜景照明后，具有与白天形态统一的构成特征，更强化了建筑的认同感和识别性。

市立图书馆

提供多样城市功能的图书馆，创造社区开放空间，阅览室向室外绿地开敞，充分借用自然条件。

马拉加 阿塔拿扎那莱市场改造

东部地区
Eastern Area

- ㉜ 巴塞罗那 /Barcelona
- ㉝ 巴达洛纳 /Badalona
- ㉞ 伊瓜拉达 /Igualada
- ㉟ 赫罗纳 /Girona
- ㊱ 菲格拉斯 /Figueres
- ㊲ 奥洛特 /Olot
- ㊳ 莱里达 /Lleida
- ㊴ 塔拉戈纳 /Tarragona
- ㊵ 巴伦西亚 /Valencia
- ㊶ 阿利坎特 /Alicante
- ㊷ 穆西亚 /Murcia
- ㊸ 卡塔赫纳 /Cartagena

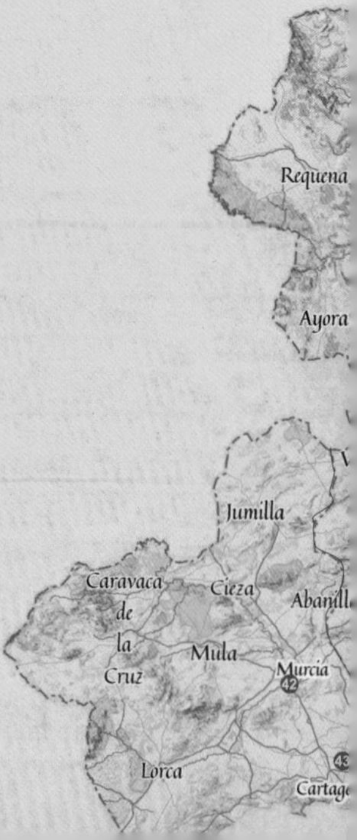

Vielha
Sort
Figueres
Tremp
Ripoll
Olot
l'Escala
Berga
Torelló
Girona
Solsona
Ponts
Vic
Balaguer
Guissona
Manresa
Sant Celoni
Blanes
Lleida
Tàrrega
Igualada
Terrassa
Mataró
Barcelona
Vilanova i
Valls
Móra d'Ebre
Tortosa
Morella
Ulldecona
Vinaròs
Castellón de la Plana / Castelló de la Plana
Sagunt
València
Gandia
Dénia
Benidorm
C-45

32·巴塞罗那

建筑数量：78

01 加泰罗尼亚区政府楼 / Pere Blai
02 巴塞罗那市政府楼 /Josep Masi Vila
03 巴塞罗那主教堂 /Augusto Font Carreras 等
04 建筑师协会 / Xavier Busquets
05 倍勒教堂
06 桂尔宫 / 安东尼奥·高迪
07 巴塞罗那航海博物馆
08 坎·里卡特运动中心 /Vora Arquitectura
09 电影技术中心 /Josep Lluis Mateo
10 卡蒙公寓 /Josep Llinás, Joan Vera
11 巴塞罗那当代艺术馆 / 理查德·迈耶
12 巴塞罗那文化中心 / Albert Viaplana / Helio Piñón
13 圣安东尼图书馆 / RCR 建筑事务所
14 加泰罗尼亚皇家艺术学院
15 海洋圣母圣殿 /Berenguer de Montagut 等
16 波恩文化中心 / Enric Sória, Rafael de Cáceres
17 卡特琳娜菜市场 / EMBT
18 弗朗西斯科·坎波社会住宅 / Lluis bravo
19 加泰罗尼亚音乐宫 /Lluís Domènech i Montaner 等
20 赫内拉里大厦 / Lluis Boneti Gari
21 阿玛约之家 /Josep Puig i Cadafalch
22 安东里·塔比爱思基金会 / Amadó,Domenech
23 巴特约之家 / 安东尼奥·高迪
24 米拉之家 / 安东尼奥·高迪
25 曼亚厂房 /Josep Maria Jujol
26 米罗基金会和当代艺术中心 / 何塞·路易斯·塞特
27 加泰罗尼亚艺术博物馆 / Josep Puig i Cadafalch 等
28 德国馆 / 密斯·凡·德罗
29 卡夏文化中心 / josep puig i cadafalch（始建），矶崎新（扩建）
30 信号塔 / 圣地亚哥·卡拉特拉瓦
31 阿瑞娜商业中心 / 理查德·罗杰斯，Alonso-Balaguer
32 生物药学科技园 /PINEARQ 等
33 巴塞罗内塔市场 /Antoni Rovira i Trias,Josep Miàs
34 天然气公司总部大楼 / EMBT
35 W 酒店 /Ricardo Bofill / 里卡多·博菲尔
36 “金鱼” / 弗兰克·盖里
37 艺术公寓 /Bruce Graham, SOM
38 保险大楼 /SOM
39 气象站 / 阿尔瓦罗·西扎
40 庞培法布拉大学图馆 /Lluís Clotet, Ignacio paricio
41 卡斯卡达纪念碑 /Josep Fontserè, 安东尼奥·高迪
42 希内斯办公楼 / 多米尼克·佩罗
43 ME 酒店 / 多米尼克·佩罗
44 TIC 媒体大楼 /Cloud 9, Enric Ruiz-Geli
45 坎弗拉米斯博物馆 /Jordi Badia (BAAS)
46 因得拉办公楼 / b720 Arquitectos
47 媒体大楼 /Carlos Ferrater
48 国家商业竞争委员会 / Batlle,Roig
49 水务局大楼 / 让·努韦尔，B720
50 巴塞罗那设计博物馆 /MBM por Josep Martorell 等
51 魔力市场 /b720 Arquitectos
52 圣家族大教堂 / 安东尼奥·高迪
53 圣克鲁兹和圣保罗医院 / Lluís Domènech i Montaner
54 老年日托中心 /BCQ Arquitetes
55 地质科学博物馆 / 赫尔佐格与德梅隆
56 电信公司大楼 /EMBA
57 巴塞罗那会展中心 / 伊东丰雄建筑事务所
58 波塔会展大厦 / 伊东丰雄，b270
59 会展中心酒店 / 伊东丰雄，b270
60 普依大厦 / 拉斐尔·莫内欧等
61 司法城 / 戴维·奇普菲尔德 & b720
62 诺坎普足球场 /Francesc Mitjans
63 德谢乌斯医院改扩建 / Ramon Sanabria
64 乐家展示中心 /Carlos Ferrater
65 丽里亚商业综合体 / 拉斐尔·莫内欧等
66 圣特蕾莎甘笃谢学院 /Pich Architects
67 科塞罗拉信号塔 / 福斯特及合伙人建筑事务所
68 文森之家 / 安东尼奥·高迪
69 哈梅福斯特图书馆 /Josep Llinas, Joan Vera
70 桂尔公园 / 安东尼奥·高迪
71 楚里斯癌症康复中心 /MBM
72 戈米之家 /Antonio Bonet
73 小教堂地下室 / 安东尼奥·高迪
74 略布雷加特体育园 / 阿尔瓦罗·西扎
75 沃登七号 /Bofill / 里卡多·博菲尔
76 波菲尔建筑师事务所 / 里卡多·博菲尔
77 乌噶德住宅 /José Antonio Coderch, Manuel Valls
78 艾斯佩里酒店 / 理查德·罗杰斯 / Alonso y Balaguer

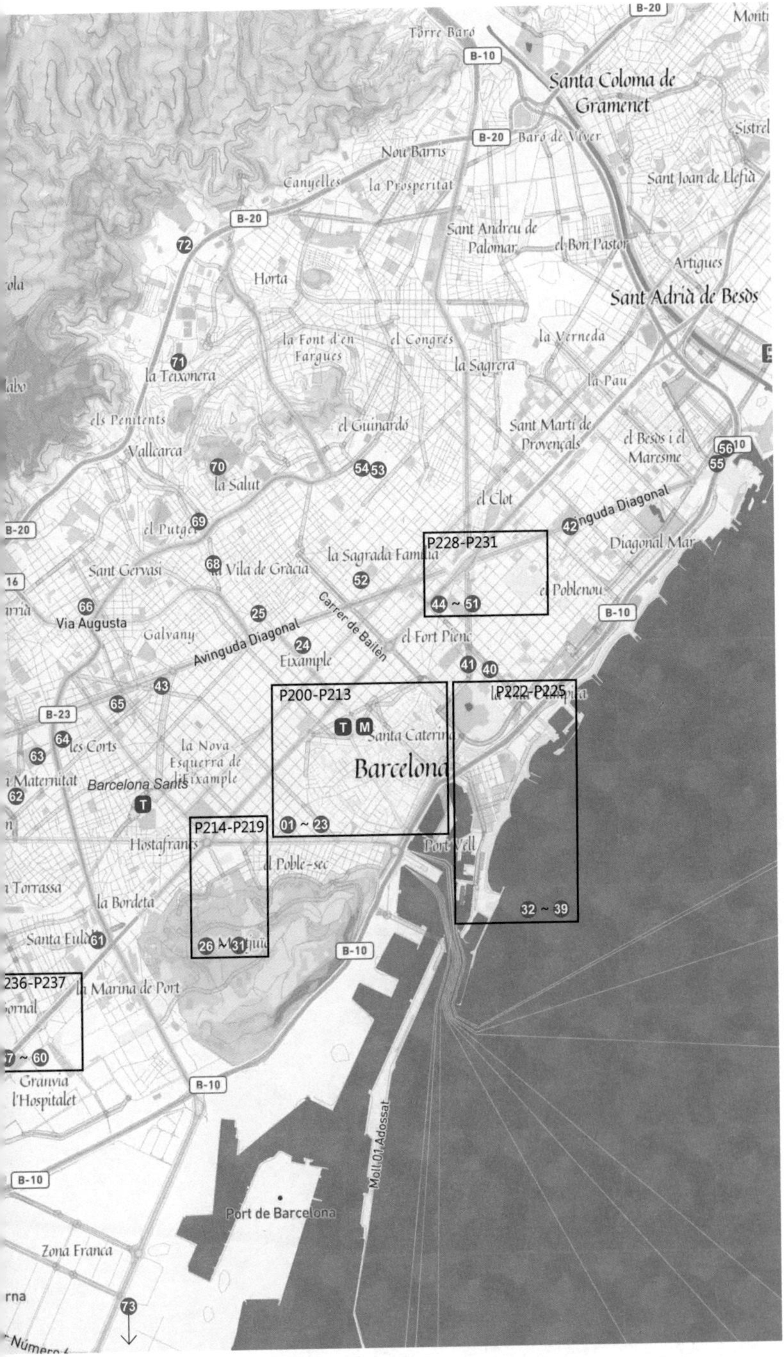
Torre Baró
B-10
B-20
Santa Coloma de Gramenet
Baró de Viver
Sistrell
Nou Barris
Canyelles
la Prosperitat
Sant Joan de Llefià
B-20
72
Sant Andreu de Palomar
el Bon Pastor
Artigues
Horta
Sant Adrià de Besòs
la Font d'en Fargues
el Congrés
la Verneda
la Sagrera
71
la Teixonera
la Pau
els Penitents
el Guinardó
Sant Martí de Provençals
el Besòs i el Maresme
Vallcarca
56
55
70
la Salut
54
53
el Clot
Avinguda Diagonal
42
B-20
el Putget
69
P228-P231
Diagonal Mar
la Sagrada Família
68
Vila de Gràcia
Sant Gervasi
52
el Poblenou
44 ~ 51
66
Via Augusta
25
Carrer de Bailèn
B-10
Galvany
Avinguda Diagonal
24
el Fort Pienc
Eixample
41
40
43
P200-P213
P222-P225
65
B-23
T
M
Santa Caterina
64
les Corts
la Nova Esquerra de l'Eixample
63
Barcelona
Maternitat
Barcelona Sants
62
T
01 ~ 23
P214-P219
Hostafrancs
Port Vell
el Poble-sec
Torrassa
la Bordeta
32 ~ 39
Santa Eulàlia
61
26 ~ 31
Montjuïc
B-10
P236-P237
la Marina de Port
57 ~ 60
Granvia l'Hospitalet
B-10
Moll 01 Adossat
B-10
Port de Barcelona
Zona Franca
73

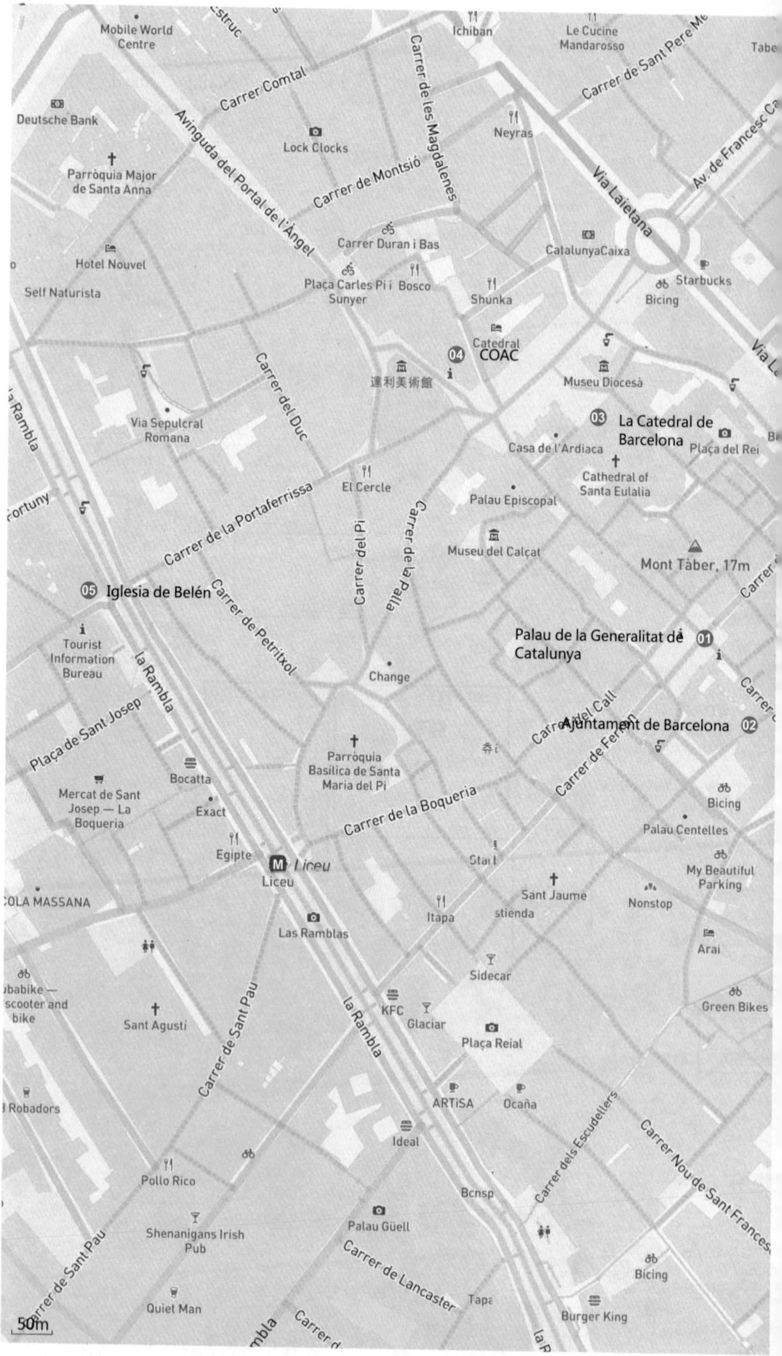
Mobile World Centre
Carrer Comtal
Deutsche Bank
Parròquia Major de Santa Anna
Avinguda del Portal de l'Àngel
Lock Clocks
Carrer de les Magdalenes
Ichiban
Le Cucine Mandarosso
Carrer de Sant Pere Me
Neyras
Via Laietana
Av. de Francesc Ca
Carrer de Montsió
Carrer Duran i Bas
Plaça Carles Pi i Sunyer
Bosco
Shunka
CatalunyaCaixa
Starbucks
Bicing
Hotel Nouvel
Self Naturista
Catedral
04 COAC
達利美術館
Museu Diocesà
Carrer del Duc
Via Sepulcral Romana
La Rambla
03 La Catedral de Barcelona
Casa de l'Ardiaca
Plaça del Rei
Cathedral of Santa Eulalia
Fortuny
El Cercle
Palau Episcopal
Carrer de la Portaferrissa
Carrer del Pi
Carrer de la Palla
Museu del Calçat
Mont Tàber, 17m
05 Iglesia de Belén
Carrer de Petritxol
Tourist Information Bureau
la Rambla
Palau de la Generalitat de Catalunya 01
Change
Plaça de Sant Josep
Carrer del Call
Ajuntament de Barcelona 02
Carrer de Ferran
Parròquia Basílica de Santa Maria del Pi
Bocatta
Mercat de Sant Josep — La Boqueria
Exact
Carrer de la Boqueria
Bicing
Palau Centelles
Egipte
Liceu
Sant Jaume
My Beautiful Parking
Nonstop
COLA MASSANA
Itapa
Las Ramblas
Arai
Sidecar
Green Bikes
KFC
Glaciar
Sant Agustí
Carrer de Sant Pau
Plaça Reial
ARTiSA
Ocaña
Robadors
Carrer dels Escudellers
Carrer Nou de Sant Frances
Ideal
Pollo Rico
Bcnsp
Shenanigans Irish Pub
Palau Güell
Bicing
Carrer de Lancaster
Quiet Man
Burger King
50m

加泰罗尼亚区政府楼

第一座文艺复兴建筑立面，在早期哥特主体建筑结构上完成，原有主入口位于北侧街道。20世纪初增建一座新哥特风格的廊桥连接了区政府大楼和主政官住宅。

巴塞罗那市政府楼

哥特式建筑原址，主立面重建为新古典主义建筑。在建筑背侧一角还保存着哥特风格装饰的入口，其他内部空间沿袭了哥特式建造工艺和装饰特征，诸如百人议事厅和哥特走廊。

巴塞罗那主教堂

加泰罗尼亚哥特建筑的典型，利用侧扶壁支撑为筒拱，同时两侧建立环绕内庭的祈祷室。它在原罗曼式教堂基础上重建，从13世纪开始，历经150年完成。其哥特立面高达70m，大厅内共有215个肋架拱，29座小礼拜堂。

建筑师协会

典型的国际主义建筑，立面展现具有层次的结构特征。二层报告大厅的实墙由毕加索画作装饰。该协会建筑是建筑师捍卫城市公共利益的标志，也是建筑师协会总部。正对古罗马城门的广场一角，现代主义的简洁立面在周围中世纪建筑群中对立统一。它含有办公、教学、培训、图书馆、档案馆、商店等功能。

倍勒教堂

单筒拱天主教堂，主体平行于兰布拉大道，单筒拱分为6段，两侧设连通的小礼拜堂。主入口所罗门柱拱卫耶稣诞生雕像。外立面有两段墙身，具有巴洛克立面的特点。

01 加泰罗尼亚区政府楼
Palau de la Generalitat de Catalunya

建筑师：Pere Blai
地址：Plaça de Sant Jaume, 4
类型：办公建筑
年代：1619

02 巴塞罗那市政府楼
Ajuntament de Barcelona

建筑师：Josep Mas i Vila
地址：Plaza Sant Jaume, 1
类型：办公建筑
年代：1369/1847

03 巴塞罗那主教堂
La Catedral de Barcelona

建筑师：Augusto Font Carreras, Josep Oriol Mestres
地址：Pla de la Seu
类型：宗教建筑
年代：13-15世纪

04 建筑师协会
COAC

建筑师：Xavier Busquets
地址：Pza. Nova 5
类型：办公建筑
年代：1958

05 倍勒教堂
Iglesia de Belén

建筑师：不详
地址：Carrer del Carme, 2
类型：宗教建筑
年代：17世纪

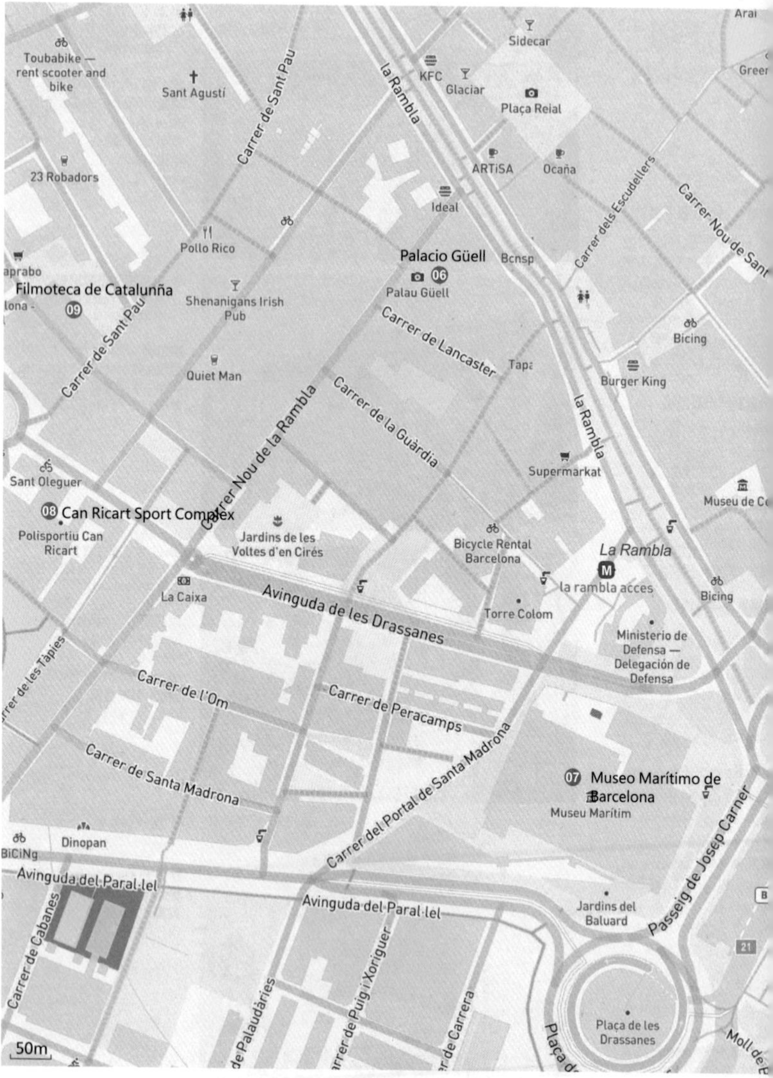
Palacio Güell
06
Filmoteca de Catalunña
09
Can Ricart Sport Complex
08
Museo Marítimo de Barcelona
07
la Rambla
Carrer de Sant Pau
Carrer Nou de la Rambla
Carrer de Lancaster
Carrer de la Guàrdia
Carrer dels Escudellers
Avinguda de les Drassanes
Carrer de l'Om
Carrer de Peracamps
Carrer de Santa Madrona
Carrer del Portal de Santa Madrona
Passeig de Josep Carner
Avinguda del Paral·lel
Carrer de Cabanes
Carrer de Puig i Xoriguer
Plaça de les Drassanes
Jardins del Baluard
Museu Marítim
Plaça Reial
Sant Agustí
Toubabike — rent scooter and bike
23 Robadors
Pollo Rico
Shenanigans Irish Pub
Quiet Man
Sant Oleguer
Polisportiu Can Ricart
Jardins de les Voltes d'en Cirés
La Caixa
Bicycle Rental Barcelona
Torre Colom
La Rambla
la rambla acces
Ministerio de Defensa — Delegación de Defensa
Supermarkat
Burger King
Bicing
Palau Güell
KFC
Glaciar
Sidecar
ARTiSA
Ocaña
Ideal
Dinopan
BiCiNg
50m

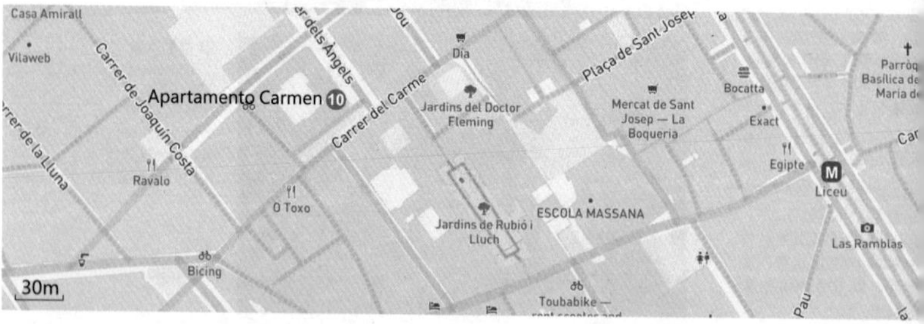
Apartamento Carmen
10
Casa Amirall
Vilaweb
Carrer de Joaquín Costa
Carrer dels Àngels
Carrer del Carme
Plaça de Sant Josep
Jardins del Doctor Fleming
Mercat de Sant Josep — La Boqueria
Bocatta
Exact
Egipte
Liceu
Dia
Ravalo
O Toxo
Jardins de Rubió i Lluch
ESCOLA MASSANA
Las Ramblas
Bicing
30m

ote Zone

尔宫

-座融合了阿拉伯、拜占
艺术的宫殿式住宅。建
师与庞大的工艺团队合
完成，诸如建筑师、铁
匠、木匠、石匠、画家
雕塑家、陶艺和玻璃艺
家。它的大部分装饰和
间主题源于加泰罗尼亚
间故事。

塞罗那航海博物馆

欧洲唯一保存完好的
世纪航海建筑。建筑
现出对加泰罗尼亚海
历史的回顾，采用独
的哥特风格，原来是
室王冠的陈列室。

· 里卡特运动中心

城复兴背景下，该运
中心建设成为历史古
南向的重要节点，试
振兴老城居民的文娱
动，提升社区服务质
。素混凝土外立面回
了本地早期纺织工业
印象。

影技术中心

于城市高密度的主城
，新的电影图书馆由
混凝土体量和巨大的
玻璃和金属表面构成。底
架空开放式联通街道
小广场。建筑结构与
型统一，两座混凝土
墙干净地划分了使用
间。

蒙公寓

一座住宅项目，属于城市
城改造的一部分。它满
了改善巴塞罗那市中心
共空间质量的诉求，底
的切角让建筑与街道
共空间形成对话。

06 桂尔宫
Palacio Güell

建筑师：安东尼奥 · 高迪 / Antoni Gaudí
地址：Carrer Nou de la Rambla, 3-5
类型：居住建筑
年代：1886
开放时间：周二至周日 10:00-17:30。

07 巴塞罗那航海博物馆
Museo Marítimo de Barcelona

建筑师：不详
地址：Av. de les Drassanes, s/n
类型：文化建筑
年代：13-14 世纪
开放时间：周二至周日 10:00-19:30。

08 坎 · 里卡特运动中心
Can Ricart Sport Complex

建筑师：Vora Arquitectura
地址：Carrer de Sant Oleguer, 10
类型：文化建筑
年代：2007

09 电影技术中心
Filmoteca de Catalunña

建筑师：Josep Lluis Mateo
地址：Plaça de Salvador Seguí, 9
类型：文化建筑
年代：2011

10 卡蒙公寓
Apartamento Carmen

建筑师：Josep Llinás, Joan Vera
地址：Carme 55-57 c/v Roig 28-36
类型：居住建筑
年代：1992

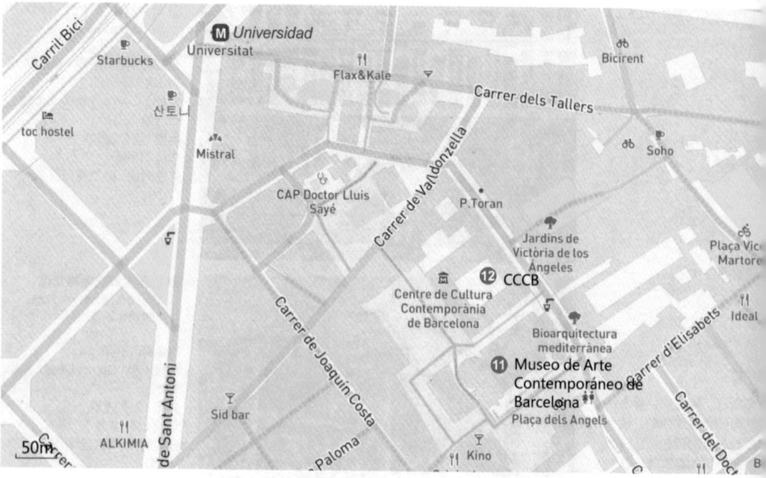
Universidad
Universitat
Carril Bici
Starbucks
Flax&Kale
Bicirent
Carrer dels Tallers
산토니
toc hostel
Mistral
Soho
CAP Doctor Lluis Sayé
Carrer de Valldonzella
P.Toran
Jardins de Victòria de los Àngeles
Plaça Vic Martore
⑫ CCCB
Centre de Cultura Contemporània de Barcelona
Carrer de Joaquín Costa
Bioarquitectura mediterrànea
Carrer d'Elisabets
Ideal
⑪ Museo de Arte Contemporáneo de Barcelona
Plaça dels Àngels
Carrer del Doct
Sid bar
ALKIMIA
de Sant Antoni
Kino
50m

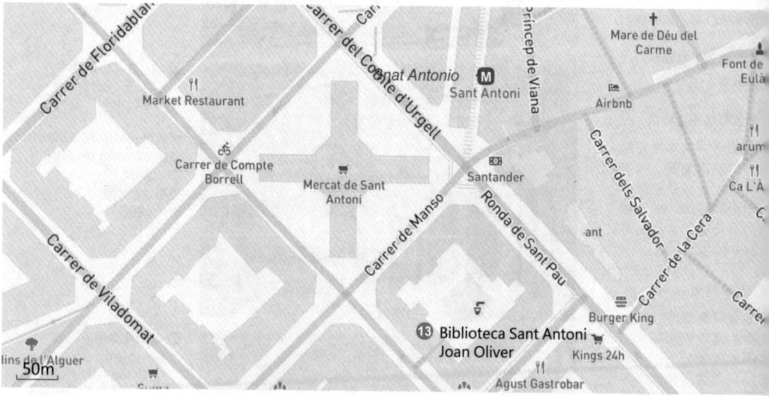
Carrer de Floridablan
Carrer del Comte d'Urgell
Sant Antonio
Sant Antoni
Príncep de Viana
Mare de Déu del Carme
Font de Eulà
Market Restaurant
Airbnb
Carrer de Compte Borrell
Mercat de Sant Antoni
Santander
Carrer dels Salvador
Ca L'À
Carrer de Manso
Ronda de Sant Pau
Carrer de la Cera
Carrer de Viladomat
Burger King
⑬ Biblioteca Sant Antoni Joan Oliver
Kings 24h
Agust Gastrobar
50m

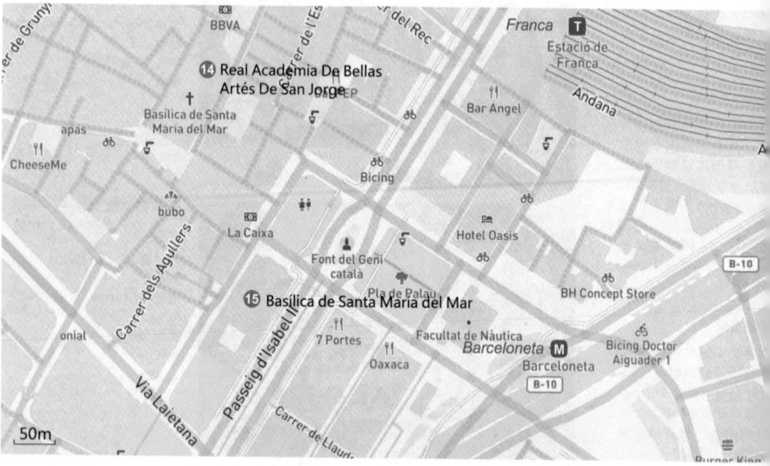
BBVA
del Rec
Franca
Estació de Franca
⑭ Real Academia De Bellas Artés De San Jorge
Andana
Basílica de Santa Maria del Mar
Bar Angel
CheeseMe
Bicing
bubo
La Caixa
Hotel Oasis
Font del Geni català
Carrer dels Agullers
Pla de Palau
⑮ Basílica de Santa María del Mar
BH Concept Store
B-10
Passeig d'Isabel II
7 Portes
Facultat de Nàutica
Barceloneta
Bicing Doctor Aiguader 1
Oaxaca
Via Laietana
Carrer de Llaud
50m

ote Zone

塞罗那当代艺术馆

代主义建筑的代表。挑来自于怎样面对历史城，迈耶参与了建筑址，在最古老的哥特区建造这座博物馆，试改造老城衰败的局。白色光滑的墙体和面积南向玻璃幕墙与城景观对比强烈，被地媒体誉为狭窄街巷的珍珠。

塞罗那文化中心

古建筑扩建的文化中，30m 高玻璃立面顶向庭院内倾斜，在封的庭院中，镜面反射城市景观的画面。

安东尼图书馆

一栋古老的红糖加工改建而来的社区图书，包含一个老年之家内庭院。图书馆剖面过垂直整合开拓了新阅览区，并朝向社区观。

泰罗尼亚皇家艺术学院国家遗产）

古典主义建筑，毕加父亲曾任教于此，曾是海洋贸易和商会建，后被用作皇家美术工业艺术学校。

洋圣母圣殿

泰罗尼亚地方风格的德式建筑，巴西利卡平长达 80 米，宽 33 米，中高达 33 米。该教堂的距最大达 13 米，是欧同类型的哥教教堂中大的。平行贯通的柱空间通过细长的八边立柱支撑起肋拱。教内部塑造纯粹、简炼哥特结构空间，八边立柱简洁明快，柱顶脚加深纵向进深感来免过高的空间感。

⑪ 巴塞罗那当代艺术馆
Museo de Arte Contemporáneo de Barcelona

建筑师：理查德 · 迈耶 / Richard Meiev
地址：Pza.dels Angels
类型：文化建筑
年代：1987
开放时间：周一、周三至周五 11：00-19：30；周六 10:00-20:00；周日 10:00-15:00。

⑫ 巴塞罗那文化中心
CCCB

建筑师：Albert Viaplana/ Helio Piñón
地址：Carrer de Montalegre, 5
类型：文化建筑
年代：1990
开放时间：周二至周日 11：00-20：00。

⑬ 圣安东尼图书馆
Biblioteca Sant Antoni - Joan Oliver

建筑师：RCR 建筑事务所
地址：Carrer del Comte Borrell, 44
类型：科教建筑
年代：2006

⑭ 加泰罗尼亚皇家艺术学院
Real Academia De Bellas Artés De San Jorge

建筑师：不详
地址：Passeig Isabel II, 1
类型：科教建筑
年代：14-18 世纪

⑮ 海洋圣母圣殿
Basílica de Santa María del Mar

建筑师：Berenguer de Montagut,Ramon Despuig
地址：Plaça de Santa Maria, 1
类型：宗教建筑
年代：14 世纪

El Born Centre
Cultural
16 El Born Centro Cultural
Carrer de la Ribera
Dionisos Borne
Bicing
Centre Esportiu
Municipal Parc de
la Ciutadella
Carrer del Rec
El Born
Lupita
Picasso Museum
nose
Bicing
Passeig de Circu
Tapeo
Carrer de l'Esparteria
Carrer del Rec
França
BBVA
Estació de
França
50m

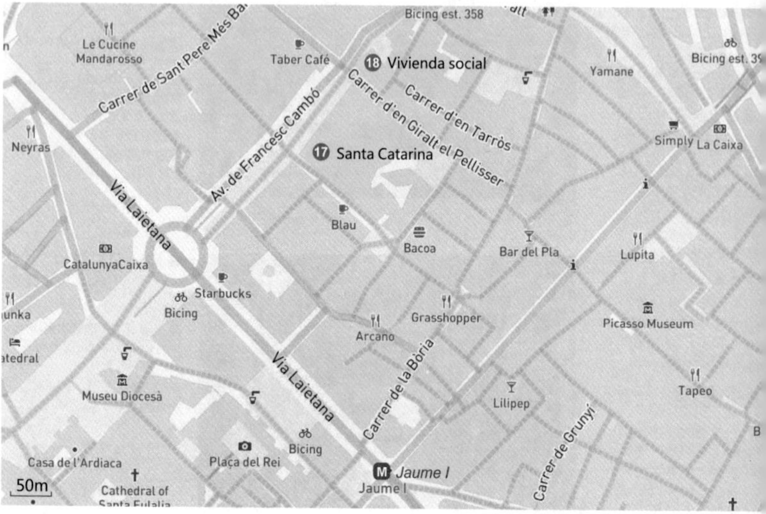
Bicing est. 358
Le Cucine
Mandarosso
Carrer de Sant Pere Més Ba
Taber Café
18 Vivienda social
Yamane
Bicing est. 3
Carrer d'en Giralt el Pellisser
Carrer d'en Tarròs
Neyras
Av. de Francesc Cambó
17 Santa Catarina
Simply
La Caixa
Via Laietana
Blau
CatalunyaCaixa
Bacoa
Bar del Pla
Lupita
Starbucks
Bicing
Grasshopper
Arcano
Picasso Museum
Museu Diocesà
Via Laietana
Carrer de la Bòria
Lilipep
Tapeo
Carrer de Grunyí
Casa de l'Ardiaca
Plaça del Rei
Bicing
Jaume I
Jaume I
Cathedral of
50m

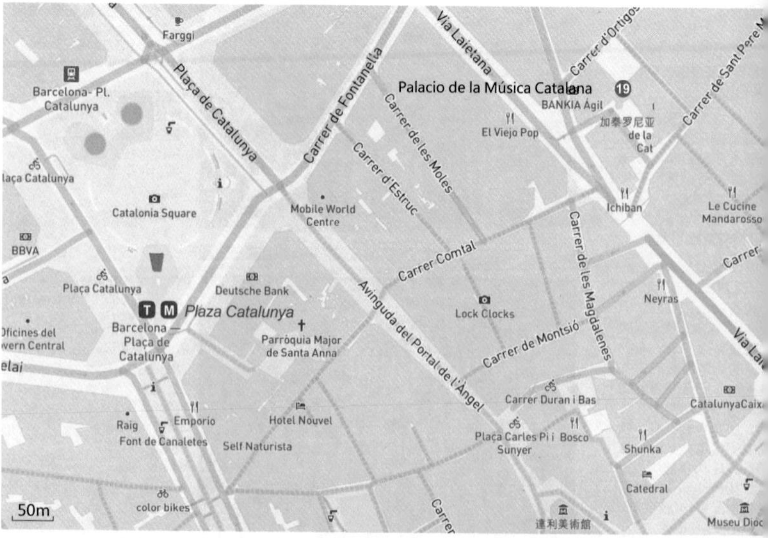
Farggi
Barcelona- Pl.
Catalunya
Plaça de Catalunya
Carrer de Fontanella
Via Laietana
Carrer d'Ortigosa
Palacio de la Música Catalana 19
BANKIA Ágil
Carrer de Sant Pere M
Carrer de les Moles
El Viejo Pop
加泰罗尼亚
de la
Cat
Carrer d'Estruc
Catalonia Square
Mobile World
Centre
Ichiban
Le Cucine
Mandarosso
BBVA
Carrer Comtal
Carrer de les Magdalenes
Plaça Catalunya
Deutsche Bank
Neyras
Plaza Catalunya
Barcelona —
Plaça de
Catalunya
Parròquia Major
de Santa Anna
Avinguda del Portal de l'Àngel
Lock Clocks
Carrer de Montsió
Via La
Carrer Duran i Bas
CatalunyaCaix
Raig
Font de Canaletes
Emporio
Hotel Nouvel
Self Naturista
Plaça Carles Pi i
Sunyer
Bosco
Shunka
Catedral
color bikes
50m
達利美術館
Museu Dioc

ote Zone

恩文化中心

世纪市场扩建过程中现地下部分的考古遗后，重新设计为一个化中心，展示巴塞罗城市的历史，试图弥社区、城市、国家三的历史记忆。地上建是1876年建造的农贸场，室内重建后展示714年战争摧毁的街区房屋遗迹。

特琳娜菜市场

市场改造项目，五彩纷的陶瓷屋面源于新果蔬和食物的色彩，波状起伏的屋面下是灰的斜钢结构柱，穿插市场内部。原有市场帕拉迪奥式立面被保，同时还保存了施工现的更古老的考古遗。改造成功地为中世古城注入了阳光、色与活力。

朗西斯科·坎波社会住宅

史中心的社会住宅，保原建筑表皮和城市肌，内院和巷道的打通发了邻里住宅的自更。对历史老城的旧建改造，引入自然光、改卫生、通风、注重室空间私密性，塑造宜的社区居住单元。外面阳台上增加活动木栅，居民的日常生活相邻广场的公共活动成和谐的互动。

泰罗尼亚音乐宫

泰罗尼亚现代主义建的代表作，集中了建、结构、雕塑、马赛克瓷工艺、彩色玻璃工艺。古建筑的修复、现代和扩建工程，在狭窄街中创造了一处新的阳光庭，增加可达性。

⑯ 波恩文化中心
El Born Centro Cultural

建筑师：Enric Sória, Rafael de Cáceres
地址：Plaça Comercial, 12
类型：文化建筑
年代：1874/2013
开放时间：周二至周日 10：00-20：00。

⑰ 卡特琳娜菜市场
Santa Catarina

建筑师：EMBT (Enric Miralles & Benedetta Tagliabue)
地址：Av. Francesc Cambó 16
类型：商业建筑
年代：2005
开放时间：周一、周三、周六 7:30-15:30，周二、周四、周五 7:30-20:30。

⑱ 弗朗西斯科·坎波社会住宅
Vivienda social

建筑师：Lluis bravo
地址：Avinguda de Francesc Cambó, 20
类型：居住建筑
年代：2003

⑲ 加泰罗尼亚音乐宫
Palacio de la Música Catalana

建筑师：Lluís Domènech i Montaner/Tusquets/Díaz
地址：Sant Francesc de paula s/n
类型：剧场建筑
年代：1905
开放时间：周一至周日 9:00-19:00。

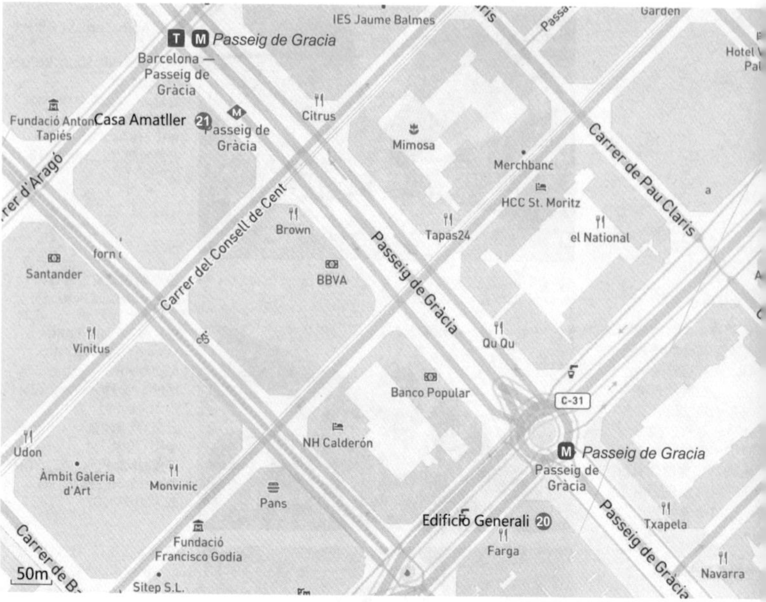

⑳ **赫内拉里大厦**
Edificio Generali

建筑师：Lluis Bonet i Gari
地址：Passeig de Gràcia,11
类型：办公建筑
年代：1946

㉑ **阿玛约之家**
Casa Amatller

建筑师：Josep Puig i Cadafalch
地址：Passeig de Gràcia, 41
类型：居住建筑
年代：1898
开放时间：周一至周日 11:00-18:00。

赫内拉里大厦

1970 年代巴塞罗那最高的摩天楼建筑，纪念性特征，框架结构和箱式特征受到芝加哥学派的影响。办公建筑共 21 层，钢筋混凝土结构外挂花岗岩面板，使用古典柱式和雕塑强化主入口形象。

阿玛约之家
（国家遗产）

巧克力食品大亨的住宅创造了城市中的哥特式宫殿建筑，平整的立面铺装彩色陶瓷，结合加泰罗尼亚民族文化和哥特火焰式山墙风格。

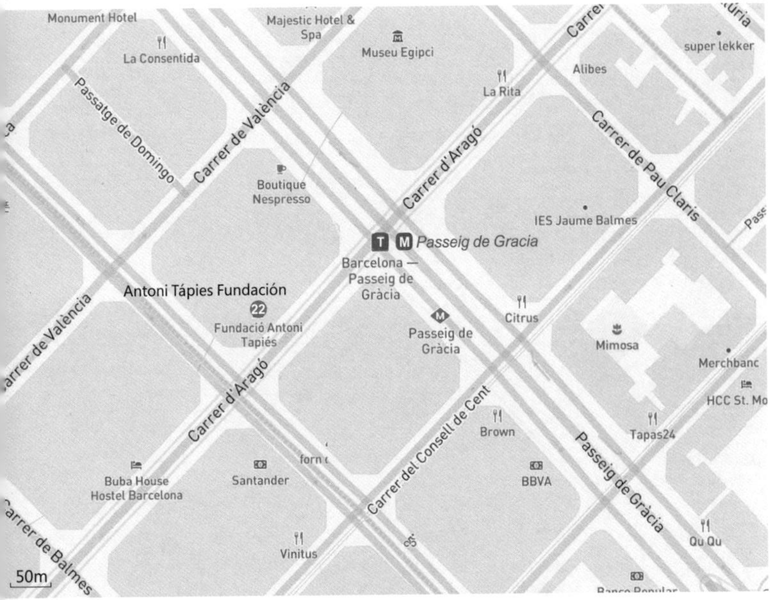

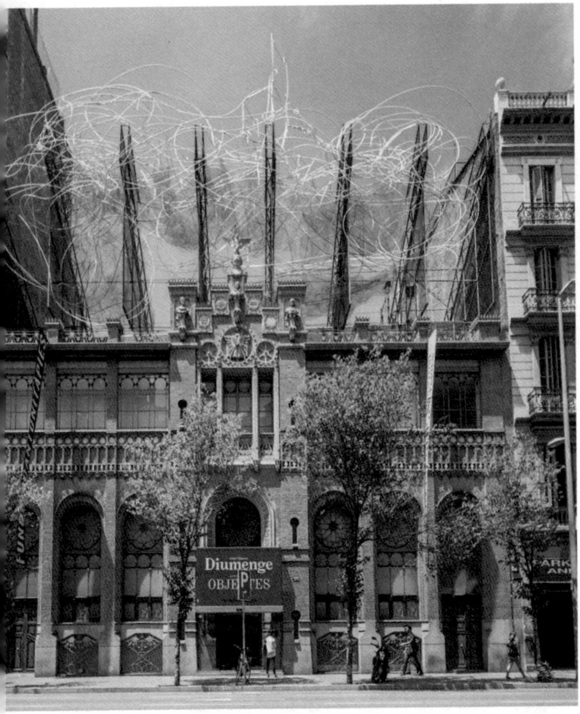

㉒ 安东里 · 塔比爱思基金会 Antoni Tápies Fundación

建筑师：Lluis Domènech i Montaner
地址：Aragó 255
类型：文化建筑
年代：1987/1990
开放时间：周二至周四、周六 10:00-19:00；周五 10：00-21：00，周日 10:00-15:00。

旧建筑改造成城市综合体，实现展览、收藏和教育功能。改造实现展陈和艺术活动的多元化，改善热交换系统，开放屋顶花园朝向著名的塞尔达城市规划的内庭院。

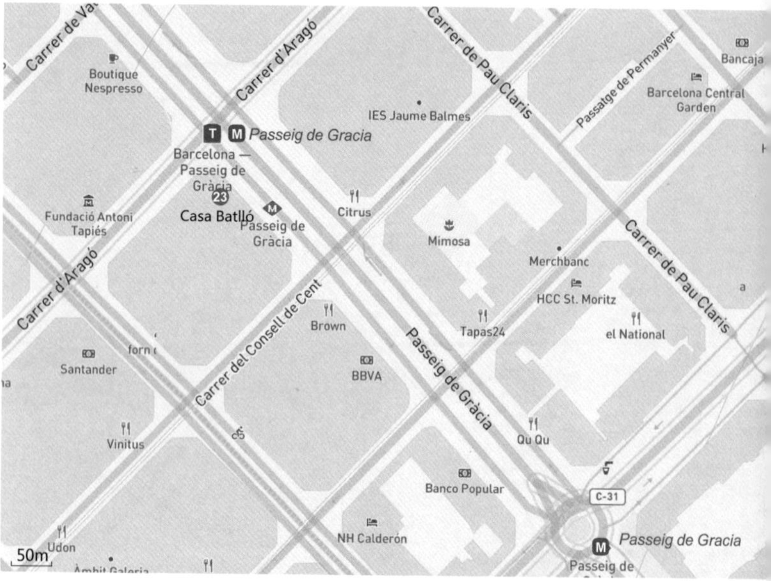

㉓ 巴特约之家
Casa Batlló

建筑师：安东尼奥 · 高迪 / Antoni Gaudí
地址：Passeig de Gràcia, 43
类型：居住建筑
年代：1904
开放时间：周一至周日 9:00-21:00。

城市干道上一座璀璨的住宅建筑，屋面形式和蓝色的陶瓷片立面源自自然的形态，让人联想到当地起伏的山脉和海洋的波涛。

设计背景：

建筑建造于1904～1906年间，位于巴塞罗那塞尔达(Cerdá)规划设计的城市扩建区的感恩大道(Passeig de Gracia)上。纺织业成功商人巴特约先生邀请安东尼·高迪在原有建筑的基础上改建而成，是一座颇具幻想色彩外观的私人宅邸。除了建筑的美学价值，建筑师对光、色彩、内部空间的合理设计体现了20世纪初理性主义的设计原则。

立面设计：

高迪重新设计了建筑临街主立面，屋顶波浪形的曲面覆以鳞片状的彩色陶瓷，让人联想到加泰罗尼亚民族在“圣·乔治节”关于龙与骑士的传说；当早晨的阳光洒落在璀璨的瓷片和彩色玻璃拼嵌的马赛克立面上，就如同一副莫奈的湖中睡莲的印象派画作。建筑下部的柱子采用了植物茎秆的装饰，体现了建筑师对自然形式的钟爱。

内部空间：

高迪设计了一个采光天井来尽量捕捉光线，天井的内壁铺以蓝色的瓷砖，以获得波光盈盈的观感，成为一件包含着光、色彩、形式、空间的艺术设计作品。对光与色彩艺术的处理是基于整座建筑功能的，从底层大厅直至屋顶观景平台都体现了这样的理性设计原则。

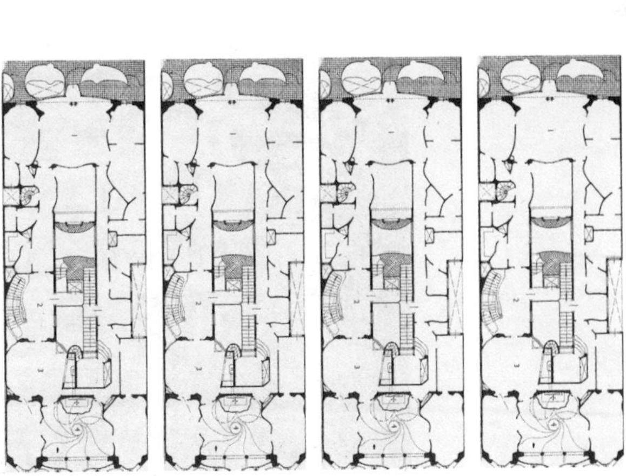

底层平面图

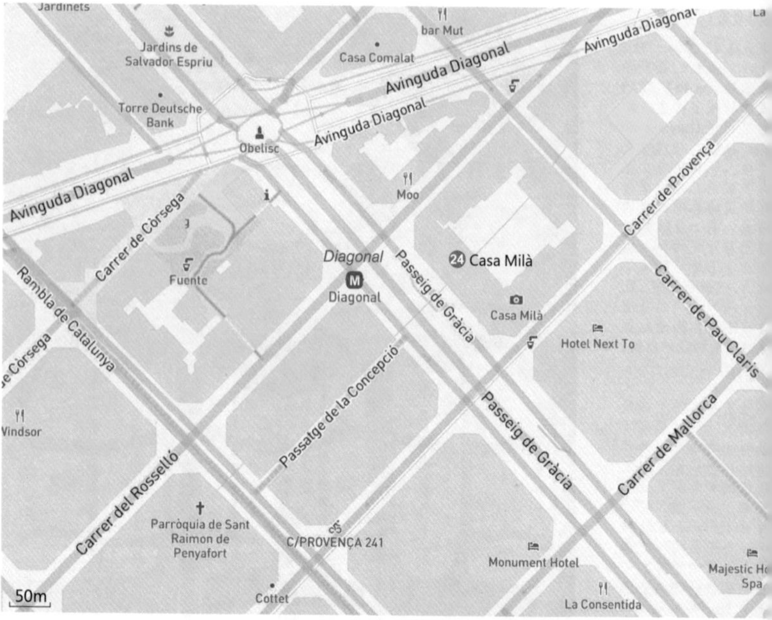

㉔ 米拉之家
Casa Milà

建筑师：安东尼奥・高迪 / Antoni Gaudí
地址：Passeig de Gràcia, 92
类型：居住建筑
年代：1906
开放时间：周一至周日 9:00-20:30，21:00-23:00。

米拉之家是世界遗产，又被称为“采石场”，体现了建筑师自然主义的形式倾向，是高迪设计的最后一座住宅建筑。

设计背景：

米拉之家又被称为采石场（La Pedrera），是高迪接受委托完成的最后一座私人宅邸设计工程，集中体现了他建筑学的建造原则和功能配置上的创新。

平面设计：

住宅占地面积1620 ㎡，标准层面积约 1323 ㎡。原所有者米拉夫妇居住在二层的套间，底层为车库，上面四层约 20 套公寓对外出租，顶层阁楼是洗衣房和辅助用房。平面通过两个中央庭院引入自然采光，形成“8”字形格局。

立面设计：

曲面外墙并不是结构承重墙，而是类似石材拼嵌的幕墙，由钢筋在内部锚固形成的装饰墙面，保证了较大的开窗面。

室内空间：

象征主义画家 Aleix Clapés 在主入口大厅绘画了关于四季之神与果树女神的主题画。房间的吊顶装饰也极为动人，它们以波纹状的姿态延续了立面的韵律感。

结构设计：

米拉公寓使用了圆柱作为建筑承重结构，极大地解放了墙体，这样做可以允许建筑师自由地组织内部空间，甚至外墙的位置。首层庭院作为停车场，高迪创造性地使用了钢结构体系支撑庭院地面，同时实现环形庭院及地下部分的较大停车空间；阁楼部分采用独创的悬链拱结构，减少自重并支撑屋面；6 座造型别致的烟囱用于阁楼的通风。

建筑材料：

外立面统一使用浅黄色石灰岩，32 个对外阳台的栏杆造型别致，使用了深色的锻铁，这种工艺美术被认为影响了 20 世纪的抽象派雕塑；这类铁艺同样被用在主入口大门和底层外窗、侧门上，以模仿植物的自由形态为主。

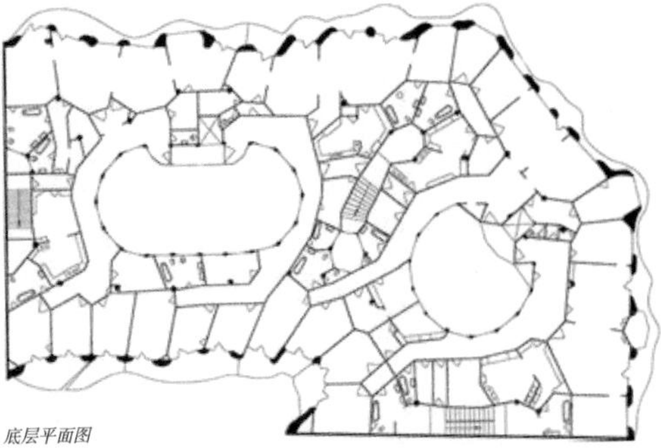

底层平面图

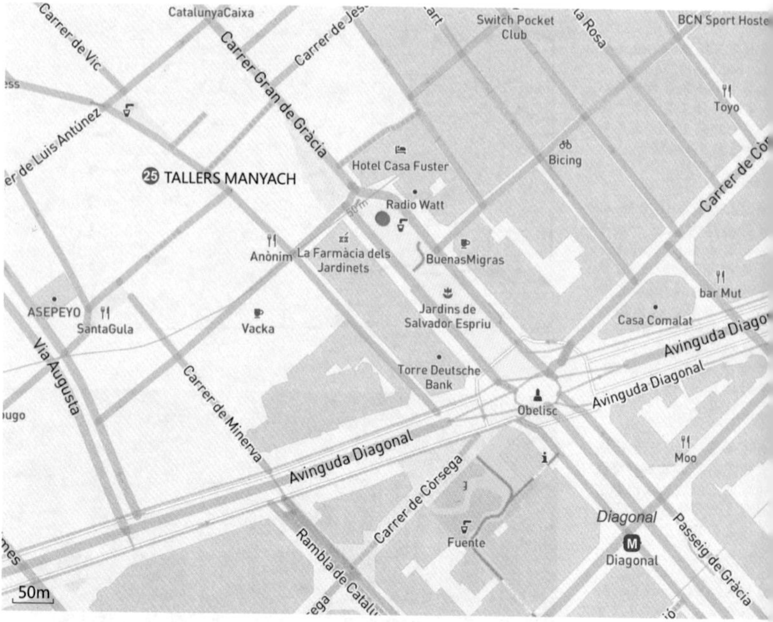

CatalunyaCaixa
Carrer de Vic
Carrer Gran de Gràcia
Switch Pocket Club
BCN Sport Hostel
Toyo
Hotel Casa Fuster
Bicing
25 TALLERS MANYACH
Radio Watt
Anònim
La Farmàcia dels Jardinets
BuenasMigras
Jardins de Salvador Espriu
bar Mut
Casa Comalat
ASEPEYO
SantaGula
Vacka
Via Augusta
Carrer de Minerva
Torre Deutsche Bank
Obelisc
Avinguda Diagonal
Moo
Carrer de Còrsega
Fuente
Diagonal
Passeig de Gràcia
Rambla de Catalunya
50m

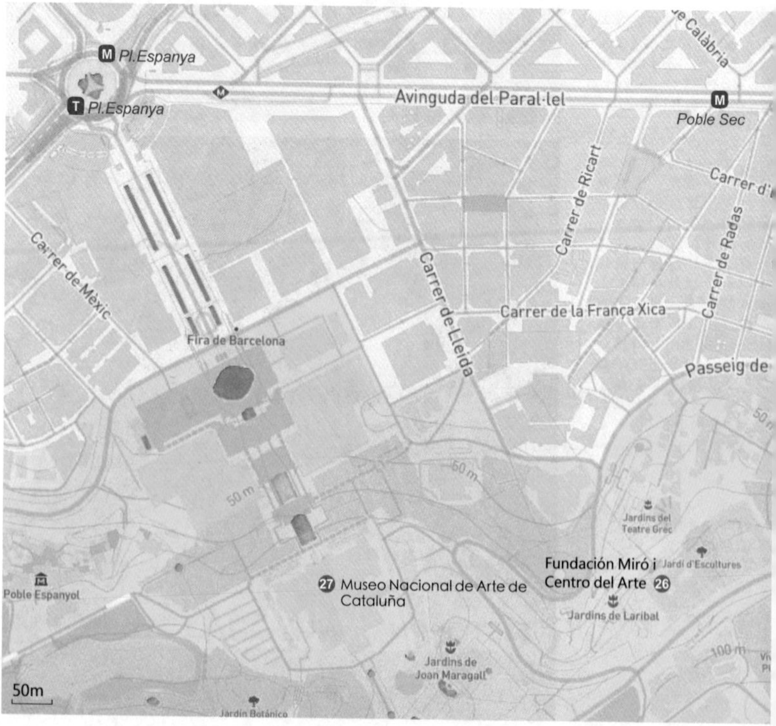

Pl.Espanya
Pl.Espanya
Avinguda del Paral·lel
Poble Sec
Carrer de Ricart
Carrer de Radas
Carrer de Mèxic
Carrer de Lleida
Carrer de la França Xica
Fira de Barcelona
Passeig de
Jardins del Teatre Grec
Fundación Miró i Centro del Arte 26
Jardí d'Escultures
Poble Espanyol
27 Museo Nacional de Arte de Cataluña
Jardins de Laribal
Jardins de Joan Maragall
Jardín Botánico
50m

Note Zone

㉕ **曼亚厂房**
Tallers Manyach

建筑师：Josep Maria Jujol
地址：Carrer Riera de Sant Miquel, 39
类型：工业建筑
年代：1916

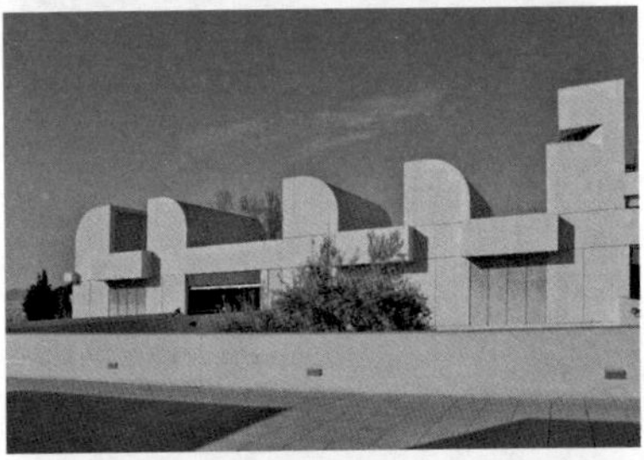

㉖ **米罗基金会和当代艺术中心**
Fundación Miró i Centro del Arte

建筑师：何塞 · 路易斯 · 塞特 / Jose Luis Sert
地址：Pza.Neptú s/n, Parc de Monjuic
类型：文化建筑
年代：1972
开放时间：周二、周三、周五、周六 10:00-20:00，周四 10:00-21:00，周日 10:00-15:00。

㉗ **加泰罗尼亚艺术博物馆**
Museo Nacional de Arte de Cataluña

建筑师：Josep Puig i Cadafalch., Eugenio P. Cendoya, Enric Catà i Pere Domènech i Roura.
地址：Palau Nacional
类型：文化建筑
年代：1929
开放时间：周二至周六 10:00-20:00，周日 10:00-15:00。

曼亚厂房

现代主义工业建筑的代表。厂房建筑内细密排布的柱网支撑锯齿状的覆顶，覆顶片状之间相离空间引入自然光。新的改建在室内使用蓝色和棕红色向原建筑师致敬。

米罗基金会和当代艺术中心

巴塞罗那城市建筑的标志之一，现代主义建筑代表，着重利用建筑模块和庭院解决画廊的采光以及组织交通流线。另外，建筑部分组件学习了加泰罗尼亚地区传统建筑工艺。

加泰罗尼亚艺术博物馆

1929 年巴塞罗那世博会西班牙国家馆，现为加泰罗尼亚艺术馆。20 世纪西班牙传统建筑文化复兴的代表作，绝对对称几何构图。建筑后来设计了一座 $2300m^2$ 的开放大厅，看台能容纳 1300 人。

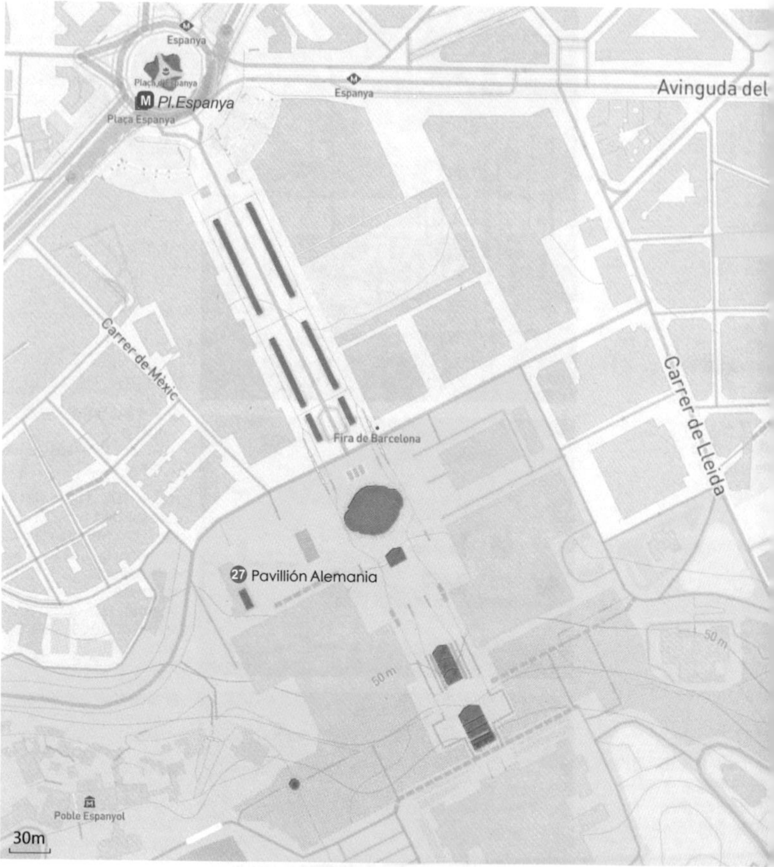

㉘ **德国馆**
Pavillión Alemania

建筑师：密斯·凡·德·罗/ Mies van der Rohe(reconstruction:Solá-Morales/Ramos/Cirici)
地址：Av.Marqués de Comillas s7n, Monjuic
类型：文化建筑
年代：1928
开放时间：周一至周日 10:00-20:00。

德国馆是国家遗产，是现代主义建筑史上划时代意义的作品，实现“自由平面”和“流动空间”，代表了密斯“少即是多”的建筑理念。建筑材料设计体现精确的美感，8根十字钢柱支撑屋顶使得平面灵活划分，建筑本身成为一座精美的展品。

设计背景：

德国馆是一座具有划时代意义的建筑，代表了建筑大师密斯•凡•德•罗提出的“少即是多”(Less is More）现代主义设计理念的实践作品。不到一年的时间该建筑就完成了从设计到施工建成的全过程。

平面设计：

这座建筑实现了“自由平面”以及“流动空间”的设计原则。整座建筑以开放的姿态舒展于环境中，没有围合的边界、消隐的纵向结构支撑、自由的空间分隔。参观者的流线被组织在长 50m、宽 25m 的有限矩形内，呈“U”形线路，有效地拉伸了空间的长度。另外，访问路线是可选择的，从建筑角端的入口开始，参观者至少有两个方向可供选择，一条折向右侧的入口，可以进入迂回、饶有趣味的建筑内空间；另一条直接迈入开敞、通透的浅池的庭院。无论哪一条线路，都可以感受到不同空间秩序的变换。

结构设计：

德国馆的建筑基础使用了当地传统建筑工艺，即用加泰兰拱券与钢柱的结合形成承重体系。平面上的 8 根镀铬钢柱支撑起屋顶，这两排立柱间距接近 7m，屋面板悬挑达到 3m，钢梁的截面高度仅有 0.21m。结构的极致设计是为了满足平面的流动性，消解建筑的“体积感”。

色彩与材料：

德国馆的色彩设计与组织魅力非凡。从外部看，它的基座与屋顶色彩明亮、简约，在水平向上的延展极具力度；相反，馆内垂直的墙面色彩丰富多样。例如石材，有罗马灰华岩、绿色提诺斯大理石、绿色阿尔宾大理石以及玛瑙石，石材的切分与纹样组合经过精心设计；竖向的不锈钢十字钢柱、大面积的透明玻璃窗确保了空间的流动和延伸。

家具：

建筑师和家具设计师里丽•莱施（Lilly Reich）为德国馆设计了“巴塞罗那椅”，原为国王和王后参加的官方仪式使用。这是一种无扶手椅，使用“X”形交叉的弧形不锈钢支撑真皮垫，形态简洁优美、功能实用而舒适，造价昂贵，至今仍作为经典设计而广为流传。

为了纪念密斯•凡•德•罗 100 周年诞辰，1986 年巴塞罗那市政府在原址重建完成该馆。

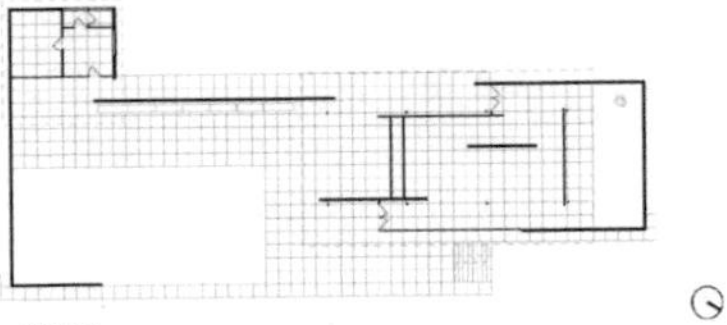

平面图

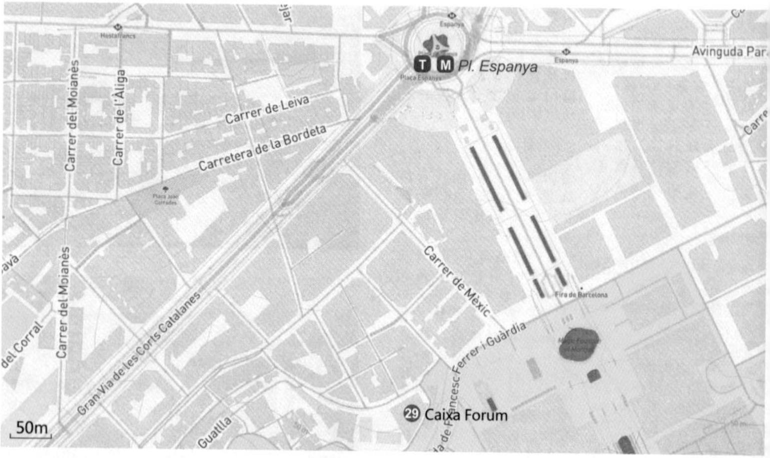
Pl. Espanya
Avinguda Par
Carrer del Moianès
Carrer de l'Àliga
Carrer de Leiva
Carretera de la Bordeta
Carrer de Mèxic
Gran Via de les Corts Catalanes
Francesc Ferrer i Guàrdia
Fira de Barcelona
29 Caixa Forum
Guatlla
del Corral
Hostafrancs
50m

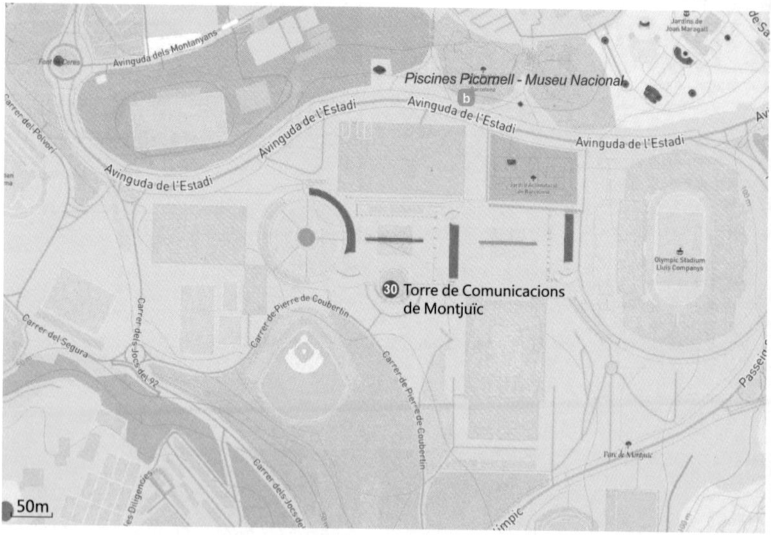
Avinguda dels Montanyans
Piscines Picornell - Museu Nacional
Jardins de Joan Maragall
Avinguda de l'Estadi
Carrer del Polvorí
30 Torre de Comunicacions de Montjuïc
Olympic Stadium Lluís Companys
Carrer de Pierre de Coubertin
Carrer dels Jocs del 92
Carrer del Segura
Parc de Montjuïc
50m

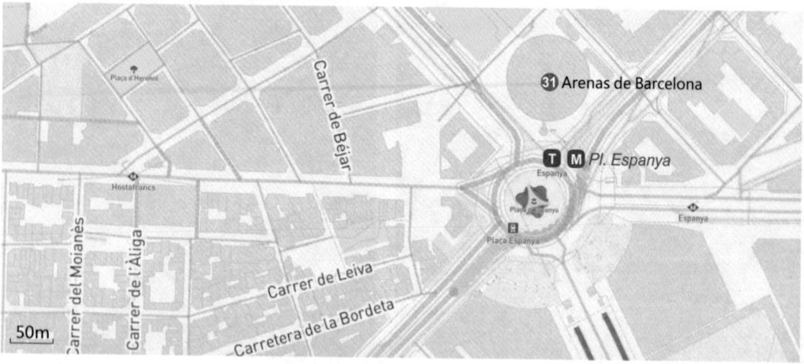
Plaça d'Herenni
Carrer de Béjar
31 Arenas de Barcelona
Pl. Espanya
Espanya
Hostafrancs
Plaça Espanya
Carrer del Moianès
Carrer de l'Àliga
Carrer de Leiva
Carretera de la Bordeta
50m

ote Zone

㉙ **卡夏文化中心**
Caixa Forum

建筑师：Josep Puig i Cadafalch（始建）、矶崎新 / Arata Isozaki（扩建）
地址：Av.Francesc Ferrer i Guàrdia,6-8
类型：文化建筑
年代：1909/2002
开放时间：周一至周日 10:00-20:00。

㉚ **信号塔**
Torre de Comunicacions de Montjuïc

建筑师：圣地亚哥 · 卡拉特拉瓦 / Santiago Calatrava
地址：Avinguda de l'Estadi, 48
类型：其他 / 市政建筑
年代：1989

㉛ **阿瑞娜商业中心**
Arenas de Barcelona

建筑师：理查德 · 罗杰斯 / Richard Rogers, Alonso-Balaguer
地址：Gran Via de les Corts Catalanes, 373-385
类型：商业建筑
年代：2011

卡夏文化中心

严格的历史建筑修复，创新性的开拓当代空间。尊重原有外观，修复砌石、红砖、铁艺。开拓 $5000m^2$ 地下部分作为大厅入口和展厅、报告厅。白色纯净的庭院成为城市和老建筑的过渡空间，使用了与德国馆相同的石材，庭院流线设计定义空间节奏感。

信号塔

具有创新性的信号塔设计，塔高 136m，倾斜的竖向结构表达一种动感，呼应奥林匹克运动会。建筑本身是一座日晷，它在地面广场投影指示时间的变化。发射装置设置成了一个圆形环绕的集合平台。

阿瑞娜商业中心

原建筑是一座斗牛场，体现新穆德哈尔建筑风格。改造成一座商业中心后，混凝土柱支撑被完全保留的立面，增加顶部遮盖和一侧辅助用房。

从巴塞罗那世博会国家馆看西班牙广场及远山城市景观

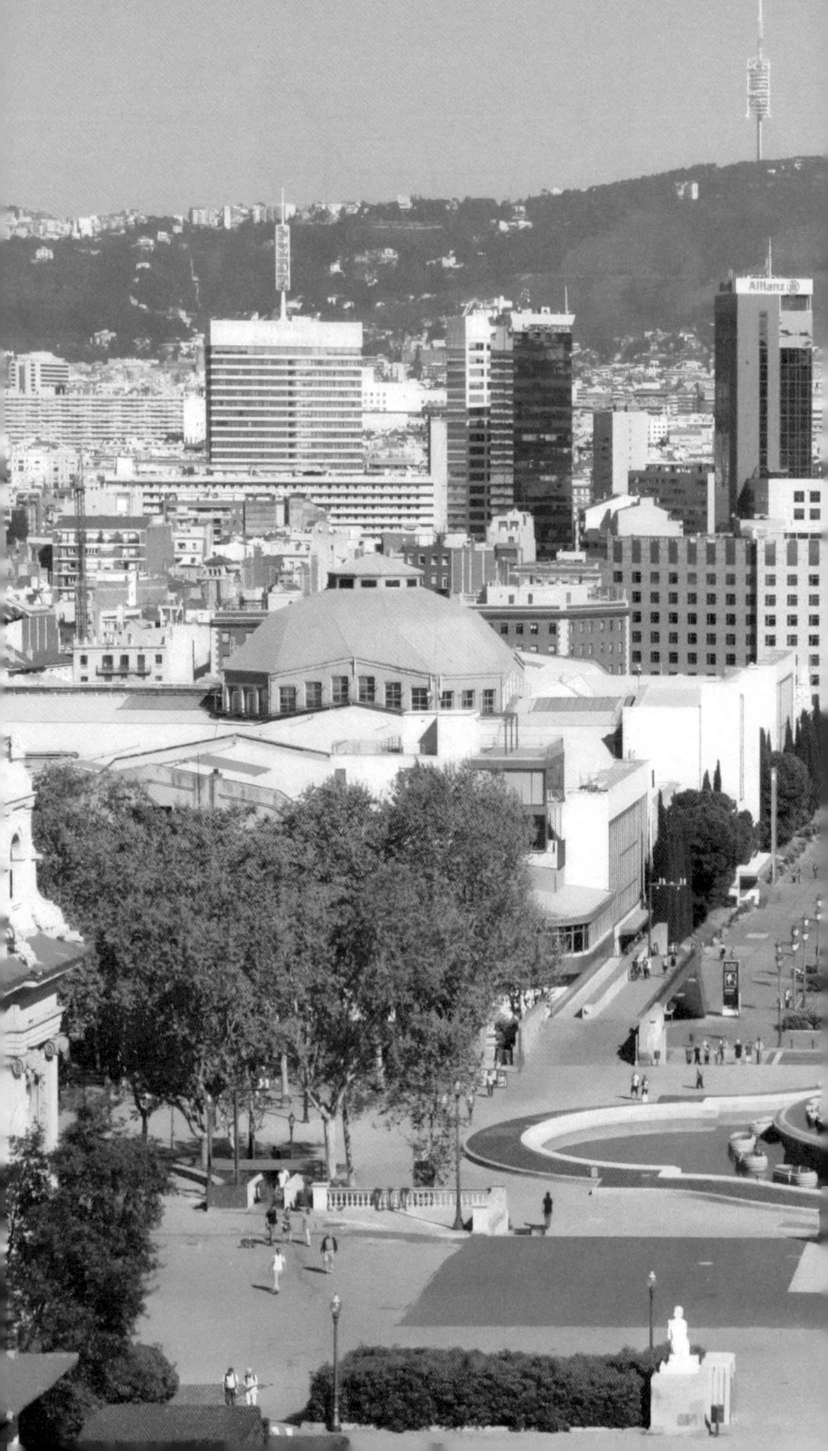

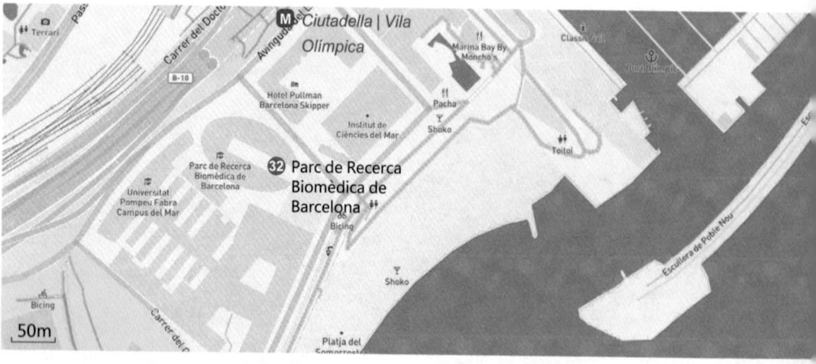
Ciutadella | Vila Olímpica
Terrari
Carrer del Doctor
Avinguda
B-10
Hotel Pullman Barcelona Skipper
Institut de Ciències del Mar
Marina Bay By Moncho's
Pacha
Shoko
Classic
Port Olímpic
Toitoi
Parc de Recerca Biomèdica de Barcelona
Universitat Pompeu Fabra Campus del Mar
32 Parc de Recerca Biomèdica de Barcelona
Bicing
Shoko
Escullera de Poble Nou
Bicing
50m
Platja del

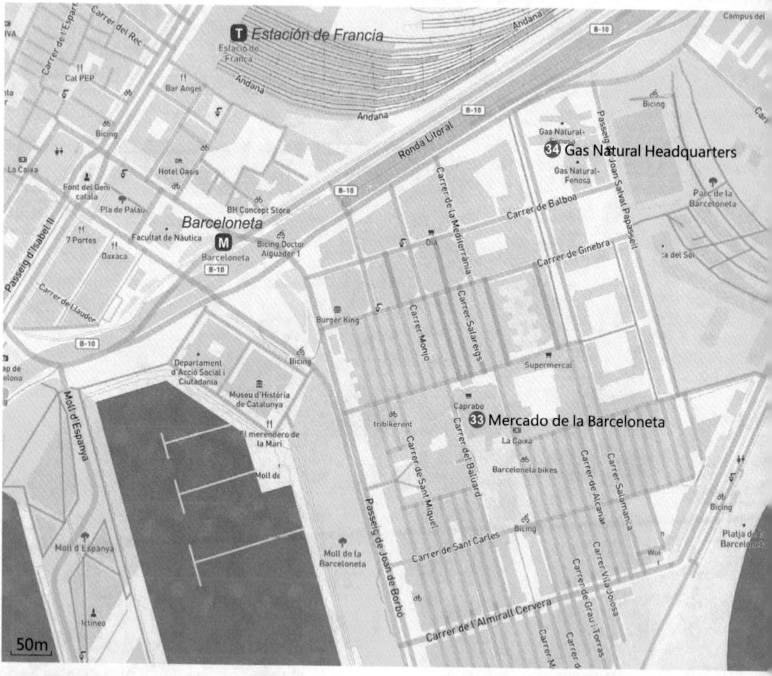
Estación de Francia
Estació de França
Carrer del Rec
Carrer de l'Espart
Andana
Andana
Andana
B-10
Campus del
Cal PEP
Bar Angel
Bicing
Gas Natural-Fenosa
34 Gas Natural Headquarters
Gas Natural-Fenosa
Passeig Joan Salvat Papasseit
Ronda Litoral
La Caixa
Hotel Oasis
Font del Geni català
Pla de Palau
BH Concept Store
Carrer de la Mediterrània
Carrer de Balboa
Parc de la Barceloneta
Barceloneta
Facultat de Nàutica
Barceloneta
Bicing Doctor Aiguader 1
Dia
Carrer de Ginebra
7 Portes
Oaxaca
Passeig d'Isabel II
Carrer de Llauder
Burger King
Carrer Monjo
Carrer Salareigs
Supermercat
Departament d'Acció Social i Ciutadania
Bicing
Museu d'Història de Catalunya
Moll d'Espanya
Caprabo
33 Mercado de la Barceloneta
tribikerent
La Caixa
El merendero de la Mari
Carrer de Sant Miquel
Carrer del Baluard
Barceloneta bikes
Carrer de Alcanar
Carrer Salamanca
Bicing
Moll d'Espanya
Moll de la Barceloneta
Passeig de Joan de Borbó
Carrer de Sant Carles
Bicing
Carrer Vila Joiosa
Platja de la Barceloneta
Carrer de Grau i Torras
Ictineo
Carrer de l'Almirall Cervera
50m

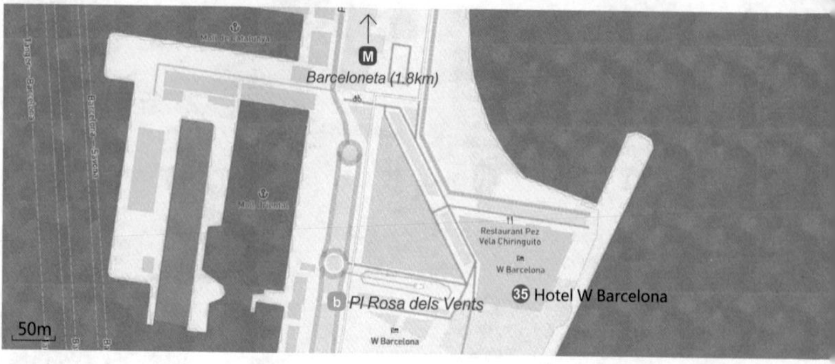
Moll de Catalunya
Barceloneta (1.8km)
Moll Oriental
Restaurant Pez Vela Chiringuito
W Barcelona
35 Hotel W Barcelona
Pl Rosa dels Vents
W Barcelona
50m

ote Zone

生物药学科技园

生物化学产业园，面向巴塞罗那滨海带，由大学机构、卫生院、教职员用房组成。主体建筑保持低平的策略与周边环境对话。外墙借助悬挑结构向外扩张 7m，制造整体浮动在混凝土平台之上的视觉效果。外层棕红松木遮阳板起到了弱化建筑体量的作用。

巴塞罗内塔市场

建筑结构源于对海浪的模拟，拼贴造型源自艺术家的儿童艺术画作，变幻的钢结构创造流动性的市场空间和娱乐性。建筑师认为“快乐”本是生活的意义，他建造新的挑檐突破矩形广场，以开放、乐观和形式融入社区。建筑工程采用环保节能设计，保留了 1884 年建造的钢结构，安装屋顶太阳能板，解决 40% 的日常建筑能源需求。

天然气公司总部大楼

垂直解体形态的玻璃幕墙办公大楼，建筑形态组织原则基于城市空间关联以及避免城市噪声和日晒。玻璃幕墙设计采用五种尺度类型，除了提供遮阳、隔热保温外，高科技涂层的应用使建筑外立面玻璃反射更富艺术性。

W 酒店

巴塞罗那海岸的标志性酒店，帆船造型，紧邻港口出入口，巨大的入口中庭朝向海洋。高技派建筑代表，反射玻璃幕墙把建筑与自然和城市有机融合在一起。

㉜ **生物药学科技园**
Parc de Recerca Biomèdica de Barcelona

建筑师：Pinearq , Brullet-de Luna Arquitectes
地址：Carrer del Dr. Aiguader, 88
类型：科教建筑
年代：2006

㉝ **巴塞罗内塔市场**
Mercado de la Barceloneta

建筑师：Antoni Rovira i Trias, Josep Miàs
地址：Plaça de la Font, 1-2
类型：商业建筑
年代：1884/2006

㉞ **天然气公司总部大楼**
Gas Natural Headquarters

建筑师：EMBT / Enric Miralles & Benedetta Tagliabue
地址：Pinzón 1
类型：办公建筑
年代：2006

㉟ **W 酒店**
Hotel W Barcelona

建筑师：里卡多 · 博菲尔 / Ricardo Bofill
地址：Plaça de la Rosa dels Vents, 1
类型：居住建筑
年代：2010

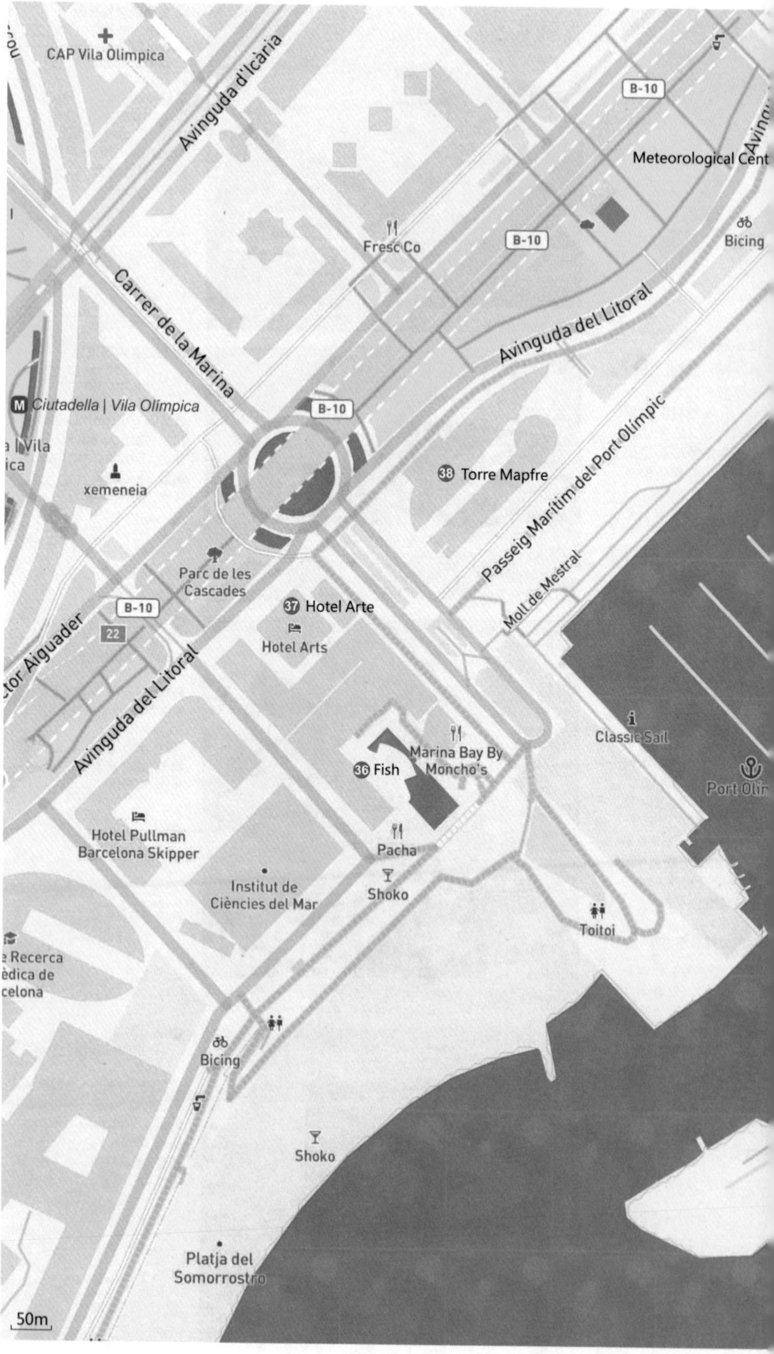
CAP Vila Olímpica
Avinguda d'Icària
B-10
Meteorological Cent
Fresc Co
Bicing
Carrer de la Marina
Avinguda del Litoral
Ciutadella | Vila Olímpica
xemeneia
38 Torre Mapfre
Passeig Marítim del Port Olímpic
Parc de les Cascades
37 Hotel Arte
Hotel Arts
Moll de Mestral
22
Avinguda del Litoral
Classic Sail
Marina Bay By Moncho's
36 Fish
Port Olír
Hotel Pullman Barcelona Skipper
Pacha
Institut de Ciències del Mar
Shoko
Toitoi
Bicing
Shoko
Platja del Somorrostro
50m

㊱ "金鱼"
Fish

建筑师：弗兰克·盖里 / Frank O. Gehry
地址：Ramon Trias Fargas 1
类型：其他 / 景观建筑
年代：1992

㊲ 艺术公寓
Hotel Arte

建筑师：Bruce Graham, SOM
地址：Carrer de la Marina, 19-21
类型：旅馆建筑
年代：1992

㊳ 保险大楼
Torre Mapfre

建筑师：SOM
地址：Carrer de la Marina, 16
类型：办公建筑
年代：1992

㊴ 气象站
Meteorological Centre

建筑师：阿尔瓦罗·西扎 / Alvaro Siza
地址：Arquitecte Sert 1
类型：其他、市政建筑
年代：1992

ote Zone

"金鱼"

金鱼，由精细的金属线条交织组成的宏大抽象雕塑。盖里在计算机帮助下实现手工调整模型细节并最终完成建造。它是建筑师早期的自由形式建构体的重要实践。

艺术公寓

1992 年奥运会举办时期新建的双塔、超高层建筑之一，灰绿色玻璃幕墙，环布着白色外露钢结构，共 44 层，地中海最具特色的豪华酒店之一。

保险大楼

1992 年奥运会举办时期新建的双塔、超高层建筑之一，共 154m，40 层，首层是购物中心，上层建筑立面玻璃窗朝向地面反射。

气象站

砖和混凝土建造的圆柱形建筑，立面被等分成八个开口朝向内院的平台，上、下两部分材质区别象征着两部分独立功能：气象中心和港务中心。立面梯形开口朝向海洋和广场，同时呼应场地上坚实的防浪堤。

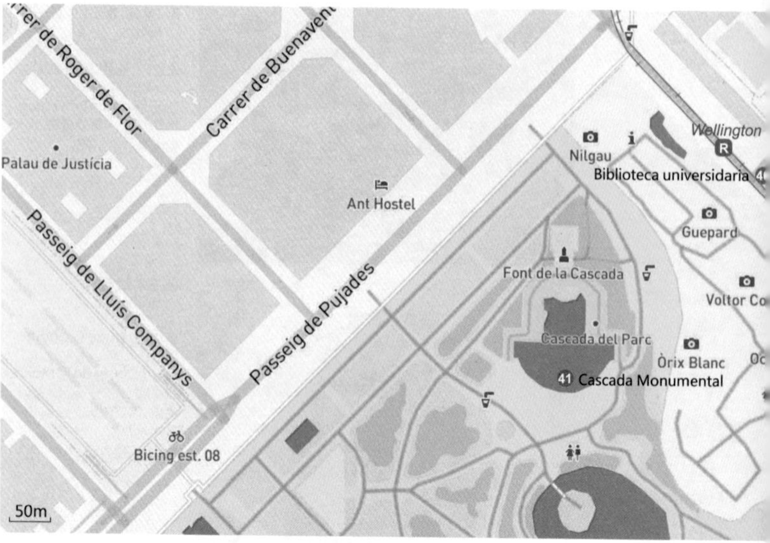
Carrer de Roger de Flor
Carrer de Buenaventura
Palau de Justícia
Ant Hostel
Nilgau
Wellington
Biblioteca universidaria
Guepard
Passeig de Lluís Companys
Passeig de Pujades
Font de la Cascada
Voltor
Cascada del Parc
Òrix Blanc
41 Cascada Monumental
Bicing est. 08
50m

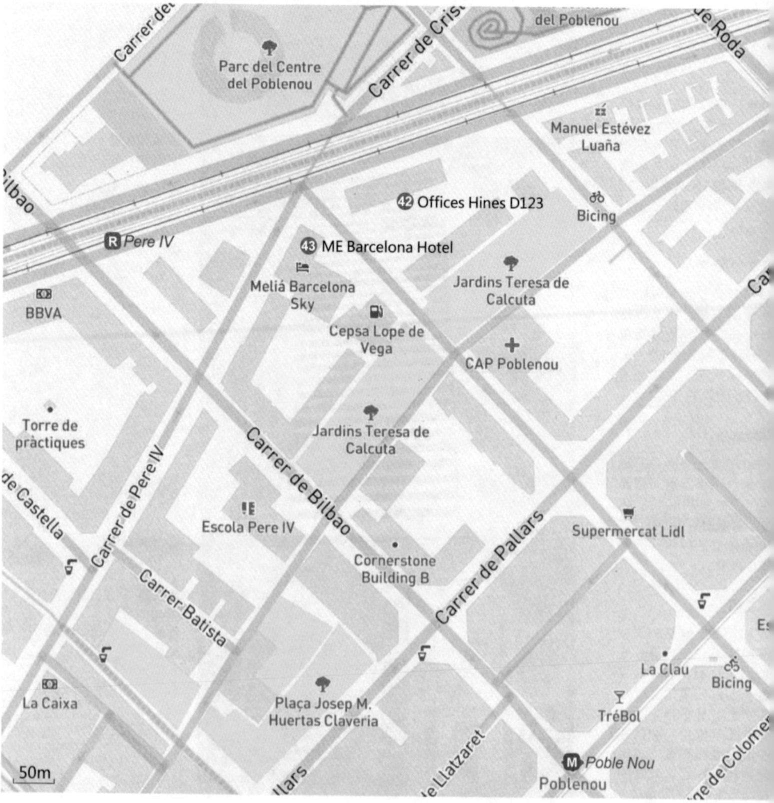
Carrer de Cristòfol
del Poblenou
de Roda
Parc del Centre del Poblenou
Manuel Estévez Luaña
Bilbao
42 Offices Hines D123
Bicing
Pere IV
43 ME Barcelona Hotel
Meliá Barcelona Sky
Jardins Teresa de Calcuta
BBVA
Cepsa Lope de Vega
CAP Poblenou
Torre de pràctiques
Jardins Teresa de Calcuta
Carrer de Bilbao
de Castella
Carrer de Pere IV
Escola Pere IV
Carrer de Pallars
Supermercat Lidl
Cornerstone Building B
Carrer Batista
La Clau
Bicing
La Caixa
Plaça Josep M. Huertas Claveria
TréBol
Poble Nou
Poblenou
50m

㊵ 庞培法布拉大学图书馆
Biblioteca Universidaria

建筑师：Lluís Clotet, Ignacio paricio
地址：Universitat Pompeu Fabra, Carrer de Ramon Trias Fargas, 25-27
类型：科教建筑
年代：1874/1999

㊶ 卡斯卡达纪念碑
Cascada Monumental

建筑师：Josep Fontserè, 安东尼奥·高迪 / Antoni Gaudí
地址：Parc de la Ciutadella, s/n
类型：文化建筑
年代：1875

㊷ 希内斯办公楼
Offices Hines D123

建筑师：多米尼克·佩罗 / Dominique Perrault
地址：Av. Diagonal 121-125
类型：办公建筑
年代：2010

㊸ ME 酒店
ME Barcelona Hotel

建筑师：多米尼克·佩罗 / Dominique Perrault
地址：Pere IV 272-286
类型：居住建筑
年代：2009

Note Zone

庞培法布拉大学图书馆

原有建筑是一座水库，设计于 1874 年，构思源于罗马式传统的高耸长柱结构体系，内部平行排列如同迷宫一般高达 14m 的券柱，纵深达 5m。1992 年改建为大学图书馆，室内分隔忠实恪守原建筑的空间精神，创造一个宁静、深邃的阅读环境。

卡斯卡达纪念碑

建筑中心采用凯旋门式的结构和对称两座亭子，两翼是梯形台阶围合着人工水池和梯级水景，下部人造岩洞现在是水族馆所在，中部的雕塑群描绘维纳斯的诞生。青年时代的高迪参与水利计算和底部人工岩洞设计。

希内斯办公楼

新城计划的地标建筑项目，对半分的实体长方体在中部错动 8m，形成悬挑制造街道空间投影，另一侧则形成空中平台。

ME 酒店

巴塞罗那城市的新突破，创造新的城市天际线。酒店基于两个基本城市尺度，水平纬度的近代城市塞尔达规划网格，垂直尺度的圣家族教堂以及提比达波山顶。垂直立方体在中部制造了 20m 错位，标示出酒店大堂入口。

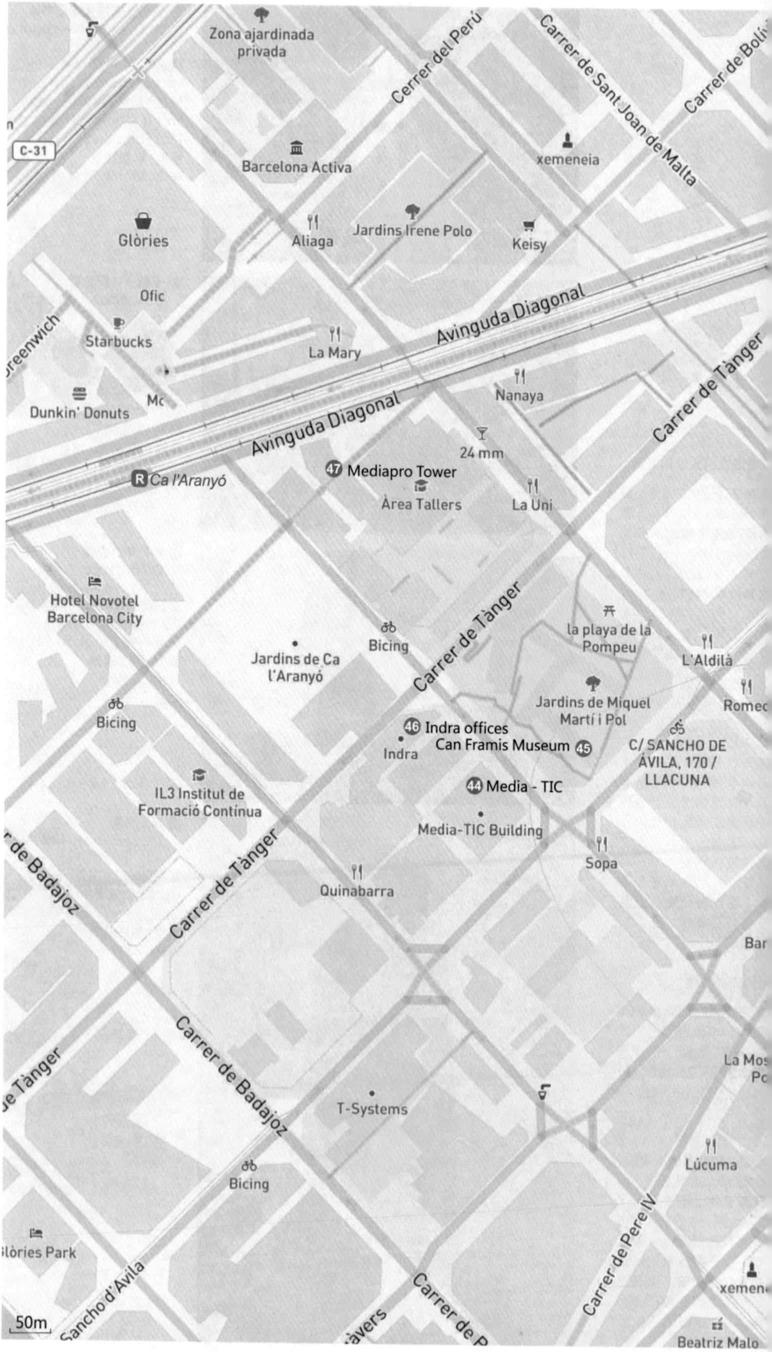
Zona ajardinada privada
Cerrer del Perú
Carrer de Sant Joan de Malta
Carrer de Bolív
C-31
Barcelona Activa
xemeneia
Glòries
Aliaga
Jardins Irene Polo
Keisy
Ofic
Avinguda Diagonal
Starbucks
La Mary
Nanaya
Carrer de Tànger
Dunkin' Donuts
Mc
Avinguda Diagonal
24 mm
Ca l'Aranyó
47 Mediapro Tower
Àrea Tallers
La Uni
Hotel Novotel Barcelona City
Carrer de Tànger
la playa de la Pompeu
Bicing
L'Aldilà
Jardins de Ca l'Aranyó
Jardins de Miquel Martí i Pol
Bicing
46 Indra offices
Can Framis Museum 45
Indra
C/ SANCHO DE ÁVILA, 170 / LLACUNA
44 Media - TIC
IL3 Institut de Formació Contínua
Media-TIC Building
Sopa
de Badajoz
Carrer de Tànger
Quinabarra
Carrer de Badajoz
T-Systems
Lúcuma
Bicing
Carrer de Pere IV
Glòries Park
Sancho d'Avila
Carrer de P
xemen
Beatriz Malo
50m

ote Zone

'IC 媒体大楼

可持续建筑，装配化钢吉构施工，各平面层无主空间。作为响应环保节能的媒体中心，立方本覆盖具有光线过滤薄莫的气囊，避免日光带来的热量，减少空调制令的碳排放。

坎弗拉米斯博物馆

高新技术园区内旧建筑的改造，两个旧工业建筑之间通过一个新的建筑连接，围合成一个公共多功能广场同时也是示志性入口。砖、石拱门、建筑破损痕迹、窗扇等，这些元素的组织以当代的纹理展示建筑乃至环境背景经历下的不同建设时期。

因得拉办公楼

设备层分隔裙楼与高层建筑部分，带来高层部分“悬浮”在裙楼上的视觉效果。建筑表皮使用不锈钢网，减弱 50% 的日晒，不锈钢网冲压成直径 90cm 的内凹或外凸的半球形。

媒体大楼

结构柱网与立面模块的整合设计，实现统一的窗口模式来符合各个立面的采光和城市观景窗的需求。它的底部 4 层注重公共性，平行于林荫大道，使用透明玻璃幕墙，内外活动一览无余。建筑立面喷饰了金属的暗铜质感，尽量消解立面细节而展现建筑整体体量感和错落的动态特征。

44 TIC 媒体大楼
Media - TIC

建筑师：Cloud 9,Enric Ruiz-Geli
地址：Roc Boronat / Sancho de Avila
类型：办公建筑
年代：2010

45 坎弗拉米斯博物馆
Can Framis Museum

建筑师：Jordi Badia (BAAS)
地址：Roc Boronat 116-126
类型：文化建筑
年代：2007
开放时间：周二至周六 11:00-18:00，周日 11:00-14:00。

46 因得拉办公楼
Indra offices

建筑师：b720 Arquitectos
地址：Carrer de Tànger, 120
类型：办公建筑
年代：2007

47 媒体大楼
Mediapro Tower

建筑师：Carlos Ferrater
地址：Diagonal 177
类型：办公建筑
年代：2008

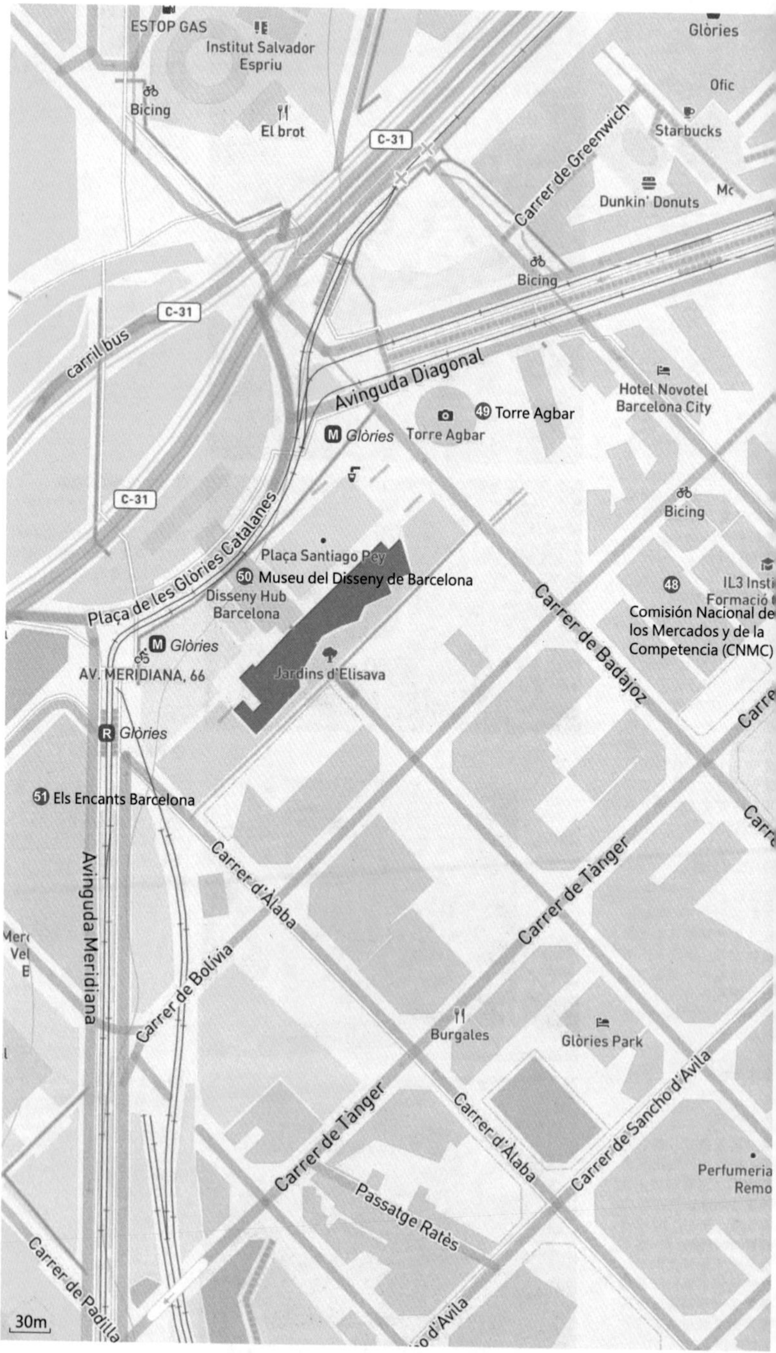
ESTOP GAS
Institut Salvador Espriu
Bicing
El brot
C-31
Glòries
Ofic
Starbucks
Carrer de Greenwich
Dunkin' Donuts
Bicing
C-31
carril bus
Avinguda Diagonal
Hotel Novotel Barcelona City
49 Torre Agbar
Glòries
Torre Agbar
C-31
Bicing
Plaça de les Glòries Catalanes
Plaça Santiago Pey
50 Museu del Disseny de Barcelona
Disseny Hub Barcelona
48
Comisión Nacional de los Mercados y de la Competencia (CNMC)
Carrer de Badajoz
Glòries
AV. MERIDIANA, 66
Jardins d'Elisava
Glòries
51 Els Encants Barcelona
Carrer d'Àlaba
Carrer de Tànger
Avinguda Meridiana
Carrer de Bolívia
Burgales
Glòries Park
Carrer de Tànger
Carrer d'Àlaba
Carrer de Sancho d'Àvila
Perfumeria Remo
Passatge Ratés
Carrer de Padilla
30m

Note Zone

㊽ 国家商业竞争委员会
Comisión Nacional de los Mercados y de la Competencia (CNMC)

建筑师：Batlle i Roig
地址：Garrer de Belíuia,56.
类型：办公建筑
年代：2010

㊾ 水务局大楼
Torre Agbar

建筑师：让努韦尔 / Jean Nouvel, b720 Arquitectos
地址：Av Diagonal 211
类型：办公建筑
年代：2005

㊿ 巴塞罗那设计博物馆
Museu del Disseny de Barcelona

建筑师：MBM Arquitectos
地址：Plaça de les Glòries Catalanes, 37
类型：文化建筑
年代：2008
开放时间：周二至周日 10:00-20:00。

51 魔力市场
Els Encants Barcelona

建筑师：b720 Arquitectos
地址：Av Meridiana 73
类型：商业建筑
年代：2013
开放时间：周一、三、五、六、日 9:00-20:00。

国家商业竞争委员会

平行六面体的建筑外形，深红色的外墙呼应了地块原有的19—20世纪的红砖工业建筑。新建筑首层保留了一座近代纺织厂作为礼堂、会议和托幼园。

水务局大楼

城市新标志性建筑，外表层设计为可活动的铝板框架和玻璃格栅，玻璃格栅模数 120cm × 30cm，共由 59619 块玻璃板组成40种个性化的色彩。建筑北立面为半透明玻璃板，南立面为透明玻璃板，通过 4500 个 LED 照明灯，建筑可以呈现出不同色彩的灯光图案。

巴塞罗那设计博物馆

一座设计博物馆与城市立体空间综合体，它试图利用城市节点激发设计文化和事件。地下部分接驳城市广场的交通枢纽，地上部分通道与城市街道宽度相同，增强了可达性。

魔力市场

明亮的镜面屋顶提供遮阳和挡雨，并反射出市场日常活力。新的场地维持了原有的市场空间，具有传统街市特征。内部通过坡道组织步行路线，平滑联系不同种类的商品交易区。顶部的镜面遮蔽物设计不同的倾斜角度反射光照、活动现场与城市景观。

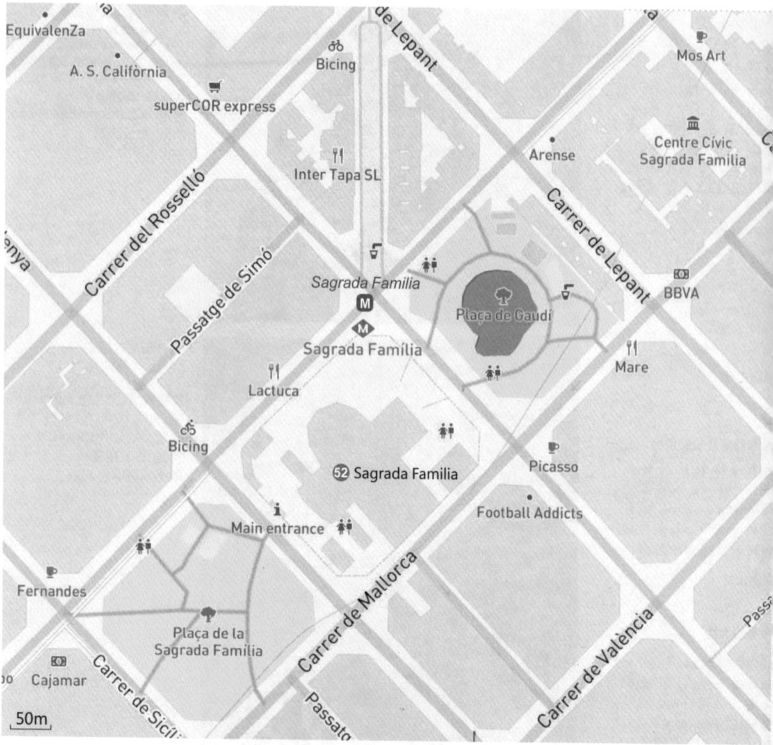

52 圣家族大教堂
Sagrada Familia

建筑师：安东尼奥・高迪 / Antoni Gaudí
地址：Carrer de Mallorca, 401
类型：宗教建筑
年代：1882 至今
开放时间：3 月、10 月周一至周日 9:00-19:00；4 月至 9 月，周一至周日 9:00-20:00；11 月至次年 2 月，周一至周日 9:00-18:00。12 月 25/26 日、1 月 1 日、6 日 9:00-14:00。

圣家族大教堂是世界遗产，保持着哥特和新艺术运动的建筑风格，同时融入了高迪的建筑设计理念。东面的“诞生立面”源自高迪。平面采用拉丁十字式，建造大量使用非几何形式、螺旋柱、双曲面等。高迪运用了悬链式结构完成 12 座高塔。建筑材料和工艺体现了地方艺术精华。教堂预计在高迪离世的一百周年纪念——2026 年完工。

设计背景：

教堂于1884年委托给高迪设计直至其1929年离世；至今一百多年数代建筑师与工程师承袭建设，预计将于2026年竣工。早期完成的耶稣诞生立面基本按照高迪的原设计图完成，具有明显的哥特式结构风格和自然主义的装饰手法。基本完工的复活立面由Domènec Sugrañes主持完成，具有抽象主义艺术特征。

平面设计：

这是一座规模宏大的天主教堂，平面呈拉丁十字式，一共有5座小教堂和一座半圆形后殿，能容纳3000人。大殿周围设计了一圈回廊，增加建筑边界层次。

立面设计：

教堂设计了3个主题立面，其尖塔最具特色。东面代表基督诞生，称为圣诞立面；西面代表基督受难与复活，称为复活立面；南面象征上帝的荣耀，称为荣耀立面。每个立面分别有4座塔楼，共计12座塔象征耶稣12门徒。另外还有4座福音传教士塔和圣母玛利亚之塔，它们共同围绕代表耶稣基督的170m高的中心主塔。

室内空间：

高迪对自然形态的热爱在室内空间设计中体现无遗，十数根植物茎状的细长柱子从底部向上渐次分叉托起顶部，天穹上洒落的光线在柱间闪耀，仿佛置身于一片神奇的森林。

结构设计：

高迪发明了一种空间结构模型——悬链拱模型来计算和验证弧形拱的形状和受力过程，实现竖向高耸、升腾的内部空间。

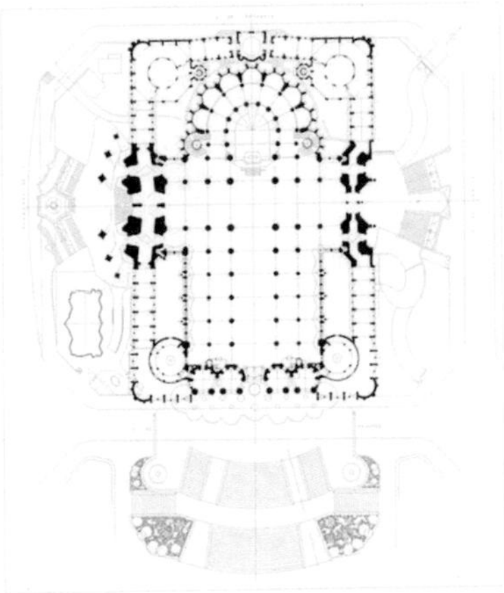

底层平面图

Maremdéu del Carme
Sant Leopold
Puríssima
Sant Salvador
Santa Apol·lònia
53 Hospital de la Santa Cruz y San Pablo
Cartagena
Carrer de Rosalía de Castro
de Santa Carolina
BcnStop Sagrada Família
Carrer de Los Castillejos
Avinguda de Gaudí
Carrer de la Indústria
La Granja...
Carrer de la Indú
Carrer de Padilla
Sant Pau I Dos de Maig
CAP Sagrada Família
50m

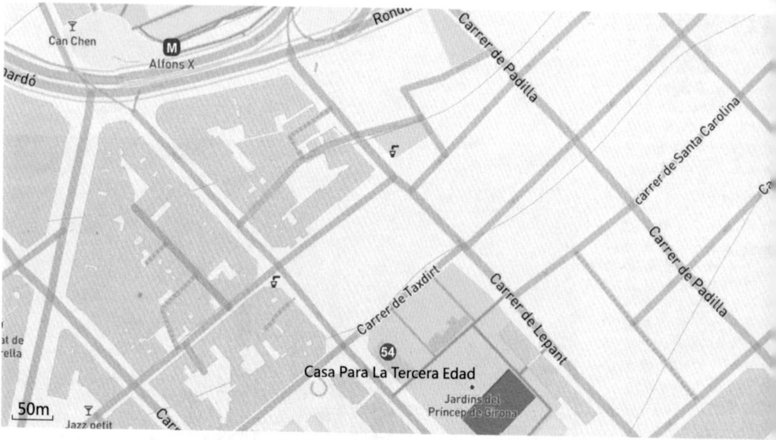
Can Chen
Alfons X
Ronda
Carrer de Padilla
Carrer de Santa Carolina
Carrer de Padilla
Carrer de Taxdirt
Carrer de Lepant
54
Casa Para La Tercera Edad
Jardins del Príncep de Girona
Jazz petit
50m

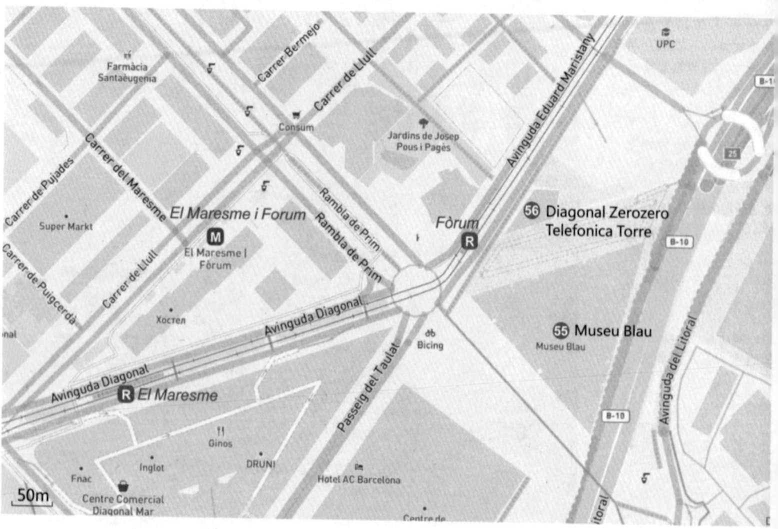
Farmàcia Santaeugenia
Carrer Bermejo
Carrer de Llull
Consum
Jardins de Josep Pous i Pagès
Avinguda Eduard Maristany
UPC
Carrer de Pujades
Carrer del Maresme
Super Markt
El Maresme i Forum
El Maresme | Fòrum
Rambla de Prim
Rambla de Prim
Fòrum
56 Diagonal Zerozero Telefonica Torre
B-10
Carrer de Puigcerdà
Carrer de Llull
Xocten
Avinguda Diagonal
Bicing
55 Museu Blau
Museu Blau
Avinguda Diagonal
El Maresme
Passeig del Taulat
Avinguda del Litoral
Ginos
DRUNI
Inglot
Fnac
Centre Comercial Diagonal Mar
Hotel AC Barcelona
50m

圣克鲁兹和圣保罗医院（世界遗产）

0 世纪加泰罗尼亚地域现代主义建筑，除了中心主建筑外，规划建有 7 座附属医疗和药学建筑单元。建筑群占据 9 个 300m × 300m 的规划区块，主入口朝向圣家大教堂，它打破规划网格，利用海洋方向的风力改善医疗区的通风环境。建筑师联合当时的雕塑家、画家和铁艺匠人共同完成装饰设计。

老年日托中心

一所小型社区养老院，陶瓷和木材创造出一处适合老年人的舒适性建筑。从所处的街道和公园尽量提供适应性和可达性，立面绘窗、木格栅尽力融入公园景观。

地质科学博物馆

仅仅 17 个支柱支撑的三角形悬浮体建筑，外表粗糙的蓝色混凝土立面交错覆盖玻璃面，暗示屋顶水池的存在。首层平面完全架空对外开放，通过的天窗下成为公共活动的趣味空间。

电信公司大楼

轻巧和光亮的高层建筑，交叉肋制造的光影带来戏剧性的立面景象，它位于道路交叉口的狭长地带，高 110m，共 24 层，属于电信公司总部和研发中心。其外立面使用预制钢结构并在 8 个月内建造完成。大楼外立面内侧玻璃幕墙使用了模块化设计，呈规则的矩形格状，它可以以有效防止阳光的直射和炫光，保证室内获得高质量照明。

53 圣克鲁兹和圣保罗医院
Hospital de la Santa Cruz y San Pablo

建筑师：Lluís Domènech i Montaner
地址：Carrer de Sant Quintí, 89
类型：文化建筑
年代：1902-1930

54 老年日托中心
Casa Para La Tercera Edad

建筑师：BCQ Arquitetes
地址：Carrer de la Marina, 380
类型：居住建筑
年代：2008

55 地质科学博物馆
Museu Blau

建筑师：赫尔佐格与德梅隆 / Herzog & de Meuron
地址：Av.Diagonal 1
类型：文化建筑
年代：2004
开放时间：周二至周六 10:00-19:00，周日 10:00-20:00。

56 电信公司大楼
Diagonal Zerozero Telefonica Torre

建筑师：EMBA
地址：Plaça d'Ernest Lluch i Martin, 5
类型：办公建筑
年代：2011

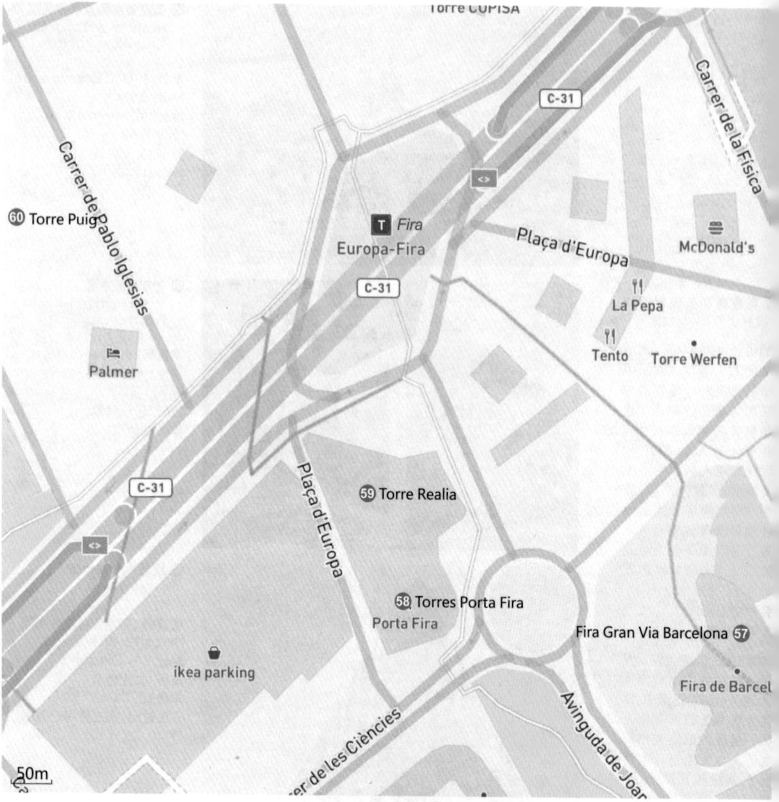
Torre CUPISA
C-31
Carrer de la Física
Carrer de Pablo Iglesias
60 Torre Puig
Fira
Europa-Fira
Plaça d'Europa
McDonald's
C-31
La Pepa
Tento
Torre Werfen
Palmer
C-31
59 Torre Realia
Plaça d'Europa
58 Torres Porta Fira
Porta Fira
Fira Gran Via Barcelona 57
Fira de Barcel
ikea parking
Avinguda de Joan
er de les Ciències
50m

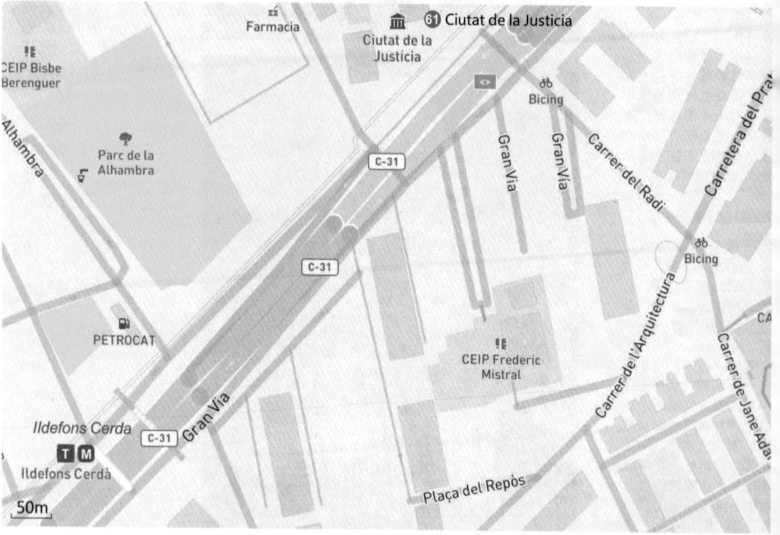
Farmacia
Ciutat de la Justícia
61 Ciutat de la Justicia
CEIP Bisbe Berenguer
Bicing
Alhambra
Parc de la Alhambra
Gran Via
Gran Via
Carrer del Radi
Carretera del Prat
C-31
C-31
Bicing
PETROCAT
CEIP Frederic Mistral
Carrer de l'Arquitectura
Carrer de Jane Ada
Ildefons Cerda
C-31
Gran Via
Ildefons Cerdà
Plaça del Repòs
50m

巴塞罗那会展中心

建筑师对高迪的自然造型建筑的学习，八个展馆通过蛇形长廊串联，树形的立柱在建筑内外重复出现，承托起自由延生的弧形大屋面。

波塔会展大厦

两座差别迥异高度相同的塔楼，这座综合体分为酒店和办公两种功能共享底层裙楼。酒店部分采用红色双表皮技术，内层玻璃幕墙，外层红色铝管实现体型旋转；透明玻璃幕墙办公楼，核心筒位置靠近一侧，以自由造型呼应前者。两座塔楼原型来源于对西班牙广场威尼斯双塔的回应。

会展中心酒店

除了基本的混凝土、玻璃和金属板之外，建筑师将空中垂直花园转变为建筑组成的一部分，一座适合城市气候特征的办公建筑。根据温度和风力选择可栽培的植物。白色立面背景下成对角线排列棕榈树造型的玻璃窗，凸显整座建筑的垂直花园的概念。

普依大厦

109m 高的服装企业总部办公塔楼，平面成边长 27.5m 的正方形，该摩天大楼用类似织物肌理的玻璃带包裹了建筑主体。盘旋上升的玻璃带增强立面张力的同时具有光过滤功能，并获得美国绿色建筑协会 LEED 金奖。

司法城

4 个棱柱建筑由一个大中厅连接，矗立在两个城市边界过渡处。为适应不断变化的司法系统和司法机构的功能，建筑设计提出可持续的容量扩展性，以满足未来可能的工作空间的变化。6 种彩色混凝土标识不同的建筑。

57 巴塞罗那会展中心
Fira Gran Via Barcelona

建筑师：伊东丰雄建筑事务所 / Toyo Ito & Associates
地址：Plaza Europa
类型：商业建筑
年代：2007

58 波塔会展大厦
Torres Porta Fira

建筑师：伊东丰雄 / Toyo Ito, b720
地址：Plaza Europa 45
类型：旅馆建筑
年代：2006

59 会展中心酒店
Torre Realia

建筑师：伊东丰雄 / Toyo Ito, b720
地址： Plaza Europa 41-43
类型：旅馆建筑
年代：2005

60 普依大厦
Torre Puig

建筑师：拉斐尔·莫内欧 / Rafel Moneo, GCA Architects, Lucho Marcial
地址：Plaça d'Europa, 46-48
类型：办公建筑
年代：2014

61 司法城
Ciutat de la Justicia

建筑师：戴维·奇普菲尔德 / David Chipperfield & b720
地址：Gran Via de les Corts Catalanes, 111
类型：办公建筑
年代：2008

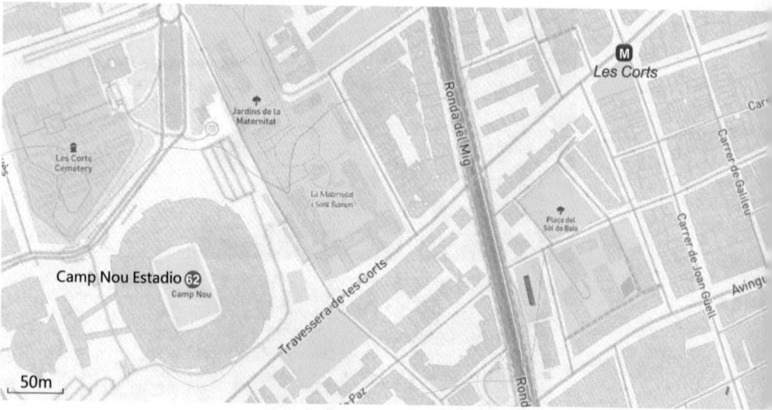
Les Corts
Jardins de la Maternitat
Les Corts Cemetery
La Maternitat i Sant Ramon
Ronda del Mig
Plaça del Sòl de Baix
Carrer de Galileu
Carrer de Joan Güell
Camp Nou Estadio 62
Camp Nou
Travessera de les Corts
50m

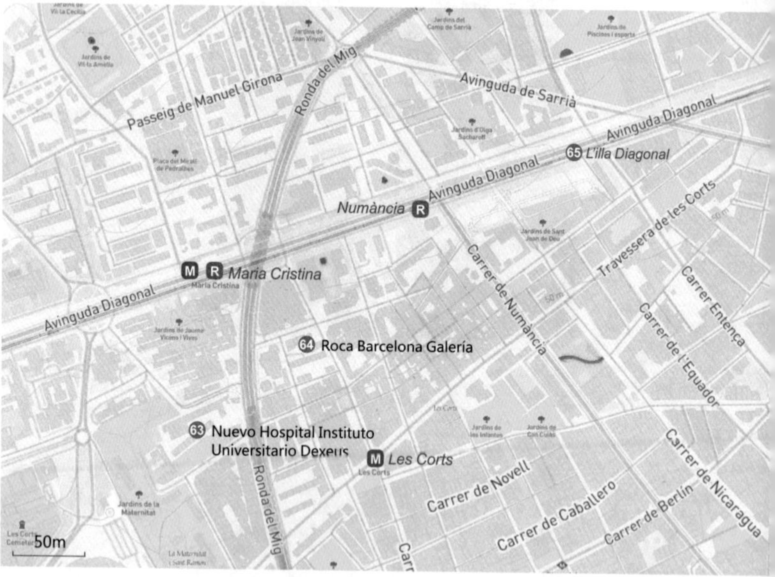
Jardins de Joan Vinyoli
Jardins del Camp de Sarrià
Jardins de Piscines i esports
Jardins de Vil·la Amèlia
Passeig de Manuel Girona
Ronda del Mig
Avinguda de Sarrià
Jardins d'Olga Sacharoff
Avinguda Diagonal
65 L'illa Diagonal
Plaça del Mirall de Pedralbes
Numància
Jardins de Sant Joan de Déu
Travessera de les Corts
Maria Cristina
Carrer de Numància
Carrer Entença
Carrer de l'Equador
Jardins de Jaume Vicens i Vives
64 Roca Barcelona Galería
63 Nuevo Hospital Instituto Universitario Dexeus
Jardins dels Infants
Jardins de Can Cuiàs
Les Corts
Carrer de Nicaragua
Carrer de Novell
Carrer de Caballero
Carrer de Berlín
Jardins de la Maternitat
La Maternitat i Sant Ramon
50m

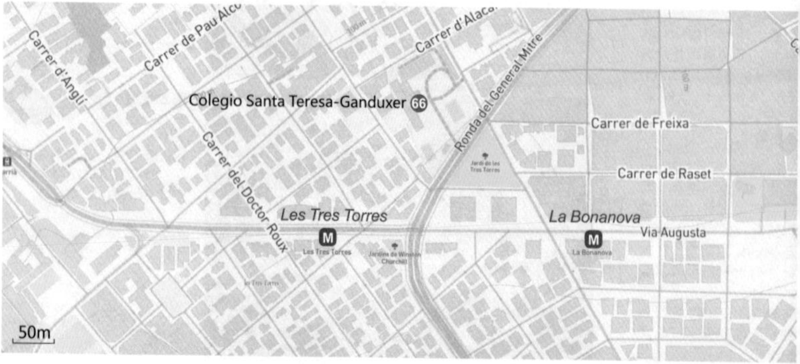
Carrer d'Anglí
Carrer de Pau Alcover
Carrer d'Alacant
Ronda del General Mitre
Colegio Santa Teresa-Ganduxer 66
Carrer del Doctor Roux
Carrer de Freixa
Jardí de les Tres Torres
Carrer de Raset
Les Tres Torres
La Bonanova
Via Augusta
Jardins de Winston Churchill
50m

诺坎普足球场

欧洲容纳观众席最多的足球场，当前可容纳98757人。它曾在1982年西班牙足球世界杯期间提升到容纳12万人观众席，之后的改建中因安全原因降到10万人以下。体育场展示出现代主义的文化特征，完成于西班牙第二共和国时期，着重提出建筑尊重真实的结构和材料特性。

德谢乌斯医院改扩建

一所具有百年历史的医院扩建，场地组织了两个标高层面重置出入口，并维持原有建筑的主入口和主立面。新老建筑之间营造了大型的过渡庭院，作为人流集散、交流对话，并扩展了医院公共大厅，庭院下部利用间接采光设置医务后勤与设备部分。

乐家展示中心

百年历史的卫浴品牌展示中心，介绍公司的过去、现在和未来。建筑服务于品牌价值的展示，玻璃和光形成易于识别的形态，流动性的内部垂直空间。

丽里亚商业综合体

建筑师和规划师密切合作完成的商业综合体，被誉为“躺着的摩天大楼”，平行于城市主干道的建筑纵向展开，建筑下部三层出入口分别连通场地内的街道，具备完善的可达性。

圣特蕾莎甘笃谢学院

与已有的高迪的建筑作品产生技术上的创新和对话，建筑使用朴素的材料但是提供高效的能源利用率。

62 诺坎普足球场
Camp Nou Estadio

建筑师：Francesc Mitjans
地址：Arístides Maillol 1
类型：体育建筑
年代：1957

63 德谢乌斯医院改扩建
Nuevo Hospital Instituto Universitario Dexeus

建筑师：Ramon Sanabria
地址：de, Gran Via de Carles III, 75
类型：医疗建筑
年代：2007

64 乐家展示中心
Roca Barcelona Galería

建筑师：Carlos Ferrater
地址：Joan Güell 211-213
类型：商业建筑
年代：2009

65 丽里亚商业综合体
L' illa Diagonal

建筑师：拉斐尔·莫内欧 / Rafael Moneo, Solá morales Rubió, m.de
地址：Av.Diagonal, Numáncia, Déu i mata, Entença
类型：商业建筑
年代：1986

66 圣特蕾莎甘笃谢学院
Colegio Santa Teresa-Ganduxer

建筑师：Pich Architects
地址：C/ Ganduxer 85
类型：科教建筑
年代：1888/2014

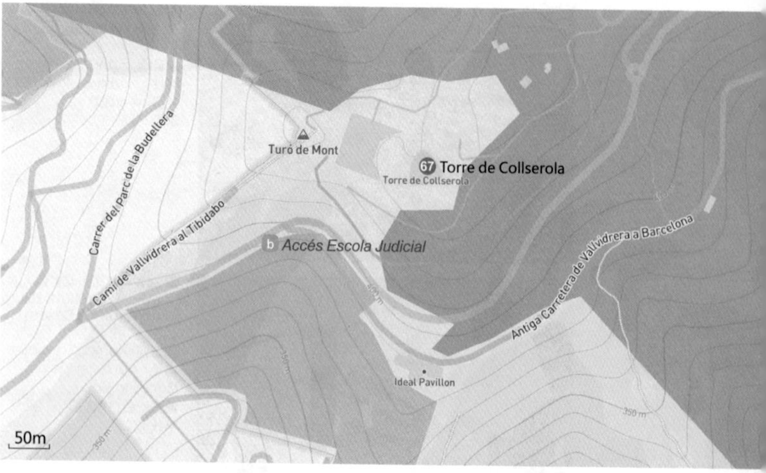
Turó de Mont
67 Torre de Collserola
Torre de Collserola
Carrer del Parc de la Budellera
Camí de Vallvidrera al Tibidabo
b Accés Escola Judicial
Antiga Carretera de Vallvidrera a Barcelona
Ideal Pavillon
350 m
50m

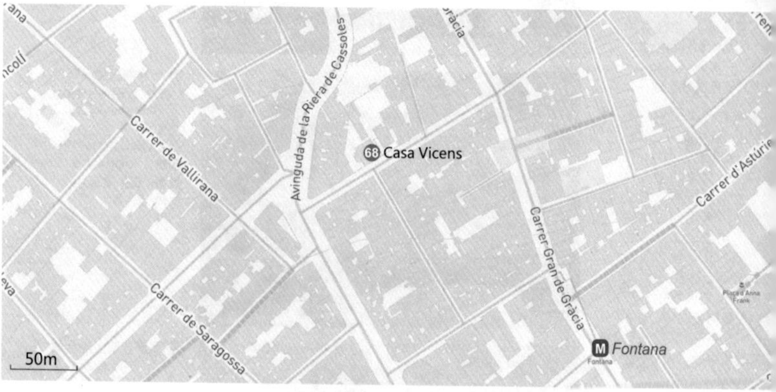
Avinguda de la Riera de Cassoles
68 Casa Vicens
Carrer de Vallirana
Carrer de Saragossa
Carrer Gran de Gràcia
Carrer d'Astúrie
M Fontana
Fontana
50m

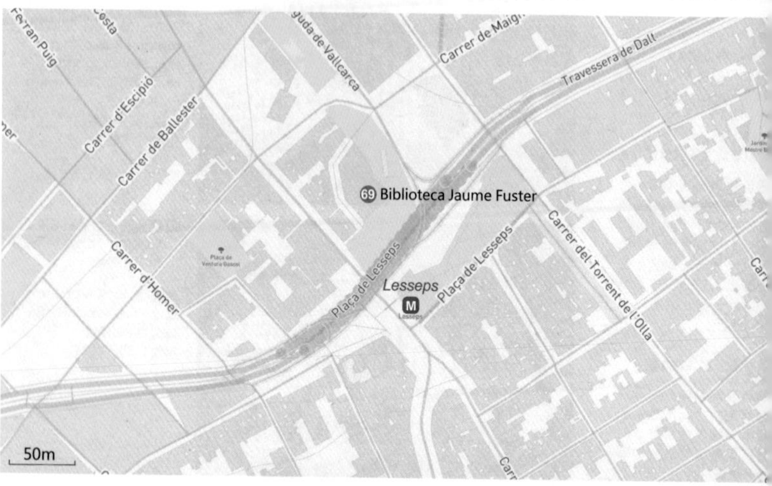
Carrer d'Escipió
Carrer de Ballester
Carrer de Maig
Travessera de Dalt
69 Biblioteca Jaume Fuster
Carrer d'Homer
Plaça de Lesseps
Plaça de Lesseps
Lesseps
M
Carrer del Torrent de l'Olla
50m

67 科塞罗拉信号塔
Torre de Collserola

建筑师：福斯特及合伙人建筑事务所 / Foster & Parteners
地址：Vallvidrera-Tibidabo,Collerola
类型：其他 / 市政建筑
年代：1989

68 文森之家
Casa Vicens

建筑师：安东尼奥 · 高迪 / Antoni Gaudí
地址：Casa Vicens
类型：住宅
年代：1883
开放时间：周一至周日 10:00-20:00。

69 哈梅福斯特图书馆
Biblioteca Jaume Fuster

建筑师：Josep Llinas, Joan Vera
地址：Pza.Lesseps 20-22
类型：科教建筑
年代：2005

ote Zone

斗塞罗拉信号塔

见代未来主义建筑，高达288.4m，核心支撑结构是仅仅4.5m直径的混凝土空心柱，3个拉索保障立柱竖向承重，金属结构总重达3000吨。位于第十层有一个面向城市的观景平台。

文森之家

高迪获得建筑职业资格后完成的第一座建筑，装饰风格受到东方文化的影响并融合了西班牙伊斯兰穆德哈尔艺术风格。

哈梅福斯特图书馆

一种激进的形态暗示新城市节点的产生。建筑致力解决嘈杂环境下的图书馆需求，建筑外形隔绝噪声源并充分利用自然光。室内材料使用枫木和软胶质铺装，营造舒适氛围以降低不利的环境声影响。

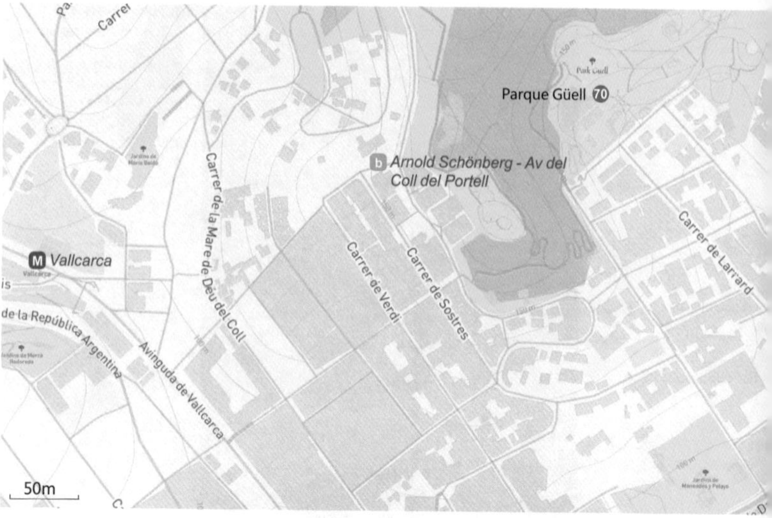

70 **桂尔公园**
Parque Güell

建筑师：安东尼奥・高迪 / Antoni Gaudí
地址：Carrer d'Olot, 7, 08024 Barcelona, Spain
类型：文化建筑
年代：1926
开放时间：周一至周日 8:00-21:30。

桂尔公园是世界遗产，是脱离城市喧嚣的世外桃源，它遵循高迪的有机曲线和自然形态美学，体现了建筑结构和环境的完美结合。

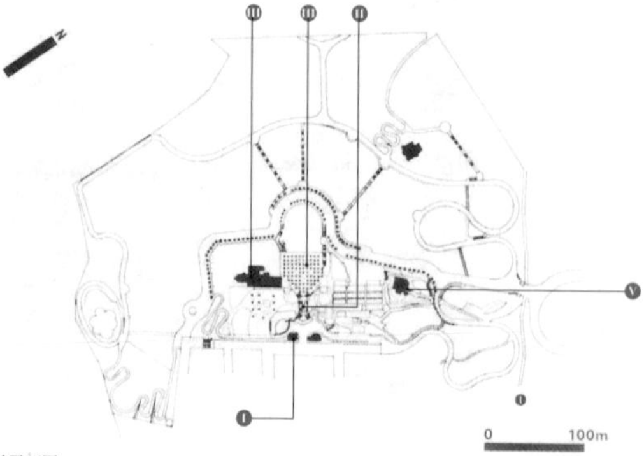

总平面图

设计背景：

公园的原主人桂尔（Eusebi Güell）原计划开发60座别墅，委托高迪完成规划与建筑设计。高迪提出了尊重环境的设计原则，例如控制建筑体量、保护原生树木、引入耐旱的地中海植物、建造适宜的引水灌溉系统等，实现了他的自然主义建筑学理念。项目最终仅建成2座别墅，后开放为市民公园。

大门与门卫建筑
Los Pabellones de Portería

主入口是一座仿棕榈树叶的铁艺大门。大门两侧是用加泰罗尼亚民族风格的陶瓷马赛克装饰屋顶的门卫建筑。左侧门卫依然在使用，有接待室和电话厅，右侧门卫是守门人的居住休息室（现属于公园博物馆展馆）。

龙台阶
La Escalinata del Dragón

主入口休息平台正对着明亮、宽阔的龙台阶，一条色彩斑斓的马赛克陶瓷装饰的蜥蜴雕塑守卫这里，它是桂尔公园的象征物，也是高迪创造的马赛克碎瓷工艺的重要代表作；台阶左右分设三段，直达上部的密柱大厅，底层右侧的荫庇洞穴用来停靠马车。

密柱大厅和大自然广场
La Sala Hipóstila y Plaza de la Naturaleza

龙台阶上是86根密布的粗柱大厅，柱子形式源自多立克柱式，它们支撑上部的大型平台，平台地面层具雨水收集功能。柱下空间作为居住区的市场功能；上部开敞的平台广场名为大自然广场（Plaça de la Natura）或希腊剧场，人们可以在广场周边波浪状的马赛克陶瓷靠椅上欣赏演出。

洗衣廊
El Pórtico de la Lavandera

洗衣廊位于大自然广场东侧的一段石砌柱廊，它代表了高迪有机主义的建筑特征，具有结构建筑和美学的双重意义。

高迪故居
Casa Gaudí

高迪生命最后的20年居住在这里，现收藏有他设计的家具用品。该建筑是桂尔公园仅完成的两座别墅之一。

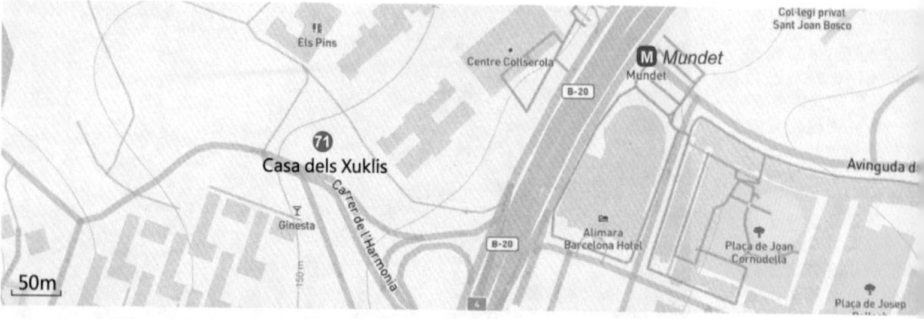
Col·legi privat
Sant Joan Bosco
Els Pins
Centre Collserola
Mundet
Mundet
B-20
71
Casa dels Xuklis
Carrer de l'Harmonia
Avinguda d
Ginesta
Alimara
Barcelona Hotel
Plaça de Joan
Cornudella
Plaça de Josep
50m

Carretera de la Platja
72 La Ricarda - Casa Gomi
Casa Gomis — La
Ricarda
Centre
d'Informació
Mirador de
l'Estany de l'Illa
b Camí de la Platja - Pineda de
Can Camins
50m

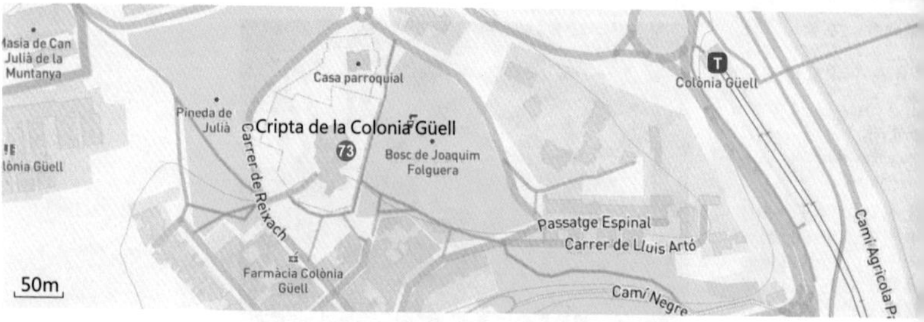
Casa parroquial
Colònia Güell
Pineda de
Julià
Cripta de la Colonia Güell
73
Bosc de Joaquim
Folguera
Carrer de Reixach
Passatge Espinal
Carrer de Lluis Artó
Farmàcia Colònia
Güell
Camí Negre
Camí Agricola
50m

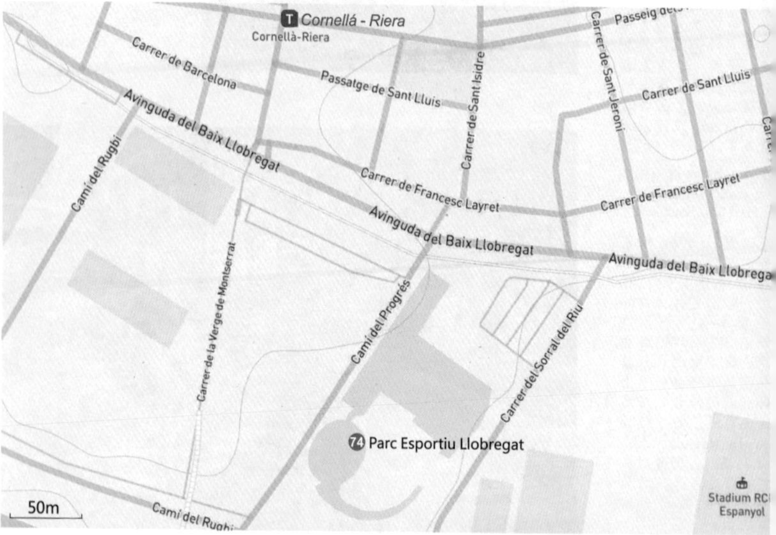
Cornellá - Riera
Cornellà-Riera
Carrer de Barcelona
Passatge de Sant Lluis
Carrer de Sant Isidre
Carrer de Sant Jeroni
Carrer de Sant Lluis
Avinguda del Baix Llobregat
Camí del Rugbi
Carrer de Francesc Layret
Carrer de Francesc Layret
Avinguda del Baix Llobregat
Avinguda del Baix Llobrega
Carrer de la Verge de Montserrat
Camí del Progrés
Carrer del Sorral del Riu
74 Parc Esportiu Llobregat
Stadium RC
Espanyol
50m

Note Zone

71 楚里斯癌症康复中心
Casa dels Xuklis

建筑师：MBM
地址：Carrer d'Hipàtia d'Alexandria, 5
类型：医疗建筑
年代：2011

72 戈米之家
La Ricarda - Casa Gomi

建筑师：Antonio Bonet
地址：Camí de Cal Minguet
类型：居住建筑
年代：1949
备注：距离巴塞罗那市中心20公里。
https://www.elprat.cat/turisme-i-territori/que-visitar/la-casa-gomis

73 小教堂地下室
Cripta de la Colonia Güell

建筑师：安东尼奥·高迪 / Antoni Gaudí
地址：Calle Claudi Güell, 08690 Colònia Güell, Santa Coloma de Cervelló
类型：宗教建筑
年代：1898
开放时间：5月1日至10月31日，周一至周五 10：00-19:00；11月1日至4月30日，周一至周五 10:00-17:00；周末及公共假日 10:00-15:00。

74 略布雷加特体育园
Parc Esportiu Llobregat

建筑师：阿尔瓦罗·西扎 / Alvaro Siza
地址：Avda.del Baix Llobregat, s/n, 08940 Cornellà de Llobregat
类型：体育建筑
年代：2006

楚里斯癌症康复中心

由合院组合的微住宅单元，为患癌症的儿童和家庭提供最大舒适度的住宿。它含有25个房间，以及图书馆、用餐区、厨房和会议室等。建筑形态充分考虑地中海气候的温度湿度以及通风。

戈米之家

地方理性主义建筑的代表。住宅坐落于邻近地中海的森林里，拱屋顶和周边起伏的松树和谐交融。建筑平面使用8.8m×8.8m模块化分隔，中央活动部分连接各个住宅分支。

小教堂地下室

高迪设计的一座未完成教堂的地下室，它体现了高迪在结构上的早期探索。他成功地实践了悬链拱结构，双曲抛物面外墙，使用了自然界中土地、植物的色彩和造型，亲自设计一部分家具和工艺品。

略布雷加特体育园

一座室内外泳池空间戏剧性连通的游泳馆。白色的建筑和室外泳池水体虚实对比。穹顶设计圆形的采光孔，在泳池水面投射出圆形光斑。

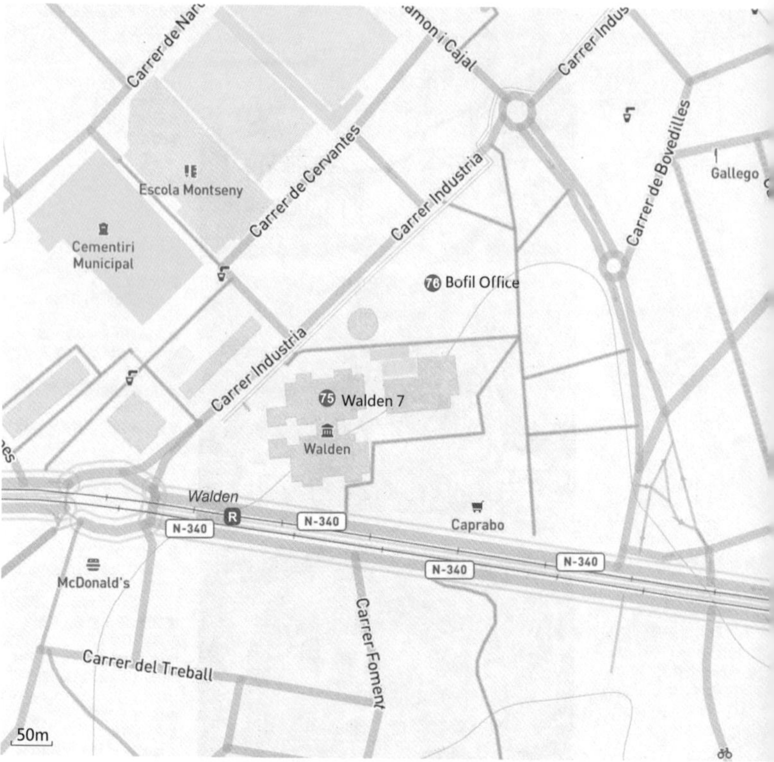

75 沃登七号
Walden 7

建筑师：里卡多·博菲尔 / Ricardo Bofill
地址：Ctra. Reial, 106, Sant Just Desvern
类型：居住建筑
年代：1970

沃登七号

一座包含446间公寓的集群住宅，包含18座塔楼，7个中庭，2个顶部游泳池，互相连接，以$30m^2$为一个单位模块进行不重复的组合。建筑师最初的想法是提供公共空间和公共花园，使居民能享受到提高的生活质量。

76 波菲尔建筑师事务所
Bofil Oficina

建筑师：里卡多·博菲尔 / Ricardo Bofill
地址：Av. de la Indústria, 14, Sant Just Desvern
类型：办公建筑
年代：1973

波菲尔建筑师事务所

从废弃水泥厂改建而成的建筑师事务所和自住宅，占地约$3100m^2$。建筑师与定向爆破家合作对厂房重建，拆除不合理结构，重塑空间逻辑，植物与建筑和谐相融。用立体交通解决大空间的迷失，最终实现现代化的使用，功能集合了画廊，工作室，花园，居家和办公等混合功能。

从魔力市场看 Torre Asbar / 6/20（摄影：曾皓）

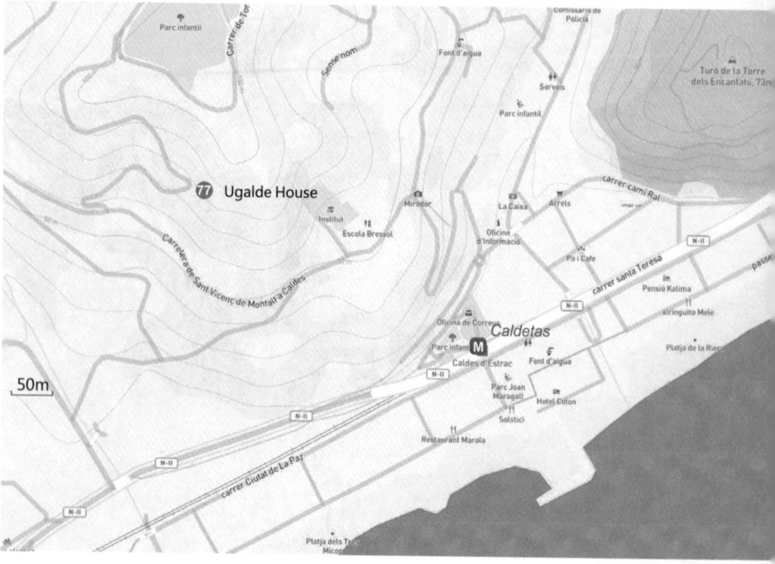

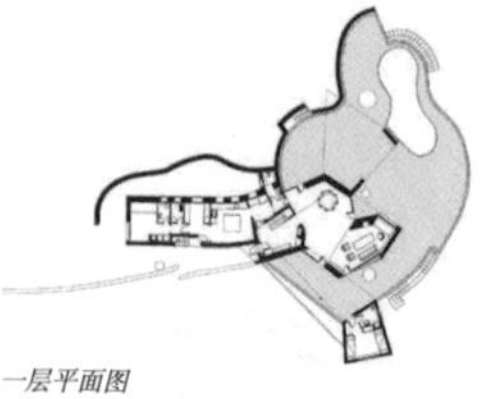
一层平面图

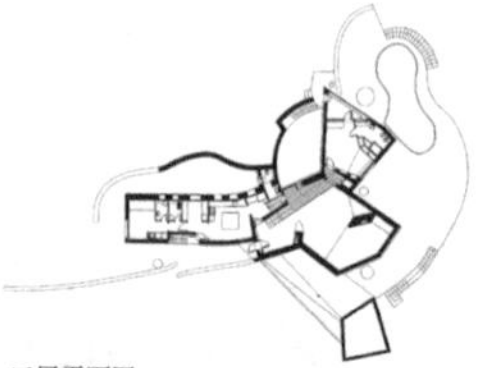
二层平面图

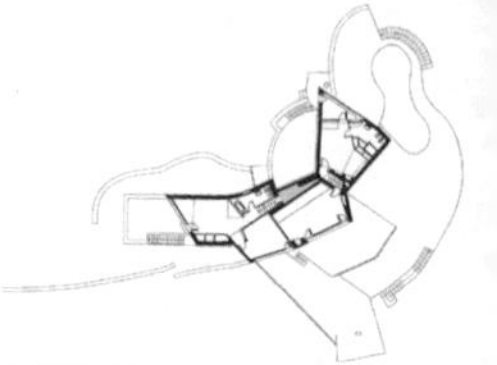
三层平面图

77 乌噶德住宅
Casa Ugalde

建筑师：José Antonio Coderch, Manuel Valls
地址：Carrer Torrenova, 16, Caldes d'Estrac
类型：办公建筑
年代：1951
备注：距离巴塞罗那市中心约40公里。

西班牙内战后，现代主义建筑重生的象征。建筑师通过灵活处理墙体和流动空间捕捉场场地的美妙风景，同时，适应地形起伏，尊重场地原有植被，以一组白色的建筑体量融入到场地环境中。

设计背景：

原建筑的主人因为对该地海景和原生林地的热爱，委任建筑师 Josep Antonio oderch 设计了这座两层楼的小型住宅和附属花园。它被誉为 0 世纪以来最重要的个人住宅建筑之一。

平面设计：

海景的观赏角度和场地原有的植物、地貌成为设计的出发点。建筑师致力于在这片林地里建造一座与环境和谐共生的有机建筑，平面随地形呈无规则形式布置，时刻保持着建筑空间内外的交流。

立面设计：

错落而别致的白色体块掩映在密林中；建筑通过底层开放的平台强化了横向的延展性。

建筑材料：

为了尊重环境，建筑使用了地中海传统的材料建造，例如砾石墙、混凝土、木构屋架和波形瓦等，地面用暗红的陶土铺装。

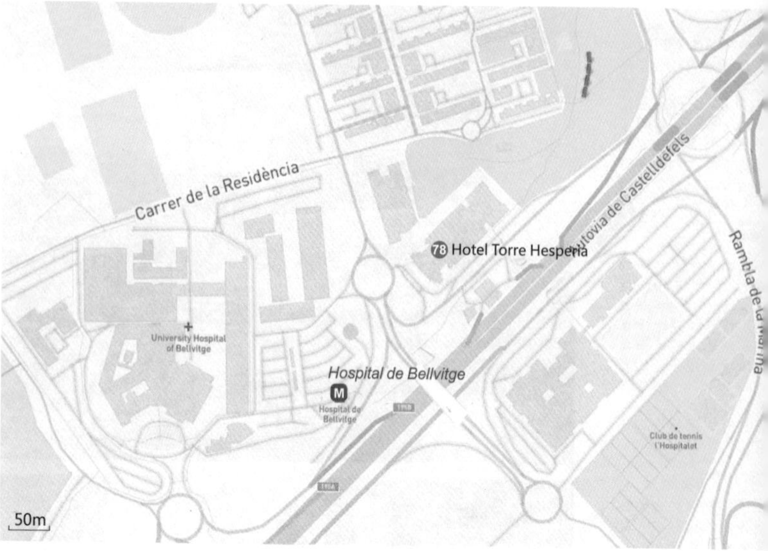

78 艾斯佩里酒店
Hotel Torre Hesperia

建筑师：理查德 · 罗杰斯 / Richard Rogers, Alonso y Balaguer
地址：Gran Via de les Corts Catalanes 144, l'Hospitalet del Llobregat
类型：居住建筑
年代：2003

该酒店为当代高技派建筑代表，总层数29层，高达105m。酒店分为中央客房和两翼垂直服务核心筒体，屋顶设置一个类似不明飞行物的悬浮奢华餐厅。斜桩基础支撑60m高的混凝土柱，提供建筑在松软河床之上的稳定性。钢筋混凝土主立面使用橙色铝板赋予酒店客房部分独特的外观。

33 · 巴达洛纳

建筑数量：03

01 市民文化中心 / Martínez Lapeña, Torres Tur
02 中学教学楼 / Miralles & Pinós
03 社区医疗中心 / Jordi Badia (BAAS)

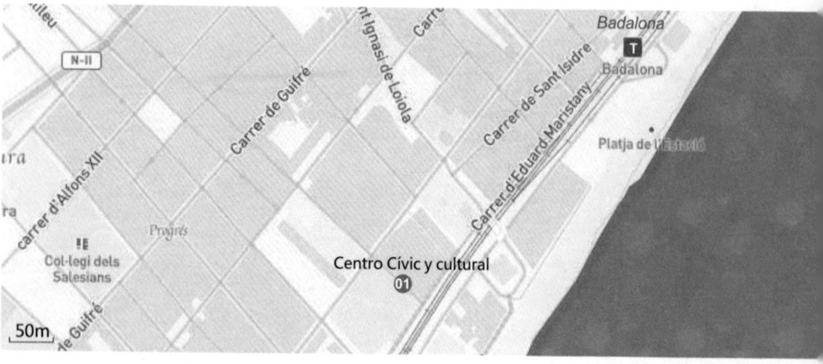
Badalona
Badalona
N-II
Carrer de Guifré
Carrer de Sant Isidre
Carrer d'Eduard Maristany
Platja de l'Estació
carrer d'Alfons XII
Progrés
Col·legi dels Salesians
Centro Cívic y cultural
01
50m

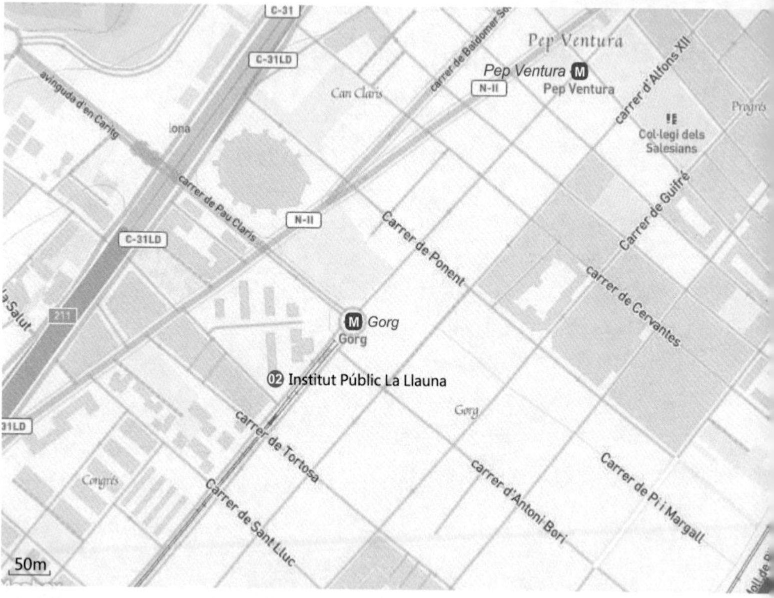
C-31
C-31LD
Pep Ventura
Pep Ventura
Pep Ventura
carrer d'Alfons XII
N-II
Can Claris
avinguda d'en Cartig
Col·legi dels Salesians
Progrés
carrer de Pau Claris
Carrer de Ponent
Carrer de Guifré
carrer de Cervantes
211
Gorg
Gorg
02 Institut Públic La Llauna
Gorg
carrer de Tortosa
Carrer de Sant Lluc
carrer d'Antoni Bori
Carrer de Pi i Margall
Congrés
50m

N-II
Dalt de la Vila
Via Augusta
C-31
03 Centro de salud
Coll i Pujol
Carrer del Rector
Badalona Pompeu Fabra
Badalona Pompeu Fabra
Centre
Carrer de Sant Pere
carrer d'Arnús
Carrer de Lleó
Carrer de Mar
Passeig Marítim
50m

ote Zone

01 市民文化中心
Centro Cívic y cultural

建筑师：Martínez Lapeña, Torres Tur
地址：Francesc Layret, 78-82, badalona
类型：文化建筑
年代：2012

02 公立高中
Institut Públic La Llauna

建筑师：Miralles & Pinós
地址：Carrer de Sagunt, 5, Badalona
类型：科教建筑
年代：1984

03 医疗中心
Centro de salud

建筑师：Jordi Badia (BAAS)
地址：Carrer General Weyler 44, Badalona
类型：医疗建筑
年代：2010

市民文化中心

新市民活动中心，顶部的3层建筑使用悬臂结构，体量互相重叠产生旋转偏移，白色铝百叶板围合外立面，可以过滤日光并给予建筑一个类似灯塔的海景意象。

公立高中

由旧厂房改建的一座公立学校建筑。建筑师重新建立了一套剖向优先的钢结构体系，很好的解决教育功能的复杂需求。

医疗中心

新建筑和广场见证了巴达洛纳城市激烈的进化过程，原有工业化留下的空地被新的公共服务设施所取代，建筑以内敛的立方体和精细的立面格网设计试图重新振奋公共空间的向心力，改善邻里空间的生活质量。

34 · 伊瓜拉达

建筑数量：01

01 伊瓜拉达新墓园 / 米拉莱斯 & 碧诺斯

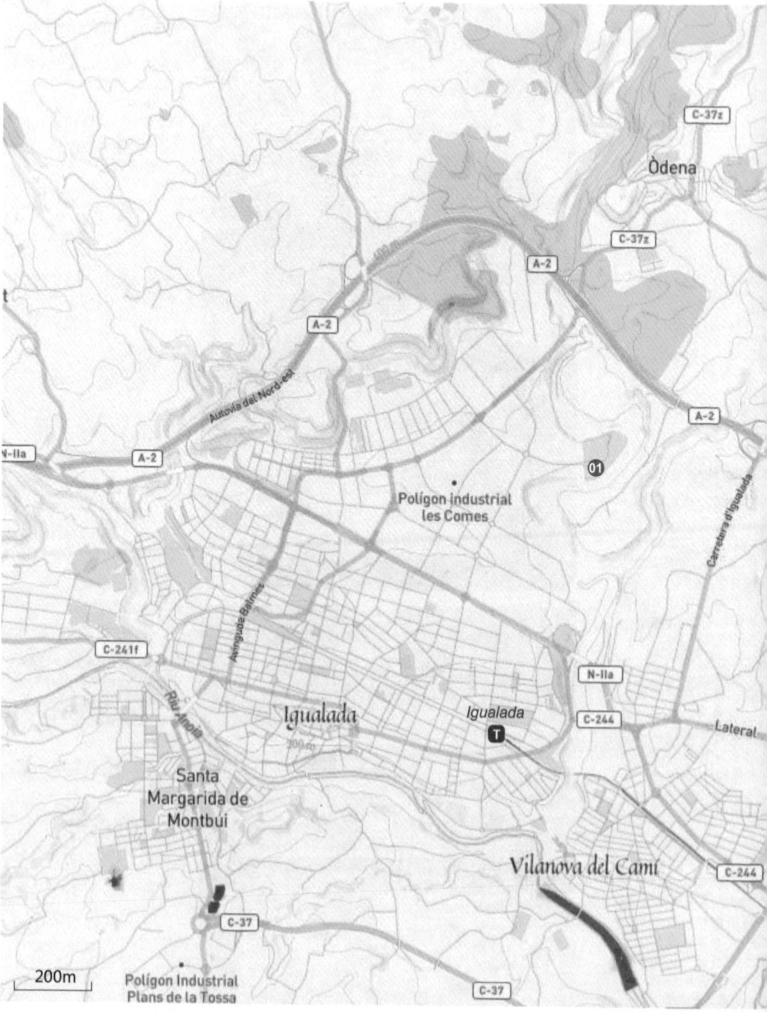
C-37z
Òdena
C-37z
A-2
A-2
Autovia del Nord-est
A-2
N-IIa
A-2
01
Polígon industrial
les Comes
Carretera d'Igualada
Avinguda Balmes
C-241f
N-IIa
Riu Anoia
Igualada
Igualada
C-244
Lateral
Santa
Margarida de
Montbui
Vilanova del Camí
C-244
C-37
200m
Polígon Industrial
Plans de la Tossa
C-37

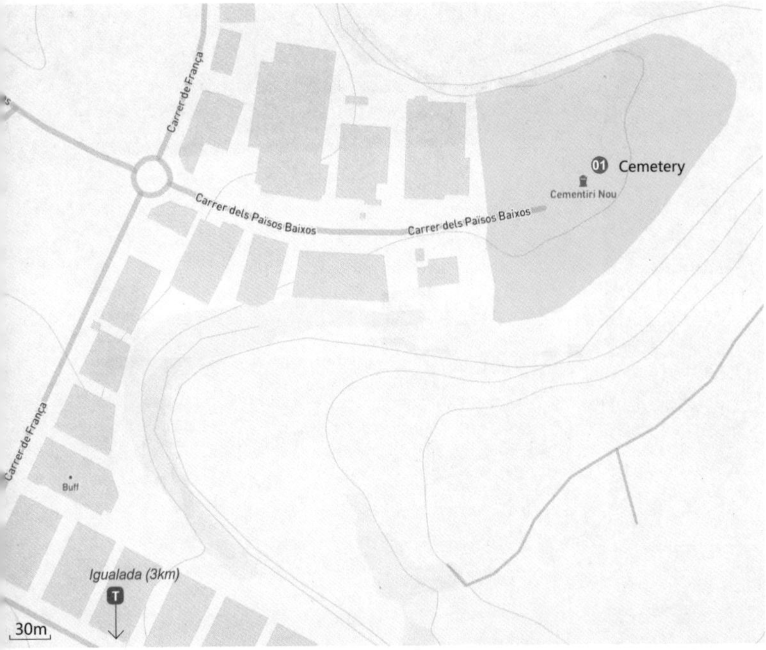

01 伊瓜拉达新墓园
Cemetery

建筑师 :米拉莱斯 & 碧诺斯 / Miralles & Pinós
地址 : Av.de los Países Bajos s/n. Igualada
类型 :其他 / 殡葬建筑
年代 :1985

伊瓜拉达新墓园

西班牙在20世纪建成的最诗意化的建筑作品。它位于镇区与河谷之间的土丘中，墓园规划回应了前二者地形，用地景工程的处理技巧将墓园融入环境。建筑师营造了一座充满寓意的墓地，步行线路解释生命的周期和轮回展现“过去”“现在”“未来”的空间意义，而同时模糊了“生”与“死”对立的关系。墓园伴随地貌的起伏分隔数层台地，平衡土方工程。混凝土、石材、木板、石笼网侧墙，拙朴的建筑材料区别于自然环境的审美，呈现了时光的痕迹。2000年突患脑癌的建筑师病逝后埋葬于此。

伊瓜拉达新墓园 / Miralles & Pinós

35 · 赫罗纳

建筑数量：03

01 赫罗纳大教堂
02 法律系教学楼 / RCR 建筑事务所
03 贝洛克酒庄 /RCR 建筑事务所

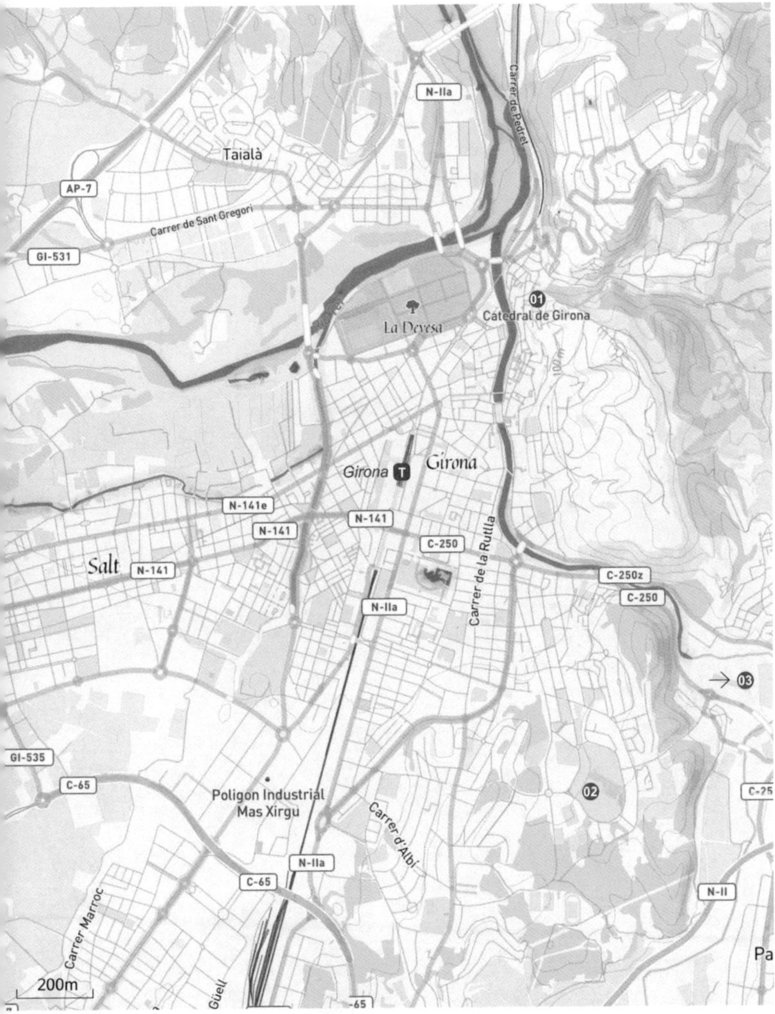

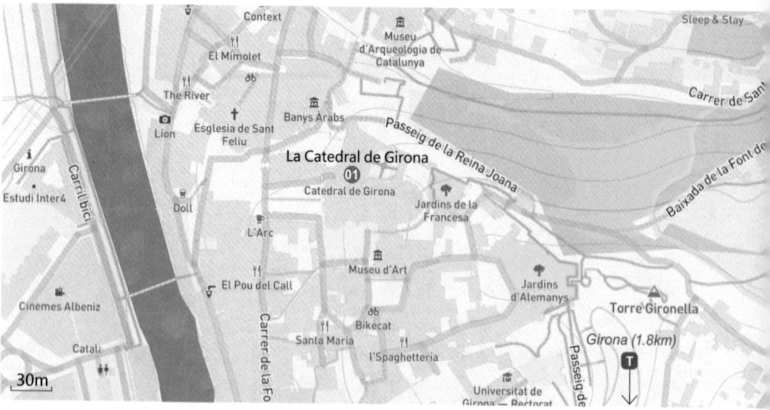
Context
El Mimolet
Museu d'Arqueologia de Catalunya
Sleep & Stay
Carrer de Sant
The River
Banys Àrabs
Lion
Esglesia de Sant Feliu
Passeig de la Reina Joana
Girona
Estudi Inter4
Carril bici
La Catedral de Girona
01
Catedral de Girona
Baixada de la Font de
Doll
Jardins de la Francesa
L'Arc
Museu d'Art
Cinemes Albeniz
El Pou del Call
Jardins d'Alemanys
Torre Gironella
Bikecat
Carrer de la Fo
Santa Maria
l'Spaghetteria
Girona (1.8km)
Passeig de
Catal
30m
Universitat de Girona — Rectorat

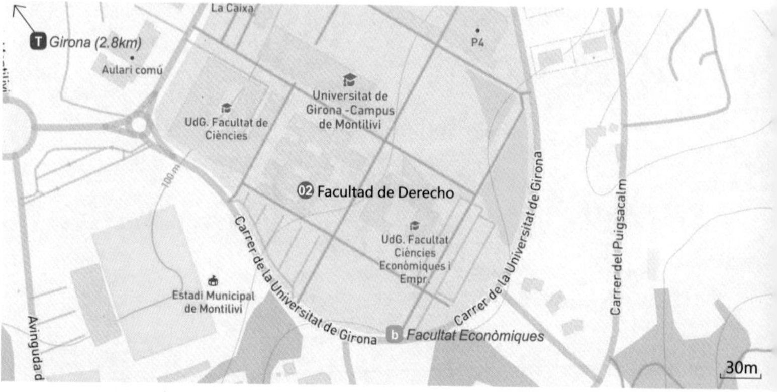
La Caixa
Girona (2.8km)
P4
Aulari comú
Universitat de Girona -Campus de Montilivi
UdG. Facultat de Ciències
02 Facultad de Derecho
Carrer de la Universitat de Girona
Carrer del Puigsacalm
UdG. Facultat Ciències Econòmiques i Empr.
Estadi Municipal de Montilivi
Avinguda d
Facultat Econòmiques
30m

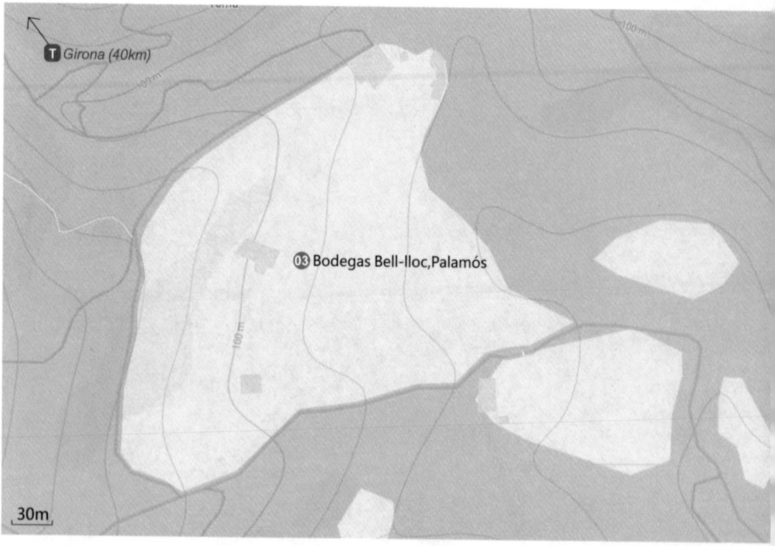
Girona (40km)
03 Bodegas Bell-lloc,Palamós
30m

ote Zone

01 **大教堂**
La Catedral de Girona

建筑师：不详
地址：Plaça de la Catedral
类型：宗教建筑
年代：1417

02 **法律系教学楼**
Facultad de Derecho

建筑师：RCR 建筑事务所
地址：Carrer Universitat de Girona, 12
类型：科教建筑
年代：1999

03 **贝洛克酒庄**
Bodegas Bell-lloc,Palamós

建筑师：RCR 建筑事务所
地址：Camí a Bell-lloc, 63 Palamós
类型：工业建筑
年代：2007
开放时间：除一月外，全年开放。
备注：位于赫罗纳市下辖 Palamos 市镇郊区，距离赫罗纳市中心约 40 公里。
www.fincabell-lloc.com

大教堂

城市最高点上的教堂，它始建于公元 11 世纪罗马式风格，直到 13 世纪进入哥特式风格，依然保存了罗马式的修道院内院以及 1040 年建成的塔楼。1730 年的建设中又融入了巴洛克风格的立面。大教堂外侧的大台阶通向主入口和哥特式柱廊。

法律系教学楼

建筑师试图在新的校园中建立不同教学楼之间的秩序感。为了产生建筑与环境景观的对话，设计上使用错列的布局，弱化建筑体量，这种水平的韵律感是建筑师极小化空间的尝试，目的是为了创造内部空间的私密性和归属感。

贝洛克酒庄

沿着森林通往建筑的一段地下长廊，建筑师希望室内空间体现土地的光影和质感。地下酒廊提供温、湿度环境，钢板、石材和土壤在地下世界营造出独特的氛围。

36・菲格拉斯

建筑数量：02

01 达利剧院博物馆 / Joaquim de Ros i Ramis & Alexandre Bonaterra
02 达利之家 /Salvador Dalí（室内）

Note Zone

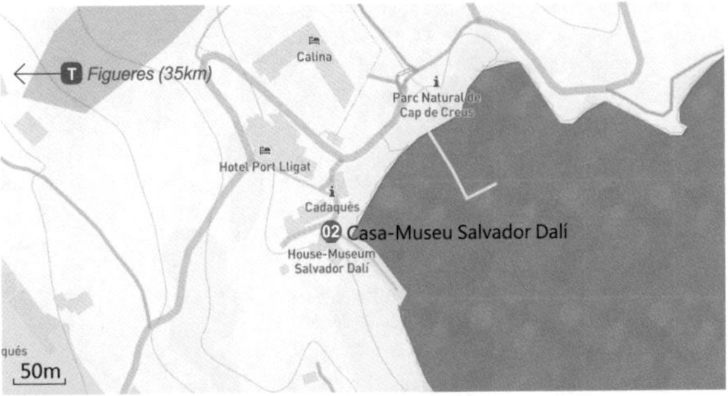

达利剧院博物馆

艺术家达利设计建造的一座超现实主义的大型博物馆，他希望带给参观者一种夸张的戏剧情节。博物馆在原来西班牙内战后荒弃的城市剧院上重建，达利青年时期曾在剧院举办艺术展。它的外立面贴饰了黄色面包状的雕塑、深红色墙面，以现实主义手法隐喻了艺术的消费主义趋势，红、黄的色彩象征加泰罗尼亚文化；屋顶的巨蛋雕塑表达了生命的孕育和诞生，是希望和爱的精神符号。建筑的原剧场舞台用巨大的玻璃穹顶网结构遮罩，达利的墓葬位于舞台下方。原观众席空间改为一处公共庭院，这里摆设了达利创作的众多装置艺术。

01 达利剧院博物馆
Dalí Teatro-Museo

建筑师：Joaquim de Ros i Ramis & Alexandre Bonaterra
地址：Plaça Gala i Salvador Dalí, 5, Figueres
类型：文化建筑
年代：1974
开放时间：1月1日至2月18日 10:30-18:00；3月1日至3月31日 9:30-18:00；4月1日至6月30日 9:00-20:00；7月1日至9月30日 9:00-20:00；10月1日至10月31日 9:30-18:00；11月1日至12月31日 10:30-18:00。

达利之家

1930—1982年，艺术家达利在这里生活与工作。建筑与室内设计部分出自达利之手，具有浓厚的波普艺术氛围。建筑从接待厅开始，通过窄小的走廊、变化的台阶和暗道逐步观赏艺术家的私人生活空间。大部分的房间使用了独特的开窗造型和比例，窗外是达利一生钟爱的地中海滨海景观、里伽特渔港。

02 达利之家
Casa-Museu Salvador Dalí

建筑师 Salvador Dalí（室内）
地址：Platja Portlligat, s/n, 17488 Cadaqués
类型：文化建筑
年代：始建不详
开放时间：周一至周日 9:30-20:10。
备注：位于菲格拉斯市下辖 Cadaques 市镇东郊 1 公里，距离菲格拉斯市中心约 35 公里。

37 · 奥洛特

建筑数量：02

01 拉斯·柯斯酒店 / RCR 建筑事务所
02 图索斯体育场 / RCR 建筑事务所

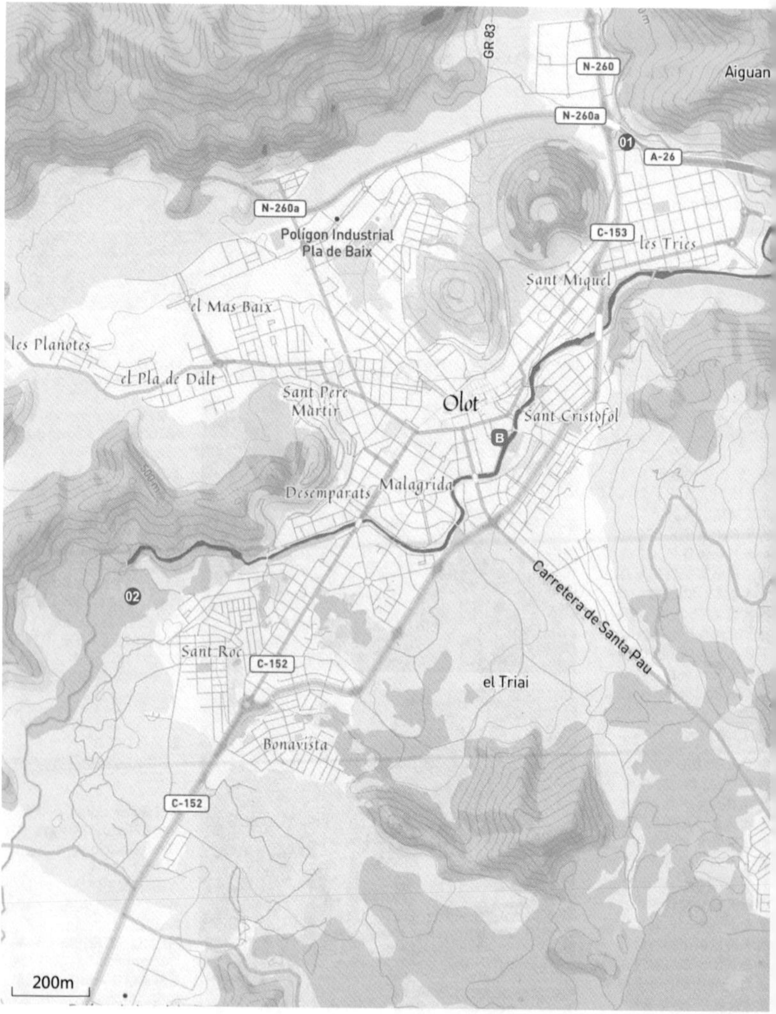

Note Zone

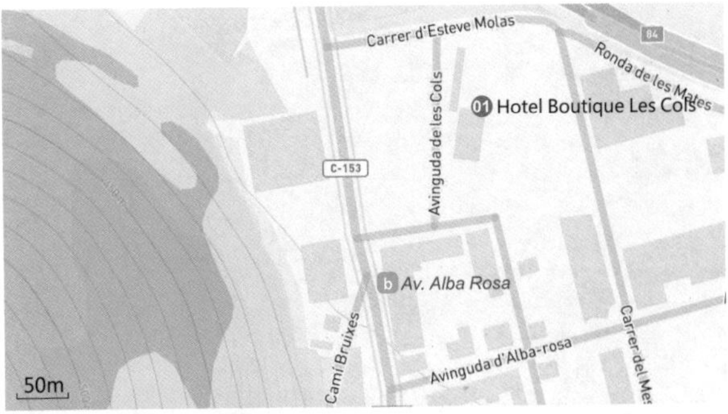

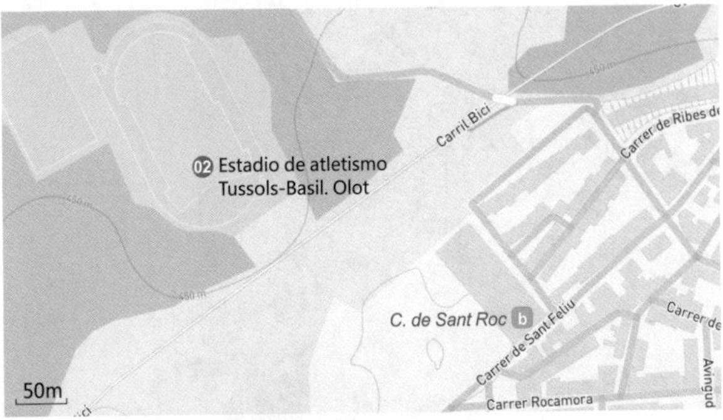

01 拉斯 · 柯斯酒店
Hotel Boutique Les Cols

建筑师 :RCR 建筑事务所
地址 : Lugar Mas les Cols, 0 S/N, Olot
类型 :旅馆建筑
年代 :2005

02 图索斯体育场
Estadio de atletismo Tussols-Basil

建筑师 :RCR 建筑事务所
地址 : Carror Sant Feliu
类型 :体育建筑
年代 :1991

拉斯 · 柯斯酒店

一座脱离世俗的精品酒店，有6组钢结构的透明立方体套房，悬浮在天与地之间，通过建筑手法的处理，入住者自由感受环境的变化。地面肌理源自本地火山地貌，落叶与苔藓的生长呈现出空间的生命力。

图索斯体育场

体育竞技场跑道融入一片自然的栎树丛林里，介于树林和体育场之间的是不同坡度的看台。入口由两座正交的竖墙支撑大屋顶，它随着面向体育场的开敞瞭望台通过坡道引入体育场内。建筑材料考虑与场地的两种关系，暗红色的耐候钢与自然背景对比强烈，而大片玻璃面板的反射则表达出自然空间的延伸。

图索斯体育场 / RCR 建筑事务所

38 · 莱里达

建筑数量：04

01 莱里达大教堂
02 苏达城堡
03 法院 / B01 arquitectes
04 会展中心 / Mecanoo & LABB

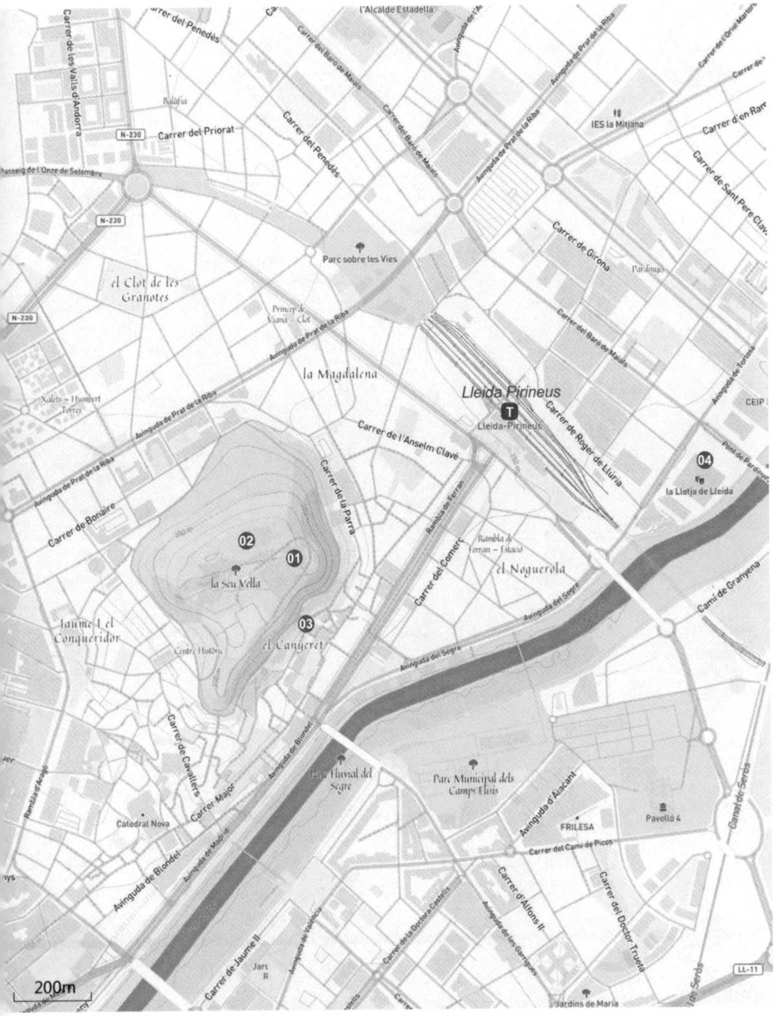

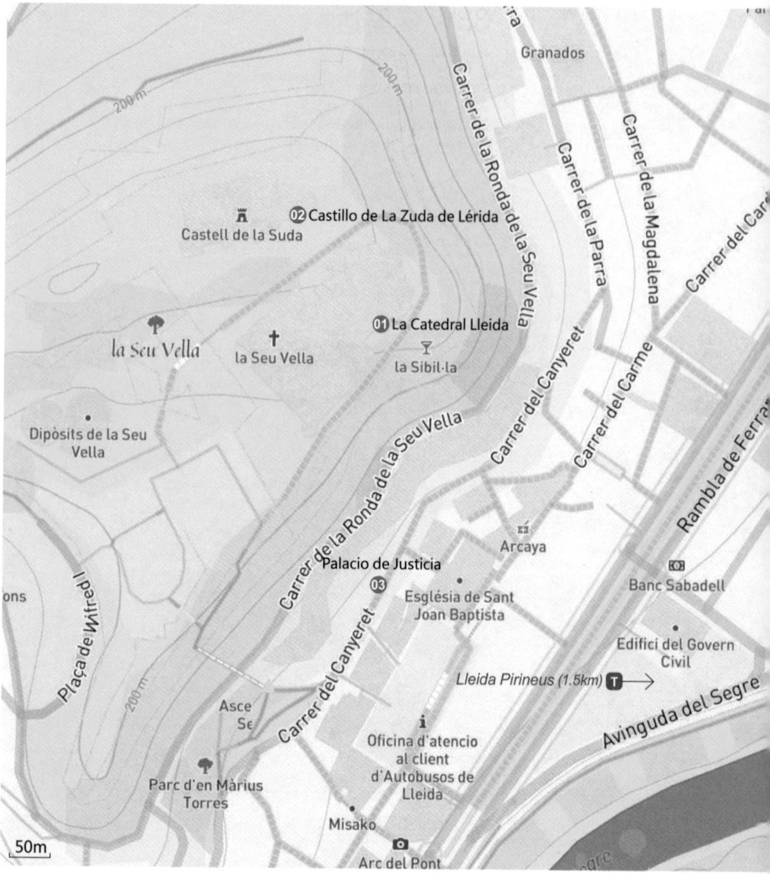
Granados
Carrer de la Ronda de la Seu Vella
Carrer de la Parra
Carrer de la Magdalena
Carrer del Carme
Carrer del Canyeret
Castell de la Suda
02 Castillo de La Zuda de Lérida
01 La Catedral Lleida
la Seu Vella
la Seu Vella
la Sibil·la
Dipòsits de la Seu Vella
Rambla de Ferran
Arcaya
Palacio de Justicia
03
Església de Sant Joan Baptista
Banc Sabadell
Edifici del Govern Civil
Lleida Pirineus (1.5km)
Avinguda del Segre
Plaça de Wifred I
Parc d'en Màrius Torres
Oficina d'atencio al client d'Autobusos de Lleida
Misako
Arc del Pont
200 m
50m

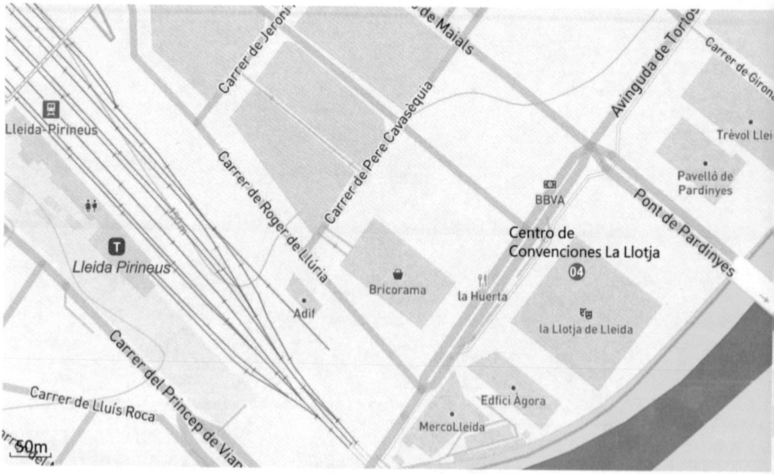
de Maials
Carrer de Jeroni
Avinguda de Tortosa
Carrer de Girona
Trèvol Llei
Lleida-Pirineus
Carrer de Pere Cavasèquia
Carrer de Roger de Llúria
Pavelló de Pardinyes
BBVA
Pont de Pardinyes
Centro de Convenciones La Llotja
04
Lleida Pirineus
Bricorama
la Huerta
Adif
la Llotja de Lleida
Carrer del Príncep de Viana
Carrer de Lluís Roca
Edifici Àgora
MercoLleida
50m

ote Zone

01 莱里达大教堂
La Catedral Lleida

建筑师：不详
地址：Plaça Hispanoamèrica, 1
类型：宗教建筑
年代：9-12 世纪

02 苏达城堡
Castillo de La Zuda de Lérida

建筑师：不详
地址：Plaça Hispanoamèrica, 1
类型：历史建筑
年代：9 世纪

03 法院
Palacio de Justicia

建筑师：B01 arquitectes
地址：Carrer del Canyeret, 5
类型：办公建筑
年代：1990

04 会展中心
Centro de Convenciones La Llotja

建筑师：Mecanoo & LABB
地址：Avinguda de Tortosa, 4
类型：文化建筑
年代：2009

莱里达大教堂

立于山顶的罗马式天主教堂，是罗马式建筑向哥特风过渡时期建成，平面是拉丁十字式长方形教堂，一个长廊和两个过廊。八边形塔楼，直径 12.65m，顶部直径 .62m，塔高 60m，共 38 个台阶，中央修砌了个半圆形壁龛。修道院回廊是欧洲最大的实例之一，靠近教堂正门，17 座华丽的哥特式廊窗向整个城市展开。

苏达城堡

原建筑是古代科尔多瓦的哈里发王朝建造的城堡，在阿拉贡王朝时期被改建为皇宫，将原木质吊顶改为石肋拱。矩形平面中各个独立单元围绕中央庭院布置，北侧是全视角观察哨，东侧设置皇家祈祷室。

法院

一座创造性类型的法院建筑，内部通廊连接不同的垂直交通空间，办公室高窗纤细深远，避免过度日照。主立面和屋顶面非常重要，随着地形横向延展，体现理性的、冷静的、文明的建筑情感。

会展中心

一座具有悬挑结构的大尺度建筑，提供与城市、山脉与河流建立全方位对话的模式。悬挑空间应用灵活，满足会议、展览、文艺演出和节庆聚会的需求。

莱里达大教堂庭院内廊

39 · 塔拉戈纳

建筑数量：06

01 罗马剧场
02 罗马竞技场
03 大都会剧院 /Josep Maria Jujol
04 塔拉戈纳市政府 / 亚历杭德罗 · 德 · 拉 · 索塔
05 罗马水渠
06 波夫莱特修道院

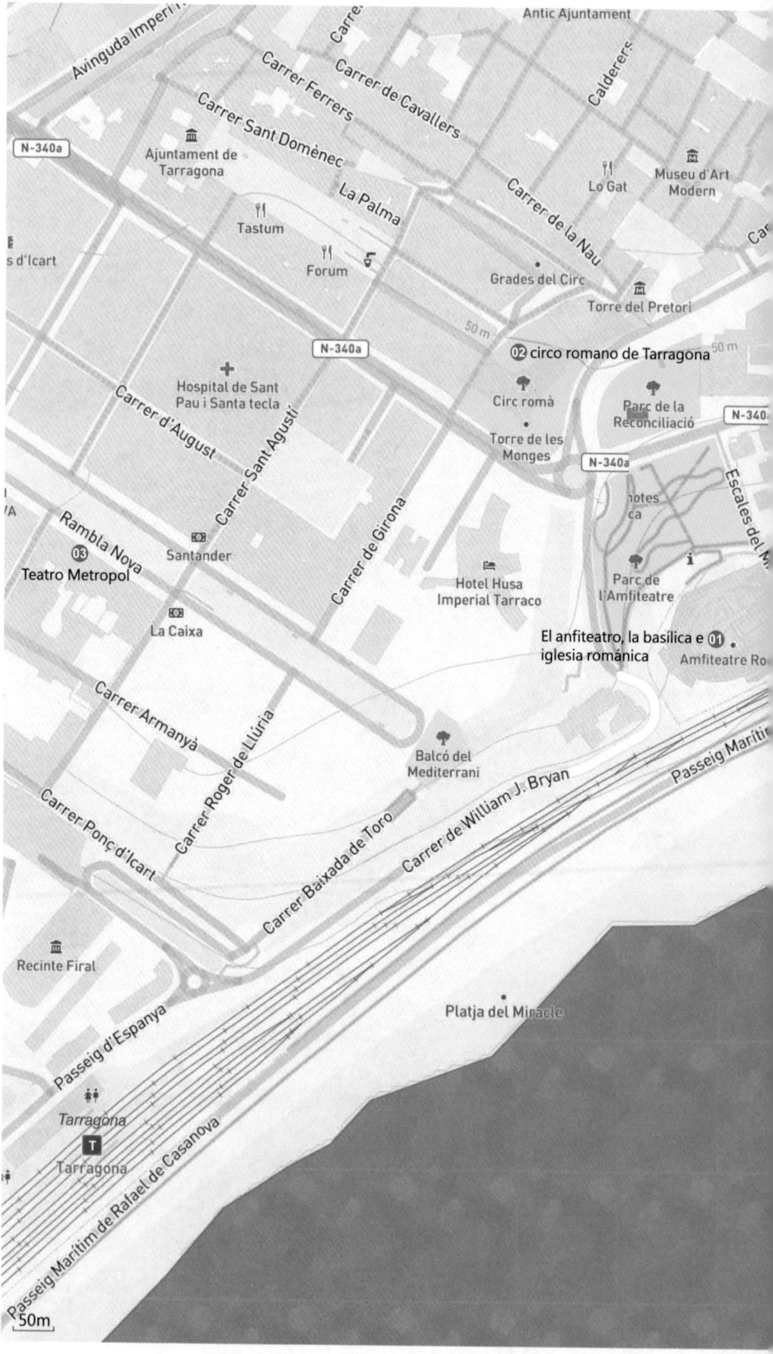
Antic Ajuntament
Avinguda Imperi
Carrer Ferrers
Carrer de Cavallers
Calderers
Carrer Sant Domènec
N-340a
Ajuntament de Tarragona
Museu d'Art Modern
Lo Gat
La Palma
Tastum
Carrer de la Nau
s d'Icart
Forum
Grades del Circ
Torre del Pretori
50 m
N-340a
02 circo romano de Tarragona
Hospital de Sant Pau i Santa tecla
Circ romà
Parc de la Reconciliació
N-340
Carrer d'August
Torre de les Monges
N-340a
Carrer Sant Agustí
Escales del
Rambla Nova
Santander
Carrer de Girona
03
Teatro Metropol
Hotel Husa Imperial Tarraco
Parc de l'Amfiteatre
La Caixa
El anfiteatro, la basílica e 01 iglesia románica
Amfiteatre Ro
Carrer Armanyà
Carrer Roger de Llúria
Balcó del Mediterrani
Passeig Marítim
Carrer Ponç d'Icart
Carrer de William J. Bryan
Carrer Baixada de Toro
Recinte Firal
Platja del Miracle
Passeig d'Espanya
Tarragona
Tarragona
Passeig Marítim de Rafael de Casanova
50m

01 罗马剧场
El anfiteatro, la Basílica e Iglesia Románica

建筑师：不详
地址：Parc de l'anfiteatre, s/n
类型：历史建筑
年代：2 世纪
开放时间：3 月 27 日至 9 月 30 日，周二至周六 9 : 00-21 : 00；1 月 2 日至 3 月 25 日，10 月 1 日至 12 月 31 日，周二至周六 9:00-17:00；周日与公共节日 9:00-15:00。

罗马剧场是世界遗产，能容纳 1 万 3 千人的露天圆形剧场，通过重建修复还原了建筑原貌。剧场基础保存了局部 6 世纪哥特教堂和 12 世纪罗马式教堂的遗迹。

02 罗马竞技场
Circo Romano de Tarragona

建筑师：不详
地址：Rambla Vella, 2
类型：历史建筑
年代：1 世纪
开放时间：3 月 27 日至 9 月 30 日，周一 9:00-15:00，周二至周六 9 : 00-21 : 00；1 月 2 日至 3 月 25 日，10 月 1 日至 12 月 31 日，周二至周五 9:00-17:30，周六 9:00-19:00；周日与公共假日 9:00-15:00。

罗马竞技场是世界遗产，保存完好的罗马帝国竞技场，代表帝国时期最典型的市民休闲活动，含有进行马车竞赛的环形道路。

03 大都会剧院
Teatro Metropol

建筑师：Josep Maria Jujol
地址：Rambla Nova 46
类型：剧场建筑
年代：1908/1992

1908 年青年建筑师胡霍在跟随建筑师高迪完成巴特罗之家后，设计了这座剧院，使用了自然造型的室内装饰。1991 年何塞 · 里纳斯进行重建设计。

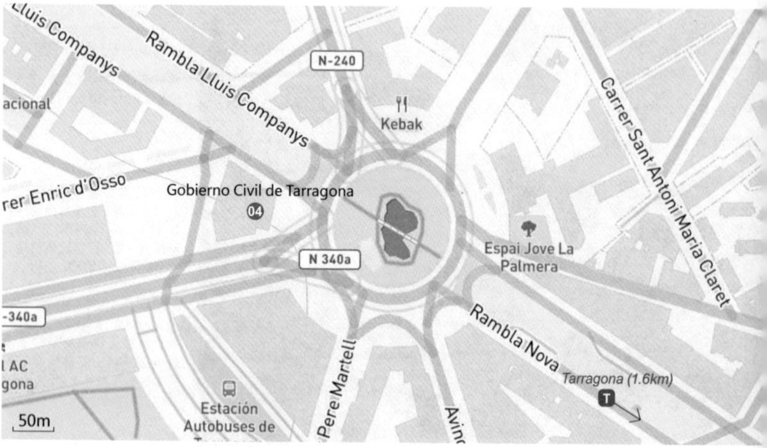
Lluis Companys
Rambla Lluis Companys
N-240
Kebak
acional
rrer Enric d'Osso
Gobierno Civil de Tarragona
04
Carrer Sant Antoni Maria Claret
Espai Jove La Palmera
N 340a
-340a
Rambla Nova
l AC
gona
Tarragona (1.6km)
Estación Autobuses de
Pere Martell
Avin
50m

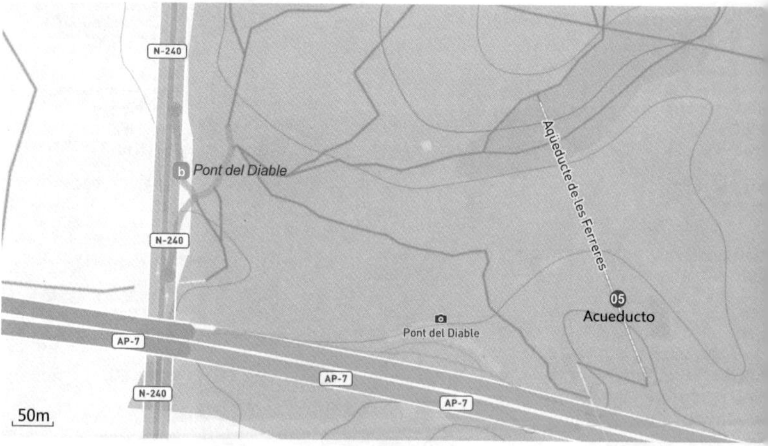
N-240
Pont del Diable
Aqüeducte de les Ferreres
N-240
05
Acueducto
Pont del Diable
AP-7
AP-7
AP-7
N-240
50m

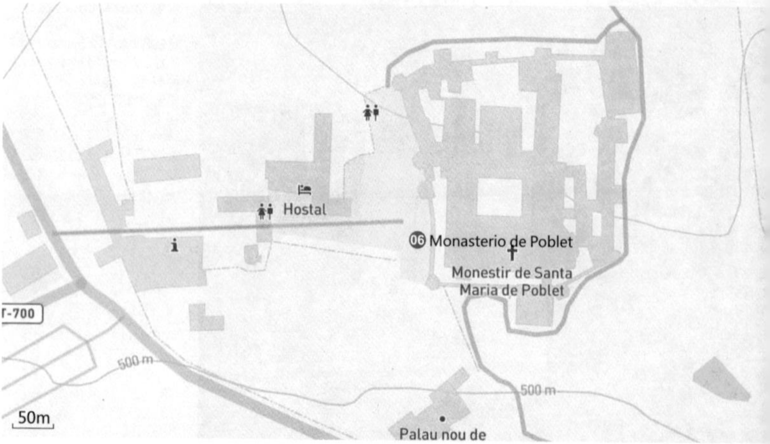
Hostal
06 Monasterio de Poblet
Monestir de Santa Maria de Poblet
T-700
500 m
500 m
50m
Palau nou de

ote Zone

拉戈纳市政府

班牙现代主义建筑大
索塔具有里程碑式的
表作，象征西班牙内
结束后从折中主义时
走向国际式的符号，也
表了 20 世纪下半叶西
牙青年建筑师实践的
兴。建筑采用非对称
立面构图，深层的外
石材表达质量感，立
内凹的开口暗示从公
大厅到顶层市长办公
等级差别。

**马水渠
世界遗产）**

古老的罗马水渠，原
25km 通往塔拉戈纳
市。保存的这一段位
城北 4 公里处，长
17m，高 27m，具有
层拱结构，以干石叠
。水渠南端点标高比
端点降低 40cm，以利
向城市方向供水。

**夫莱特修道院
世界遗产）**

道院曾是阿拉贡和加
罗尼亚王国防御性的
殿。修道院分为 3 部
，第一层外部卫城，建
16 世纪，设置库房、工
和生活社区，以及一
哥特时期的圣乔治小
堂；第二层围绕主广
展开，含有为穷人建
的医院，罗马式的圣
塔琳娜小教堂，以及
库；第三层是具有防
功能的核心层，包含
区、修道学院和修道
生活区。它具有独特
艺术成就，展示 12–14
纪西多会教派的祭坛
塑风格。修道院建筑
合体形式适应各种特
功能，是最大规模的
多会教堂建筑之一。

04 塔拉戈纳市政府
Gobierno Civil de Tarragona

建筑师：亚历杭德罗·德·拉·索塔 / Alejandro de la Sota
地址：Plaza Imperial Tarraco 3
类型：办公建筑
年代：1959

05 罗马水渠
Acueducto

建筑师：不详
地址：Pàrquing Pont del Diable de Tarragona
类型：历史建筑
年代：公元前 1 世纪

06 波夫莱特修道院
Monasterio de Poblet

建筑师：不详
地址：Plaza Corona de Aragón, 11, 43448 Poblet, Tarragona
类型：宗教建筑
年代：12 世纪
开放时间：10 月 13 日至次年 3 月 15 日，周一至周五 10 : 00-12 : 30，15:00-17:25；3 月 16 日至 10 月 12 日，周一至周五 10:00-12:30,15:00-17:55；周日与宗教节日 10:30-12:25, 15:00-17:25。
备注：距离塔拉戈纳市中心约 50 公里。

罗马剧场

40 · 巴伦西亚

建筑数量：17

01 圣卡塔利娜塔教堂
02 巴伦西亚商会
03 中央市场 /Francesc Guàrdia i Vial, Alexandre Soler
04 马尔克斯德宫（国家陶瓷博物馆和冈萨雷斯马蒂艺术中心）/ Hipólito Rovira
05 巴伦西亚市政厅
06 现代博物馆 /Guillermo Vázquez Consuegra
07 科隆市场 /Francisco Mora Berenguer
08 音乐宫 /José María García de Paredes, Eduardo de Miguel
09 表演艺术中心 / 圣地亚哥 · 卡拉特拉瓦
10 半球剧场 / 圣地亚哥 · 卡拉特拉瓦
11 科学馆 / 圣地亚哥 · 卡拉特拉瓦
12 城市阳伞 / 圣地亚哥 · 卡拉特拉瓦
13 亚速德奥桥 / 圣地亚哥 · 卡拉特拉瓦
14 亚戈拉综合馆 / 圣地亚哥 · 卡拉特拉瓦
15 水族馆 /Félix Candela Outeriño
16 文化中心 /Eduardo de Miguel Arbones
17 美洲杯帆船赛馆 / 戴维 · 奇普菲尔德 & b720

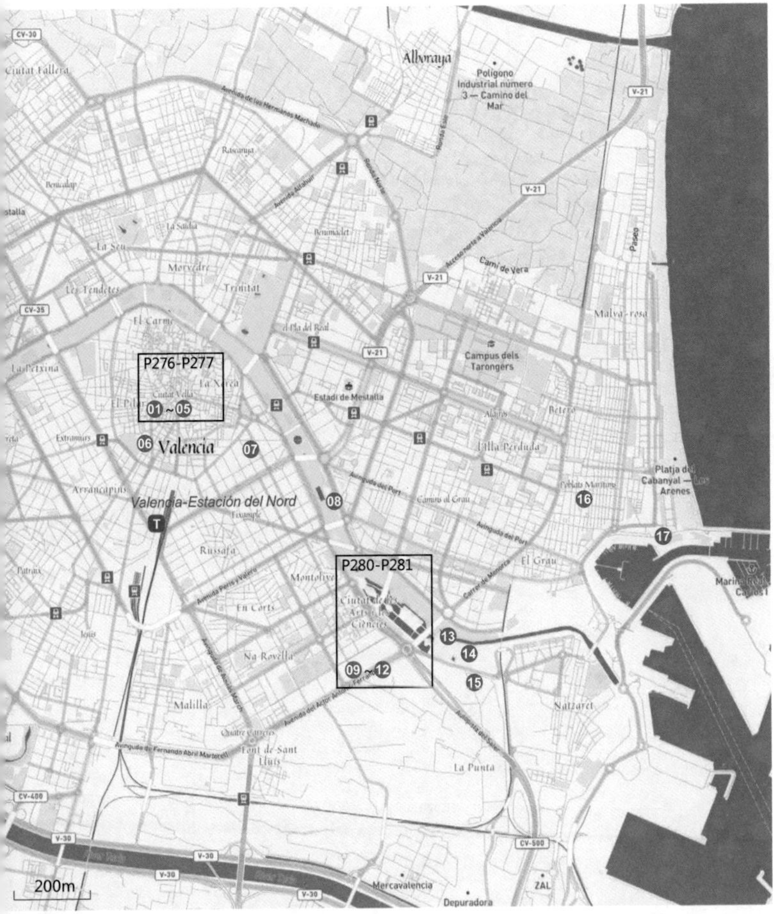

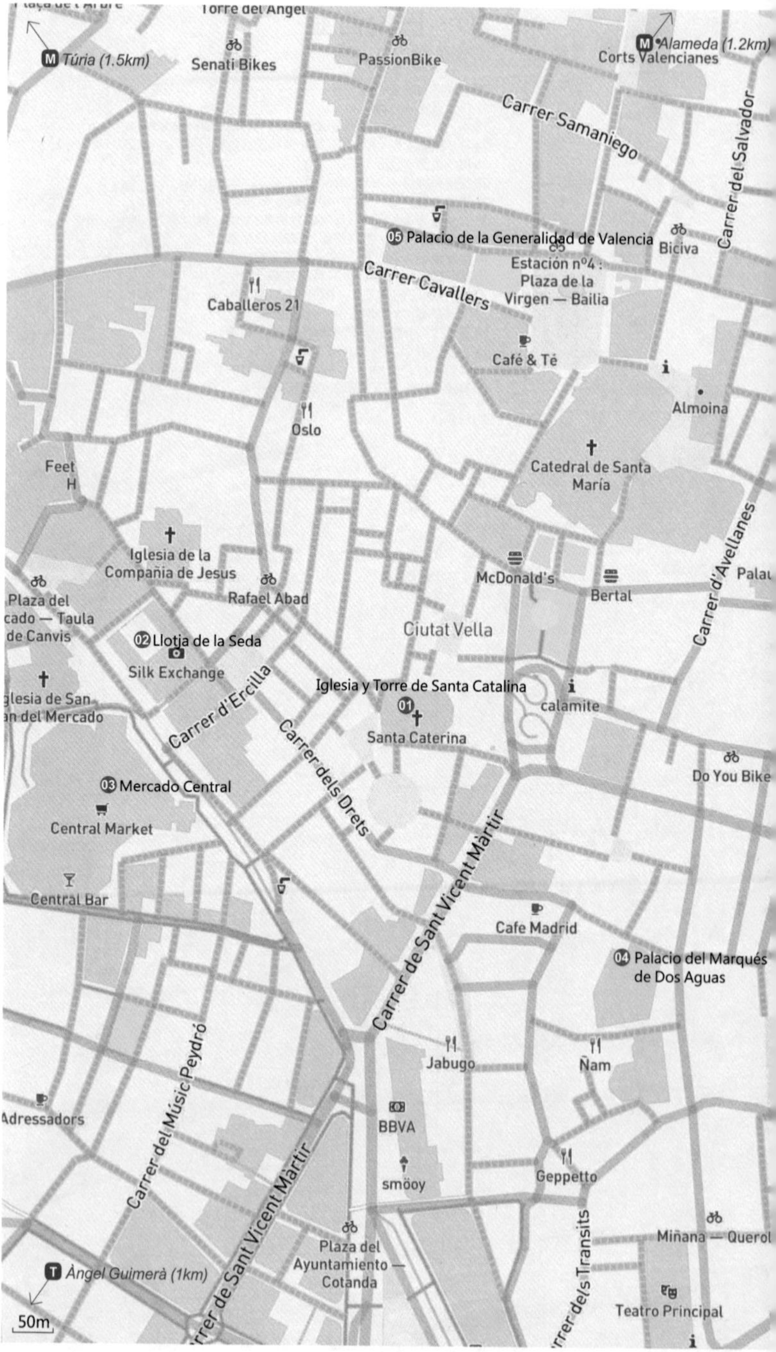
Torre del Angel
Túria (1.5km)
Senati Bikes
PassionBike
Alameda (1.2km)
Corts Valencianes
Carrer Samaniego
Carrer del Salvador
05 Palacio de la Generalidad de Valencia
Biciva
Estación nº4 : Plaza de la Virgen — Bailia
Carrer Cavallers
Caballeros 21
Café & Té
Almoina
Oslo
Catedral de Santa María
Feet H
Iglesia de la Compañia de Jesus
Rafael Abad
McDonald's
Bertal
Carrer d'Avellanes
Plaza del Mercado — Taula de Canvis
02 Llotja de la Seda
Silk Exchange
Ciutat Vella
Iglesia y Torre de Santa Catalina
01 Santa Caterina
calamite
Iglesia de San Juan del Mercado
Carrer d'Ercilla
Carrer dels Drets
Do You Bike
03 Mercado Central
Central Market
Carrer de Sant Vicent Màrtir
Central Bar
Cafe Madrid
04 Palacio del Marqués de Dos Aguas
Jabugo
Ñam
Adressadors
Carrer del Músic Peydró
BBVA
smöoy
Geppetto
Plaza del Ayuntamiento — Cotanda
Miñana — Querol
Àngel Guimerà (1km)
Carrer dels Transits
Teatro Principal
50m

圣卡塔利娜塔教堂

巴伦西亚哥市唯一一座具有祭坛的哥特教堂。16世纪重建中增加了一座巴洛克式钟塔，六边形平面，顶部的小穹顶装饰一座壁龛。钟塔的底座也是古老市场的出入口；建筑使用筒拱结构，两侧回廊式礼拜堂，肋拱结构支撑顶棚，其空间和结构体现哥特建筑的典型特征。

巴伦西亚商会（世界遗产）

欧洲著名的哥特民用建筑的代表，室内螺旋柱支撑三个拱顶。立面使用矩形石块，文艺复兴巨型石雕，艺术雕刻的建筑滴水，门、窗均衡的比例等体现了成熟的巴伦西亚哥特式。

中央市场

新艺术运动建筑的代表，铁、玻璃和陶瓷构建的拱顶，中央穹顶钟楼高达30m，穹顶和其他各高度斜屋顶采光设计允许光线透过彩色窗扇照亮室内。它体现了巴伦西亚地方风格，丰富的色彩，陶瓷马赛克纹样等。

马尔克斯德宫（国家陶瓷博物馆和冈萨雷斯马蒂艺术中心）

15世纪哥特式结构建筑代表，立面火焰式哥特塔楼以及上层画廊空间。18世纪的改建增加了主入口的洛可可雕塑，创造了一个圣母壁龛。19世纪改建了部分建筑结构，但主要室内庭院和石膏浮雕象征着当时艺术和商业文化的发展。

巴伦西亚市政厅

1421年建成的哥特式建筑，立面窗格水平向划分，首层矩形大窗，二层哥特细柱三重窗，顶层是画廊大厅，排列式窗。16世纪加建文艺复兴风格的塔楼建筑。室内最动人的部分是内庭院和钟塔大厅。

01 圣卡塔利娜塔教堂
Iglesia y Torre de Santa Catalina

建筑师：不详
地址：Plaça de Santa Caterina
类型：宗教建筑
年代：17世纪

02 巴伦西亚商会
Llotja de la Seda

建筑师：不详
地址：Carrer de la Llotja, 2, Valencia
类型：历史建筑
年代：15世纪

03 中央市场
Mercado Central

建筑师：Francesc Guàrdia i Vial, Alexandre Soler,
地址：Plaça de la Ciutat de Bruges, s/n, 46001 València, Valencia, Spain
类型：商业建筑
年代：1910

04 马尔克斯德宫（国家陶瓷博物馆和冈萨雷斯马蒂艺术中心）
Palacio del Marqués de Dos Aguas

建筑师：Hipólito Rovira
地址：Carrer del Poeta Querol, 2
类型：文化建筑
年代：16-18世纪
开放时间：周二至周六 10:00-14:00，16:00-20:00。

05 巴伦西亚市政厅
Palacio de la Generalidad de Valencia

建筑师：不详
地址：Carrer dels Cavallers, 2
类型：办公建筑
年代：15-19世纪

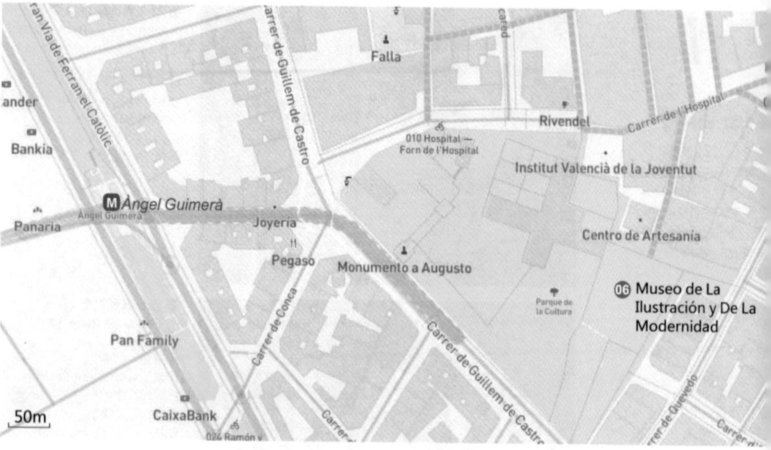
Falla
Rivendel
Carrer de l'Hospital
010 Hospital — Forn de l'Hospital
Institut Valencià de la Joventut
Bankia
Àngel Guimerà
Panaria
Joyería
Pegaso
Centro de Artesanía
Monumento a Augusto
Parque de la Cultura
06 Museo de La Ilustración y De La Modernidad
Carrer de Guillem de Castro
Carrer de Conca
Pan Family
CaixaBank
50m

Tram VIII
Alameda
Jardins de la Glorieta
Passeig de l'Albereda
Plaça Porta de la Mar
Jardí del Túria — Tram IX
Colón
Carrer de Sorní
Jardí del Túria — Tram X
07 Colón Market
Carrer d'Hernán Cortés
Carrer de Salamanca
Carrer de Císcar
Carrer del Comte d'Altea
Palau de la Música(Amplicación del palau de la Música)
Jardí del Túria — Tram XI
08
Gran Via
Eixample
100m

Note Zone

06 现代博物馆
Museo de La Ilustración y De La Modernidad

建筑师：Guillermo Vázquez Consuegra
地址：Calle de Quevedo, 10
类型：文化建筑
年代：2000
开放时间：周二至周六 10:00-14:00，16:00-20:00，周日 10:00-20:00。

07 科隆市场
Colón Market

建筑师：Francisco Mora Berenguer
地址：Carrer de Jorge Juan, 19
类型：商业建筑
年代：1914
开放时间：周一至周四，周六、周日 7：30 至次日凌晨 2:00，周五 7:30 至次日凌晨 3:00。

08 音乐宫
Palau de la Música(Amplicación del palau de la Música)

建筑师：José María García de Paredes, Eduardo de Miguel
地址：Passeig de l'Albereda, 30
类型：剧场建筑
年代：1987/2003

现代博物馆

该博物馆强调三种最具代表性的大空间体量，分别是博物馆大厅，主立面和侧立面前厅。环绕主体的小花园，周边历史建筑，城市环道，建筑功能和城市环境是决定建筑布局的基本条件。极简的内外空间模块，建筑材料体现清水混凝土和钢结构的对比。

科隆市场

原市场建筑建于1916年，是巴伦西亚现代建筑的代表作，1985年重建，保留主立面，一主两翼拱顶的巴西利卡式平面，纵向七座侧拱的钢桁架结构。

音乐宫

建筑师采用了全透明拱顶轻钢体型，它平行于城市古老的河床，引发市民对河流与河床植物景观的回忆。原建筑东南部地坪之下的建筑扩建，其原则是围绕屋顶花园和庭院空间展开，一个具有坡度的花园设计将流动空间汇入中心庭院。

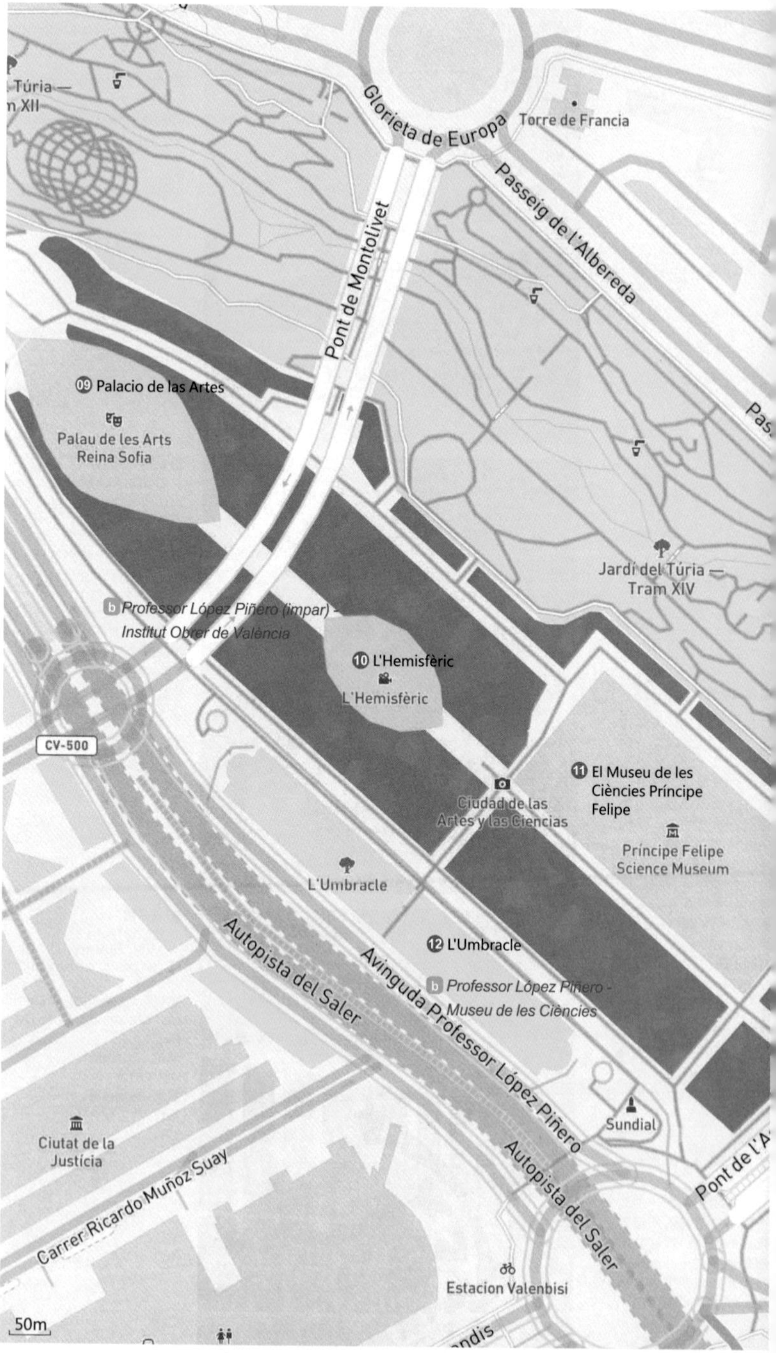

Glorieta de Europa
Torre de Francia
Passeig de l'Albereda
Pont de Montolivet
09 Palacio de las Artes
Palau de les Arts Reina Sofia
Jardí del Túria — Tram XIV
Professor López Piñero (impar) - Institut Obrer de València
10 L'Hemisfèric
L'Hemisfèric
CV-500
11 El Museu de les Ciències Príncipe Felipe
Ciudad de las Artes y las Ciencias
Príncipe Felipe Science Museum
L'Umbracle
12 L'Umbracle
Professor López Piñero - Museu de les Ciències
Autopista del Saler
Avinguda Professor López Piñero
Sundial
Ciutat de la Justícia
Carrer Ricardo Muñoz Suay
Autopista del Saler
Estacion Valenbisi
50m

Jote Zone

⑨ 表演艺术中心
Palacio de las Artes

建筑师：圣地亚哥·卡拉特拉瓦 / Santiago Calatrava
地址：Ciudad de las Artes y de las Ciencias
类型：文化建筑
年代：2005

⑩ 半球剧场
L'Hemisfèric

建筑师：圣地亚哥·卡拉特拉瓦 / Santiago Calatrava
地址：Ciudad de las Artes y de las Ciencias
类型：文化建筑
年代：1998

⑪ 科学馆
El Museu de les Ciències Príncipe Felipe

建筑师：圣地亚哥·卡拉特拉瓦 / Santiago Calatrava
地址：Ciudad de las Artes y de las Ciencias
类型：文化建筑
年代：2000

⑫ 城市阳伞
L'Umbracle

建筑师：圣地亚哥·卡拉特拉瓦 / Santiago Calatrava
地址：Ciudad de las Artes y de las Ciencias
类型：文化建筑
年代：2001

表演艺术中心

剧院和演艺中心建筑，具有雕塑感，坐落于原有城市河床之上，是新的城市地标。主体为混凝土结构，230m长、70m高的金属弧板类似羽毛般飘落建筑之上，下部两块壳状金属板环抱主体，重达3000吨，外层贴覆白色瓷砖。

半球剧场

科学艺术城的中心建筑，像一只巨大的眼睛，内部有IMAX电影院、天文馆和激光天象仪。半球状建筑主体110m长、55.5m宽。铝合金遮阳篷可以开启，露出内部球形剧院。

科学馆

外形类似鲸鱼骨架的科学馆，建筑的著名在于几何特征、结构工艺、材料的使用以及它回应自然的设计风格。

城市阳伞

一座具有未来感的户外花园和一条漫步大道，平台底层是停车场。东西向长320m、高18m，含有55座连续的固定拱和54个飞拱，由密集的网状覆顶。

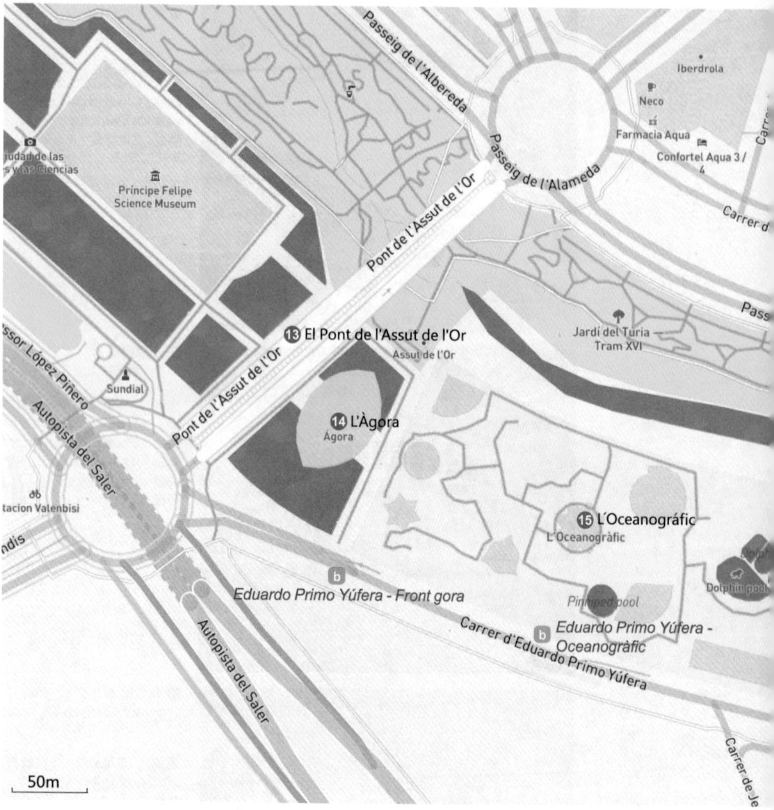
Passeig de l'Albereda
Iberdrola
Neco
Farmacia Aqua
Confortel Aqua 3 / 4
Passeig de l'Alameda
Príncipe Felipe Science Museum
Pont de l'Assut de l'Or
13 El Pont de l'Assut de l'Or
Assut de l'Or
Jardí del Turia - Tram XVI
Sundial
Pont de l'Assut de l'Or
Autopista del Saler
14 L'Àgora
Àgora
15 L'Oceanográfic
L'Oceanogràfic
Eduardo Primo Yúfera - Front gora
Dolphin pool
Eduardo Primo Yúfera - Oceanogràfic
Carrer d'Eduardo Primo Yúfera
Autopista del Saler
50m

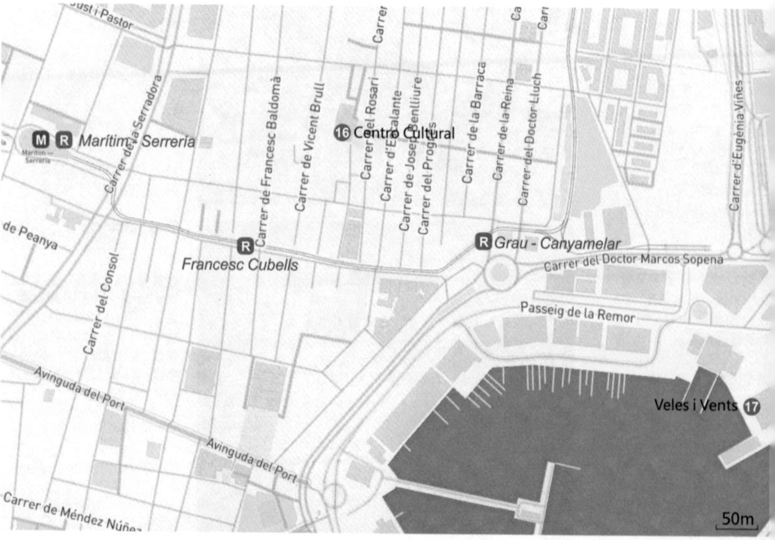
Marítim - Serrería
Carrer de la Serradora
Carrer de Francesc Baldomà
Carrer de Vicent Brull
16 Centro Cultural
Carrer del Rosari
Carrer de la Barraca
Carrer de la Reina
Carrer del Doctor Lluch
Carrer d'Eugènia Viñes
Francesc Cubells
Grau - Canyamelar
Carrer del Doctor Marcos Sopena
Carrer del Consol
Passeig de la Remor
Avinguda del Port
Avinguda del Port
Veles i Vents 17
50m

亚速德奥桥

25m 高的单塔斜拉索桥梁，经过力学计算的桥塔向后弯曲以承载拉索的拉力。

亚戈拉综合馆

多功能大型公共建筑，高0m，精巧的空间设计使其最多可容纳座位达075 个。独特而大胆的造型设计使其别具一格。

水族馆

建筑师熟练地运用了薄壳钢筋混凝土双曲抛物线屋盖，是他最后的代表作。这件作品实现了结构设计和声学设计的统一的同时，更发展了不依赖于结构肋的薄壁体系，并完全呈现出纤薄的混凝土薄板美学。坎德拉扩展了混凝土建筑的适用性，以精确而复杂的结构计算创造出一栋优雅的混凝土建筑。

文化中心

建筑位于 20 世纪 60、70 年代形成的渔港建筑群中，由废弃建筑改建成文化中心，具有音乐厅、剧院和演出场地等功能。新建造的素混凝土墙体作为交通循环，保存的凯旋门式立面后是整片木质幕墙串联起来的文化中心、剧场和交通走廊。

美洲杯帆船赛馆

建筑最大限度延伸观众席，尽可能观看到海岸的帆船赛道赛况，四层混凝土建筑层叠在一起，带来延续的景观面和制造了遮阳空间，最大的悬臂板达到 15m。与建筑形态一致，内外建筑材料具有连续性。

13 亚速德奥桥
El Pont de l'Assut de l'Or

建筑师：圣地亚哥·卡拉特拉瓦 / Santiago Calatrava
地址：Ciudad de las Artes y de las Ciencias
类型：其他 / 基础设施
年代：2008

14 亚戈拉综合馆
L'Àgora

建筑师：圣地亚哥·卡拉特拉瓦 / Santiago Calatrava
地址：Plaça Num 130 Res Urb
类型：文化建筑
年代：2009

15 水族馆
L´Oceanográfic

建筑师：Félix Candela Outeriño
地址：Ciutat de les Arts i de les Ciències, Carrer Eduardo Primo Yúfera, 1B,
类型：文化建筑
年代：2002
开放时间：周一至周日 10:00-20:00。

16 文化中心
Centro Cultural

建筑师：Eduardo de Miguel Arbones
地址：Plaza Rosario 3
类型：文化建筑
年代：2000

17 美洲杯帆船赛馆
Veles i Vents

建筑师：戴维·奇普菲尔德 / David Chipperfield & b720
地址：Puerto de Valencia
类型：体育建筑
年代：2006

巴伦西亚科学和艺术

41 · 阿利坎特

建筑数量：06

01 市体操中心 / 米拉莱斯 & 碧诺斯
02 地中海之家文化中心 / Manuel Ocaña
03 巴巴拉古堡
04 音乐之家 /Cor & Asociados
05 尚拿都住宅 / 里卡多 · 波菲尔
06 红色城墙住宅 / 里卡多 · 波菲尔

01 Centro de Tecnificacion de Alicante
02 Casa Mediterráneo Alicante
Santa Bárbara Castle 03
Mercado
Luceros
Alicante
Casa Carbonell
Gran Sol
Cruz de los Caídos
Monte Tossal, 88m
calle Padre Mariana
calle Juan de Herrera
avenida Alfonso X El Sábio
avenida de Maisonnave
avenida de Óscar Esplá
avenida de Loring
Calle Mayor
calle Gravina
100m

04 Casa de la Música
CV-840
CV-841
Calle Don Fermín Pons
Calle Maestro José Cerdá García
Calle San José
Paseo La Libertad
50m

ote Zone

01 市体操中心
Centro de Tecnificacion de Alicante

建筑师 : 米拉莱斯 & 碧诺斯 / Miralles & Pinós
地址 : Foguerer José Ramón Gilabert Davó 12
类型 : 体育建筑
年代 : 1989

02 地中海之家文化中心
Casa Mediterráneo

建筑师 : Manuel Ocaña
地址 : Plaza del arquitecto Miguel Lopéz, s/n
类型 : 文化建筑
年代 : 2013
开放时间 : 周一至周五 9 : 00-15 : 00。

03 巴巴拉古堡
Santa Bárbara Castle

建筑师 : 不详
地址 : Castillo de Santa Bárbara
类型 : 历史建筑
年代 : 8-13 世纪
开放时间 : 周一至周日 10:00-22:00。

04 音乐之家
Casa de la Música

建筑师 : Cor & Asociados
地址 : Av la Constitución, 25, Algueña
类型 : 文化建筑
年代 : 2011
备注 : 距离阿利坎特市中心约 55 公里。

市体操中心

大型桁架结构建筑，钢结构支撑数组纵向钢筋混凝土墙。大部分柱子和屋架具有一定非常规的倾斜度，是对传统建筑结构的探索。

地中海之家文化中心

一个简洁和低预算的建筑改造项目，老旧和荒废的火车站站台转型为可以使用的开放建筑和节庆场地。

巴巴拉古堡

源于公元 9 世纪的堡垒建筑遗迹，位于 166m 高的山丘，是欧洲保存最大的中世纪城堡之一。城墙沿着山脊建造，城墙下保存着完好古朴的摩尔人建筑聚落。

音乐之家

城市防御设施的改建；外表皮完全覆盖新陶瓷材料，表现闪亮的贝母质感。建筑的颜色、饱和度以及深浅变幻随着环境光和人的观察位置而变幻。

Note Zor

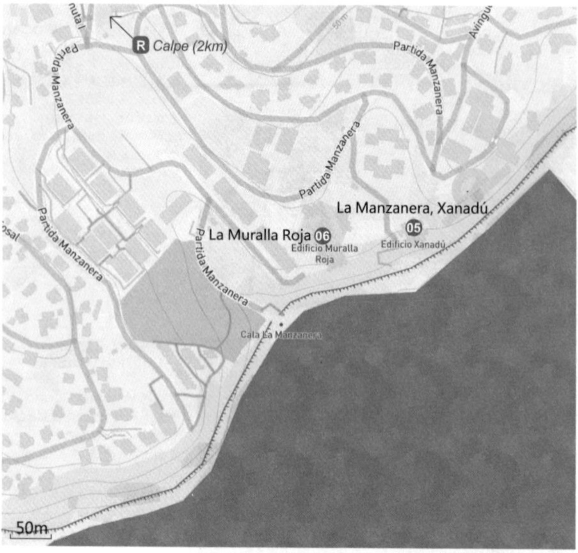

⑮ **尚拿都住宅**
La Manzanera, Xanadú

建筑师:里卡多·波菲尔 / Ricardo Bofill
地址: Partida manzanera. Calpe
类型:居住建筑
年代:1969

⑯ **红色城墙住宅**
La Muralla Roja

建筑师:里卡多·波菲尔 / Ricardo Bofill
地址: Partida Manzanera, 3
类型:居住建筑
年代:1973

尚拿都住宅

花园城市理论基础的1
户公寓建筑实践，大尺度
的交流空间相互连通。楼
梯井垂直交通连接每个公
寓单元，并含有生活、睡
眠和服务等要素。适合的
开启共享和荫凉的内庭
避开日晒。沿用地方建
筑工艺的双曲屋面能获
得更佳的观景效果。

红色城墙住宅

作为建构主义的代表，红
墙住宅具有地中海阿拉
伯城堡的记忆，呼唤一
种新的建构主义美学。戏
剧性的空间效果源自建筑
色彩与环境光的对比，外
墙不同色调的红色产生
强烈反差，庭院和楼梯涂
成不同的蓝色调，与天
空融合。十字形平面以
厨房和卫生间作为核心
塔串联其他功能用房，为
住宅提供50套户型单元
和部分工作室。

42 · 穆西亚

建筑数量：04

01 穆西亚大教堂
02 市政厅 / 拉菲尔 · 莫内欧
03 塞古拉河岸的博物馆 / Navarro Baldeweg
04 蒙特阿古多博物馆 / Amann, Cánovas & Maruri

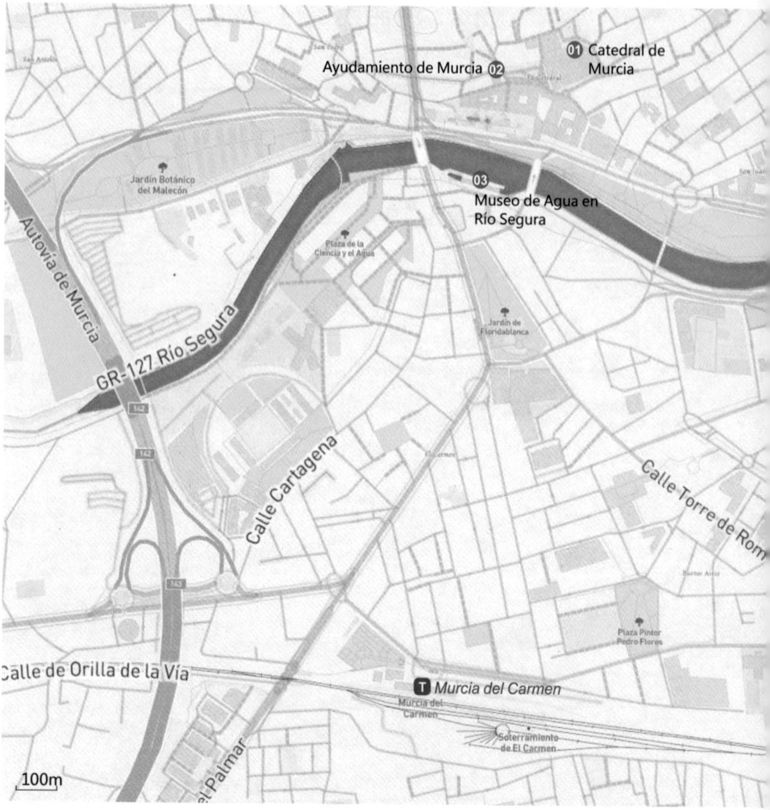

01 Catedral de Murcia
Ayudamiento de Murcia 02
03 Museo de Agua en Río Segura
Jardín Botánico del Malecón
Plaza de la Ciencia y el Agua
Jardín de Floridablanca
Autovía de Murcia
GR-127 Río Segura
Calle Cartagena
Calle Torre de Rom
Plaza Pintor Pedro Flores
Calle de Orilla de la Vía
T Murcia del Carmen
Murcia del Carmen
Soterramiento de El Carmen
el Palmar
100m

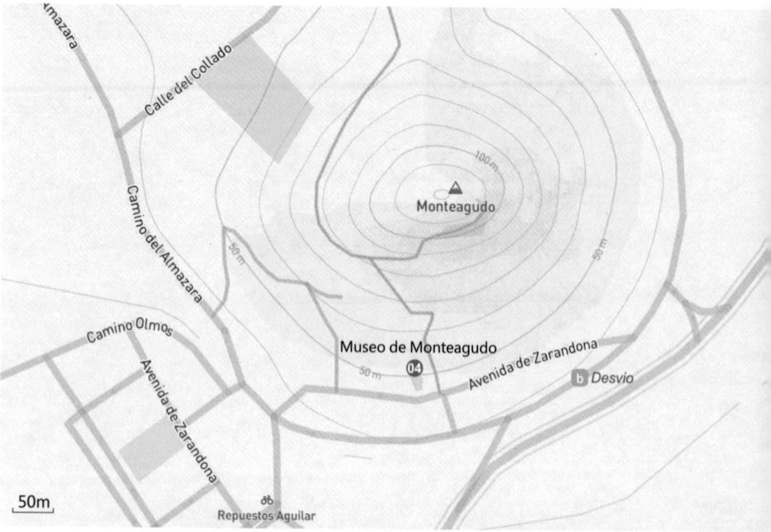

Almazara
Calle del Collado
Camino del Almazara
100 m
Monteagudo
50 m
50 m
Camino Olmos
Avenida de Zarandona
Museo de Monteagudo
04
50 m
Avenida de Zarandona
b Desvio
Repuestos Aguilar
50m

....
ote Zone

01 **穆西亚大教堂**
Catedral de Murcia

建筑师：不详
地址：Plaza del Cardenal Belluga, 1
类型：宗教建筑
年代：16 世纪

02 **穆西亚市政厅**
Ayudamiento de Murcia

建筑师：拉菲尔 · 莫内欧 / Rafael Moneo
地址：Cardenal Belluga 2
类型：办公建筑
年代：1991

03 **塞古拉河岸的水博物馆**
Museo de Agua en Río Segura

建筑师：Navarro Baldeweg
地址：Calle Molinos, 1
类型：文化建筑
年代：1983
开放时间：7月1日至8月31日，周一至周五 10:00-14:00, 18:00-20:00; 9月1日至次年6月30日，周一至周六 10:00-14:00,17:00-20:00。

04 **蒙特阿古多博物馆**
Museo de Monteagudo

建筑师：Amann, Cánovas & Maruri
地址：C/ Iglesia ,48 Monteagudo
类型：文化建筑
年代：2010
开放时间：周二至周六 9:30-14:00，17:00-19:30，周日 10:00-14:00。
备注：距离穆西亚市中心 5 公里。

穆西亚大教堂

原建筑部分完成于 15 世纪，钟塔和部分礼拜坛在后期扩建，它是一座融合了文艺复兴和巴洛克风格的哥特建筑，建筑主立面是西班牙巴洛克风格的典型代表。

穆西亚市政厅

穆西亚的市政厅扩建工程。改建里面正对着古老的大教堂，建筑师创造了一个符合代表公民权益的新的当代建筑；立面多组窗口的设置表达出对紧邻历史建筑的尊重。数量不同的水平向石板代表着不同的标高，阳台景观逐层变化。

塞古拉河岸的水博物馆

将旧有河流上的磨坊建筑转换为城市文化中心和博物馆，设计回归最古老的磨坊建筑原型，探讨了当时对工业考古遗迹的保存原则。它是 20 世纪 80 年代西班牙建筑创作十佳之一。

蒙特阿古多博物馆

博物馆位于蒙特阿古山的南侧，它是访问山顶城堡的重要入口。建筑采取符合边界顺应山体，易达的坡道，依附山体地形；外立面为深红色打孔印花耐候钢板，改善炎热季节下的通风性能。

从穆西亚市政厅看穆西亚教堂广场（摄影：陈灏）

43・卡塔赫纳

建筑数量：03

01 巴特尔礼堂及会议中心 / Selgas & Cano
02 卡塔赫纳水下考古博物馆 / Consuegra, García
03 卡塔赫纳理工大学 / Lejarraga, Francisco

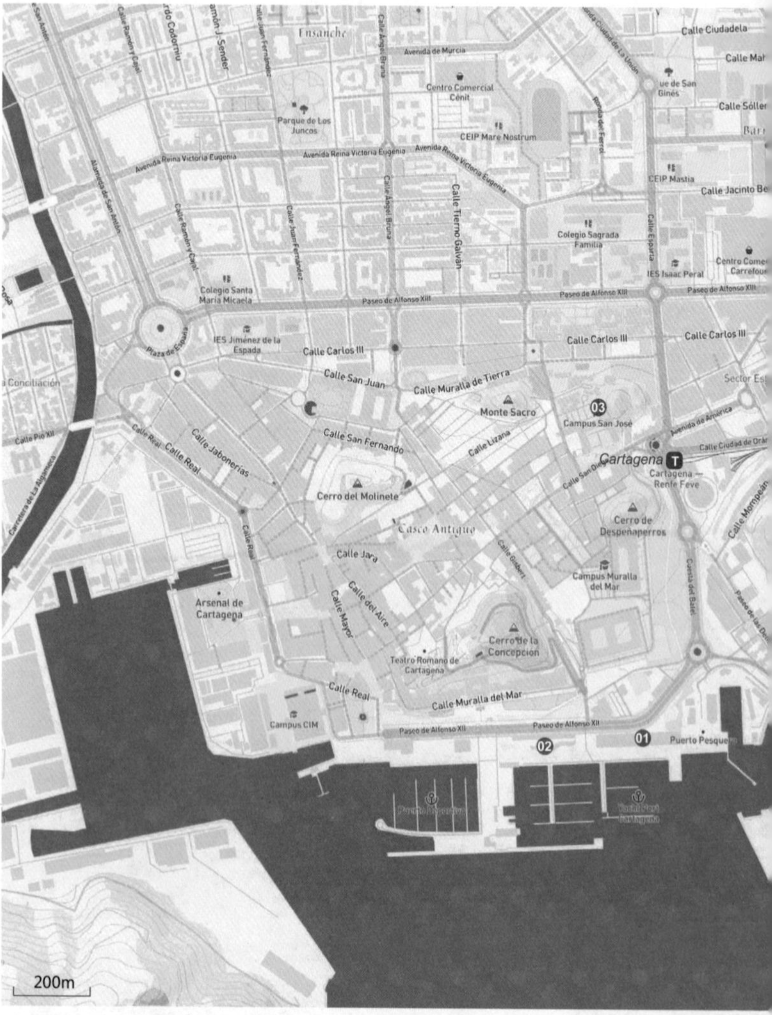

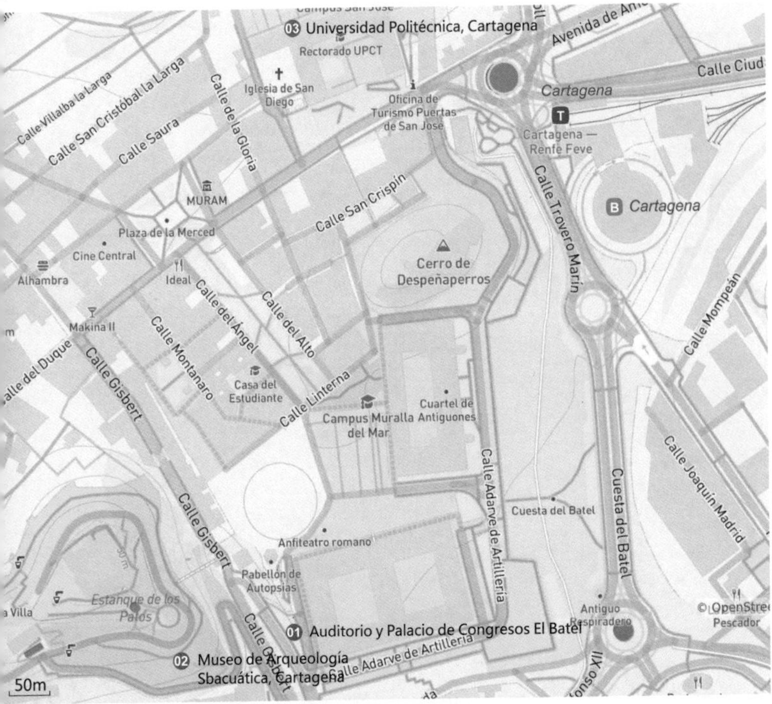

01 巴特尔礼堂及会议中心
Auditorio y Palacio de Congresos El Batel

建筑师 :Selgas & Cano
地址 : Paseo Alfonso XII, S/N,Cartagena
类型 :文化建筑
年代 :2011

02 卡塔赫纳水下考古博物馆
Museo de Arqueología Sbacuática, Cartagena

建筑师 :Marcos Vázquez Consuegra, Mariano García
地址 : Paseo Alfonso XII, 22,Cartagena
类型 :文化建筑
年代 :2007
开放时间 :周一、二、周六 10 : 00-21 : 00，周日 10:00-15:00。

03 卡塔赫纳理工大学
Universidad Politécnica, Cartagena

建筑师 :Martín Lejarraga, Francisco Ruiz-Gijón
地址 : La Milagrosa, Plaza Cronista Isidoro Valverd
类型 :科教建筑
年代 :1995

巴特尔礼堂及会议中心

在卡塔赫纳港口直线型绵延展开的会议中心和会堂，建筑表皮材料使用铝材与合成塑料，成功展现出变化的色彩和轻巧的建筑体量。

卡塔赫纳水下考古博物馆

港口码头上两座体量组成研究所和博物馆，相互间形成公共空间作为户外展场。下沉的坡道将观众足迹引入水下考古的藏品。

卡塔赫纳理工大学

18 世纪古典主义海军军事建筑群原始功能改建为现代的大学校园，它呈现了卡塔赫纳城市历史和地理的真实性。

Cedeira
Viveiro
Ribadeo
A Coruña
45
Vilalba
Carballo
Guitiriz
Cangas del Narcea
A Fonsagrada
Ordes
44
Lugo
Santiago de Compostela
Melide
46
Noia
Sarria
Lalín
Cuntis
Ribeira
Monforte de Lemos
O Barco
Pontevedra
Ourense
47
Vigo
Xinzo de Limia
Baiona
Verín

西北部地区

Northwest Area

50
49
Gijón/Xixón
48
Cangas
de
Onís /
Cangues
Llanes
52
CA-185
51
Santander
Laredo
Torrelavega
Reinosa

44 · 卢戈

建筑数量：02

01 古罗马城墙

02 卢戈城市历史博物馆 /Fuensanta Nieto, Enrique Sobejano

lote Zone

01 古罗马城墙
Muralla romana de Lugo

建筑师：不详
地址：Praza Pío XII, 5
类型：历史建筑
年代：1 世纪

02 卢戈城市历史博物馆
Museo de la Historia de Lugo

建筑师：Fuensanta Nieto, Enrique Sobejano
地址：Av Infanta Elena, s/n,
类型：文化建筑
年代：2011
开放时间：周二至周六 11:00-13:00, 17:00-19:30，周日 17:00-20:00。

古罗马城墙（世界遗产）

卢戈的古罗马城墙，位于西班牙西北部加利西亚自治区卢戈省首府。卢戈城位于西班牙北部，濒临米尼奥河。卢戈的古罗马城墙建于西元 3 世纪末，用于保护罗马城镇卢戈斯 (Lucus)。归属罗马帝国。罗马统治者为了加强防御，公元 2 世纪时在城周围建造了城墙。城墙由巨大的片岩砌成，长约 2000m，高约 10m。整个圆形城墙至今保存完好，也是西欧罗马帝国晚期城堡最完美的典范之一。

卢戈城市历史博物馆

利用城市地形，在铺展的草坪中隐藏一组钢圆柱，建筑师营造出一组植被和金属的景观，力图创造一种新的公园博物馆类型。

45 拉科鲁尼亚

建筑数量：08

01 宗教艺术展览馆 / Manuel Gallego Jorreto
02 市议会厅 / Pedro Mariño
03 圣奥古斯丁市场 / Santiago Rey Pedreira 等
04 省立艺术馆 / Manuel Gallego Jorreto
05 加利西亚储蓄银行基金会 / 尼古拉斯·格雷姆肖
06 赫克鲁斯大力士塔
07 多莫斯人类博物馆 / 矶崎新, César Portela
08 国家科学技术博物馆 /Victoria Acebo, Ángel Alonso

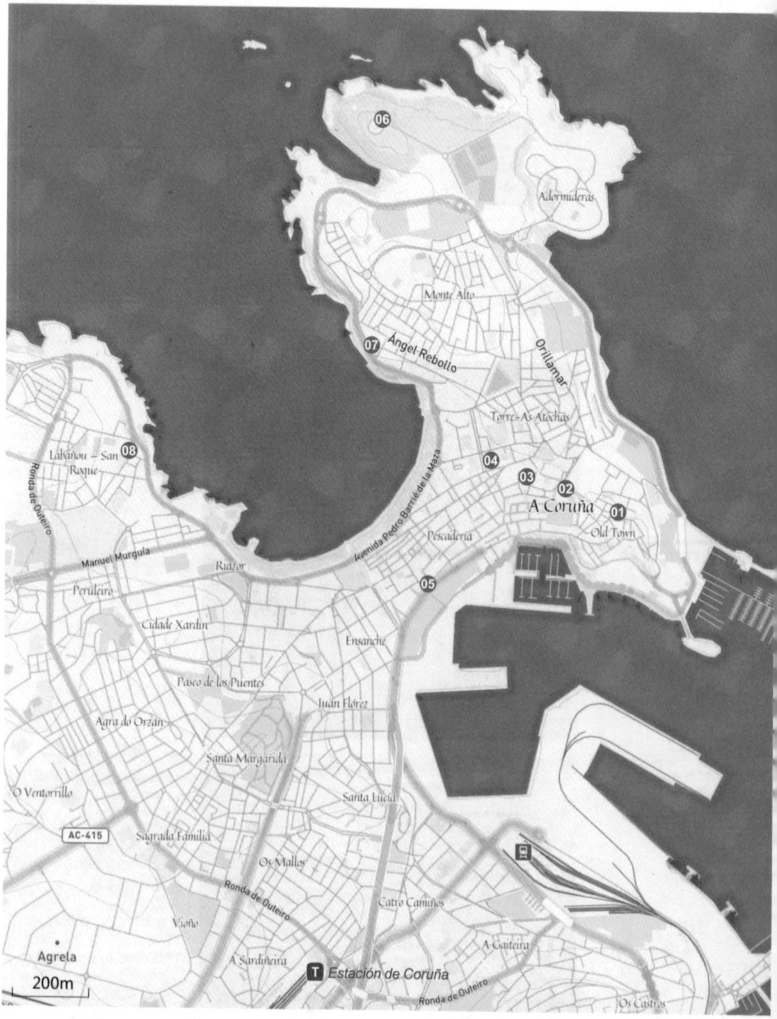

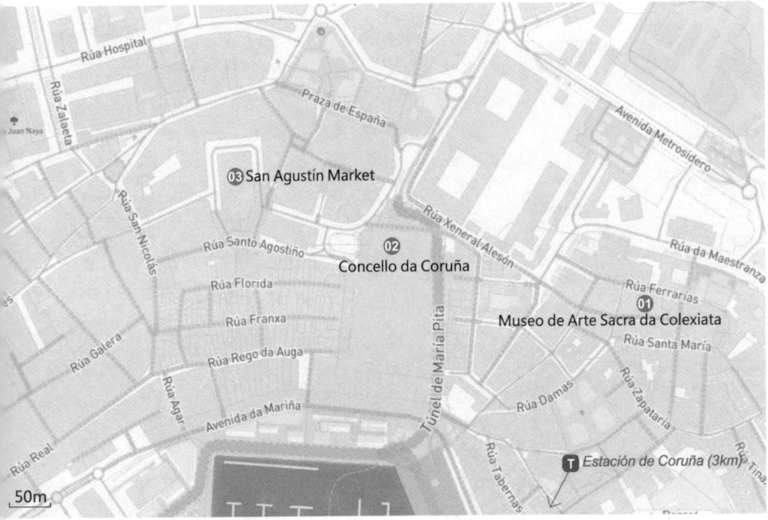

01 宗教艺术展览馆
Museo de Arte Sacra da Colexiata

建筑师：Manuel Gallego Jorreto
地址：Puerta de Aires 23
类型：文化建筑
年代：1982
开放时间：周二至周五 9：00-14：00，周六 10:00-13:00。

02 市议会厅
Concello da Coruña

建筑师：Pedro Mariño
地址：Plaza de María Pita 1
类型：办公建筑
年代：1908

03 圣奥古斯丁市场
San Agustín Market

建筑师：Santiago Rey Pedreira, Antonio Tenreiro Rodríguez
地址：Pza. De San Agustín
类型：商业建筑
年代：1932

宗教艺术展览馆

素混凝土外墙和轻钢几何线条组成的建筑，与中世纪教堂互通的一座小型宗教展览建筑，建筑主要用于展陈 16 世纪至 20 世纪的宗教艺术品。

市议会厅

拉科鲁尼亚市议会大厅是一座现代主义建筑，立面长达 64m，第三层上的四座雕塑代表着加利西亚大区的四个省份。建筑中部高耸一座钟楼，由铜和锡制成，重达 1600kg。

圣奥古斯丁市场

市场建筑的代表类型，两侧横向拱室支撑混凝土拱板覆顶。圣奥古斯丁市场非常美丽，中央大厅和建筑首层的开放性体现了西班牙第二共和时期建筑文化的“在场”特征。

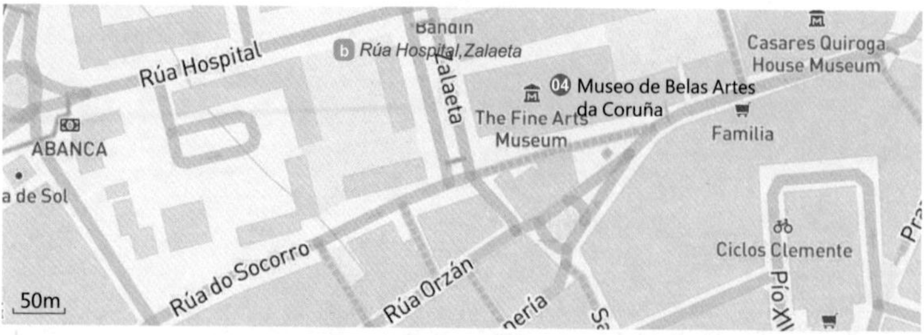
Rúa Hospital
Rúa Hospital,Zalaeta
Zalaeta
04 Museo de Belas Artes da Coruña
The Fine Arts Museum
Casares Quiroga House Museum
Familia
ABANCA
Ciclos Clemente
Rúa do Socorro
Rúa Orzán
50m

Fundación Caixa Galicia
05
Gaia
San Andrés
Pensión Las Rias
Santa Catalina
Cantón Grande
Obelisco
Lunch — NH Hotel
Avenida Porto da Coruña
Pelicano
Xardíns de Méndez Núñez
Praza de Pontevedra
Durán Loriga
Entrejardines
Los Cantones Village
Seg
Cantón Pequeño
Rúa de Fonseca
Pza. de Mina, 26
50m

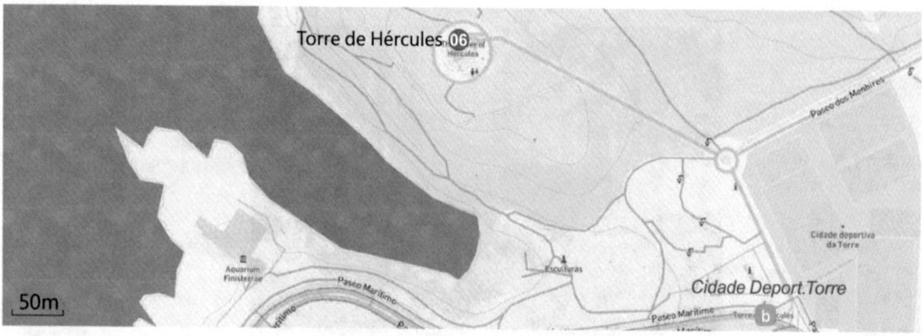
Torre de Hércules 06
Paseo dos Menhires
Aquarium Finisterrae
Paseo Marítimo
Esculturas
Cidade deportiva da Torre
Cidade Deport.Torre
50m

Paseo Marítimo
Albert Camus
Ángel Rebollo
Alcalde Abella
Gadis
Calle Forcarey
07 Domus Museum Casa del Hombre
Domus
Santa Teresa
P.Marítimo,f/Domus
Mirador de la Domus
50m

La Caixa
Rúa Alcalde Abad Conde
Avenida de Labañou
Porto
Parque infantil
Museo Nacional de Ciencia y Tecnología 08
National Museum of Science and Technology
Plaza Torrente Ballester
Honduras
Avenida de Gran Canaria
Paseo
50m

立艺术馆

体建筑从覆以玻璃采顶的内街两侧衍生出能空间，右侧是18世的老建筑和展陈空间。筑材料地运用非常明，木材、花岗岩、玻、金属板的搭配确保筑能融入城市环境，营出明亮的展陈空间，精的细部设计，尤其设计用自然采光满足了博物工作时段的光需求。

利西亚储蓄银行基金会

属和玻璃组成的波浪立面，类似港口上的塔建筑，重新用当代言和技术手法诠释出科鲁利亚城市过去的象。

克鲁斯大力士塔
世界遗产)

拉克勒斯大力士灯塔，高57m，建于公元1纪，是目前最古老且一保持使用的罗马灯。1682年进行了修工作，1791年完成重，采用新古典主义风，内部结构依然保存着古老的罗马建筑遗迹。

莫斯人类博物馆

单竖向的峭壁式建筑型直入海洋。建筑师图通过这种造型区别周边住宅群体也具有明的城市印象。94m、17m高弧形屏障式立面，镶嵌暗绿色板，采用2.6m见方的预构件。所有的石材均自加利西亚大区。

家科学技术博物馆

筑以垂直循环空间串起6个交错互联的平；各个大厅如同大树枝干互邻、延续、交流；间得到扩展和流通。建外墙采用双层印花玻表皮以及钢、铝合金撑体系。

省立艺术馆
Museo de Belas Artes da Coruña

建筑师：Manuel Gallego Jorreto
地址：Panaderas c/v Av. De Zalaeta
类型：文化建筑
年代：1988
开放时间：周二至周五 10:00-20:00，周六 10:00-14:00，13:30-20:00，周日 10:00-14:00。

加利西亚储蓄银行基金会
Fundación Caixa Galicia

建筑师：尼古拉斯·格雷姆肖 / Nicholas Grimshaw
地址：Cantón Grande, 24
类型：办公建筑
年代：1996

赫克鲁斯大力士塔
Torre de Hércules

建筑师：不详
地址：Av. Navarra, s/n
类型：历史建筑
年代：2世纪 /1791
开放时间：10月1日至次年5月31日 10：00-18：00，6月1日至9月30日 10:00-21:00。

多莫斯人类博物馆
Domus Museum Casa del Hombre

建筑师：矶崎新 / Arata Isozaki, César Portela
地址：Rúa Ángel Rebollo, 91
类型：文化建筑
年代：1993

国家科学技术博物馆
Museo Nacional de Ciencia y Tecnología

建筑师：Victoria Acebo, Ángel Alonso,
地址：Plaza del Museo Nacional, 1
类型：文化建筑
年代：2012
开放时间：周二至周日 10:00-19:00。

46 圣地亚哥德孔波斯特拉

建筑数量：09

01 圣地亚哥大教堂
02 阿佐比思帕尔宫殿
03 帕拉多斯酒店
04 阿巴斯托市场 /Joaquín Vaquero Palacios
05 朝圣文化博物馆 /Manuel Gallego Jorreto
06 加利西亚当代艺术中心 / 阿尔瓦罗 · 西扎
07 作家协会总部大楼 /Antón García Abril
08 信息科学系教学楼 / 阿尔瓦罗 · 西扎
09 加利西亚图书馆及档案馆 / 彼得 · 埃森曼

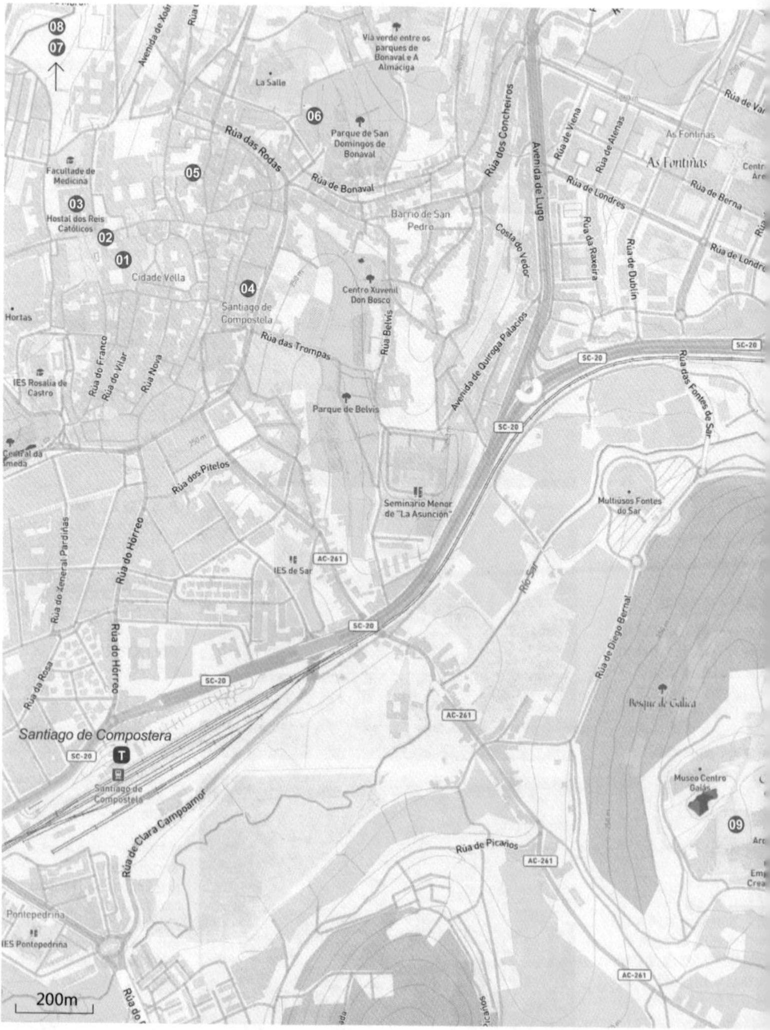

te Zone

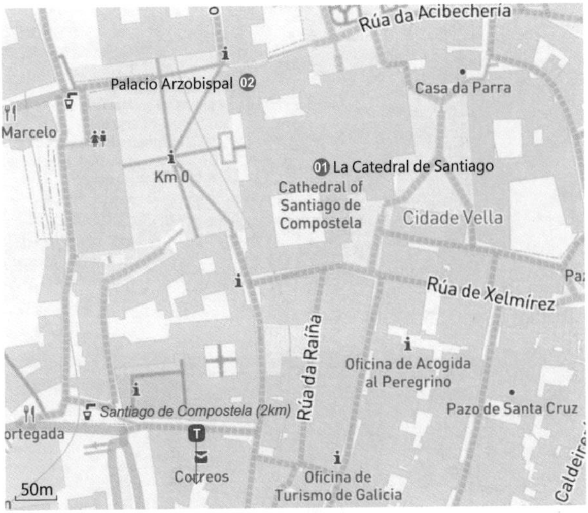

地亚哥大教堂
世界遗产）

里是耶稣使徒圣地亚的埋葬地，从中世纪始成为天主教朝圣的要目的地之一。1748建成新的大教堂，1985被列为“世界文化遗”，同时也属于“圣地哥朝圣之路”相关的界文化遗产中的遗产。主教堂属于加洛林代双半圆室平面，含超过 90m 的三个拱形廊，侧面设有满足朝圣礼路线的回廊，建筑主面采用巴洛克风格。

01 圣地亚哥大教堂
La Catedral de Santiago

建筑师：不详
地址：Praza do Obradoiro
类型：宗教建筑
年代：1211
开放时间：冬季 周一至周日 10：00-20：00，夏季 9:00-20:00；全天暂停开放日期为 1 月 1 日、1 月 6 日、7 月 25 日、12 月 25 日；下午暂停开放日期为圣周的周四、周五，3 月 19 日，11 月 1 日，12 月 25 日、12 月 31 日。

阿佐比思帕尔宫殿

班牙中世纪民用建筑代表，公元 1120 年在毁的原有宫殿建筑遗上新建，从 1126 年直 15/16 世纪经历数次部扩建工程。平面采“T”形布局，横向双平面是哥特式大厅空，高处的大厅空间主用于哥特时期的宴会厅和节庆活动。其他拱空间也保留了罗马式风纤细、匀称的束柱。

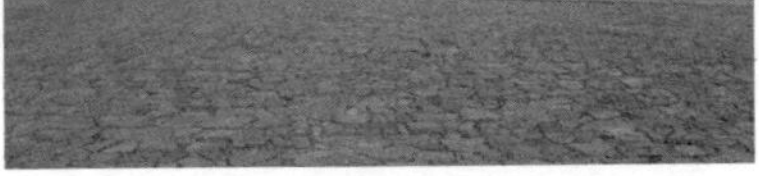

02 阿佐比思帕尔宫殿
Palacio Arzobispal

建筑师：不详
地址：Praza do Obradoiro
类型：历史建筑
年代：1120
开放时间：冬季 周一至周日 10：00-20：00，夏季 9:00-20:00。全天暂停开放日期为 1 月 1 日、1 月 6 日、7 月 25 日、12 月 25 日；下午暂停开放日期为圣周的周四、周五，3 月 19 日，11 月 1 日，12 月 25 日、12 月 31 日。

Facultade de Medicina
Rúa das Carretas
Rúa de San Francisco
Rúa do Val
Mosteiro e Igrexa de San Martiño Piñario e Seminario Maior
Rúa da Algalia de Ar
Galicia Dixital
Rúa da Acibechería
Santiago de Compostela (2km)
03
Parador Hostal Católico
Casa da Parra
50m

Casa da Parra
Rúa do Preguntoiro
Avante
SJ
SJ
Rúa da Ta
Convento e Igrexa de Santo Agostiño
Cathedral of Santiago de Compostela
Cidade Vella
mercado de abastos 04
Pazo de Feixoo
Mercado de Abastos
Rúa de Xelmírez
Santiago de Compostela (2km)
Oficina de Acogida al Peregrino
Santiago de Compostela
50m

Casa Felisa
Rúa das Rodas
Rúa do Val de Deu
Rúa de San Francisco
Rúa da Algalia de Arriba
Jardín del Pazo de Amarante
Museo de las Peregrinaciones 05
Mosteiro e Igrexa de San Martiño Piñario e Seminario Maior
Medusa
Fonte da Porta Camiño
Santiago de Compostela (2km)
Galicia Dixital
Rúa da Acibechería
Rúa Travesa
O Pozo
50m

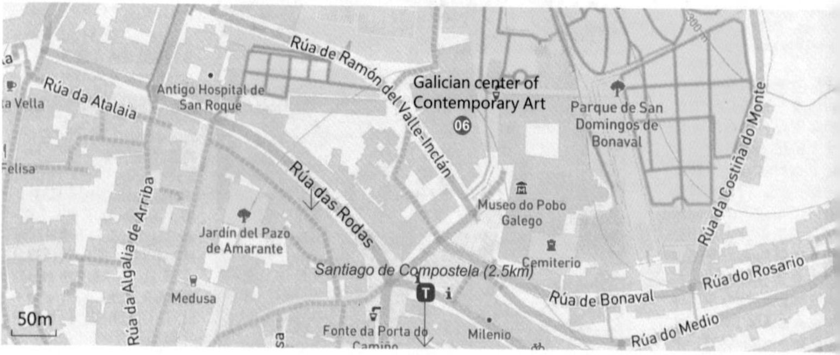
Rúa de Ramón del Valle-Inclán
Galician center of Contemporary Art
06
Rúa da Atalaia
Antigo Hospital de San Roque
Parque de San Domingos de Bonaval
Rúa da Costiña do Monte
Rúa das Rodas
Museo do Pobo Galego
Rúa da Algalia de Arriba
Jardín del Pazo de Amarante
Cemiterio
Santiago de Compostela (2.5km)
Rúa do Rosario
Rúa de Bonaval
Medusa
Fonte da Porta do Camiño
Milenio
Rúa do Medio
50m

拉多斯酒店

86 年开始，天主教君
国王费迪南德和王后
莎贝拉将这里作为宗
建筑的一部分建造，之
作为酒店经营，被认
是世界上持续经营最
老的酒店之一以及欧
最美丽的酒店建筑之
。酒店围墙内典型的
局是四柱式庭院相互
通，其中最古老的建
16 世纪的庭院包含一
中央喷泉。其他的庭
则更接近于巴洛克风
，后来内部进行了重
和翻新工程。

巴斯托市场
世界遗产）

是除了主教堂外，圣
亚哥城内排名第二的
受欢迎的人文建筑，是
处适合购物和游赏的
点。从 1873 年以来，这
为本地居民提供了最
鲜的农贸产品。1941
市场建筑被重建为折
主义风格，首层平面
两个正方形平面并分
四个分区，中央有一
喷泉小广场。这是经
的花岗岩砖石建筑支
屋面拱结构。

圣文化博物馆

原有的银行大楼改建
博物馆，位于圣地亚
很敏感的历史中心，右
紧邻大教堂，新的博
馆修复了 1940 年以来
建筑并且扩展了周边
地块。

利西亚当代艺术中心

近修道院和教堂古迹
著名当代博物馆设
，西扎审慎地解决了
建筑与周围环境的密
联系。新的建筑体量
合从不同视角欣赏。建
外墙材料使用黄色花
岩，室内首层及其他标
层使用大理石地面和
木地面，调整路线、视
和自然光线。建筑顶
有一个大型露台和几
装置，坡道设计让观
者可以探索圣地亚哥
城的全景。

03 帕拉多斯酒店
Parador Hostal Católico

建筑师：Enrique Egás
地址：Praza do Obradoiro 1Santiago de Compostela
类型：居住建筑
年代：1486

04 阿巴斯托市场
mercado de abastos

建筑师：Joaquín Vaquero Palacios
地址：Rúa das Ameas, s/n
类型：商业建筑
年代：1937
开放时间：周一至周六 7:00-15:00。

05 朝圣文化博物馆
Museo de las Peregrinaciones

建筑师：Manuel Gallego Jorreto
地址：Rúa de San Miguel, 4
类型：文化建筑
年代：2004
开放时间：周二至周五 9:30-20:30，周六 11:00-19:30，周日与节假日 10:15-14:45。

06 加利西亚当代艺术中心
Centro de Art Contemporáneo Galiciano

建筑师：阿尔瓦罗 · 西扎 / Alvaro Siza
地址：Rúa Valle Inclán, 2,
类型：文化建筑
年代：1992
开放时间：周二至周日 11:00-20:00。

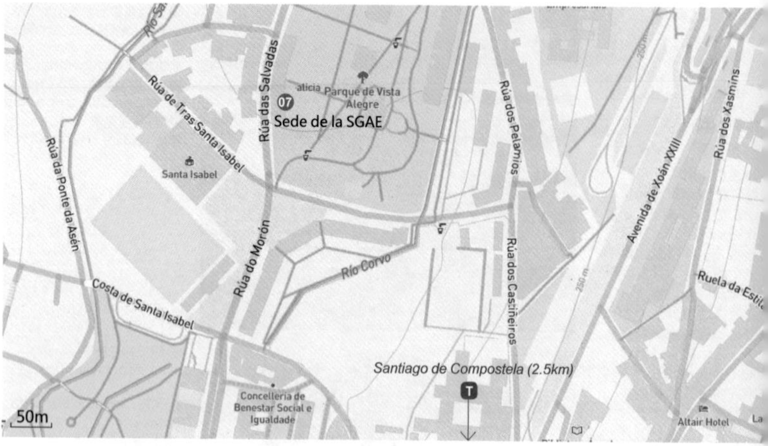
07 Sede de la SGAE
Parque de Vista Alegre
Santa Isabel
Rúa de Tras Santa Isabel
Rúa das Salvadas
Rúa da Ponte da Asén
Rúa do Morón
Costa de Santa Isabel
Río Corvo
Rúa dos Pelamios
Rúa dos Castiñeiros
Avenida de Xoán XXIII
Rúa dos Xasmins
Ruela da Estil
Concellería de Benestar Social e Igualdade
Santiago de Compostela (2.5km)
Altair Hotel
50m

08 Facultad de CC. De la Comunicación
Facultade de Ciencias da Comunicación
Rúa de San Xoán
Parque de San Xoán
Igrexa de San Xoán
Jose Manuel Mayan Iglesias
Avenida de Castelao
Hostal Tambre
Facultade de Filoloxía
La Caixa
CEIP de Vite I
Rúa de Alexandre Bóveda
Avenida do Burgo das Nacións
Rúa do Porto de Vite
Rúa Vista Alegre
Santiago de Compostela (3.5km)
Auditorio de Galicia
NH Collection Santiago de
50m

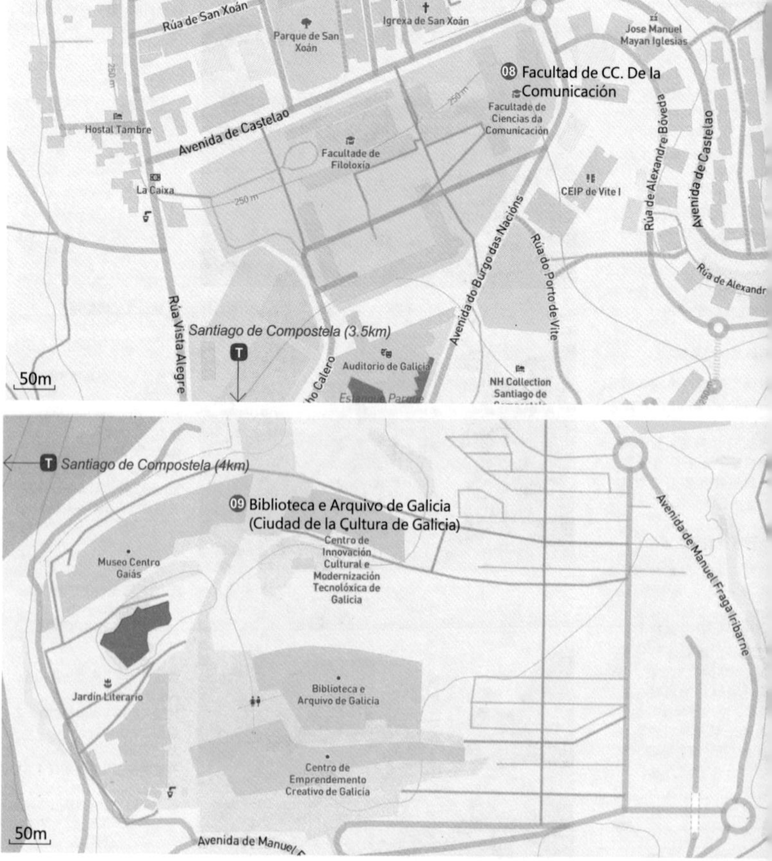
Santiago de Compostela (4km)
09 Biblioteca e Arquivo de Galicia (Ciudad de la Cultura de Galicia)
Centro de Innovación Cultural e Modernización Tecnolóxica de Galicia
Museo Centro Gaiás
Avenida de Manuel Fraga Iribarne
Jardín Literario
Biblioteca e Arquivo de Galicia
Centro de Emprendemento Creativo de Galicia
Avenida de Manuel
50m

⑦ **作家协会总部大楼**
Sede de la SGAE

建筑师：Antón García Abril
地址：Calle Das Salvadas, 60
类型：办公建筑
年代：2005
开放时间：周一至周五 7:00-19:00。

巨大的花岗岩建筑主立面，以壮观的形象沿着街道形成了微凸表面。3 组石墙划分出建筑平面功能。建筑师试图唤起一种巨石建筑美学。

⑧ **信息科学系教学楼**
Facultad de CC. De la Comunicación

建筑师：阿尔瓦罗·西扎 / Álvaro Siza
地址：Avenida de Castelao
类型：科教建筑
年代：1993

葡萄牙建筑师西扎在圣地亚哥城完成的第 2 座设计，包含室内家具设计。建筑空间沿一个长向的轴线展开，正交穿插一系列建筑体量。这种空间交错正是西扎的建筑作品中具有的代表性的抽象化，同时富含诗意性的空间特色。

⑨ **加利西亚图书馆及档案馆**
Biblioteca e Arquivo de Galicia(Ciudad de la Cultura de Galicia)

建筑师：彼得·埃森曼 / Peter Eisenman
地址：Av. Manuel Fraga Iribarne, 1
类型：文化建筑
年代：2010
开放时间：周一至周日 8:00-21:00。

加利西亚文化城，建造在城市南缘的 Monte Gaias 山上，是一座壳状体外形的地景建筑，主体功能包含图书馆和档案馆。

圣地亚哥大教堂（摄影：陈灝）

47 维哥

建筑数量：04

01 巴里马沙基金会文化中心 / 曼西亚 & 图隆
02 加利西亚建筑学会 /Irisarri & Piñera
03 海洋博物馆 / 阿尔多 · 罗西, César Portela
04 维哥大学教学楼 /EMBT

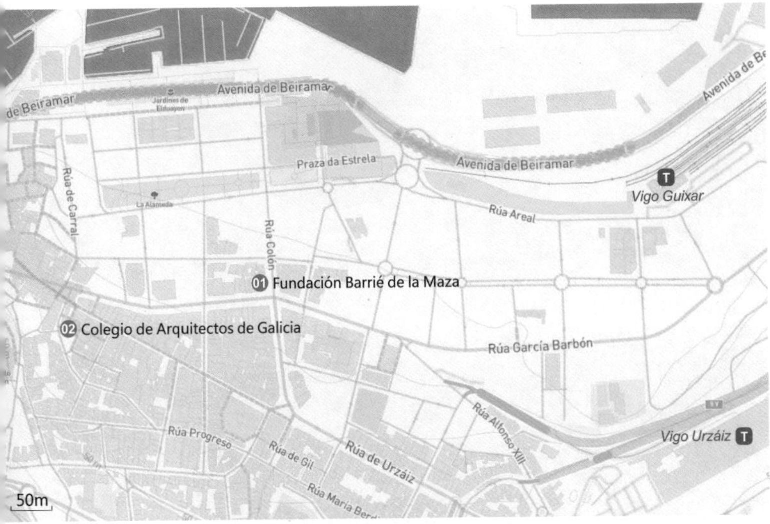

01 巴里马沙基金会文化中心
Fundación Barrié de la Maza

建筑师：曼西亚 & 图隆 / Mansilla & Tuñón
地址：Rúa Policarpo Sanz, 31
类型：文化建筑
年代：2005
开放时间：周二至周日 12:00-14:00，18:00-21:00。

02 加利西亚建筑学会
Colegio de Arquitectos de Galicia

建筑师：Irisarri & Piñera
地址：Rúa Pastor Díaz, 1
类型：办公建筑
年代：2009

巴里马沙基金会文化中心

该建筑对旧有剧院建筑空间的再改造，新的建筑功能符合当代文化基金会的要求，首层采用了可升降调解式的舞台创新设计，以满足音乐会、展览和会场功能。

加利西亚建筑学会

该建筑被动式节能建筑技术满足建筑热工需求。从生态与可持续性、新材料和建造技术探索新的建筑伦理。

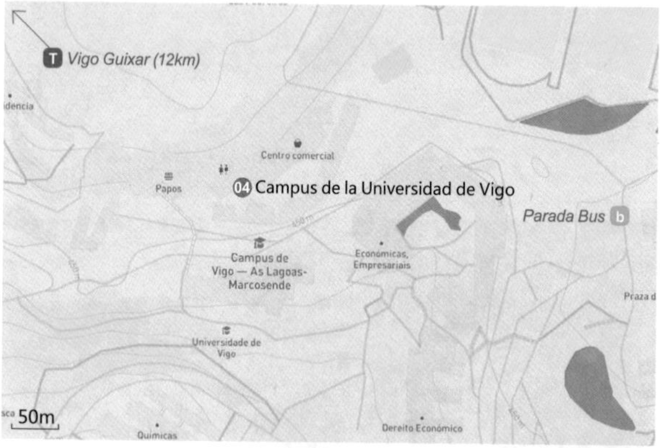

Note Zon

03 海洋博物馆
Museo del Mar

建筑师：阿尔多·罗西 / Aldo Rossi, César Portela
地址：Av. da Atlántida, 160
类型：文化建筑
年代：2001
开放时间：6 月 15 日至 9 月 15 日，周二至周日 11:00-14:00，17:00-20:00；9 月 16 日至次年 6 月 14 日，周二至周日 10:00-14:00, 17:00-19:00。

04 维哥大学教学楼
Campus de la Universidad de Vigo

建筑师：EMBT / Enric Miralles Benedetta Tagliabue
地址：Plaza Miralles, A-7, Vigo
类型：科教建筑
年代：1999
备注：距离维哥市中心约 12 公里。

海洋博物馆

由滨海人工和自然景观共同形成的环境建筑，展示海洋文化背景下城市活动的时间和空间的和谐转换。博物馆部分使用了老罐头厂的遗址，局部改扩建后形成 6 个建筑单元，分别是博物馆、水族馆、餐厅、花园、广场和灯塔。

维哥大学教学楼

大学校园建筑群规划设计在尊重地形的条件下塑造了建筑形态，创造活跃的校园建筑社交空间。主教学楼以节状蜿蜒，随地形起伏，支撑结构由外缘 V 形柱与内侧不规则斜柱架空起首层通廊，实现二层建筑丰富的体量错位。

海洋博物馆／阿尔多·罗西

48 奥维耶多

建筑数量：05

01 阿斯图里亚斯美术馆 / Francisco Mangado
02 布兰卡大厦 / Manuel de Busto
03 地理学院 /Alvarez Castelao
04 中世纪宫殿
05 圣 · 米歇尔教堂

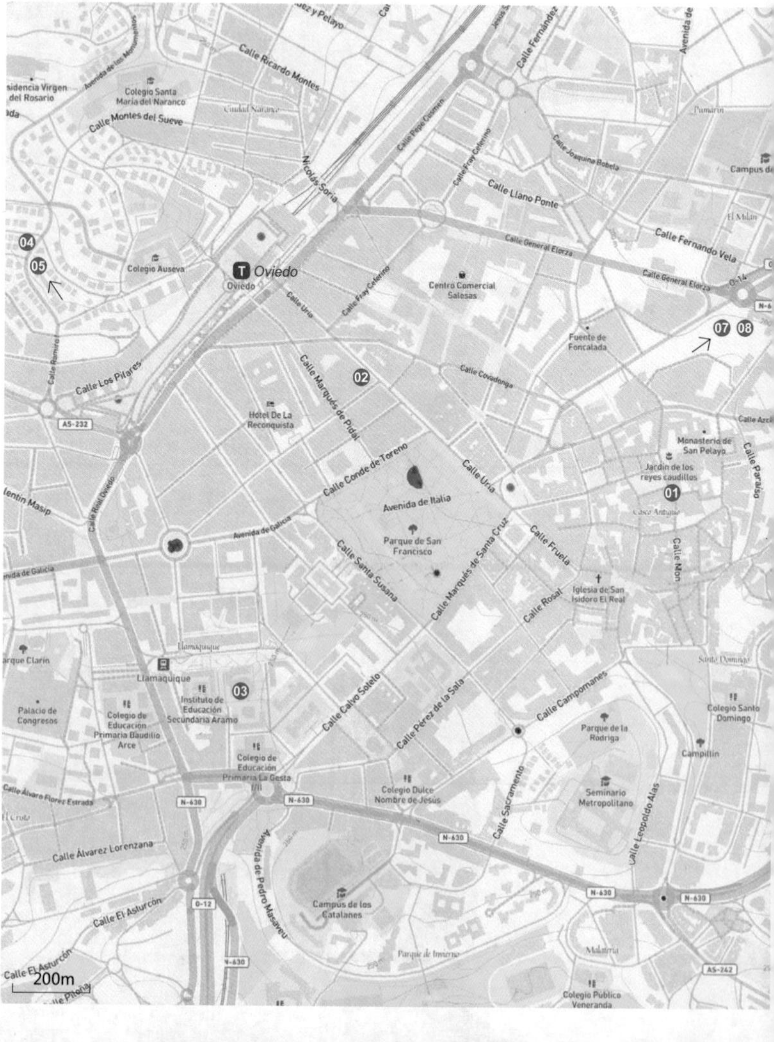

ote Zone

阿斯图里亚斯美术馆
英国皇家建筑奖

西班牙当代历史建筑扩建工程的代表，建筑面积从 4000m² 增至 8000m²，建筑师完整地保存了艺术馆原有的外立面和城市历史场地特征。增加建筑部分采用玻璃和铝材作为新建筑语言，通过建筑透明玻璃窗，将外部历史建筑景观也作为艺术馆藏的一部分。

布兰卡大厦

Manuel Busto 及其子一同创造的第一个建筑作品，代表西班牙分离派与装饰艺术运动的开始。原设计底层通廊在街道扩建后被拆除。

01 阿斯图里亚斯美术馆
Museo de Bellas Artes de Asturias

建筑师：Francisco Mangado
地址：Calle de Santa Ana, 1-3,
类型：文化建筑
年代：2014
开放时间：冬季的周二至周五 10:30-14:00、16:30-20:30，周六 11:30-14:00、17:00-20:00，周日与节假日 11:30-14:30；夏季的周二至周六 10:30-14:00、16:00-20:00，周日与节假日 10:30-14:30。

02 布兰卡大厦
Casa Blanca

建筑师：Manuel de Busto
地址：Calle Uria, 13
类型：办公建筑
年代：1929

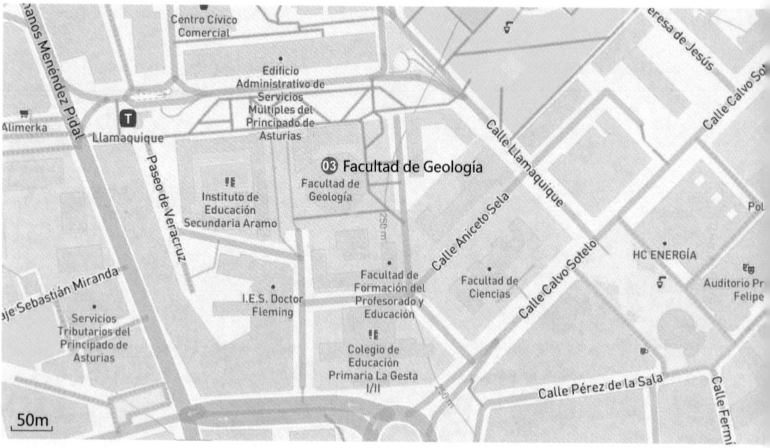
Centro Cívico Comercial
Edificio Administrativo de Servicios Múltiples del Principado de Asturias
Alimerka
Llamaquique
Paseo de Veracruz
03 Facultad de Geología
Facultad de Geología
Instituto de Educación Secundaria Aramo
Calle Llamaquique
Calle Calvo Sotelo
Calle Aniceto Sela
HC ENERGÍA
Auditorio Pr Felipe
Facultad de Ciencias
Facultad de Formación del Profesorado y Educación
I.E.S. Doctor Fleming
Servicios Tributarios del Principado de Asturias
Colegio de Educación Primaria La Gesta I/II
Calle Pérez de la Sala
50m

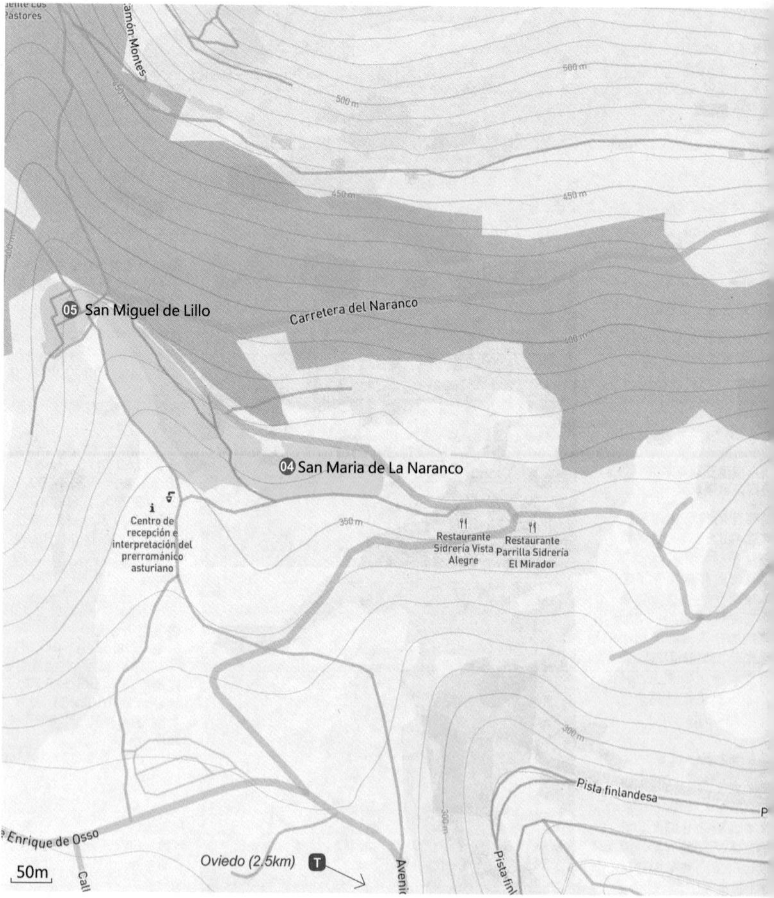
Pastores
500 m
450 m
05 San Miguel de Lillo
Carretera del Naranco
04 San Maria de La Naranco
Centro de recepción e interpretación del prerrománico asturiano
350 m
Restaurante Sidrería Vista Alegre
Restaurante Parrilla Sidrería El Mirador
300 m
Pista finlandesa
Enrique de Osso
Oviedo (2.5km)
50m

ote Zone

理学院

970 年有机建筑实践代
。依据建筑功能不同
造了两个独立的建筑
式，以模数化的单元
织平面建筑试图诠释
物学院和地理学院不
的研究对象——有机
和无机的，因此他设
了两种空间形态，八
形的壳状公共教学区
“L” 形平面的办公
。建筑公共大厅用 8
与中心圆相切的承重
承托，形成仪式感较
的大厅氛围，而环绕
厅布置了大小各异的 8
三角形教室，并满足
高质量的视觉、声学
照明要求。

世纪宫殿（世界遗产）

奥维耶多 4km 远的古
石砌宫殿建筑，方块石
具有阿斯图里亚斯地
建造风格，筒拱形地下
体现了构造逻辑和结
美学的特征。它的平
为矩形，长 20m、宽
m，中央大厅两侧是较
的两翼，它的三连拱结
具有早期罗曼式建筑
征。建筑只有两层，但
的侧立面屋顶加开的
窗让人误以为有 3 层
。底层基座高 2.8m，而
二层大厅高达 6m。

·米歇尔教堂(世界遗产)

为巴西利卡式的建筑
面，13 世纪后改建为
马式，仅保留了巴西
卡门厅部分。现有建
展示了几何平衡美。它
用于拜祭大天使米歇
，仅存原建筑的 1/3，
堂西侧主体和入口保
的精致和石雕为尚存
早期遗迹。它保存了西
牙最古老的建筑壁画。

03 地理学院
Facultad de Geología

建筑师：Alvarez Castelao
地址：Jesús Arias de Velasco s/n
类型：教育建筑
年代：1965

04 中世纪宫殿
San Maria de La Naranco

建筑师：不详
地址：Monte Naranco, s/n, Oviedo
类型：历史建筑
年代：848
开放时间：10 月 1 日至次年 3 月 31 日，周二至周六 10:00-13:00、15:00-17:00，周日、周一 10:00-13:00；4 月 1 日至 9 月 30 日，周二至周六 9:30-13:30、15:30-19:30，周日、周一 9:30-13:30。

05 圣 · 米歇尔教堂
San Miguel de Lillo

建筑师：不详
地址：Monte Naranco, s/n, Oviedo
类型：历史建筑
年代：842
开放时间：10 月 1 日至次年 3 月 31 日，周二至周六 10：00-13：00、15:00-17:00，周日、周一 10:00-13:00；4 月 1 日至 9 月 30 日，周二至周六 9:30-13:30、15:30-19:30、周日、周一 9:30-13:30。

49 希洪

建筑数量：02

01 建筑师协会 / Ruiz-Larrea, Gómez & Ortega
02 希洪大学 / Luis Moya Blanco

ote Zone

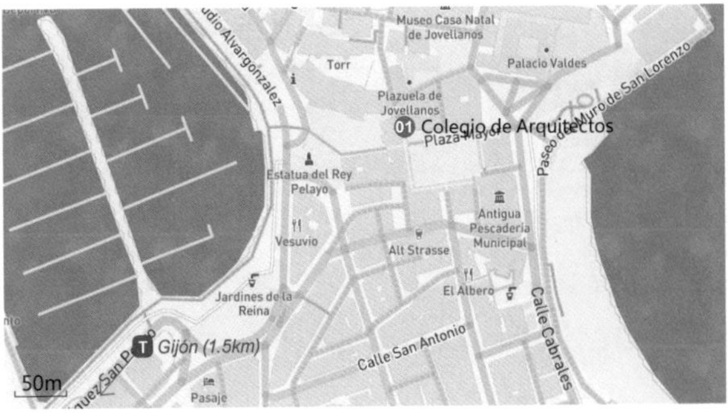

01 建筑师协会
Colegio de Arquitectos

建筑师：Ruiz-Larrea, Gómez & Ortega
地址：Calle Recoletas, 4, Gijón
类型：办公建筑
年代：2005

02 希洪大学
Universidad Laboral de Gijón

建筑师：Luis Moya Blanco
地址：Luis Moya Blanco 261
类型：科教建筑
年代：1946

建筑师协会

城市历史街区中的小体量双表皮建筑，新的玻璃立面取代了实墙，外覆褐色木材饰面，夜色下室内灯光透出的立面使得建筑为城市的“灯塔”。

希洪大学（国家遗产）

20世纪古典主义和复古主义的建筑作品，它包含世界上最大的椭圆形平面的教堂，建筑技术采用交叉砖肋拱支撑穹顶。建筑师莫亚受到古典建筑和城市的启发，以雅典神庙的环绕路线设计突出建筑的壮丽，中央广场尺度设计接近威尼斯圣马可广场，只有古希腊风格的剧院立面。

50 阿维莱斯

建筑数量：01

01 奥斯卡·尼迈耶国际文化中心 / 奥斯卡·尼迈耶 & Jair Varela

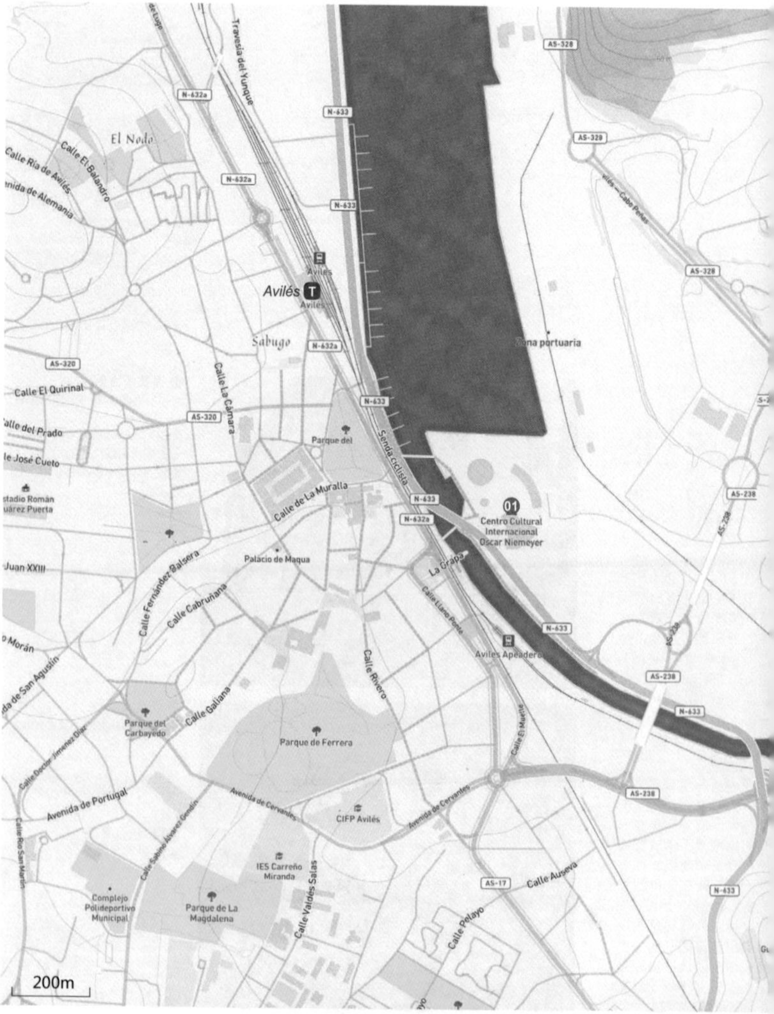

ote Zone

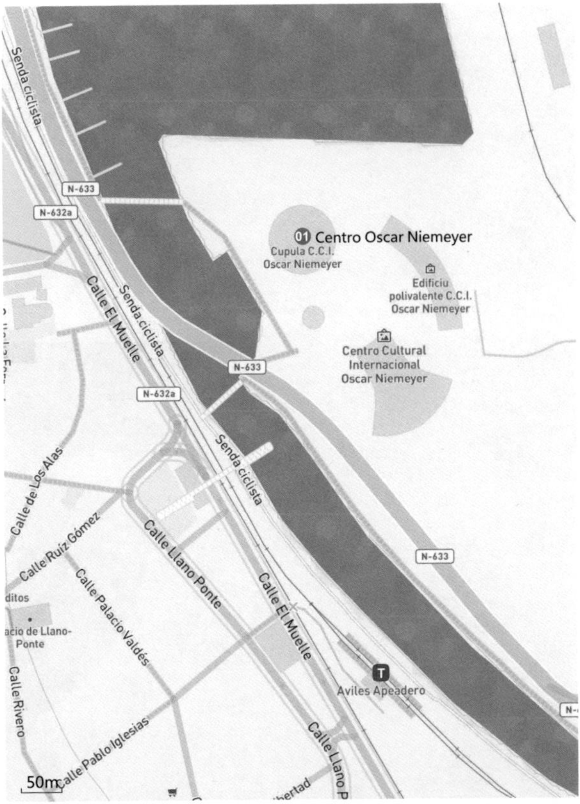

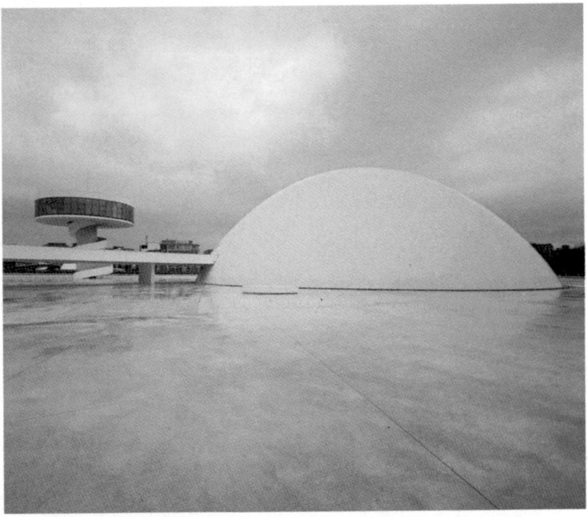

奥斯卡·尼迈耶国际文化中心
Centro Oscar Niemeyer

建筑师：奥斯卡·尼迈耶 / Oscar Niemeyer, Jair Varela
地址：Av. Zinc
类型：文化建筑
年代：2010
开放时间：周一至周日，10:30-14:00, 16:00-20:00。

文化中心建筑的白色、红色和黄色三种基本的色彩形成城市地标，建筑被划分成5个简单的空间形体，这是建筑师尼迈耶新造型主义实践的代表作。主要的演艺厅有961个座席，但当它向广场开放，可举办容纳上万名观众的音乐会。

51 桑坦德

建筑数量：02

01 马格达莱纳宫 / Javier González de Riancho, Gonzalo Bringas Vega

02 桑坦德剧场 / 萨恩兹·德·奥伊萨, Sáenz de Oiza Francisco Javier

ote Zone

01 马格达莱纳宫
Palacio de La Magdalena

建筑师：Javier González de Riancho, Gonzalo Bringas Vega
地址：Av. Magdalena, s/n
类型：历史建筑
年代：1909

02 桑坦德剧场
Palacio de Festivales de Cantabria

建筑师：萨恩兹 · 德 · 奥伊萨 / Sáenz de Oiza Francisco Javier
地址：Calle de Gamazo, s/n
类型：剧场建筑
年代：1986

马格达莱纳宫（国家遗产）

折中主义建筑，具有坎塔布里亚的山地建筑风格，落成于城市滨海半岛之上，标志着桑坦德成为西班牙中产阶级的度假胜地。

桑坦德剧场

20 世纪桑坦德城市建筑和文化的象征。这座多功能会堂建筑几乎可容纳各个级别的演出，它包含剧院、电影院、音乐厅和舞厅。入口造型源于古希腊剧场，希腊厅的设计来源于古竞技场，立面材料采用大理石和铜。

52 科米亚斯

建筑数量：04

01 高迪之屋 / 安东尼奥·高迪
02 墓室 / Joan Martorell i Montells
03 索布雷亚诺宫殿 / Joan Martorell i Montells
04 科米亚斯基金会与神学院 / Joan Martorell i Montells, Lluís Doménech i Montaner

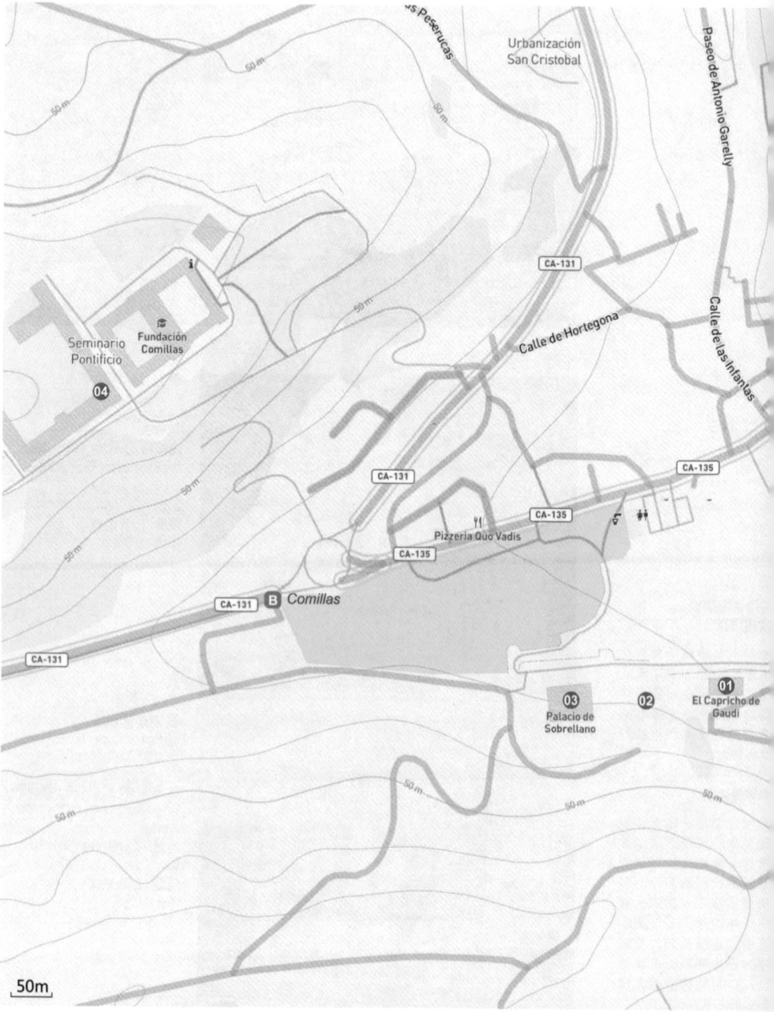

Note Zone

01 高迪之屋
El Capricho de Gaudí

建筑师：安东尼奥·高迪 / Antoni Gaudí
地址：Barrio Sobrellano, s/n, Comillas
类型：历史建筑
年代：1883
开放时间：3 月 1 日至 6 月 30 日、10 月的 周一至周日 10:30-20:00；7 月 1 日至 9 月 30 日 周一至周日 10:30-21:00；11 月 1 日至次年 2 月 28 日，周一至周日 10:30-17:30.

02 墓室和小教堂
Capilla Panteón de los Marqueses de Comillas

建筑师：Joan Martorell i Montells
地址：Barrio Sobrellano, s/n, Comillas
类型：其他 / 殡葬建筑
年代：1888

03 索布雷亚诺宫殿
Palacio de Sobrellano

建筑师：Joan Martorell i Montells
地址：Barrio Sobrellano, s/n, Comillas
类型：历史建筑
年代：1888

04 科米亚斯基金会与神学院
Seminario Pontificio

建筑师：Joan Martorell i Montells, Lluís Doménech i Montaner
地址：Avda. de la Universidad Pontificia, s/n, Comillas
类型：宗教建筑
年代：1881

高迪之屋（国家遗产）

安东尼·高迪设计的度假别墅，属于其东方风格时期的代表作品，立面装饰使用大量的几何与植物形态的彩色瓷砖。另外，利用朝向条件改善建筑热工性能，设置温室。

墓室和小教堂

侯爵的墓室，两层建筑，祷告堂设于墓室之上。建筑形式具有英国垂直哥特风格。安东尼·高迪完成了部分室内家具设计。

索布雷亚诺宫殿

帕拉第奥母题的折中主义建筑，新哥特式风格，是西班牙第一座使用电灯的宫殿建筑。安东尼·高迪完成了部分室内家具设计。

科米亚斯基金会与神学院

科米亚斯第一位侯爵资助建成的地方神学院，建筑选址面对侯爵宫殿以及北面坎塔布里亚海湾风景。建筑平面遵循传统神学院准则，以正中心教堂连接两个方形庭院，采用砖石结构，并辅以中世纪和文艺复兴样式的陶瓷装饰立面。

巴利阿里群岛

Islas Baleares

53 帕尔马 /Palma

54 休达德拉 /Ciudadela

55 伊维萨 /Ibiza

Ciutadella
54
Pollença
Inca
Artà
53
Mallorca
Manacor
Santanyí

53 · 帕尔马

建筑数量：07

01 帕尔马主教堂
02 古城堡垒修复与步道改造 /Martínez Lapeña, Torres Tur
03 帕尔马现代艺术博物馆 /García-Ruiz Arquiteetos
04 米罗工作室 / 何塞 · 路易斯 · 塞特
05 米罗基金会 / 拉斐尔 · 莫内欧
06 巴利阿里高等音乐学校 / Coll & Leclerc
07 丽丝之家 / 约恩 · 伍重

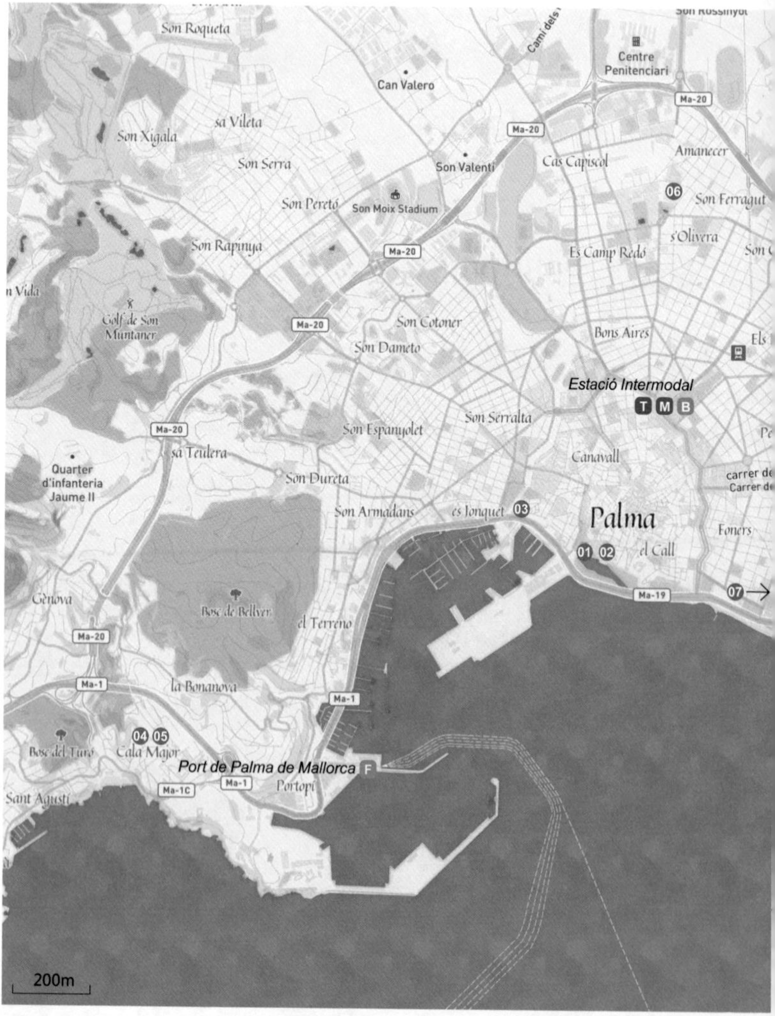

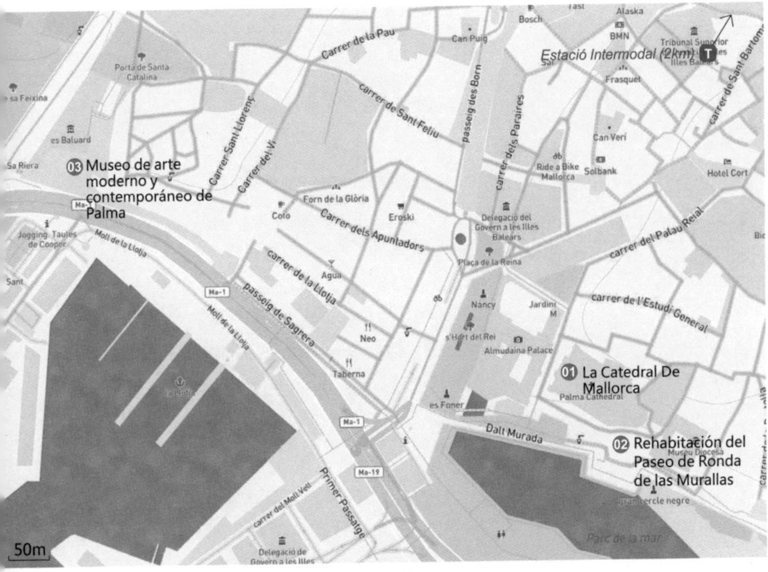

01 帕尔马主教堂
La Catedral De Mallorca

建筑师：不详
地址：Plaza Almoina,Palma de Mallorca
建筑类型：宗教建筑
年代：13-17 世纪

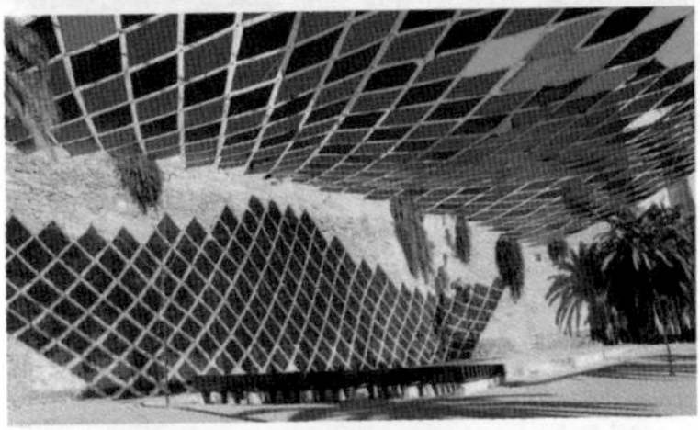

02 古城堡垒修复与步道改造
Rehabitación del Paseo de Ronda de las Murallas

建筑师：Martínez Lapeña, Torres Tur
地址：La Portella.Palma de Mallorca
建筑类型：文化建筑
年代：1983-1992

03 帕尔马现代艺术馆
Museo de arte moderno y contemporáneo de Palma

建筑师：Garcia-Ruiz Arquitectos
地址：Plaza de la Porta de Santa Catalina, 10
建筑类型：文化建筑
年代：2004
开放时间：周二至周六 10:00-20:00，周日 10:00-15:00。

帕尔马主教堂

西班牙哥特式教堂，建筑平面长度 120m、宽 58m，正厅最高处 44m，支撑拱顶的八边形束柱直径 .5m，高 22m，另外，12m 宽的玫瑰窗由 1236 片染色玻璃拼嵌。高迪参与了祭坛上方的铁艺荆棘冠制作。

古城堡垒修复与步道改造

建筑师完成古城墙的历史空间的修复与更新实践。他们轻快明亮的网状遮阴篷诠释当代都市生活的要素。创造了新的城市公共场所。

帕尔马现代艺术馆

新建的艺术馆座落在古堡中，修复了文艺复兴特征的墙壁，同时把城市堡垒要塞转变成一个面向海湾的公共空间。在新建筑上使用了白色光滑的墙体与原米黄色粗糙的古城墙对比，体现两个时代不同建筑的独特个性。

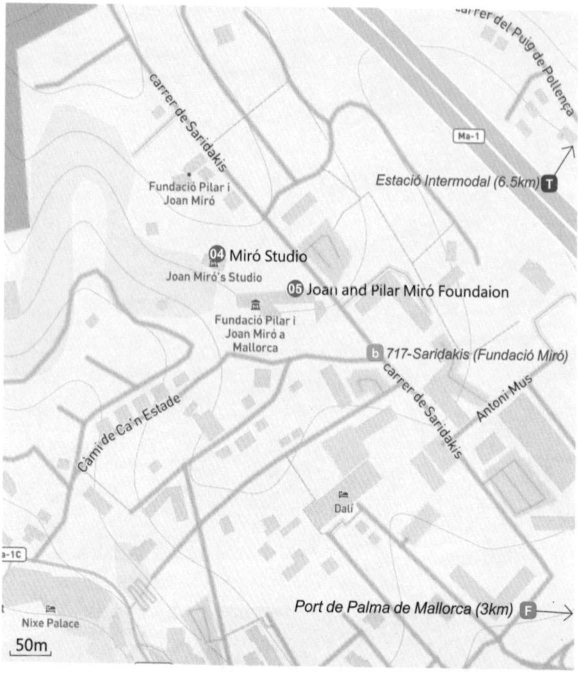

Note Zon

04 米罗工作室
Miró Studio

建筑师：何塞 · 路易斯 · 塞特 / Jose Luis Sert
地址：Joan Saridakis 29
建筑类型：文化建筑
年代：1954-1955
开放时间：9 月 16 日至次年 5 月 15 日周二至周六 10:00-18:00，周日与节假日 10:00-15:00；5 月 16 日至 9 月 15 日周二至周六 10:00-19:00，周日与节假日 10:00-15:00；12 月 25 日与 1 月 1 日 闭馆。

米罗工作室

艺术家工作室，侧开天窗、陶瓷米罗的立面满足画室对采光的需要。塞特创作的西班牙现代主义建筑的代表，它很好的实现了艺术家对大尺度创作空间的需求，使用“L”形平面分隔储藏室和创作大厅。塞特使用了传统的建筑材料和鲜明的色彩，创造了另一种现代主义的形式语言。

05 米罗基金会
Fundación de Joan i Pilar Miró

建筑师：拉斐尔 · 莫内欧 / Raphael Moneo
地址：Joan Saridakis 29
建筑类型：文化建筑
年代：1987-1992
开放时间：9 月 16 日至次年 5 月 15 日，周二至周六 10:00-18:00、周日与节假日 10:00-15:00；5 月 16 日至 9 月 15 日，周二至周六 10:00-19:00、周日与节假日 10:00-15:00；12 月 25 日与 1 月 1 日 闭馆。

米罗基金会

建筑师通过穿插的两个对比体量布置研究中心和展览空间。半透明的雪花石膏过滤光线，并在室内营造独特的艺术氛围。基金会含有绘画、雕塑艺术展厅，图书馆、花园，室内采光柔和，建筑师希望创造一种温暖的家庭氛围。主要的建筑材料有混凝土，雪花石膏、玻璃，它们在光、水等自然要素作用下展现各自的魅力。

ote Zone

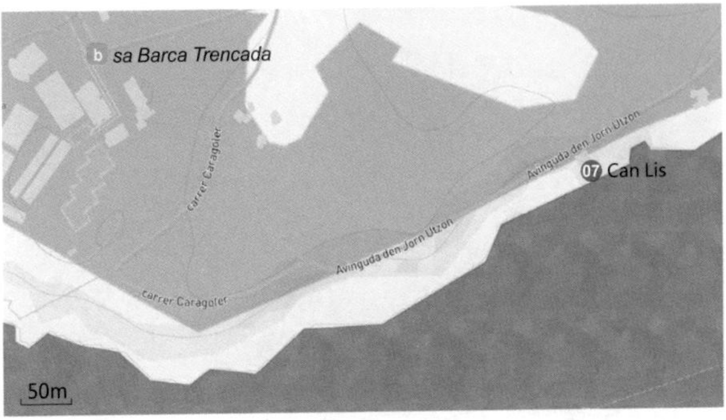

06 巴利阿里高等音乐学校
Conservatori Superior de Música de les Illes Balears

建筑师：Coll & Leclerc
地址：Alfons el Magnànim, 64
建筑类型：科教建筑
年代：1954-1955

07 丽丝之家
Can Lis

建筑师：约恩·伍重 / Joern Utzon
地址：Ctra. Santanyl-Alqueria Blanca, 81,Santanyí
建筑类型：居住建筑
年代：1971-1972
开放时间：周二至周日 10：00-22：00。
备注：距离帕尔马市中心约 65 公里。

巴利阿里高等音乐学校

E整体的结构主体下覆盖着功能相似的音乐与舞蹈单元，强调艺术类型的相似性和流动性，并激活邻里社区。内部景观单元由声学标准决定，独立教室、研究所等由钴蓝色墙体组合布置。

丽丝之家

纯净、简洁的块状体量，具有抽象和雕塑感的地中海住宅。四组房间设置在地中海沿岸崎岖的岩石峭壁上，背部是住宅内院。生活空间内通过柱廊、内院等都可以窥见地中海。建筑材料和小部分家具采用本地石材。

54 · 休达德拉

建筑数量 : 01

01 老年公共康健中心 / 欧卡那

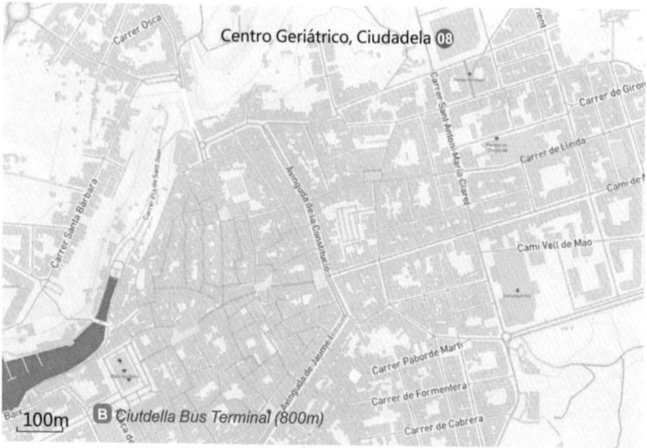

01 老年公共康健中心

Centro Geriátrico, Ciudadela

建筑师 : 欧卡那 / Manuel Ocaña
地址 : Carrer de Jerònia Alzina, 43
建筑类型 : 市政建筑
年代 : 2007

该老年服务中心旨在为老年人创造度过生命最后美好时光的精神空间。它的建筑几何体内部使用了流动的内庭院，所有老年人的住房可以直通公共花园；整座建筑采用完善的无障碍设计、运动辅助和保障系统，充分尊重个人的尊严，确保每个使用者可以抵达场所内任意的公共空间。建筑色彩根据南北朝向使用对应的冷暖色调，指引不同的老年人活动区域。

55 · 伊维萨

建筑数量：02

01 布罗勒之家 / Erwin Broner
02 侯斯比达勒教堂改建 / Martínez Lapeña, Torres Tur

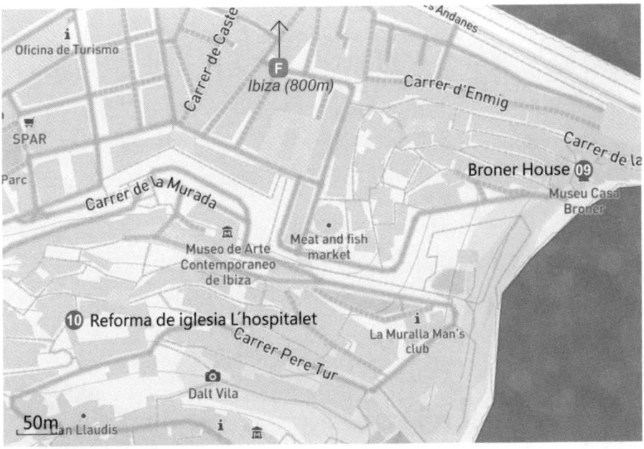

01 布罗勒之家
Casa Broner

建筑师：Erwin Broner
地址：Travessía de Sa Penya 15
建筑类型：住宅建筑
年代：1960
开放时间：周二至周五 10:00-14:00、17:00-20:00，周六、日，10:00-14:00。

02 侯斯比达勒教堂改建
Reforma de Iglesia L'hospitalet

建筑师：Martínez Lapeña, Torres Tur
地址：Santa Faz, Dalt Vila.
建筑类型：宗教建筑
年代：1981

罗勒之家

筑师设计的自宅，体了现代建筑技术语言当地传统建筑文化的衡。建筑工艺使用了统的白色抹灰墙面和块砌造工艺，在实现代功能的同时，尊重中海岛屿的场所精神。

斯比达勒教堂改建

计实现新的功能整合制，原有的建筑曾被作教堂之外，现在作展览、论坛和音乐会地。大理石地面预留板支撑构件，通过墙移动构件调节日光。

丽丝之家／约恩·伍重（摄影：陈灏）

加纳利群岛

Islas Canarias

Los Llanos de Aridane
GM-1
57
Santa Cruz de Tenerife
Tenerife
Los Cristianos
Valverde

Haría
Arrecife
Puerto
del
Rosario
Fuerteventura
Morro
Jable
as Palmas
ran Canaria
Agüimes

56・拉斯帕尔马斯

建筑数量：06

01 大西洋当代艺术中心 / 萨恩兹・德・奥伊萨
02 司法城 /Magüi González, José Antonio Sosa, Miguel Santiago
03 企业孵化馆 / Romera&Ruiz arquiteclos
04 大加纳利体育馆 /LLPS Arquitectos
05 阿弗雷德・克劳斯剧院 / Òscar Tusquets, Carles Díaz
06 沃尔曼塔楼 /Ábalos & Herreros, Casariego-Guerra

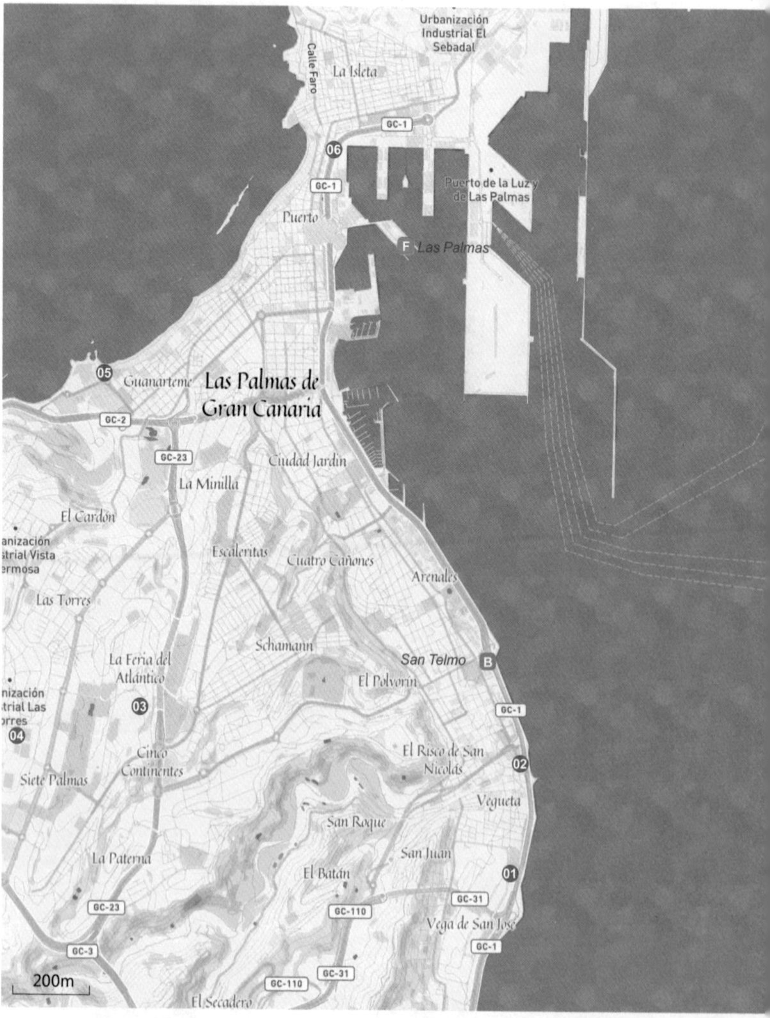

ote Zone

大西洋当代艺术中心

这栋新古典主义建筑被改建为一个内部空间丰富的展馆，尤其是加纳利岛的庭院空间，新的设计利用庭院组织流线和设置观赏视线。

司法城

这座建筑以微妙的高差矗立于水平向的巨大裙楼之上，它们的高度和间距回应了城市肌理和景观，虽然建筑的体量简单直白，但其交通空间便利地组织了复杂的法务工作空间，底层两层通高，供日常的大流量公众使用。另外，建筑材料非常多样化，长边的立面采用横向密集彩色合金板；朝向海洋的立面使用平滑的半透明玻璃，夜晚透出室内光；朝向老城的立面采用凹凸不平的折板与城市肌理呼应。室内大厅的公共走廊使用粗糙、温暖的石材饰面。材料的丰富性消解了大尺度建筑的压迫感。

01 大西洋当代艺术中心
Centro Atlántico de Arte Moderno

建筑师：萨恩兹·德·奥伊萨 / Sánez de Oíza
地址：balcones 8,Vegueta
建筑类型：文化建筑
年代：1988-1989
开放时间：周二至周六 10:00-21:00，周日 10:00-14:00。

02 司法城
Ciudad de la Justicia

建筑师：Magüi González, José Antonio Sosa, Miguel Santiago
地址：Calle Málaga, 2
建筑类型：办公建筑
年代：2013

03 企业孵化馆
Edificio incube

建筑师：Romera & Ruiz arquitectos
地址：Av. de la Feria, 1
建筑类型：办公建筑
年代：2014

04 大加纳利体育馆
Gran Canaria Arena

建筑师：LLPS Arquitectos
地址：c/ Fondos de Segura, s/n
建筑类型：观演建筑
年代：2014

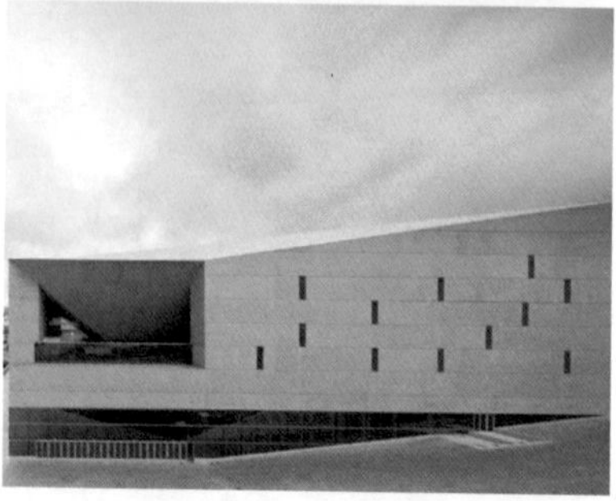

企业孵化馆

低预算的节能建筑，采用被动式节能技术实现高质量的建筑热工性能。

大加纳利体育馆

位于两个广场之间的城市地标建筑，粗壮的混凝土体量容纳一个内凹的盒状空间，激活了一个连续观赏城市风景、海洋风光的空间。

ote Zone

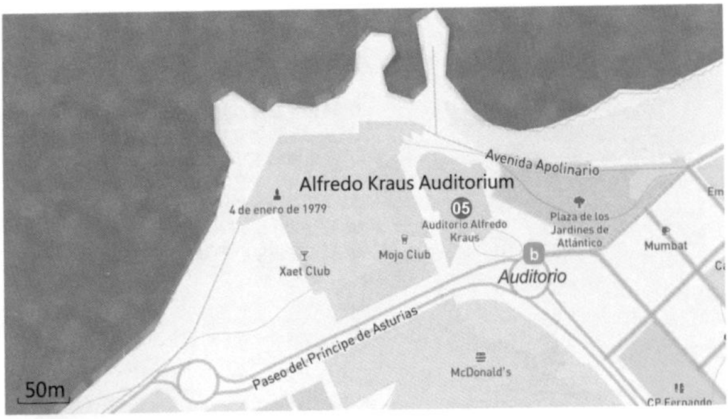

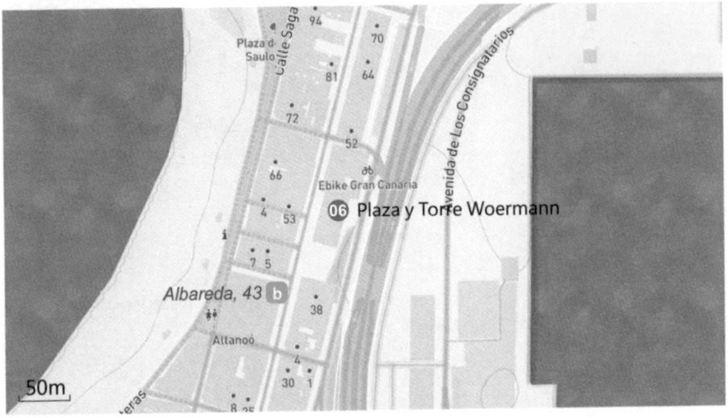

⑮ **阿弗雷德·克劳斯剧院**
Alfredo Kraus Auditorium

建筑师：Òscar Tusquets, Carles Díaz
地址：Av de las Canteras s/n, Ls arenas
建筑类型：观演建筑
年代：1985-1997

⑯ **沃尔曼塔楼**
Plaza y Torre Woermann

建筑师：Ábalos & Herreros, Casariego-Guerra
地址：Plaza Woermann
建筑类型：办公建筑
年代：2005

阿弗雷德·克劳斯剧院

巨大的石材建筑体量唤回城市历史中的沿海堡垒的回忆。室内主演奏厅的背景墙是一面巨大的朝向海洋的景窗，成为大西洋港湾上的一座文化灯塔。当观众在大厅内欣赏演出之时，其背景展现了壮阔的海洋与天空的美景。

沃尔曼塔楼

石材与彩色玻璃立面构成的塔形建筑，俯瞰滨海景观。尽管这不是最高的建筑，但也是当地最具有象征意义的建筑之一，沃尔曼塔楼是建筑群的一部分，他周围包括一个公共广场和一栋7层的商业建筑。立面的格栅可以缓解日照影响。

57 · 特内里费

建筑数量：07

01 特内里费城市艺术空间 / 赫尔佐格与德梅隆
02 加那利群岛建筑师协会 / Díaz Llanos y Saavedra
03 圣救赎教堂 / Fernando Menis
04 拉古纳大学艺术学院 / GPY arquitectos
05 宇宙科学博物馆 /Garcés/Sória
06 拉法尔中学 / Fernando Menis
07 城市会议中心 / Fernando Menis

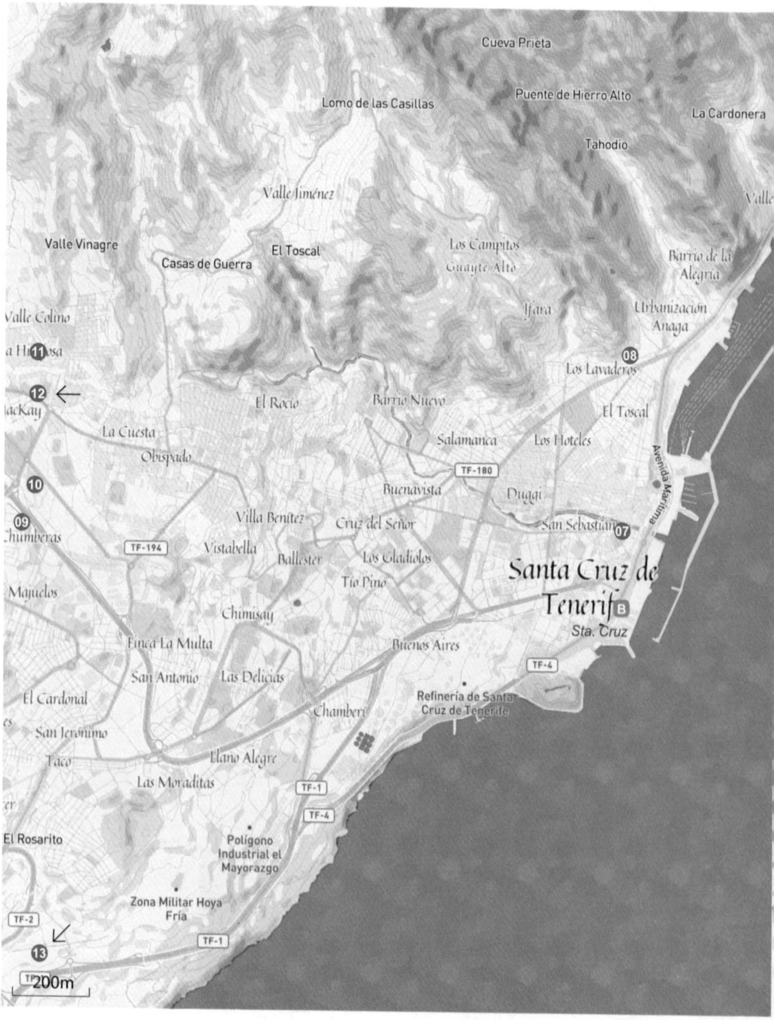

ote Zone

01 特内里费城市艺术空间
Tenerife Espacio de las Artes

建筑师：赫尔佐格与德梅隆 / Herzog& de Meuron
地址：Av. de San Sebastián, 10
建筑类型：文化建筑
年代：1995
开放时间：周二至周日 10:00-20:00。

02 加那利群岛建筑师协会
Colegio Oficial de Arquitectos de Gran Canaria

建筑师：Díaz Llanos Y Saavedra
地址：Rambla de Santa Cruz, 1
建筑类型：办公建筑
年代：1968-1971

特内里费城市艺术空间

一座城市文化综合体，包含公共图书馆、当代艺术馆和摄影中心，以及其他餐饮、商店等公共功能。长条形建筑铺展在三角地块中，建筑内部流线整合到城市街区的交通中。立面上开启了上千个小滤光孔。

加那利群岛建筑师协会

粗野主义建筑的延伸，利用混凝土的结构强度来创造不同尺度的内部功能。交通塔楼组织起办公空间、会议厅、展览厅和建筑材料试验室等。

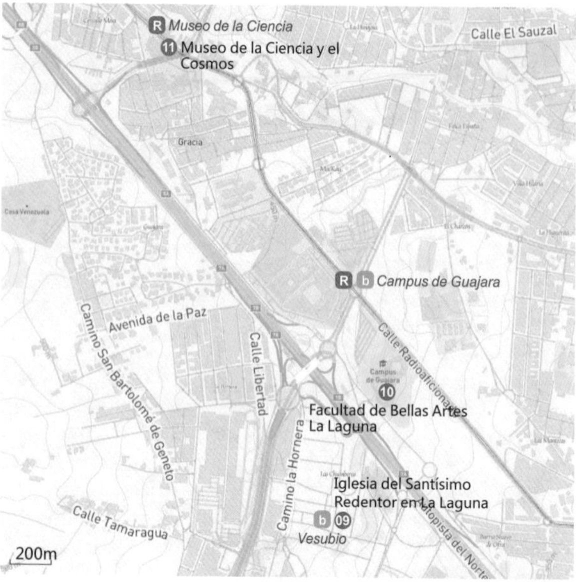

Note Zon

⑨ **圣救赎教堂**
Iglesia del Santísimo Redentor en La Laguna

建筑师：Fernando Menis
地址：Calle Volcán Estromboli, 3, La Laguna
建筑类型：宗教建筑
年代：2011

⑩ **拉古纳大学艺术学院**
Facultad de Bellas Artes, La Laguna

建筑师：GPY arquitectos
地址：Calle Radioaficionados s/n. Campus de Guajara. La Laguna.
建筑类型：科教建筑
年代：2014

⑪ **宇宙科学博物馆**
Museo de la Ciencia y el Cosmos

建筑师：Garcés de seta Bonet, Enric Sória Jordi Garces
地址：Calle Vía Láctea, s/n, San Cristóbal de La Laguna
建筑类型：科教建筑
年代：1989-1993
开放时间：周二至周六 9:00-20:00，周日、一 10:00-17:00。

圣救赎教堂

教堂表现力来自动态碎片式墙体的拼接，强调光在划过石块间隙时的夸张和戏剧化的效果。混凝土和光是建筑的材料，这种客观物质和光的共同创造融入到了宗教的仪式中。

拉古纳大学艺术学院

通过走廊和斜坡系统，塑造出曲线的带状交通空间，以此环绕起中心的庭院面向校园师生更面向社会开放和共享。建筑外轮廓使用了素混凝土和玻璃，区别半开放公共间和独立的教学空间。

宇宙科学博物馆

小尺度的两层博物馆，建筑平面隐喻宇宙大爆炸的天文学事件。椭圆形平面大厅采用无梁楼板，局部天窗照亮四周的房间出入口。该建筑从城市空间强化了天文与宇宙科学走向公众的平台，利用高差形式的广场和坡道扩大公众交往空间，激发社区日常活动。

ote Zone

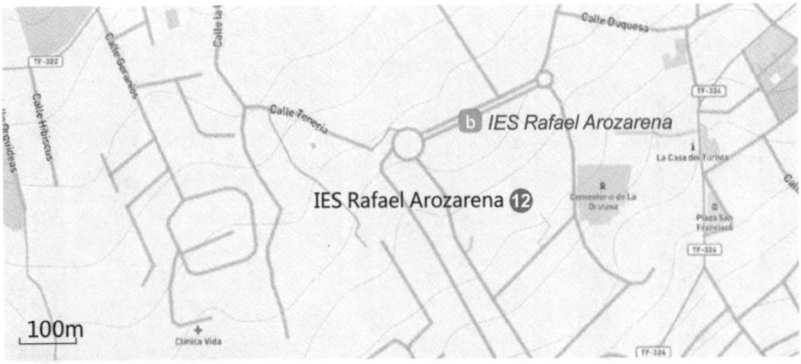

⑥ 拉法尔中学
IES Rafael Arozarena

建筑师 :Fernando Menis
地址 : Calle José Luis Prieto Pérez, s/n, La Orotava
建筑类型 :科教建筑
年代 :2004

⑦ 城市会议中心
Palacio de Congresos

建筑师 :Fernando Menis
地址: Avda. Los Pueblos, s/n, Costa Adeje
建筑类型 :观演建筑
年代 :2005

立法尔中学

杂色混凝土组织起不同的体量，激活活动场地。建筑从总平面规划上与周围土地发生视觉联系，建筑表面的染色混凝土将建筑与城市地貌相结合，并且与教育功能相联系。

城市会议中心

建筑位于沙漠和火山岩石的环境里，背靠城市快速路，面向海洋，它以流动、波浪形的曲面结构体隐喻自然界的力量。曲面结构的间隙提供自然采光和通风。虽然屋面结构多变，但其钢结构主体始终保持45cm的厚度，而造型变化依赖干挂植物纤维的仿石材料实现，并通过工艺处理接近地方传统石材的质感。

特内里费城市艺术空间／赫尔佐格与德梅隆

58 · 兰萨罗特

建筑数量：04

01 萨里纳酒店 /Fernando Higueras, Manrique
02 塞萨之家 / 塞萨 · 曼里克
03 塞萨 · 曼里克住宅 / 塞萨 · 曼里克
04 蒂曼法亚国家公园游客中心 /Cano y Escario

Note Zon

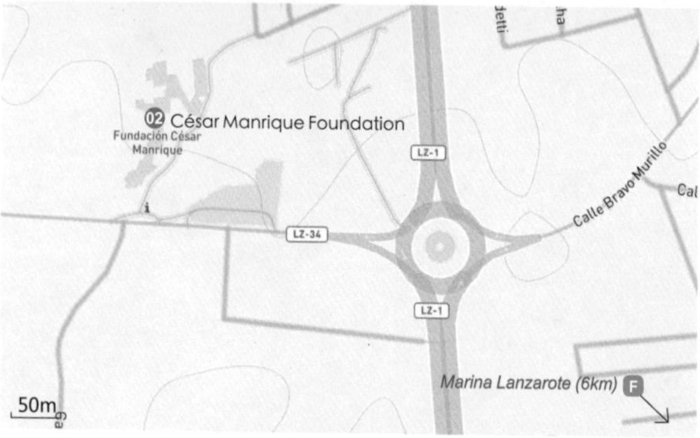

01 萨里纳酒店
Las Salinas Hotel

建筑师：Fernando Higueras, Manrique
地址：Avenida de las Islas Canarias, 5, Costa Teguise
建筑类型：商业建筑
年代：1973-1977

02 塞萨艺术基金会
César Manrique Foundation

建筑师：塞萨 · 曼里克 / César Manrique
地址：Jorge Luis Borges 10, Tahiche
建筑类型：居住建筑
年代：1968
开放时间：周一至周日 10:30-18:00。
备注：http://fcmanrique.org

Note Zon

萨里纳酒店

滨海酒店建筑，将客房作为一个基本设计单元创造出蜂巢状的建筑外形，酒店内庭注重内、外部景观联系，垂直中庭容纳了一个有利于热带加纳利岛植物生长的植物园。

塞萨艺术基金会

建筑师塞萨的自宅和工作室，最能代表它的建筑思想。它建造于 18 世纪初的火山岩的顶部，底层空间是由 5 个火山气泡形成的生活空间，上层的建筑空间的灵感来源于兰萨罗特岛的传统建筑。

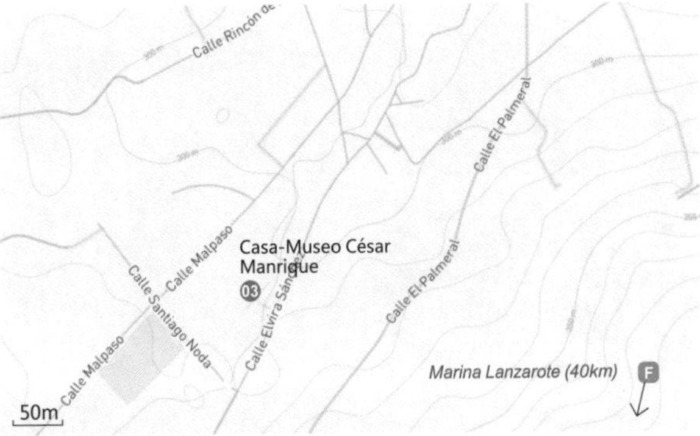

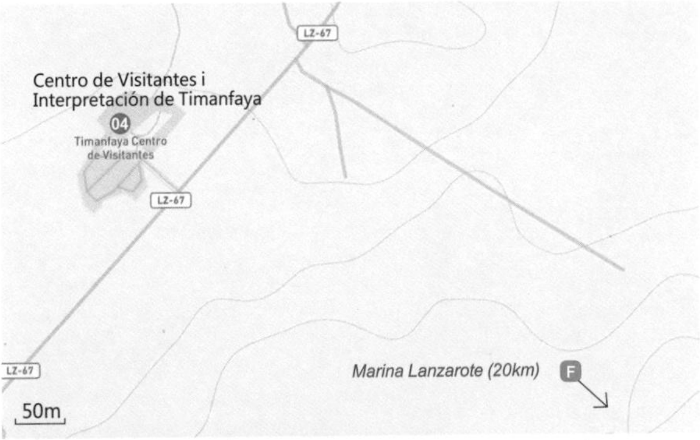

03 塞萨 · 曼里克住宅
Casa-Museo César Manrique

建筑师 :塞萨 · 曼里克 / César Manriqu
地址 :Calle Elvira Sánchez, 30, Haría
建筑类型 :居住建筑
年代 :1986
开放时间 :周一至周日 10:30-18:00。
备注 :http://fcmanrique.org

04 蒂曼法亚国家公园游客中心
Centro de Visitantes e Interpretación de Timanfaya

建筑师 :Cano y Escario
地址 :Lugar Tinguatón, Tinajo
建筑类型 :科教建筑
年代 :1989-1993
开放时间 :周一至周日 9:00-16:30。

塞萨 · 曼里克住宅

塞萨的住宅，位于美丽的 Haria 村庄中一片壮丽的棕榈树林里，住宅设计保持了大量的兰萨洛特岛传统文化景观，反映了建筑师一直以来与自然和谐相处的精神追求。设计上采用了现代主义的手法，重塑一个尺度宜人、环境舒适的居住场所。塞萨居住在此，直至离世。

蒂曼法亚国家公园游客中心

白色、平整、简洁的建筑体量与火山熔岩地貌形成鲜明的对比，较大的主体建筑作为展示场，周边错落布置着较小的体量以容纳辅助服务。

索引 · 附录

Index · Appendix

按建筑师索引 Index by Architects

注：建筑师姓名顺序按照西班牙文字母顺序排序。

按建筑功能索引 / Index by Function

注：根据建筑的不同性质，本书收录的建筑被分为文化建筑、办公建筑、科教建筑、居住建筑、体育建筑、交通建筑、商业建筑、旅馆建筑、工业建筑、医疗建筑、历史建筑、宗教建筑、其他（市政建筑、殡葬建筑、景观建筑）等类型。

■文化建筑（含博物馆、美术馆、剧场等）

■办公建筑（办公楼、市政厅等）

■科教建筑（学校设施、科研机构等）

■居住建筑

■体育建筑

■交通建筑

■商业建筑

■旅馆建筑

■工业建筑

■医疗建筑

■历史建筑

图片出处 Picture Resource

注：未标明出处的图片均为作者吴焕拍摄。

■中部地区

马德里

02 曾皓
03 https://zh.wikipedia.org/wiki/File:Museo_Thyssen-Bornemisza_(Madrid)_04.jpg
04 www.libremercadocom/2018-01-03/entra-en-vigor-la-nueva-normativa-financiera-mifid-ii-1276611535/
05 https://commons.wikimedia.org.
作者：Carlos Delgado
06 https://commons.wikimedia.org.
作者：Annette Klinkert
07 https://deskgram.net/explore/tags/spanishArchitecture
11 www.teatroreal.es
13 https://commons.wikimedia.org.
作者：Jim Anzalone
17 https://commons.wikimedia.org.
作者：Sergio Santos
19 www.rafaeldelahoz.com
25 www.rafaeldelahoz.com
26 https://commons.wikimedia.org.
作者： Luis García
28 https://commons.wikimedia.org.
作者：Luis García
29 Luis García
32 https://commons.wikimedia.org.
作者：Luis García
36 https://commons.wikimedia.org.
作者：Luis García
37 www.casadobrasil.com
38 www.divisare.comprojects/269665-jose-ignacio-linazasoro-imagen-subliminal-biblioteca-de-la-u-n-e-d#lg=1&slide=1
39 https://commons.wikimedia.org
作者：Carlos Teixidor Cadenas
40 https://commons.wikimedia.org
作者：Carlos Delgado
43 http://www.comunidad.madrid/
44 www.ingenieria-civil.org
45 https://commons.wikimedia.org.Xauxa Håkan Svensson
46 www.cruzyortiz.com
56 https://commons.wikimedia.org.
作者：Carlos Aparisi
57 www.vazquezconsuegra.com
58 Jorge Lopez Conde
59 www.vicens-ramos.com
60 www.cruzyortiz.com
61 www.archidaily.com
62 www.arquimentos.com
63 www.c-bentocompany.es
64 www.madrid.es
65 www.plataformaarquitectura.cl
66 www.madrid.es
67 https://commons.wikimedia.org.
作者：Fernando García
69 https://commons.wikimedia.org.
作者：Zarateman

莱昂

01 http://www.leon.es
02 http://www.turisleon.com
03 http://www.leon.es
04 http://www.leon.es
05 http://www.leon.es

布尔戈斯

01 https://es.wikipedia.org/wiki/Arco_de_Santa_Mar%C3%ADa#/media/File:Burgos_-_Arco_de_Santa_Maria_10.JPG
02 https://www.burgos.es/provincia/cultura/monumentos/catedral-de-burgos
03 http://www.descubrirelarte.es/2014/05/22/museo-meh-de-la-evolucion humana-la-casa-de-adan-en-burgos.html
04 http://www.fosterandpartners.com/es/projects/faustino-winery/

萨拉曼卡

02 http://www.traveler.es/viajes/rankings/galerias/universidades-donde-no-haras-novillos/323/image/14511
03 http://cuentoquenoescuento.blogspot.com.es/2012/11/la-casa-de-las-conchas.htm
04 http://www.panoramio.com/photo/90962606
05 http://palaciosalamanca.es/presentacion.asp?lang=es&&sec=2
06 http://www.arroyopemjean.com/works/AP01/ap01.2.html
07 https://zoes.es/2015/10/20/zoes-organiza-visitas-guiadas-gratuitas-al-interior-del-palacio-de-monterrey/
08 http://www.20minutos.es/noticia/2954174/0/grupo-rawan-diallo-band-ofrece-concierto-este-viernes-sala-caem-salamanca/
09 http://www.epdlp.com/edificio.php?id=3347

塞戈维亚

02 http://www.panoramio.com/photo/920833
03 http://www.arquivoltas.com/26-segovia/01-SegoviaSanMillan1.htm
06 http://guias-viajar.com/madrid/viajes-excursiones/segovia-fuentes-palacio-la-granja-horarios-verano-2010/
07 http://www.viajedereyes.com/?lightbox=dataItem-itw0gg4i

萨莫拉

01 http://www.plataformaarquitectura.cl/cl/02-214780/oficinas-zamora-alberto-campo-baeza

02 https://en.wikipedia.org/wiki/Zamora_Cathedral#/media/File:Catedral_zamora.JPG
03 Zamora Fundación Rei Afonso Henriques M. de las Casas
04 http://nuevasarquitecturas.blogspot.com.es/2009/03/museo-de-arqueologia-y-bellas-artes.html
05 http://archidose.blogspot.com.es/2015/09/
06 http://www.plataformaarquitectura.cl/cl/02-122609/oficinas-de-la-diputacion-provincial-de-zamora-gf-arquitectos/512c50e6b3fc4b11a700d68b-oficinas-de-la-diputacion-provincial-de-zamora-gf-arquitectos-foto
07 http://www.lne.es/gijon/2015/02/09/antiguos-alumnos-laboral-entregaran-1001/1710702.html

帕伦西亚

01 https://www.experimenta.es/noticias/arquitectura/exit-architects-rehabilitacion-de-la-antigua-prision-provincial-de-palencia-34/
02 http://www.luz10.com/cementerio-de-villamuriel-de-cerrato/
03 http://pedrosadelavega.es/index.php/multimedia/fotos-villa-romana-de-la-olmeda/

巴利亚多利德

01 Luis Fernández García
02 http://www.bodegasprotos.com/en/architecture/

托莱多

02 Carlos Rodriguez
03 https://commons.wikimedia.org/wiki/File:Museo_de_Santa_Cruz,_Toledo_-_facade_1.JPG
04 http://gijonarquitectura.blogspot.com.es/2013/08/palacio-de-congresos-de-toledo-2012.html
05 http://www.stgo.es/2010/12/escaleras-de-la-granja-torres-y-lapena/
06 http://www.latribunadetoledo.es/noticia/Z17705137-9297-6CE9-FAFBF253DF1A87F3/20140620/junta/publica/planes/gestion/cuatro/zonas/lic

昆卡

01 https://www.march.es/arte/cuenca/?l=2
02 http://www.diariodenavarra.es/noticias/mas_actualidad/sociedad/2015/02/10/la_catedral_cuenca_luz_una_herencia_194635_1035.html
03 http://www.pasaporteblog.com/parador-de-cuenca/

瓜达拉哈拉

01 http://solopixels.blogspot.com/2011/08/palacio-del-infantado-guadalajara.html
02 http://www.rojofernandezshaw.es/index.php?/proyetos/teatroauditorio-municipal-buero-vallejo-y-ordenacian-del-entorno/

梅里达

09 https://commons.wikimedia.org/wiki/File:Alcazaba_de_Merida.jpg
12 https://placeresymas.files.wordpress.com/2014/08/placeresymas_adearco316.jpg
15 http://www.consorciomerida.org/conjunto/monumentos/sanlazaro

卡塞雷斯

03 http://www.turismoextremadura.com/viajar/turismo/en/explora/Monastery-of-Nuestra-Senora-de-Guadalupe/

巴达霍斯

01 http://www.estudiohago.com/008-Fine-Arts-Museum
02 http://www.descubrirelarte.es/2014/05/22/museo-meh-de-la-evolucion-humana-la-casa-de-adan-en-burgos.html;

■北部地区

萨拉戈萨

04 https://commons.wikimedia.org/wiki/File:Palacio_de_Los_Condes_de_Luna-Zaragoza_-_CS_31122007_175241_22127.jpg
10 http://www.ondiseno.com/proyecto.php?id=2149

特鲁埃尔

01 https://en.wikipedia.org/wiki/San_Pedro_Church,_Teruel;
02 http://www.aragonfilm.com/location/catedral-de-santa-maria-de-mediavilla;
03 https://commons.wikimedia.org/wiki/File:Torre_de_El_Salvador._Teruel.jpg;
04 https://commons.wikimedia.org/wiki/File:Torre_de_San_Mart%C3%ADn._Teruel.JPG;

韦斯卡

01 http://www.huesca.es/areas/deportes/instalaciones/palacio-municipal-de-deportes

02 http://www.cdan.es/wp-content/uploads/2014/08/708074-329.jpg

毕尔巴鄂

04 https://www.plataformaarquitectura.cl/cl/02-354159/archivo-historico-de-euskadi-acxt/5355c89dc07a804da9000069-historical-archive-of-the-basque-country-acxt-photo
05 https://www.euskalduna.eus/en/euskalduna-conference-centre/the-building/
06 http://www.olabarri.com/referencia/teatro-campos-eliseos/
08 https://www.azkunazentroa.eus/az/ingl/home/visit-azkuna-zentroa/the-building
09 www.bilbao.eus
10 http://verybilbao.com/comercios/la-ribera-gastro-plaza/
11,12 陈柚竹

维多利亚

01 http://www.fmangado.es/ldda_proyecto/museo-arqueologia-alava-vitoria/#
02 https://www.archdaily.mx/mx/02-263607/clasicos-de-arquitectura-iglesia-de-nuestra-senora-de-la-coronacion-miguel-fisac/51a2a71ab3fc4b39ee0000e5
03 https://commons.wikimedia.org/wiki/File:Vitoria_-_Church_of_Nuestra_Se%C3%B1ora_de_los_%C3%81ngeles_02.jpg

圣塞瓦斯蒂安

03 http://www.stua.com/es/design/nautico-gu-san-sebastian/
04 https://divisare.com/projects/190187-rafael-moneo-francisco-berreteaga-iglesia-de-iesu
05 http://www.isuuru.com/
06 http://www.stua.com/design/bcc/

埃西耶戈

01 http://www.hotel-marquesderiscal.com/es/gallery
02 http://www.vinoturismorioja.com/es/visitar-bodegas-en-la-do-rioja/item/76-bodegas-ysios

奥尼亚蒂

01 http://edificiosgipuzkoa.diariovasco.com/universidad-onati-20170228161257.php
02 https://upload.wikimedia.org/wikipedia/commons/2/27/Arantzazuko_santutegiko_ikuspegia.jpg

潘普洛纳

01 http://www.tabuenca-leache.com/en/portfolio/restoration-of-the-renaissance-palace-the-palacio-del-condestable/
02 http://www.noticiasdenavarra.com/2017/06/07/ocio-y-cultura/cultura/visitas-guiadas-en-castellano-y-en-euskera-al-archivo-de-navarra-abiertas-a-todo-el-publico-
03 http://turismo.navarra.com/item/museo-de-navarra/
04 http://www.peredaperez.com/projects/viviendas-para-realojos-en-descalzos-pamplona/
05 http://www.redfundamentos.com/blog/es/obras/detalle-256/
06 http://hicarquitectura.com/wp-content/uploads/2013/02/Cutillas_09.jpg
07 http://www.castelruiz.es/Programaci%C3%B3n/Programaci%C3%B3nGlobal/tabid/348/ID/410/Guia-de-Arquitectura-de-Navarra-del-Siglo-XX-GANSXX.aspx
08 http://www.vdr.es/es/portfolio/museo-universidad-de-navarra/
09 http://hicarquitectura.com/2011/12/vaillo-irigaray-galar-centro-de-investigacion-biomedica-pamplona/
10 http://pedromarimodrego.blogspot.hk/2016/03/jorge-oteiza-museo-alzuza.html

洛格罗尼奥

01 https://commons.wikimedia.org/wiki/File:Logro%C3%B1o_-_Ayuntamiento_8.JPG
02 https://saraviacontenidos.blogspot.hk/2013/03/estacion-de-tren-de-alta-velocidad-en.html?m=1
03 http://www.plataformaarquitectura.cl/cl/02-237250/ermita-virgen-de-la-antigua-otxotorena-arquitectos
04 http://www.turismoenfotos.com/4284:monasterio-de-san-millan-de-yuso?dim=4
05 http://www.fsanmillan.es/visitas-los-monasterios

■南部地区

塞维利亚

02 黄柚竹
03 黄柚竹
05 黄柚竹
07 http://www.plataformaarquitectura.cl/cl/757925/centro-ceramica-triana-af6-arquitectos
09 https://upload.wikimedia.org/wikipedia/commons/6/6d/Palacio_San_Telmo_facade_Seville_Spain.jpg
10 https://en.tripadvisor.com.hk/Hotel_Review-g187443-d191205-Reviews-Hotel_Alfonso_XIII_A_Luxury_Collection_Hotel_Seville-Seville_Province_of_Seville_Andalu.html
13 https://santiagoquesada.blogspot.hk/2008/02/la-casa-duclos-de-jose-luis-sert.html
16 https://unosamigosdeparadores.blogspot.hk/2013/10/la-casa-de-pilatos-

sevilla.html
18 http://sevilla.abc.es/fotos-local/20130705/aeropuerto-sevilla-cumple-ochenta-123484.html

格拉纳达

02 https://theaaamagazine.com/2014/12/08/el-rey-al-que-le-gustaba-ser-obedecido/
06 http://www.archdaily.com/605350/ad-classics-caja-granada-savings-bank-alberto-campo-baeza
07 http://www.plataformaarquitectura.cl/cl/02-91455/parque-de-las-ciencias-de-granada-oab
08 http://www.plataformaarquitectura.cl/cl/793638/edificio-servicios-generales-campus-ciencias-salud-cruz-y-ortiz-arquitectos
09 http://www.isoluxcorsan.com/es/proyecto/universidad-de-vanguardia.html
10 http://arquitecturazonacero.blogspot.hk/2014/12/luz-y-textura-escuela-universitaria-de.html

科尔多瓦

05 http://www.artencordoba.com/palacio-viana/horarios-informacion-turistica.html
07 http://www.archiii.com/2012/01/centro-abierto-de-actividades-ciudadanas-design-by-paredespino-studio/
08 http://www.akdn.org/ru/architecture/project/madinat-al-zahra-museum

加的斯

01 https://es.wikipedia.org/wiki/Catedral_de_la_Santa_Cruz_de_C%C3%A1diz
02 http://www.andalusien360.de/cadiz/sehenswuerdigkeiten
03 http://www.thousandwonders.net/Gran+Teatro+Falla
04 陈灏

哈恩

01 https://commons.wikimedia.org/wiki/File:Catedral_Ja%C3%A9n_E16.JPG
02 http://www.catedraldejaen.org/que-es-una-catedral/
03 http://www.bañosarabesjaen.es
04 https://en.wikipedia.org/wiki/Castle_of_Santa_Catalina_(Ja%C3%A9n)
05 https://www.parador.es/es/cultura/historia/vive-la-historia-parador-de-jaen
06 http://natural-stone.company/work/bank-of-spain/
07 Fernando Alda

马拉加

01 https://tripkay.com/destination-guides/en/what-to-do-and-see/malaga-cathedral/
03 https://es.wikiarquitectura.com/edificio/mercado-de-atarazanas-de-malaga/
04 http://rivervial.es/portfolio-posts/skilet-cover/
05 https://commons.wikimedia.org/wiki/File:Edificio_V%C3%A9rtice-side.jpg
06 http://arqa.com/arquitectura/biblioteca-manuel-altolaguirre-en-malaga-espana.html

■东部地区

巴塞罗那

05 尹烜
06 http://staybarcelonaapartments.com/blog/ru/barcelona-tourist-guide/tourist-places/districts-in-barcelona-el-raval/attachment/palau-guell-fachada/
08 http://www.vora.cat/es/proyecto/centro-deportivo-can-ricart
09 尹烜
10 https://www.archiweb.cz/b/bytovy-dum-calle-del-carme
11,12,13,14,15,16,17 尹烜
18 Lluis Bravo 事务所提供
19 尹烜
20 https://commons.wikimedia.org/wiki/File:Edificio_Generali_Barcelona_-_panoramio.jpg
21,22 尹烜
25 http://www.bacharquitectes.com/?p=1399
29 https://www.barcelonabusturistic.cat/en/caixaforum-barcelona
33 http://lameva.barcelona.cat/bcnmetropolis/es/dossier/mercats-i-identitat-alimentaria/
34,35,36,37,38,39 尹烜
41,,42,43,44,45 尹烜
46 http://b720.com/portfolio/oficinas-indra/;
47,48,49,50,51 尹烜
54,55,56,57,58,59,60 尹烜
61 http://www.tempusfugitvisual.com/en/ciudad-de-la-justicia.html
62,63,64,65 尹烜
66 https://redescubriendomibarcelona.blogspot.com/91cda418bd80ffd4b81908f456124fd3.jpg
67 http://www.torredecollserola.com/home
68 https://www.barcelonabusturistic.cat/it/casa-vicens
69 尹烜
71 https://www.disenoyarquitectura.net/2011/06/casa-dels-xuklis-de-mbm-arquitectes.html
72 https://commons.wikimedia.org/wiki/File:El_Prat_de_Llobregat._La_Ricarda_(Gomis_House)._Antoni_Bonet_Castellana,_architect_(1949-1963)_(17983070080).jpg
73 https://commons.wikimedia.org/wiki/File:Cripta_de_la_Col%C3%B2nia_G%C3%BCell_(Santa_Coloma_de_Cervell%C3%B3)_-_40.jpg
74 http://aresta.net/portfolio-item/complex-esportiu-ribera-serrallo/
75,76 http://www.ricardobofill.com/la-

fabrica/see/
77 http://patrimoni.gencat.cat/en/collection/casa-ugalde-0
78 尹烜

巴达洛纳

01 尹烜
02 http://www.elperiodico.cat/ca/barcelona/20161004/badalona-sera-la-ciutat-convidada-de-lopen-house-barcelona-amb-15-edificis-5453749;
03 尹烜

赫罗纳

02 www.fundacioudg.org

菲格拉斯

01 http://patrimoni.gencat.cat/en/collection/dali-theatre-museum-and-dali-triangle
02 http://patrimoni.gencat.cat/en/collection/salvador-dalis-house-portlligat

奥洛特

01 https://www.pinterest.com/pin/489625790721029155/

莱里达

02 https://commons.wikimedia.org/wiki/File:Lleida-14-1_Suda.jpg
03 http://fundacion.arquia.es/es/registrosudoe/Realizaciones/Ficha/4447?urlback=%2Fes%2Fregistrosudoe
04 http://www.plataformaarquitectura.cl/cl/626348/teatro-y-centro-de-conferencias-la-llotja-mecanoo-architects;

塔拉戈纳

03 https://ca.wikipedia.org/wiki/Teatre_Metropol_(Tarragona)
05 http://www.tarragonaturisme.cat/es/monumento/acueducto-de-les-ferreres-o-pont-del-diablemht
06 https://www.escapadarural.com/que-hacer/vimbodi-i-poblet/monasterio-de-poblet

巴伦西亚

01 http://www.jdiezarnal.com/valenciaiglesiadesantacatalina.html
02 https://ca.wikipedia.org/wiki/Llotja_de_la_Seda
03 https://gourmetvalencia.files.wordpress.com/2013/06/mx9a1529.jpg
04 www.valenciabonita.es
05 www.inspain.org
06 https://totenart.com/directorio/museo/muvim-museu-valencia-de-la-il-lustracio-la-modernitat/
07 http://vacarquitectura.es/restauracion-mercado-de-colon/
08 http://www.josg.org/el-palau-de-la-musica-de-valencia-recibe-a-la-josg/
12 曾皓
15 http://www.siguenos.com/en/excursion,valencia-oceanografic-y-museo-ciencias
16 https://brutalmentvalencia.wordpress.com/2014/03/02/centro-cultural-el-musical valencia-2002-eduardo-de-miguel/

阿利坎特

02 http://casa-mediterraneo.es/conoce-nuestra-sede-antigua-estacion-benalua/
04 https://www.cortizo.com/obras/ver/198/casa-de-la-musica-y-auditorio-de-alguenamuca.html
05 http://www.ricardobofill.com/projects/xanadu/
06 元有景观设计公司 提供

穆西亚

01 http://viajesexplorer.es/producto/murcia-caravaca-la-cruz/
02 陈灏
03 https://www.mimoa.eu/images/28329_l.jpg
04 http://images.adsttc.com/media/images/55e6/257b/8450/b50b/9b00/016b/slideshow/1325818955-monteagudo-7-1000x508.jpg?1441146229

卡塔赫纳

01 http://auditorioelbatel.es/en/
02 https://www.cartagena.es/plantillas/14b asp?pt_idpag=1555
03 http://www.lejarraga.com/?portfolio=rehabilitacion-del-hospital-militar-de-marina-paraninfo-univ-politecnica-de-cartagena

■西北部地区

卢戈

01 https://i0.wp.com/esascosas.com/wp-content/uploads/2015/07/lugo6.jpg02
02 http://www.fernandoalda.com/fotos/proyectos/museo-interactivo-de-la-historia-de-lugo-7556-10-1.jpg

拉科鲁尼亚

05 https://grimshaw.global/projects/caixa-galicia-art-foundation/

圣地亚哥德孔波斯特拉

05 http://www.parklex.com/es/proyectos/museo-de-las-peregrinaciones-y-de-santiago/
09 曾皓

维哥

01 http://mansilla-tunon-architects.blogspot.com/2011/10/58-barrie-de-la-maza-foundation.html

奥维耶多

01 刘宪云
02 https://es.m.wikipedia.org/wiki/Archivo:Casa-Blanca-@-Oviedo.jpg
03 https://geologia.uniovi.es/facultad/edificio
04 https://fr.wikipedia.org/wiki/%C3%89glise_Santa_Mar%C3%ADa_del_Naranco_d%27Oviedo
05 https://upload.wikimedia.org/wikipedia/commons/9/92/Monte_Naranco_Oviedo_San_Miguel_de_Lillo.jpg

希洪

01 http://www.ruizlarrea.com/proyecto/coaa
02 https://gijononline.org/awesome-la-laboral-city-of-culture/

阿维莱斯

01 曾皓

桑坦德

01 https://palaciomagdalena.com/es/wp-content/uploads/2012/04/DSC014641-1030x686.jpg
02 https://commons.wikimedia.org/wiki/File:Palacio_de_Festivales_de_Cantabria_2.jpg

科米亚斯

01 https://www.turismodecantabria.com/imagenes/PatrimoniosImagenes/8F48DD63-E8CA-1713-407D-DC30A8848501.jpg/resizeMod/0/1200/imagen.jpg
02 http://pensioncomillas.es/wp-content/uploads/2016/04/3-Capilla.jpg
03 https://upload.wikimedia.org/wikipedia/commons/d/db/Comillas_Palacio_de_Sobrellano_panorama_2009.jpg
04 http://www.eldiariomontanes.es/noticias/201511/16/media/Imagen%20comillas.jpg

马略卡

06 http://www.coll-leclerc.com/?p=215
07 https://www.urbipedia.org/hoja/Can_Lis

休达德拉

01 https://www.archdaily.com/24725/santa-rita-geriatric-center-manuel-ocana

伊维萨

01 https://www.eivissa.es/mace/index.php/ca/llocs/casa-broner
02 http://arquitectes.coac.net/jamlet/projects/03_museum/ME01/index.html

拉斯帕尔马斯

01 郑慧明
02 Roland Halbe
03 Simon Garcia
04 http://ferimges.pw/Gran-Canary-Arena-by-LLPS-Architects.html 作者：Javier Callejas
05 http://www.tusquets.com/fichag/159/3-auditorio-alfredo-kraus?lang=en
06 https://www.plataformaarquitectura.cl/cl/750214/plaza-y-torre-woermann-las-palmas-de-gran-canaria-abalos-and-herreros-casariego-guerra/51272a25b3fc4b11a7000f8c-plaza-y-torre-woermann-las-palmas-de-gran-canaria-abalos-and-herreros-casariego-guerra-imagen

圣克鲁兹 特内里费

02 http://www.garciabarba.com/islasterritorio/doce-edificios-de-tenerife/
03 https://www.plataformaarquitectura.cl/cl/02-183951/iglesia-del-santisimo-redentor-menis-arquitectos
04 https://www.archdaily.cn/cn/788118/xi-ban-ya-la-la-gu-na-da-xue-yi-zhu-xi-guan-gpy-arquitectos
05 http://www.garces-deseta-bonet.com/portfolio_page/museu-de-la-ciencia-i-el-cosmos-tenerife/
06 https://www.mimoa.eu/projects/Spain/La%20Orotava/Rafael%20Arozarena%20High%20School/
07 https://www.plataformaarquitectura.cl/cl/02-25572/magma-arte-and-congresos-amp-arquitectos

兰萨罗特

01 http://melia-salinas.costa-teguise.hotels-canary-islands.
com/zh/
02 http://fcmanrique.org/casas-museo-visitas/fundacion-cesar-manrique-tahiche/?lang=es
03 http://fcmanrique.org/casas-museo-visitas/fundacion-cesar-manrique-tahiche/?lang=es
04 https://lanzaroteinformation.co.uk/timanfaya-vistors-centre/

西班牙部分城市地铁线路示意图 Traffic map

马德里

https://www.metromadrid.es/en/travel-in-the-metro/metro-de-madrid-maps

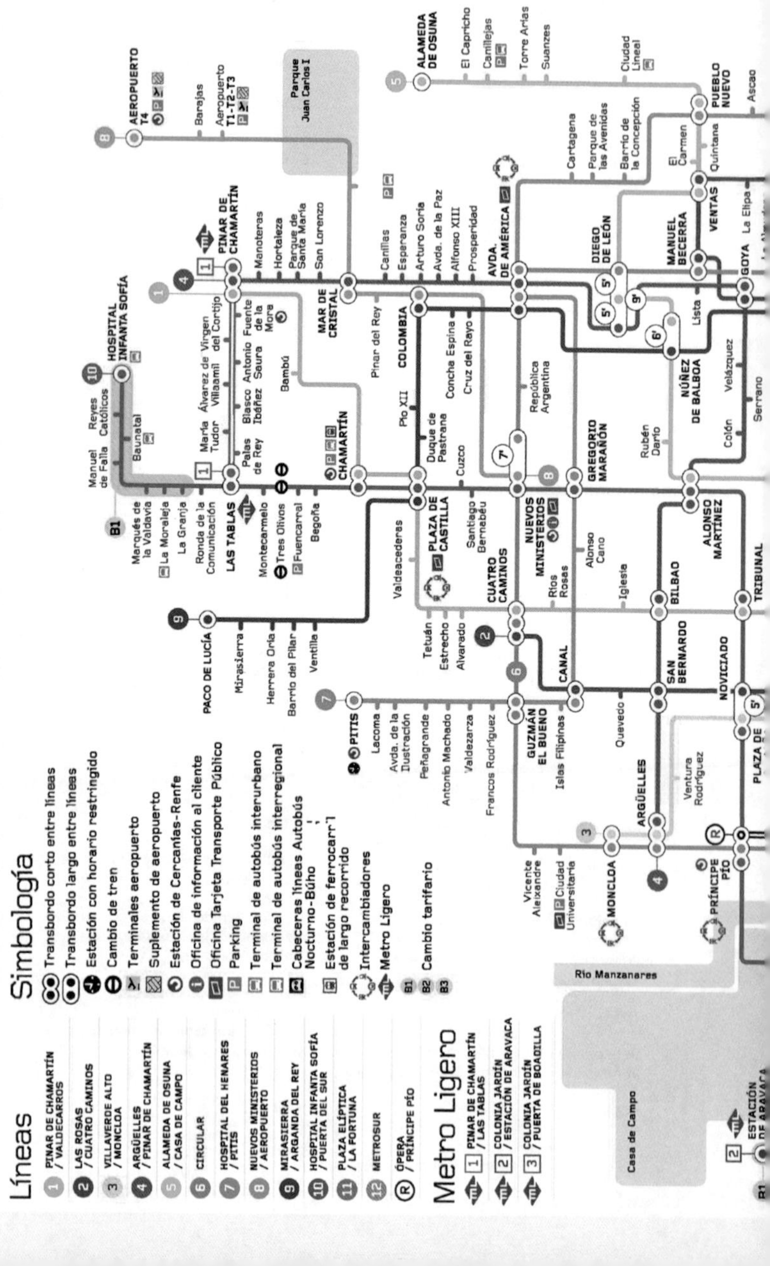

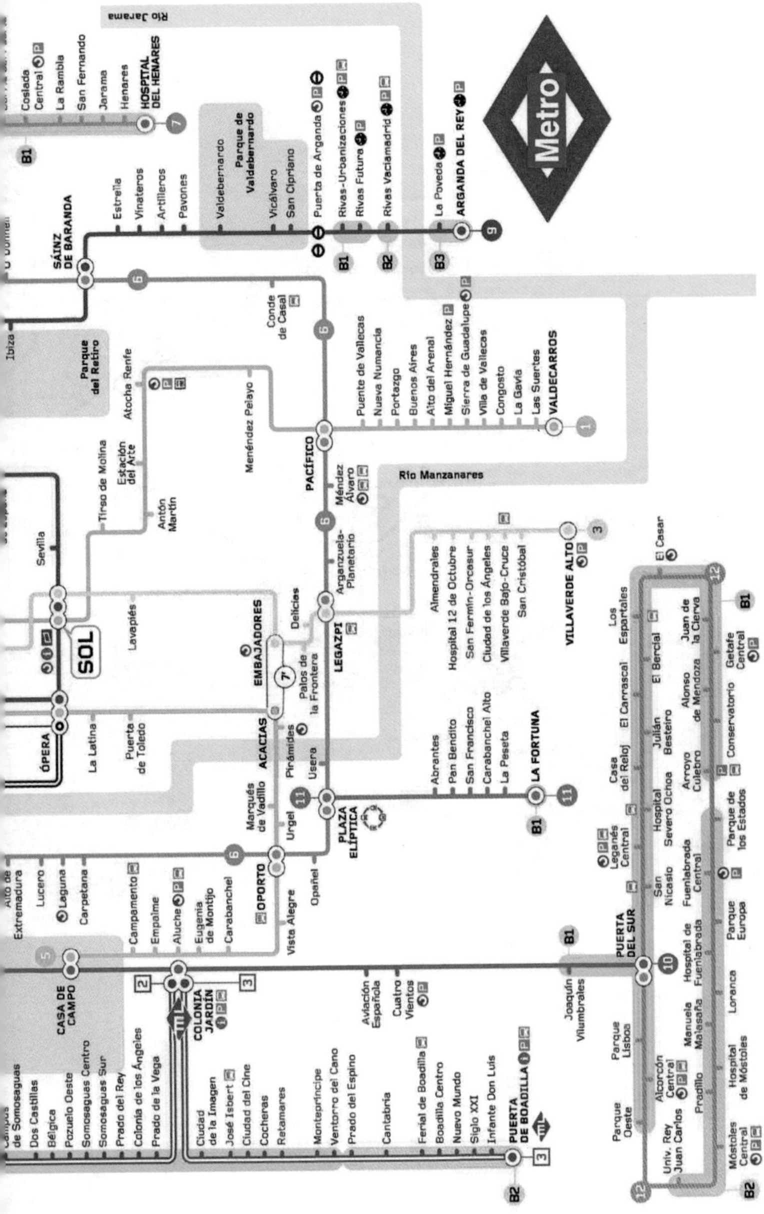
Río Jarama
Coslada Central
La Rambla
San Fernando
Jarama
Henares
HOSPITAL DEL HENARES
SÁINZ DE BARANDA
Estrella
Vinateros
Artilleros
Pavones
Valdebernardo
Parque de Valdebernardo
Vicálvaro
San Cipriano
Puerta de Arganda
Rivas-Urbanizaciones
Rivas Futura
Rivas Vaciamadrid
La Poveda
ARGANDA DEL REY
Metro
Ibiza
Parque del Retiro
Conde de Casal
Atocha Renfe
Menéndez Pelayo
PACÍFICO
Puente de Vallecas
Nueva Numancia
Portazgo
Buenos Aires
Alto del Arenal
Miguel Hernández
Sierra de Guadalupe
Villa de Vallecas
Congosto
La Gavia
Las Suertes
VALDECARROS
Río Manzanares
Méndez Álvaro
Tirso de Molina
Estación del Arte
Antón Martín
Sevilla
SOL
Lavapiés
EMBAJADORES
Delicias
Palos de la Frontera
Arganzuela-Planetario
LEGAZPI
Almendrales
Hospital 12 de Octubre
San Fermín-Orcasur
Ciudad de los Ángeles
Villaverde Bajo-Cruce
San Cristóbal
VILLAVERDE ALTO
ÓPERA
La Latina
Puerta de Toledo
ACACIAS
Pirámides
Usera
Marqués de Vadillo
Urgel
PLAZA ELÍPTICA
Abrantes
Pan Bendito
San Francisco
Carabanchel Alto
La Peseta
LA FORTUNA
Alto de Extremadura
Lucero
Laguna
Carpetana
Campamento
Empalme
Aluche
Eugenia de Montijo
Carabanchel
OPORTO
Vista Alegre
Opañel
CASA DE CAMPO
COLONIA JARDÍN
Aviación Española
Cuatro Vientos
Joaquín Vilumbrales
PUERTA DEL SUR
Campus de Somosaguas
Dos Castillas
Bélgica
Pozuelo Oeste
Somosaguas Centro
Somosaguas Sur
Prado del Rey
Colonia de los Ángeles
Prado de la Vega
Ciudad de la Imagen
José Isbert
Ciudad del Cine
Cocheras
Retamares
Montepríncipe
Ventorro del Cano
Prado del Espino
Cantabria
Ferial de Boadilla
Boadilla Centro
Nuevo Mundo
Siglo XXI
Infante Don Luis
PUERTA DE BOADILLA
El Casar
Los Espartales
El Bercial
Juan de la Cierva
Getafe Central
El Carrascal
Julián Besteiro
Alonso de Mendoza
Conservatorio
Casa del Reloj
Arroyo Culebro
Hospital Severo Ochoa
Parque de los Estados
Leganés Central
San Nicasio
Fuenlabrada Central
Parque Europa
Hospital de Fuenlabrada
Loranca
Parque Lisboa
Manuela Malasaña
Alcorcón Central
Pradillo
Hospital de Móstoles
Parque Oeste
Univ. Rey Juan Carlos
Móstoles Central

巴塞罗那

https://www.metrobarcelona.es/en/maps.html

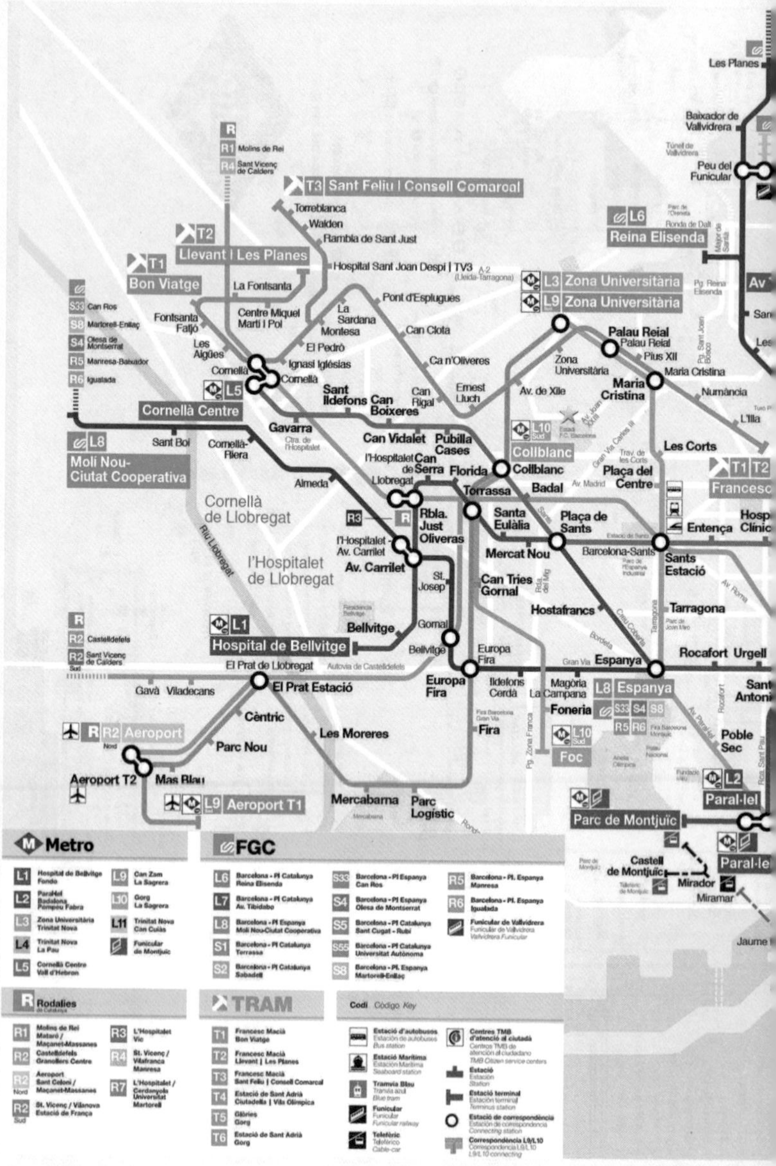
Les Planes
Baixador de Vallvidrera
Peu del Funicular
L6 Reina Elisenda
L3 Zona Universitària
L9 Zona Universitària
T3 Sant Feliu | Consell Comarcal
Torreblanca
Walden
Rambla de Sant Just
Hospital Sant Joan Despí | TV3
T2 Llevant | Les Planes
T1 Bon Viatge
La Fontsanta
Pont d'Esplugues
Fontsanta Fatjó
Centre Miquel Martí i Pol
La Sardana
Montesa
Can Clota
El Pedró
Les Aigües
Ca n'Oliveres
Ignasi Iglésias
Cornellà
L5 Cornellà Centre
Sant Ildefons
Can Boixeres
Can Rigal
Ernest Lluch
Av. de Xile
Zona Universitària
Palau Reial
Pius XII
Maria Cristina
Numància
L'Illa
S33 Can Ros
S8 Martorell-Enllaç
S4 Olesa de Montserrat
R5 Manresa-Baixador
R6 Igualada
L8 Molí Nou-Ciutat Cooperativa
Sant Boi
Cornellà-Riera
Gavarra
Can Vidalet
Pubilla Cases
L10 Collblanc
Collblanc
Les Corts
Plaça del Centre
T1 T2 Francesc
Almeda
l'Hospitalet Can Serra
Florida
Torrassa
Badal
Llobregat
Cornellà de Llobregat
Rbla. Just Oliveras
Santa Eulàlia
Plaça de Sants
Entença
Hospital Clínic
l'Hospitalet - Av. Carrilet
Av. Carrilet
Mercat Nou
Barcelona-Sants
Sants Estació
l'Hospitalet de Llobregat
Riu Llobregat
St. Josep
Can Tries Gornal
Hostafrancs
Tarragona
Gornal
L1 Hospital de Bellvitge
Bellvitge
R2 Castelldefels
R2 Sant Vicenç de Calders
El Prat de Llobregat
El Prat Estació
Europa Fira
Gran Via
Espanya
Rocafort
Urgell
Gavà
Viladecans
Cèntric
Ildefons Cerdà
Magòria La Campana
L8 Espanya
Sant Antoni
Foneria
S33 S4 S8 R5 R6
R2 Aeroport
Parc Nou
Les Moreres
Fira
Poble Sec
L10 Foc
Aeroport T2
Mas Blau
L9 Aeroport T1
Mercabarna
Parc Logístic
L2 Paral·lel
Parc de Montjuïc
Paral·lel
Castell de Montjuïc
Mirador
Miramar
Metro
L1 Hospital de Bellvitge Fondo
L2 Paral·lel Badalona Pompeu Fabra
L3 Zona Universitària Trinitat Nova
L4 Trinitat Nova La Pau
L5 Cornellà Centre Vall d'Hebron
L9 Can Zam La Sagrera
L10 Gorg La Sagrera
L11 Trinitat Nova Can Cuiàs
Funicular de Montjuïc
FGC
L6 Barcelona - Pl Catalunya Reina Elisenda
L7 Barcelona - Pl Catalunya Av. Tibidabo
L8 Barcelona - Pl Espanya Molí Nou-Ciutat Cooperativa
S1 Barcelona - Pl Catalunya Terrassa
S2 Barcelona - Pl Catalunya Sabadell
S33 Barcelona - Pl Espanya Can Ros
S4 Barcelona - Pl Espanya Olesa de Montserrat
S5 Barcelona - Pl Catalunya Sant Cugat - Rubí
S55 Barcelona - Pl Catalunya Universitat Autònoma
S8 Barcelona - Pl. Espanya Martorell-Enllaç
R5 Barcelona - Pl. Espanya Manresa
R6 Barcelona - Pl. Espanya Igualada
Funicular de Vallvidrera
Rodalies
R1 Molins de Rei Mataró / Maçanet-Massanes
R2 Castelldefels Granollers Centre
R2 Nord Aeroport Sant Celoni / Maçanet-Massanes
R2 Sud St. Vicenç / Vilanova Estació de França
R3 L'Hospitalet Vic
R4 St. Vicenç / Vilafranca Manresa
R7 L'Hospitalet / Cerdanyola Universitat Martorell
TRAM
T1 Francesc Macià Bon Viatge
T2 Francesc Macià Llevant | Les Planes
T3 Francesc Macià Sant Feliu | Consell Comarcal
T4 Estació de Sant Adrià Ciutadella | Vila Olímpica
T5 Glòries Gorg
T6 Estació de Sant Adrià Gorg
Codi Código Key
Estació d'autobusos Estación de autobuses Bus station
Estació Marítima Estación Marítima Seaboard station
Tramvia Blau Tranvía azul Blue tram
Funicular Funicular Funicular railway
Telefèric Teleférico Cable-car
Centres TMB d'atenció al ciutadà Centros TMB de atención al ciudadano TMB Citizen service centers
Estació Estación Station
Estació terminal Estación terminal Terminus station
Estació de correspondència Estación de correspondencia Connecting station
Correspondència L9/L10 Correspondencia L9/L10 L9/L10 connecting

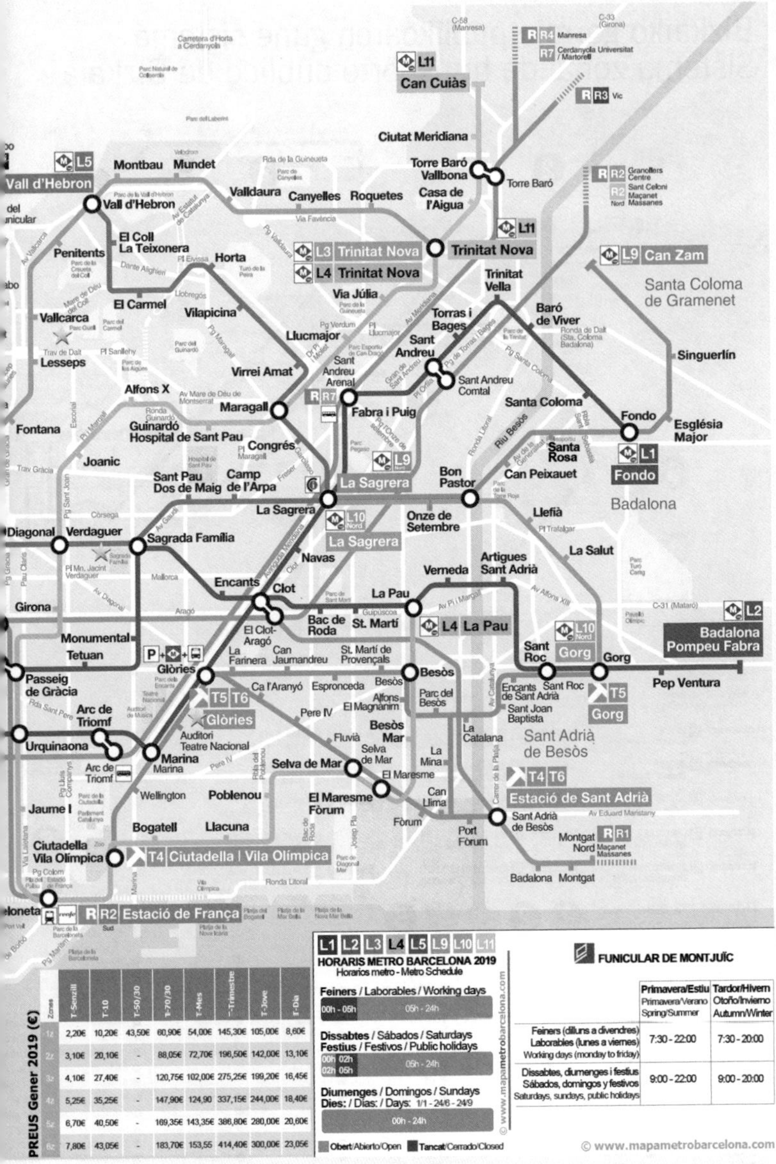

PREUS Gener 2019 (€)

Zones	T-Senzill	T-10	T-50/30	T-70/30	T-Mes	T-Trimestre	T-Jove	T-Dia
1z	2,20€	10,20€	43,50€	60,90€	54,00€	145,30€	105,00€	8,60€
2z	3,10€	20,10€	-	88,05€	72,70€	196,50€	142,00€	13,10€
3z	4,10€	27,40€	-	120,75€	102,00€	275,25€	199,20€	16,45€
4z	5,25€	35,25€	-	147,90€	124,90	337,15€	244,00€	18,40€
5z	6,70€	40,50€	-	169,35€	143,35€	386,80€	280,00€	20,60€
6z	7,80€	43,05€	-	183,70€	153,55	414,40€	300,00€	23,05€

L1 L2 L3 L4 L5 L9 L10 L11

HORARIS METRO BARCELONA 2019
Horarios metro - Metro Schedule

Feiners / Laborables / Working days
00h - 05h | 05h - 24h

Dissabtes / Sábados / Saturdays
Festius / Festivos / Public holidays
00h 02h | 02h 05h | 05h - 24h

Diumenges / Domingos / Sundays
Dies: / Días: / Days: 1/1 - 24/6 - 24/9
00h - 24h

Obert/Abierto/Open Tancat/Cerrado/Closed

FUNICULAR DE MONTJUÏC

	Primavera/Estiu Primavera/Verano Spring/Summer	Tardor/Hivern Otoño/Invierno Autumn/Winter
Feiners (dilluns a divendres) Laborables (lunes a viernes) Working days (monday to friday)	7:30 - 22:00	7:30 - 20:00
Dissabtes, diumenges i festius Sábados, domingos y festivos Saturdays, sundays, public holidays	9:00 - 22:00	9:00 - 20:00

毕尔巴鄂

https://www.metrobilbao.eus/utilizando-el-metro/mapa-y-frecuencias#info-zonas

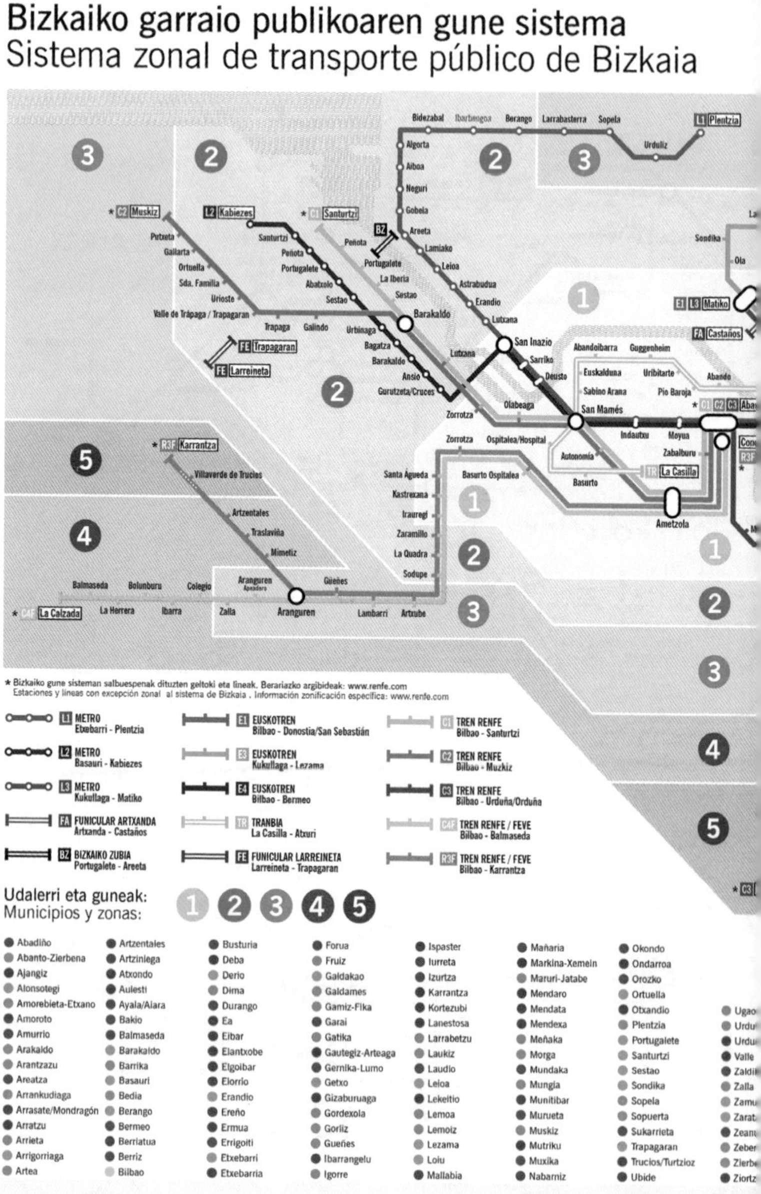

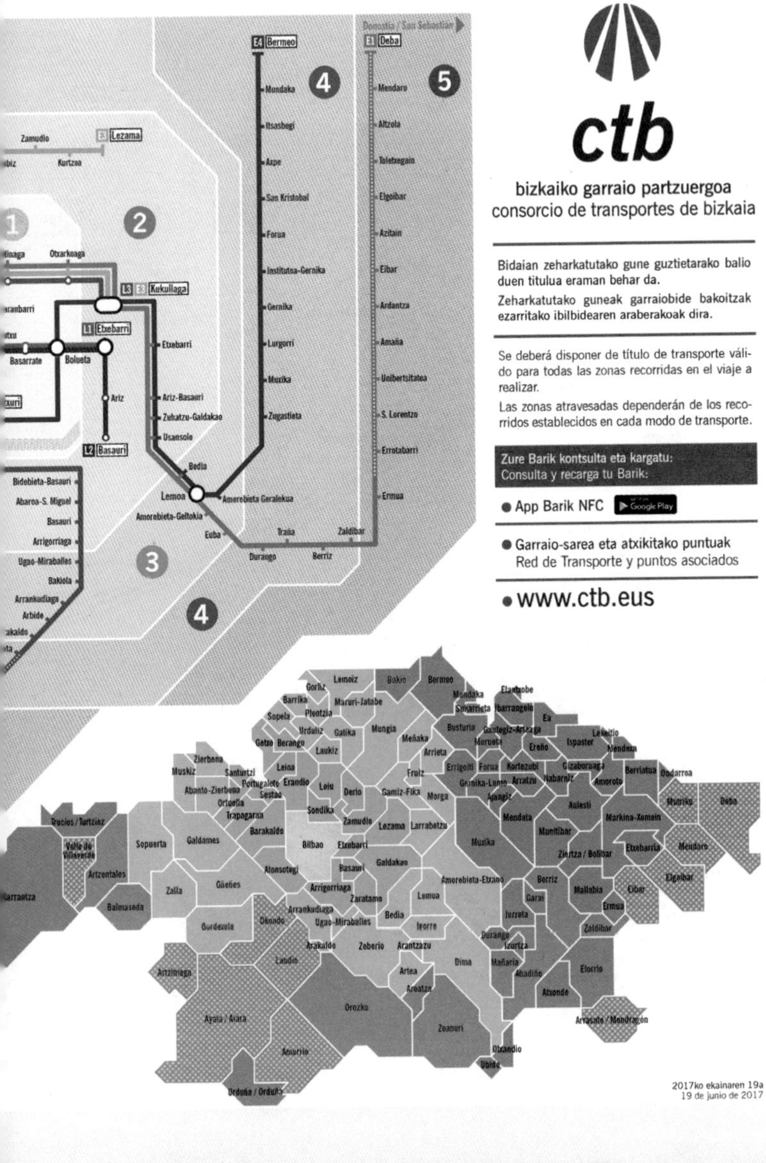
ctb
bizkaiko garraio partzuergoa
consorcio de transportes de bizkaia
Bidaian zeharkatutako gune guztietarako balio duen titulua eraman behar da.
Zeharkatutako guneak garraiobide bakoitzak ezarritako ibilbidearen araberakoak dira.
Se deberá disponer de título de transporte válido para todas las zonas recorridas en el viaje a realizar.
Las zonas atravesadas dependerán de los recorridos establecidos en cada modo de transporte.
Zure Barik kontsulta eta kargatu:
Consulta y recarga tu Barik:
App Barik NFC
Garraio-sarea eta atxikitako puntuak
Red de Transporte y puntos asociados
www.ctb.eus
E4 Bermeo
Mundaka
Itsasbegi
Axpe
San Kristobal
Forua
Institutoa-Gernika
Gernika
Lurgorri
Muxika
Zugastieta
E1 Deba
Mendaro
Altzola
Toletxegain
Elgoibar
Azitain
Eibar
Ardantza
Amaña
Unibertsitatea
S. Lorentzo
Errotabarri
Ermua
Zaldibar
Berriz
Traña
Durango
Euba
Lemoa
Bedia
Amorebieta Geralekua
Amorebieta-Geltokia
Usansolo
Zuhatzu-Galdakao
Ariz-Basauri
Etxebarri
L3 E3 Kukullaga
L1 Etxebarri
L2 Basauri
Ariz
Bolueta
Basarrate
Otxarkoaga
Zamudio
E3 Lezama
Kurtzea
Bidebieta-Basauri
Abaroa-S. Miguel
Basauri
Arrigorriaga
Ugao-Miraballes
Bakiola
Arrankudiaga
Arbide
2017ko ekainaren 19a
19 de junio de 2017

瓦伦西亚

https://www.metrovalencia.es/page.php?page=145

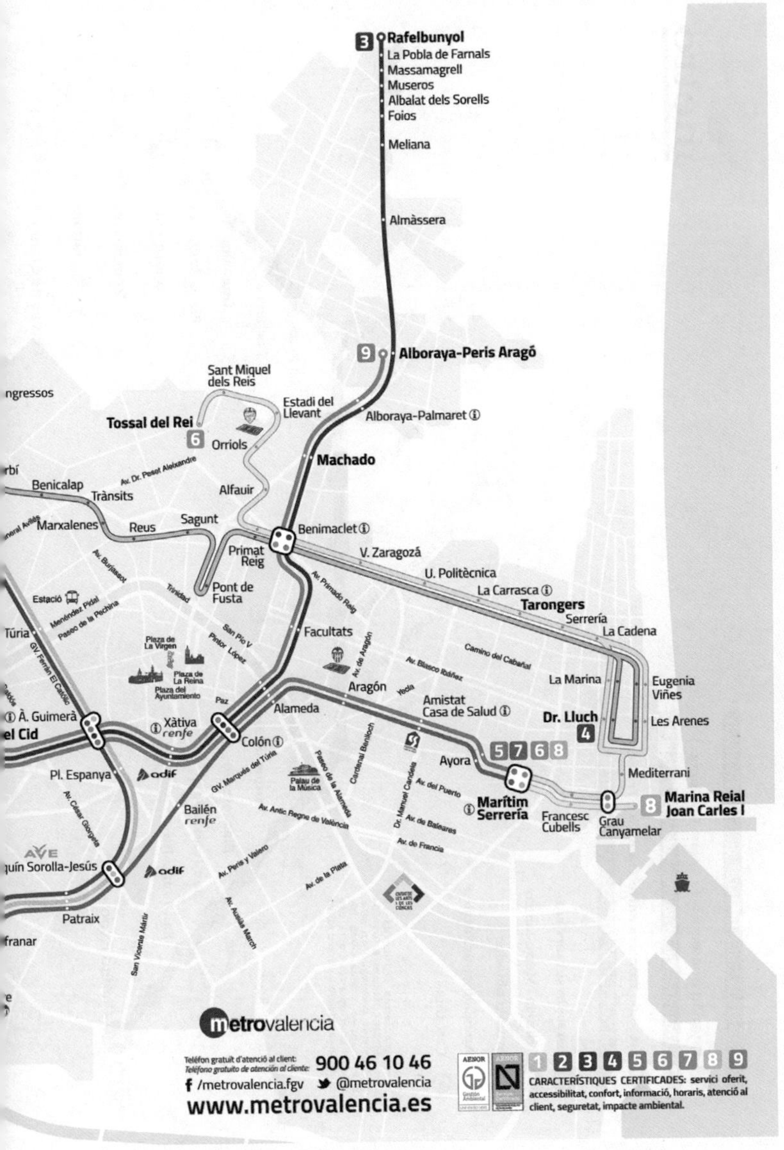
3 Rafelbunyol
La Pobla de Farnals
Massamagrell
Museros
Albalat dels Sorells
Foios
Meliana
Almàssera
9 Alboraya-Peris Aragó
Sant Miquel dels Reis
Estadi del Llevant
Alboraya-Palmaret
Tossal del Rei
6 Orriols
Machado
Alfauir
Benicalap
Trànsits
Marxalenes
Reus
Sagunt
Benimaclet
Primat Reig
Pont de Fusta
V. Zaragozá
U. Politècnica
La Carrasca
Tarongers
Serrería
La Cadena
Facultats
Aragón
Alameda
Amistat Casa de Salud
La Marina
Eugenia Viñes
Dr. Lluch
4
Les Arenes
Túria
À. Guimerà
el Cid
Xàtiva renfe
Colón
Ayora
5 7 6 8
Mediterrani
Pl. Espanya
Bailén renfe
Marítim Serrería
Francesc Cubells
Grau Canyamelar
8 Marina Reial Joan Carles I
quín Sorolla-Jesús
Patraix
franar
adif
AVE
metrovalencia
Telèfon gratuït d'atenció al client:
Teléfono gratuito de atención al cliente:
900 46 10 46
/metrovalencia.fgv
@metrovalencia
www.metrovalencia.es
1 2 3 4 5 6 7 8 9
CARACTERÍSTIQUES CERTIFICADES: servici oferit, accessibilitat, confort, informació, horaris, atenció al client, seguretat, impacte ambiental.

塞维利亚

https://www.redtransporte.com/sevilla/metro-sevilla/plano.html

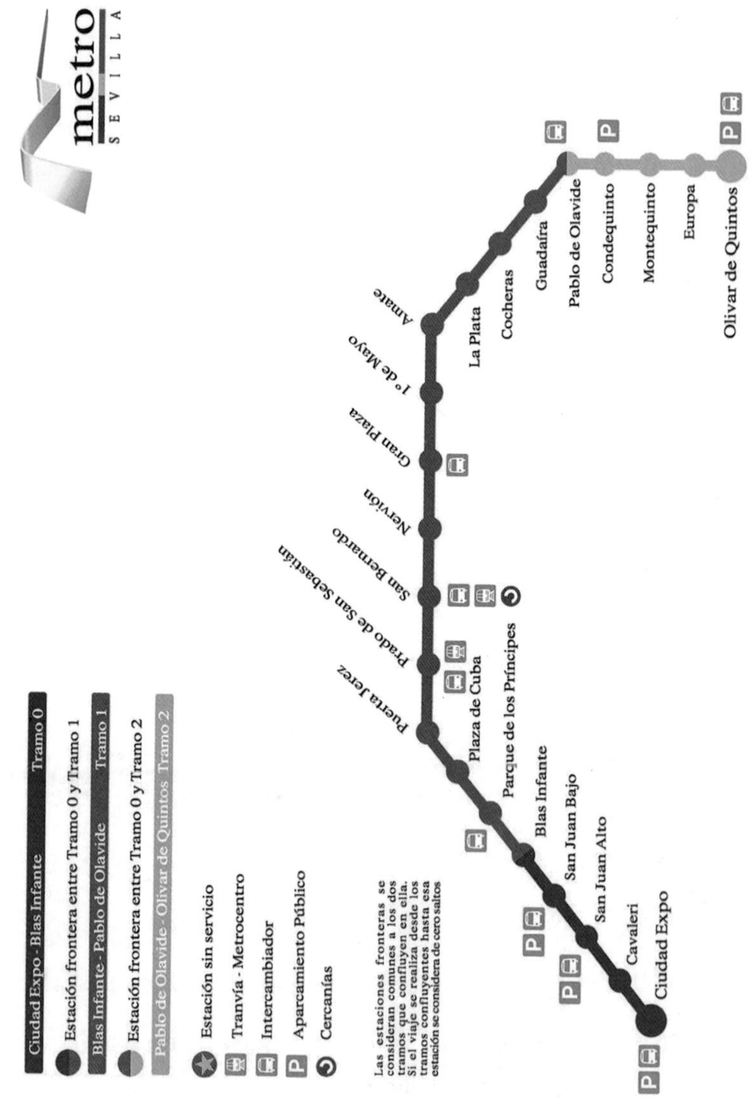

拉纳达

tp://www.granadadirect.com/transporte/metro-granada-planos/#

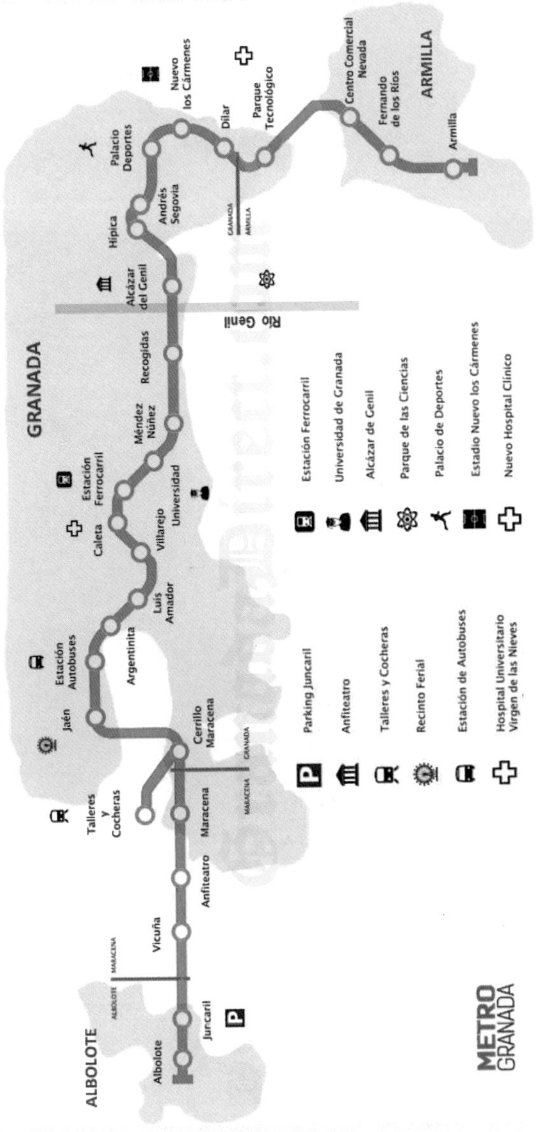

马拉加

https://metromalaga.es/lineas-y-mapas/

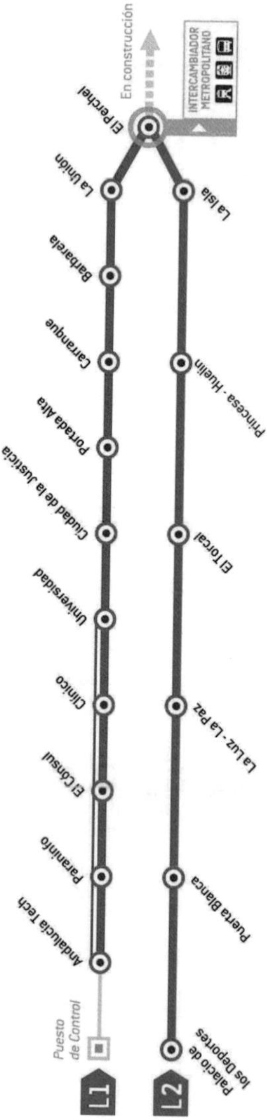
En construcción
INTERCAMBIADOR METROPOLITANO
El Perchel
La Unión
Barbarela
Carranque
Portada Alta
Ciudad de la Justicia
Universidad
Clínico
El Cónsul
Paraninfo
Andalucía Tech
Puesto de Control
L1
La Isla
Princesa - Huelin
El Torcal
La Luz - La Paz
Puerta Blanca
Palacio de los Deportes
L2

利坎特
ps://tramalicante.info/mapa.htm

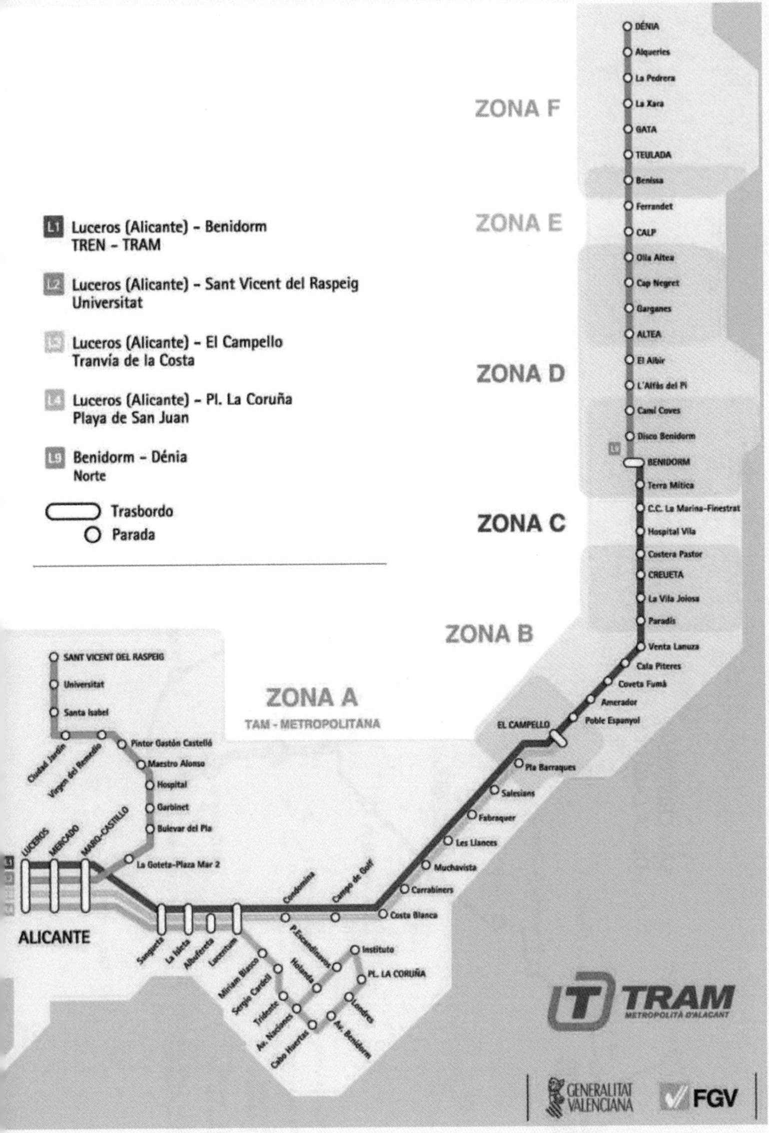
ZONA F
ZONA E
ZONA D
ZONA C
ZONA B
ZONA A
TAM - METROPOLITANA
L1 Luceros (Alicante) - Benidorm
TREN - TRAM
L2 Luceros (Alicante) - Sant Vicent del Raspeig
Universitat
L3 Luceros (Alicante) - El Campello
Tranvía de la Costa
L4 Luceros (Alicante) - Pl. La Coruña
Playa de San Juan
L9 Benidorm - Dénia
Norte
Trasbordo
Parada
DÉNIA
Alqueries
La Pedrera
La Xara
GATA
TEULADA
Benissa
Ferrandet
CALP
Olla Altea
Cap Negret
Garganes
ALTEA
El Albir
L'Alfàs del Pi
Camí Coves
Disco Benidorm
BENIDORM
Terra Mítica
C.C. La Marina-Finestrat
Hospital Vila
Costera Pastor
CREUETA
La Vila Joiosa
Paradís
Venta Lanuza
Cala Piteres
Coveta Fumà
Amerador
Poble Espanyol
EL CAMPELLO
Pla Barraques
Salesians
Fabraquer
Les Llances
Muchavista
Carrabiners
Costa Blanca
SANT VICENT DEL RASPEIG
Universitat
Santa Isabel
Ciudad Jardín
Virgen del Remedio
Pintor Gastón Castelló
Maestro Alonso
Hospital
Garbinet
Bulevar del Pla
La Goteta-Plaza Mar 2
LUCEROS
MERCADO
MARQ-CASTILLO
ALICANTE
Sangueta
La Isleta
Albufereta
Lucentum
Condomina
Campo de Golf
Miriam Blasco
Sergio Cardell
Tridente
Av. Naciones
Cabo Huertas
P. Escandinavos
Holanda
Av. Benidorm
Londres
Instituto
PL. LA CORUÑA
TRAM
METROPOLITÀ D'ALACANT
GENERALITAT VALENCIANA
FGV

特内里费

https://metrotenerife.com/routes-and-timetables/

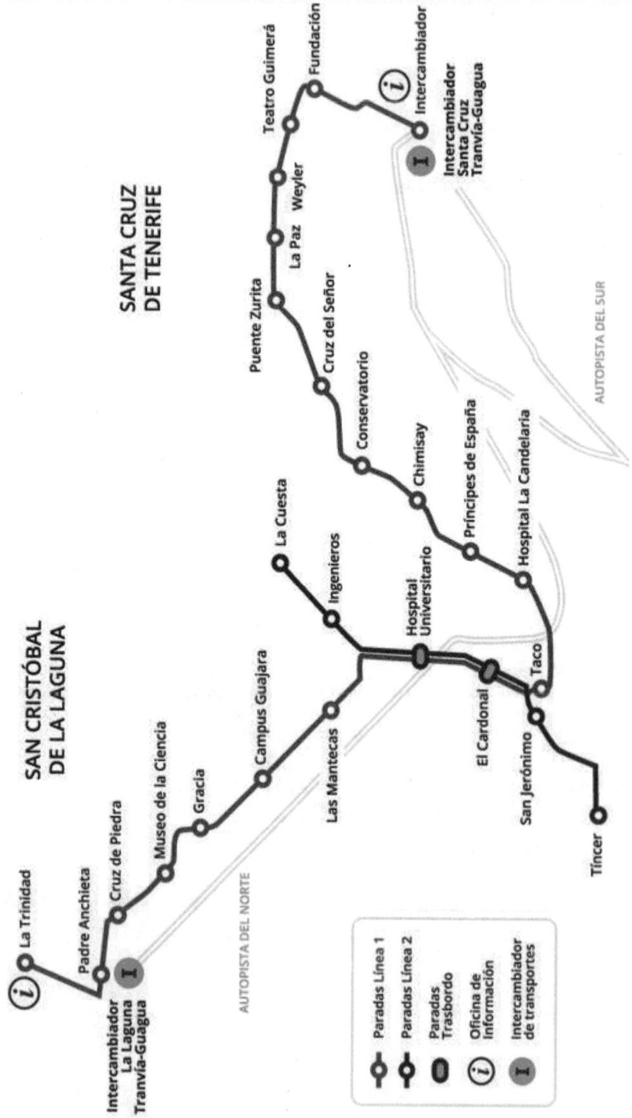

后记 Postscript

西班牙建筑旅行地图的完成，终于把这个欧亚大陆最西端滨海半岛上的国家的建筑带到读者眼前。

本书共收录西班牙建筑 356 个，其中含世界文化遗产 60 处，西班牙国家建筑文化遗产 20 处，涉及西班牙 12 个大行政区中的共计 40 座城市。本书编写中，我们按照自然地理特征将建筑分布划出 7 个地理范围，分别为中部地区、北部地区、南部地区、东部地区、西北部地区以及两处群岛。这种划分倒也契合了西班牙建筑文化的特征，便于读者依据兴趣选择。当然，目前广受建筑旅行者欢迎、熟知的是以马德里和巴塞罗那分别所在的中部和东部地区，但可以预期未来的热度会逐渐扩展到现代建筑与历史古城紧密结合的南部地区，以红酒文化与旅游休闲建筑创作为特色的北部地区，以及顺应自然的建筑实践为特色的、壮丽的大加纳利火山群岛。

本书的顺利出版，也使我在巴塞罗那公派留学之余的专业兴趣得以满足，我必须感谢中国建筑工业出版社、感谢该丛书总负责刘丹女士以及社内专业团队的支持；感谢陈灏作为专业的建筑摄影家提供了高品质的建筑图片，还有尹烜、曾皓旅行途中的建筑摄影；建筑爱好者徐曼、江雪同学进行严谨的编写工作。还要特别感谢我的家人，他们为我在西班牙的旅行提供的帮助以及对本书出版提供的支持。

回想起来，我每当行走在这个国度，电光火石之间有那些传奇的建筑闪现在古老的市镇、喧嚣的南部乡村、比利牛斯群山深处、地中海沙滩阳光海岸、油绿的橄榄林以及不夜的海岛……我希望旅行者能借助这本小书寻找、了解到它们，同时也别忘记那片孕育它们的土地。

对于建筑旅行而言，总存在一种有目标和计划的出行方式，或是可预期地偶遇的方式。无论何种，当你亲历旅程、站在真实的建筑作品之前时，都能带给你一种满足和心底的共鸣。

吴焕

2020 年冬

吴焕
Wu Huan

1982 年生于湖南长沙
成都悟源设计事务所创始人兼主持建筑师

学习经历
2000.9-2005.6
长沙理工大学建筑学院/本科
2007.9-2009.6
清华大学建筑学院/硕士
2010.2-2017.6
加泰罗尼亚理工大学（西班牙）
建筑学院 / 区域&城市规划文化景观方向
硕士、博士